James Trefil

1000 Rätsel der Natur

Deutsch von Helmut Mennicken

Wunderlich

1. Auflage April 1993

Die Originalausgabe erschien 1992
unter dem Titel «1001 Things Everyone Should
Know About Science» bei Doubleday, New York

Umschlaggestaltung Bernhard Kunkler
Satz Times Ten PostScript Linotype Library
Quark XPress 3.11 (Linotronic 500)
Gesamtherstellung Clausen & Bosse, Leck
Printed in Germany
ISBN 3 8052 0532 5

INHALT

Für meine Mutter Sylvia Elizabeth Trefil

EINLEITUNG

Die Naturwissenschaft hat uns ein Modell über das Funktionieren unseres Universums geliefert, das in seiner Eleganz und Reichhaltigkeit seinesgleichen sucht – es reicht von der Explosion eines fernen Sterns bis hin zur Arbeitsweise einer jeden Zelle in unserem Körper. Das Zusammentragen dieses Wissens ist sicherlich eine der größten Leistungen des menschlichen Geistes.

Da die Naturwissenschaft sich mit so vielen unterschiedlichen Dingen beschäftigt, gibt es viele Möglichkeiten, sie darzustellen – ein Kuchen läßt sich auf sehr unterschiedliche Weise anschneiden. So kann man sich zum Beispiel auf die allgemeinen Gesetze konzentrieren, auf denen die Physik beruht. Ebensogut kann man sich ein besonderes Gebiet vornehmen – die Astronomie, die Molekularbiologie oder die Geophysik – und es genauer in Augenschein nehmen, ohne sich um die anderen Gebiete zu kümmern. Oder man kann, so wie ich es hier vorexerziere, die ganze Naturwissenschaft in mundgerechte Häppchen aufbereiten. Jede dieser Vorgehensweisen ist in ihrem eigenen Umfeld als angemessen anzusehen.

Auf den folgenden Seiten gebe ich eine Übersicht darüber, was die Welt im Innersten zusammenhält. Die Informationen werden in durchnumerierten Portionen dargeboten, die mal einen Satz, mal einige Absätze lang sind. Einige Dutzend Nummern dieser Nummernrevue sind ihrerseits zusammengefaßt und decken besondere Wissensgebiete ab wie die klassische Genetik, die Quantenoptik und die Fortpflanzung der Tiere. Innerhalb jeder Abteilung herrscht von der ersten bis zur letzten Nummer eine logische Progression vor, aber der Leser kann ebensogut in beliebiger Reihenfolge im Buch blättern – von der klassischen Biologie über die Evolution, Molekularbiologie, klassische oder moderne Physik und Geologie bis hin zur Astronomie.

Kurzum, der Leser soll nach Belieben in diesem Buch schmökern. Ich erwarte, daß er das Buch auf irgendeiner Seite aufschlägt, ein Weilchen darin liest und dann «Guck mal, das wußte ich ja gar nicht» oder «Hochinteressant» sagt, und das Buch darauf bis zum nächsten Schmökern aus der Hand legt. Da es kein gewöhnliches Buch ist, erwarte ich von Ihnen als Leser auch nicht, daß Sie es von vorne bis hinten in einem Zug durchlesen. Wenn irgend etwas Ihr Interesse weckt, so lesen Sie sich ruhig fest. Falls nicht, so blättern Sie weiter, und versuchen Sie es mit einem anderen Gebiet.

Stellt man naturwissenschaftliches Wissen auf eine solch ungewöhnliche Weise zusammen, so ergeben sich für den Leser wie auch für den Verfasser unweigerlich eine Menge Fragen. Nicht alle Tatsachen über die Welt sind gleichermaßen wichtig. Der erste Hauptsatz der Thermodynamik (Nummer 535) rangiert, was seine Bedeutung anbelangt, ohne Zweifel weit höher als die Tatsache, daß Haie keine Knochen besitzen (Nummer 25). Jedermann sollte wirklich den ersten Hauptsatz der Thermodynamik kennen (auch als Energieerhaltungssatz bekannt), damit er die Welt versteht. Andererseits ist gerade die Anatomie der Haie ein Beispiel unter vielen anderen für die Komplexität und Verschiedenheit biologischer Systeme.

Ebenfalls finden Sie gelegentlich «Preise» für die manchmal fragwürdigen Errungenschaften der verschiedenen Wissenschaftler eingestreut, eine «Quizfrage», damit Sie bei Laune bleiben sowie hin und wieder eine dumme Frage, die mir in den Sinn kam, wenn ich über ein Wissensgebiet nachdachte. Gehen Sie nicht davon aus, daß die Nummer 20 zehnmal wichtiger als die Nummer 200 oder die Nummer 1 die wichtigste unter allen ist. Meiner Meinung nach ist am allerwichtigsten, was ich in Nummer 1001 zu bedenken gebe, und zwar aus Gründen, die einleuchten, wenn Sie dort angekommen sind.

Es stellt sich auch die Frage der Beschränkung: Wo soll man die Grenzlinie ziehen? Die materielle Welt ist unglaublich reich an Erscheinungen, und der Versuch, sie mit Hilfe einer kleinen Anzahl gedrängter Formulierungen zu erfassen, ist alles andere als leicht. (Tatsächlich enthielt mein erster Entwurf mehr als 1500 «Nummern», und die Arbeit des Streichens war zumindest für den Verfasser schmerzvoll.) Daher entschloß ich mich, meine Aufmerksamkeit auf die traditionellen Naturwissenschaften zu beschränken und sowohl die Medizin als auch die Technologie einem späteren Buch vorzubehalten.

Schließlich können Sie mich fragen, wieso ich ausgerechnet auf 1000 Nummern komme. Nun, warum denn nicht? Es ist eine Zahl wie jede andere auch, und es gibt gewiß hervorragende literarische Vorbilder. Wenn ich mir auch nicht einbilde, daß irgendeine meiner Nummern die Kraft oder die Schönheit von Scheherazades Erzählungen besitzt, so werden meine 1000 Dinge über Tatsachen, Theorien, Philosophie und Geschichte doch Ihre Sichtweise auf die Welt beeinflussen und Sie – so hoffe ich jedenfalls – mit jenem unverzichtbaren Wissen versorgen, von dem Sie bisher angenommen haben, daß Sie getrost darauf verzichten könnten.

James Trefil
Fairfax (Virginia)

1 KLASSISCHE BIOLOGIE

Leopard in der Serengeti-Ebene

Reproduktion der Pflanzen

1 Pflanzen können sich geschlechtlich (sexuell) wie auch ungeschlechtlich (vegetativ, asexuell) fortpflanzen.

Wenn das Gras Ihres Rasens seine Fühler ausstreckt, um Wurzeln zu schlagen, so reproduziert es sich vegetativ. Es tut dies zusätzlich zu (und manchmal anstatt) der normaleren geschlechtlichen Fortpflanzung, die durch den Einsatz von Samen geschieht (siehe unten). Brutzwiebeln und Wurzelstöcke (unter oder dicht über der Bodenoberfläche wachsender Sproßteil, auch Rhizom genannt) sind weitere Beispiele für die ungeschlechtliche Reproduktion bei Pflanzen. Die Praxis des Pfropfens (Überpflanzen eines Pflanzensprosses auf eine Unterlage zwecks Verwachsung beider Teile) ist ein Beispiel für eine künstlich herbeigeführte ungeschlechtliche Art der Fortpflanzung. Die einfachste Form der ungeschlechtlichen Fortpflanzung geschieht bei einzelligen Pflanzen wie Algen, die sich durch gewöhnliche Zellteilung reproduzieren.

Anatomie einer Blüte

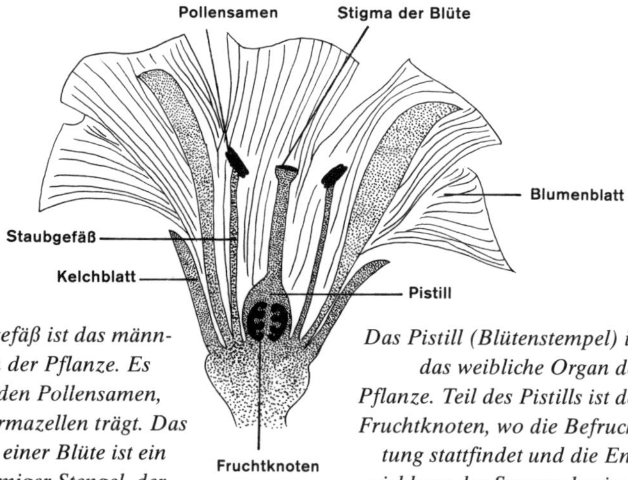

Das Staubgefäß ist das männliche Organ der Pflanze. Es produziert den Pollensamen, der die Spermazellen trägt. Das Staubgefäß einer Blüte ist ein langer, flaumiger Stengel, der in der Nähe des Zentrums heraussticht. Der «Flaum» ist der Pollen.

Das Pistill (Blütenstempel) ist das weibliche Organ der Pflanze. Teil des Pistills ist der Fruchtknoten, wo die Befruchtung stattfindet und die Entwicklung des Samens beginnt. Die meisten Blumen besitzen sowohl ein Staubgefäß als auch ein Pistill.

Eine ungeschlechtlich reproduzierte Pflanze ist genetisch identisch mit der Mutterpflanze und daher ein Klon. Die ungeschlechtliche Fortpflanzung vollzieht sich schneller als die geschlechtliche, produziert jedoch eine Population, in der Variationen nur durch Mutation vorkommen.

2 Der Generationswechsel ist die primitivste Form der geschlechtlichen Fortpflanzung.
Pflanzen wie Farne und Moose (wie auch Pilze) verwenden eine Technik der Fortpflanzung, bei der zwei getrennte, abwechselnde Lebensformen vorhanden sind. Nehmen wir zum Beispiel das Farn. Der breite Wedel wächst durch gewöhnliche Zellteilung aus einem Embryo hervor. Unter dem Farnwedel entwickeln sich die Sporen in kleinen Hülsen. Jede dieser Sporen verfügt über die Hälfte des normalen Chromosomensatzes. Wenn die Sporen verstreut werden, so wachsen sie zu mikroskopischen Pflanzen heran, die entweder Eizellen oder Samenzellen produzieren. Die Samenzelle reift heran, wird freigesetzt und schwimmt im Wasser herum, wodurch sie die Eizellen der Nachbarpflanzen befruchten kann. Die befruchtete Eizelle, die mittlerweile über einen vollständigen Chromosomensatz verfügt, entwickelt sich dann zu den bekannten breiten Farnwedeln, und der gesamte Kreislauf beginnt aufs neue. Beim Farn ist eine Generation (der Farnwedel) breit und langlebig, während die andere kurzlebig und winzig gerät – doch dieser Generationswechsel ist für die Vermehrung der Pflanze notwendig.

3 Jede Navel-Apfelsine stammt von ein und demselben Baum ab.
Im frühen neunzehnten Jahrhundert tauchte auf einer brasilianischen Plantage eine Variante (ein Mutant) des Orangenbaums auf, dessen Früchte keine Kerne besaßen. Jede Navel-Apfelsine auf der Welt stammt von einer Knospe ab, die von diesem Mutanten auf einen anderen Baum gepfropft wurde, dessen Knospen dann erneut auf einen anderen gepfropft wurden, und so weiter.

4 Der Auswuchs von Pflanzen im Erdboden setzt die Entwicklung von Samen voraus.

Bei Samenpflanzen verbleibt die Eizelle stets in der Mutterpflanze, um von einer Samenzelle befruchtet zu werden, die von dieser oder einer anderen Pflanze stammt. Die befruchtete Eizelle (Zygote) verbleibt so lange in der Mutterpflanze, bis sie sich zu einem robusten mehrzelligen Samen entwickelt hat, der daraufhin freigesetzt wird, um eine neue Pflanze zu erzeugen. Nirgendwo bei diesem Vorgang ist es erforderlich, daß die Samenzelle im Wasser schwimmt.

5 Pollen tragen die Samenzellen für die Samenpflanzen.

Im Innern all jener Dinge, die Ihnen einen Niesreiz verursachen und das Wasser in die Augen treiben, befinden sich die Samenzellen, die – falls der Pollen in der Nähe der Eizelle auf der entsprechenden Pflanze landet – die Eizellen dieser Pflanze befruchten und den Samen zum Wachsen veranlassen. Will eine Pflanze sich ausbreiten, so muß sie zusehen, wie sie den Pollen in den Fruchtknoten bekommt. Die bei weitem einfachste Methode ist die der Selbstbestäubung – der Pollen bewegt sich vom Staubfaden zum Blütenstempel, ohne die Blüte zu verlassen. Bei Fremdbestäubung befruchtet der Blütenstaub einer anderen Pflanze eine Eizelle. Die Blüte kann vom Wind oder von Tieren wie Bienen oder Kolibris von einer Pflanze auf die andere übertragen werden. Die Bestäubung führt zur Entstehung der Frucht.

6 Die Frucht aller Blütenpflanzen entsteht aus dem befruchteten Fruchtknoten.

Die Frucht kann sich zu so etwas Saftigem wie einer Birne entwickeln, muß aber vom menschlichen Standpunkt aus nicht unbedingt genießbar sein. Bei den weißen Blüten eines Löwenzahns oder den propellerartigen Gegenständen, die von einem Ahornbaum herunterfallen, handelt es sich in beiden Fällen im technischen Sinn des Wortes um Früchte.

7 Der rote Teil einer Erdbeere ist nicht etwa die Frucht, sondern die Scheinfrucht.
Es handelt sich vielmehr um einen abgewandelten Teil des Stengels. Die Früchte dagegen sind die kleinen gelben Dinger an ihrer Oberfläche.

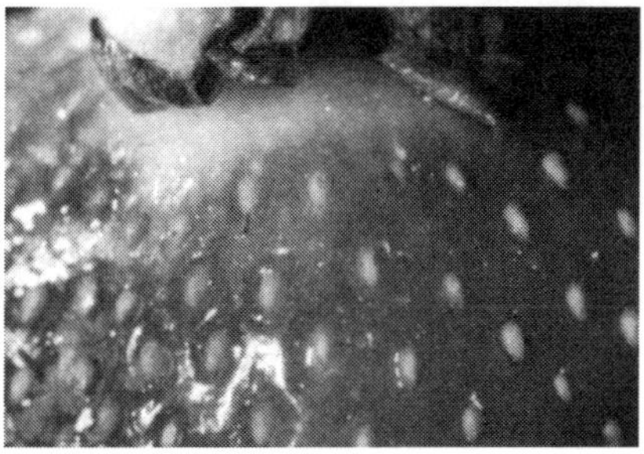

Samen einer Erdbeere

WACHSTUM DER PFLANZEN

8 Die Keimung ist der erste Schritt zum Wachstum eines Samens.
Wenn ein Samen zu wachsen beginnt, nimmt er zuallererst Wasser aus seiner Umgebung auf. Dann stößt eine Wurzel durch den Samenmantel hindurch, dann folgt ein Sprößling, der in den Erdboden vorstößt und zu sprießen beginnt. Erst nachdem sich ein Blatt gebildet hat, entsteht Chlorophyll und beginnt die Photosynthese. Bis dahin muß die junge Pflanze von der im Samen gespeicherten Energie leben.
Der Samen kann auch ruhen. Die Samenruhe ist ein Kunstgriff der Natur, bei dem der Samen so lange vom Keimen abgehalten wird, bis die Umstände für ein Wachstum günstiger sind. So ist der Samenmantel für einen Durchbruch der Sprößlinge zu hart, wenn er nicht eine Zeitlang im Wasser gelegen hat oder einer langen Kälteperiode ausgesetzt war. Dadurch wird sichergestellt, daß eine Pflanze erst dann zu wachsen beginnt, wenn sie geeignete Umstände vorfindet. Im Westen der Vereinigten Staaten zum Beispiel gibt es Gräsersamen, die erst sprießen, wenn eine Mindestmenge an Niederschlag gefallen

ist, eine Eigenschaft, die es der Pflanze erlaubt, eine gelegentlich auftretende verheerende Dürreperiode zu «überspringen».

9 Unkräuter erzeugen häufig ruhende Samen.

Einige Unkräutersamen verharren so lange in Samenruhe, bis sie dem Licht ausgesetzt werden oder ihre äußere Schale beschädigt wird. Beide Verhaltensstrategien führen dazu, daß diese Unkräuter in frisch umgegrabenem Erdboden bald zu sprießen beginnen. Aus diesen Gründen breitet sich das Unkraut auf solchem Boden schnell aus.

10 Die Stoffe für das Pflanzengewebe stammen sowohl aus der Luft wie aus dem Erdboden.

Die Kohlenstoff- und Sauerstoffatome, die in jedem lebenden Gewebe gebunden sind, gelangen als Kohlendioxid aus der Luft in die Pflanzenblätter. Eine lange Liste weiterer wesentlicher Stoffe, darunter Stickstoff und Minerale wie Phosphor, Kalium, Schwefel, Kalzium, Magnesium und eine Anzahl Spurenelemente, werden über die Wurzeln dem Boden entnommen. Die Pflanze wandelt diese anorganischen Stoffe alsdann in lebendes Gewebe um.

11 Pflanzen können den Stickstoff nicht der Luft entnehmen, wo er in Form von Stickstoffmolekülen (N_2) vorkommt.

Pflanzen können den Stickstoff nur verwenden, wenn er «gebunden» oder in Ammoniak (NH_3) umgewandelt ist. Die Bindung des Stickstoffs wird durch einzellige Organismen ausgeführt, von denen einige Moneren und andere wiederum Algen sind.
Ohne jene sogenannten Stickstoffbinder könnte auf der Erde kein höheres Leben bestehen. Ohne sie gäbe es keine mehrzelligen Pflanzen, also auch keine Tiere und Menschen.
Im Ozean wird der Stickstoff durch die Algen und die photosynthetischen Bakterien gebunden. Im Erdboden gibt es einige wenige, sich frei bewegende stickstoffbindende Bakterien, aber der meiste Stickstoff wird von den Bakterien gebunden, die in Wurzelknöllchen bestimmter Pflanzen leben. Erbsen, Sojabohnen und Lupinen sind einige Pflanzen, die stickstoffbindende Organismen in ihren Wurzeln beherbergen.

12 **Durch Fruchtwechsel wird dem Erdboden Stickstoff zugeführt.**
Seit Jahrhunderten wissen die Bauern, daß das Anpflanzen von Lupinen oder Klee auf einem Feld dessen Boden anreichert und die nachfolgenden Aussaaten anderer Feldfrüchte ergiebiger macht. Dieses System funktioniert, weil diese besonderen Pflanzen stickstoffbindende Bakterien in ihren Wurzeln beherbergen und die Bakterien sehr viel mehr Stickstoff binden, als die Pflanzen selber verbrauchen. Der Überschuß (zusammen mit den Stoffen aus den Pflanzenwurzeln selbst) bildet ein «Kapital» an gebundenem Stickstoff im Boden, das anderen Pflanzen dann zur Verfügung steht.

13 **Einige Pflanzen haben sich zu eigentümlichen kleinen ökologischen Nischen entwickelt.**
Die Mistel zum Beispiel ist ein Parasit. Sie deckt einen Teil ihres Bedarfs mit Hilfe der Photosynthese (denn schließlich ist sie ja eine grüne Pflanze), andererseits entnimmt sie aber auch Nahrung von dem Baum, auf dem sie wächst.
Auf eine ähnliche Weise nehmen Pflanzen wie die Venusfliegenfalle gelegentlich gern ein Häppchen in Form eines Insektes zu sich, um ihre Versorgung per Photosynthese zu ergänzen.

Tiere

14 **Das Reich der Tiere erstreckt sich von primitiven Lebensformen wie den Schwämmen bis hin zu den Menschen.**
Es ist das vielfältigste aller fünf Reiche. Schwämme enthalten viele Zellen, aber jede Zelle vermag unabhängig von den anderen zu funktionieren – passiert man zum Beispiel einen Schwamm durch ein Sieb, so ist jede Zelle in der Lage, einen neuen Organismus zu erzeugen. Bei höheren Tieren wie den Menschen besitzen die Zellen spezielle Funktionen und hängen voneinander ab, wenn sie überleben wollen.

15 Tiere nehmen Nahrung auf.

Dies ist tatsächlich die große Evolutionsstrategie im Tierreich. Im Gegensatz zu den Pflanzen, die ihre eigene Nahrung mit Hilfe der Photosynthese herstellen, sind Tiere darauf angewiesen, die Nahrung in ihrer Umgebung zu suchen. Dabei können sie eine der beiden folgenden Strategien verfolgen: sie können still sitzen und darauf warten, daß die Nahrung zu ihnen kommt (wie die Korallen), oder sie können sich auf den Weg machen, um sie zu suchen (wie die Leoparden).
Die Pflanzenfresser (wie Hasen) nehmen ihre Nahrung in Form von Pflanzen auf, die Fleischfresser (wie Wölfe), indem sie andere Tiere fressen, und Allesfresser (wie Menschen und Waschbären) essen sowohl Pflanzen als auch Tiere.

16 Es gibt viele Tierstämme.

Von vielen Biologen wird das Tierreich in nicht weniger als einunddreißig verschiedene Stämme unterteilt. Die meisten umfassen niedere Lebensformen wie Würmer und Parasiten. Einen Eindruck von dieser Einteilung in Stämme gibt die nachfolgende Liste wieder, die zwar repräsentativ, jedoch alles andere als vollständig ist:

- Porifera oder Schwämme
- Cnidaria oder Nesseltiere (Quallen, Korallen und Seeanemonen)
- Plathelminthes (Plattwürmer einschließlich der Bandwürmer)
- Rotatoria oder Rädertiere (mikroskopisch kleine Organismen)
- Nematoden (Fadenwürmer)

Schwämme (links) und Korallen (rechts) sind zwei verschiedene Tierarten.

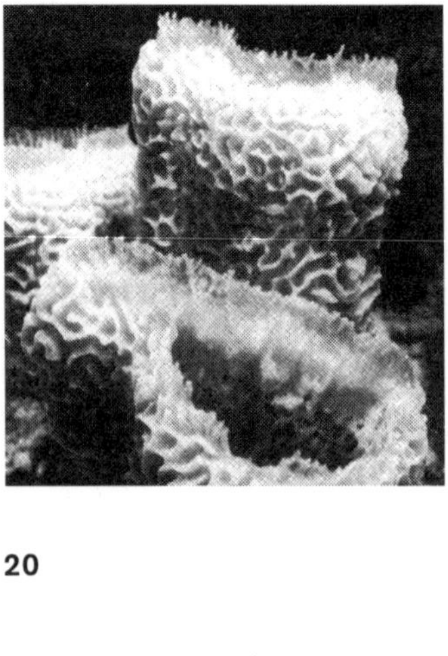

- Anneliden (Ringelwürmer)
- Mollusken oder Weichtiere (Muscheln, Schnecken, Tintenfische)
- Arthropoden oder Gliederfüßer (Spinnentiere, Insekten, Krustentiere)
- Echinodermen oder Stachelhäuter (Seesterne)
- Chordaten oder Mantel- und Wirbeltiere (alle Tiere mit einer Wirbelsäule, Menschen inbegriffen)

17 Tiere haben sich über primitive Formen fortentwickelt.

Zu den Ahnen der höheren Tiere gehören Faden-, Platt- und Ringelwürmer, Quallen, Korallen und Weichtiere. Jedes dieser Tiere stellt einen gesonderten Stamm des Tierlebens dar, welche die Biologen der Erforschung für ebenso wert befinden wie die unseres eigenen Stammes der Mantel- und Wirbeltiere.

Der erste Blick auf Tiere ist manchmal trügerisch. Obwohl Seesterne und Seeigel zuerst als einfache Tierformen erscheinen, entpuppen sie sich bei genauerem Hinsehen als ziemlich komplexe Organismen. In Wirklichkeit gehören sie zum letzten Zweig des Baumes der Evolution, der zu den Manteltieren, den Wirbeltieren und schließlich zu uns Menschen hinführt.

18 Der erfolgreichste Tierstamm besteht aus den Gliederfüßern.

Zu dieser Klasse gehören Spinnentiere, Hundert- und Tausendfüßer, Krustentiere wie Hummer und die wichtigsten von allen, die Insekten. Die Gliederfüßer zeichnen sich durch eine harte äußere Schale (Hautpanzer) aus, die gewöhnlich aus Einzelteilen zusammengefügt ist, damit diese Tiere sich bewegen können. Der Hautpanzer wächst nicht mit, so daß die Gliederfüßer ihren alten Hautpanzer während des Wachstums abstreifen (Häutung) und vergrößert neu bilden. Etwa 50 bis 80 Prozent aller Tierarten sind Gliederfüßer.

Die Hufeisenkrabben, deren Panzer zuhauf an die Strände der Ostküste der Vereinigten Staaten gespült werden, sind Gliederfüßer, die quasi unverändert seit fast 500 Jahrmillionen überlebt haben.

19 Das eigenartigste Tier stellt eine eigene Klasse dar.
Tief unter der Meeresoberfläche und um hydrothermische Öffnungen gedrängt lebt das merkwürdigste aller bekannten Tiere. Ein rötlicher Wurm, der eine bis zu sieben Meter lange, robuste Röhre baut, in der er lebt. Er nimmt Nahrung auf, besitzt jedoch keinerlei Organe, die einem Mund oder den Eingeweiden entsprechen. Anscheinend ernähren sich diese Würmer von den Bakterien, die in ihren Zellen leben. Sie stellen eine gesonderte Klasse dar, da kein anderes Tier ihnen gleicht.

Riesige Röhrenwürmer leben im Galápagos-Rift auf dem Grund des Pazifischen Ozeans.

Wie viele Füße zählen Sie?

20 Hundertfüßer haben nicht etwa hundert Beine.
Unterschiedliche Arten dieser Unterordnung der Gliederfüßer besitzen zwischen 15 und 173 Beinpaare. Arten der Tausendfüßer (eine weitere Unterordnung) besitzen zwischen 20 und 400 Beinpaare.

21 Insekten gehören zu den erfolgreichsten Gliederfüßern.
Schätzungen über die Gesamtzahl der Insekten auf unserem Planeten reichen bis hinauf zu 10^{18} – rund eine Milliarde auf jeden Menschen. Sie alle besitzen drei Beinpaare (wodurch sie sich von den Spinnen unterscheiden, die vier Beinpaare besitzen), einen Hautpanzer und drei Körperteile – einen Kopf, ein Bruststück und ein Hinterteil.

22 **«Gott hat eine große Vorliebe für die Käfer.»**
Mit dieser Antwort auf einen Fragesteller, der von ihm wissen wollte, was das Studium der Natur ihm über das Denken des Schöpfers offenbart habe, wird der berühmte britische Biologe John Scott Haldane zitiert.
Unter den erfolgreichen Insekten ist die Unterordnung der Coleoptera oder Käfer die erfolgreichste. Von den Käfern gibt es mehr Arten auf der Welt als von jedem anderen Tier. Als Junge war ich ein begeisterter Insektensammler, und ich war überrascht, als ich erfuhr, daß es in der Umgebung von Chicago mehr als hundert verschiedene Käferarten gab. Diese Information entmutigte mich dermaßen, daß ich auf der Stelle beschloß, das Sammeln aufzugeben und mich lieber der Physik zu widmen.

OFFENE FRAGEN

23 **Woher kommen die Wirbeltiere?**
Will man den evolutionären Stufen nachspüren, die zu den heutigen Wirbeltieren geführt haben, so stellt sich dies als ziemlich schwierig heraus.
Eine der geläufigen Theorien darüber, wie die Tiere zu einem Rückgrat gekommen sind, die auf der Beobachtung der lebenden Tiere beruht, lautet wie folgt: Es gibt einige Tiere, deren Larven umherschwimmen und etwas Ähnliches wie Rückenmark besitzen. In jenem Stadium gleichen sie primitiven Kaulquappen. Werden sie erwachsen, so büßen sie jedoch ihre Bewegungsfähigkeit wie auch ihr Rückenmark ein. Die Theorie: Tiere wie jene entwickelten sich zu einem Stadium, in dem der Erwachsenenzustand gestrichen ist – tatsächlich leben sie ihr Leben als Larven. War dieser Schritt erst einmal getan, so entwickelte sich der schützende Knochen für das (nunmehr verletzbare) Rückenmark, und die Wirbeltiere machten sich auf und davon und liefen.

24 **Es gibt viele Klassen unter den Wirbeltieren.**
Wirbeltiere sind natürlich die am häufigsten vorkommenden Tiere, und man unterscheidet viele Ordnungen innerhalb der Klassen. Die Klassen sind:

- Fische (drei verschiedene Arten)
- Amphibien (Lurche)
- Reptilien (Kriechtiere)
- Vögel
- Säugetiere

25 **Haie haben keine Knochen.**

Ihr ganzes «Skelett» besteht aus Knorpeln, wodurch sich ihre Wendigkeit beim Schwimmen erklärt. Haie und Neunaugen sind die überlebenden Vertreter der primitivsten Fischformen.

Bereits vor 400 Jahrmillionen wimmelten die Ozeane von Fischen, damals die fortgeschrittenste Lebensform. Zahlreiche dieser frühen Fische besaßen bereits Knochenplatten, viele darunter wurden riesig groß, Köpfe und Körper waren gepanzert. Mittlerweile sind sie ausgestorben. Solche Fische mit Knochen (zu denen nunmehr alle Fische gehören, ausgenommen die Haie und Neunaugen) entwickelten sich im Süßwasser und fanden erst später den Weg in die Ozeane.

26 **Einige primitive Fische hatten Lungen zum Atmen.**

Die ersten Fische mit Knochen verfügten über Lungen, vermutlich damit sie mehr Sauerstoff aufnehmen konnten. Diese Lungen entwickelten sich bei den meisten Fischen zu Schwimmblasen und wurden nicht mehr für die Atmung verwendet. Lange Zeit nahm man an, daß die ozeantüchtigen Lungenfische seit über 70 Jahrmillionen ausgestorben waren, bis Fischer im Jahr 1939 im Indischen Ozean ein lebendes Exemplar fingen. Seitdem sind noch viele mehr gefangen worden, und daher gibt es keinen Zweifel, daß wenigstens ein «Fossil» bis heute überlebt hat.

Merkwürdig genug: Was der Natur nicht gelang, die Menschen schaffen es. Diese «lebende Fossilien» aus dem Indischen Ozean sind als Museumsstücke dermaßen begehrt, daß sie womöglich von den einheimischen Fischern bis zur Ausrottung gejagt werden.

27 Amphibien wie Frösche und Salamander entwickelten sich aus Lungenfischen.
Sie erinnern an ihren Ursprung dadurch, daß sie nach wie vor einen Teil ihres Lebens im Wasser verbringen. Der entscheidende Schritt an Land bestand in der Fortentwicklung der Flossen zu Beinen, mit deren Hilfe sich die Tiere in ihrer neuen Umgebung zu bewegen vermochten.

28 Reptilien waren die ersten für ein Leben an Land geeigneten Wirbeltiere.
Dazu gehören Schildkröten, Schlangen, Eidechsen und Krokodile. Von den Amphibien unterscheiden sie sich durch folgende Merkmale: Schuppen (um den Wasserverlust zu steuern), ein hartschaliges Ei mit einem großen Dotter (damit die Jungen heranwachsen können, bevor sie aus der Schale kriechen), ein besser gekammertes Herz, das den Sauerstoff im Körper besser befördert, und ein komplizierteres Gehirn.

29 Vögel stammen von den Reptilien ab.
Vögel besitzen ein Gefieder (das sich aus Schuppen entwickelte), ein Herz mit einer doppelten Herzkammer und ein größeres Gehirn als die Reptilien. Ebenso besitzen sie einen breiten Brustknochen, an dem die beim Fliegen betätigten Muskeln («das weiße Fleisch») befestigt sind. Alle Vögel waren in der Lage zu fliegen, obwohl manche (wie der Vogel Strauß) sich von dieser Lebensform fortentwickelt haben.

30 Vögel sind Warmblüter.
Amphibien und Reptilien sind Kaltblüter – das heißt, ihre Körpertemperatur hängt von der sie umgebenden Lufttemperatur ab. Daher sind Schlangen und Frösche frühmorgens so träge, und deshalb verbringen sie soviel Zeit in der Sonne.
Vögel dagegen besitzen einen Stoffwechsel, der für eine gleichbleibende Körpertemperatur sorgt. Sie gehören zu der niedersten Lebensform, bei der dies eindeutig erwiesen ist, obwohl darüber diskutiert wird, ob einige Dinosaurier ebenfalls Warmblüter waren.

31 Säugetiere sind Tiere mit Haaren und großen Hirnen, die ihre Jungen säugen.

Sie gehören ebenfalls zu den Warmblütern. Die Menschen gehören zur Klasse der Säugetiere, wie übrigens die meisten großen Tiere. Als Warmblüter vermögen die Säugetiere im kalten Klima zu überleben, während sie dank ihres großen Gehirns unterschiedliche soziale Strategien anwenden können, die anderen Lebensformen nicht zur Verfügung stehen.

Säugetiere lebten das ganze «Zeitalter der Reptilien» über – sie sind nicht etwa erst nach dem Aussterben der Dinosaurier plötzlich aufgetaucht. In den Ökosystemen während des ganzen Mesozoikums spielten sie in Gestalt mausähnlicher Geschöpfe eine Nebenrolle, die sich in einer von Riesenreptilien bevölkerten Welt mühsam durchschlugen.

Wie die Tiere zusammengesetzt sind

32 Jedes Tier ist die Summe seiner Organsysteme.

Die Zellen, die in einem menschlichen (und jedem tierischen) Körper existieren, sind nicht nach dem Zufallsprinzip angeordnet. Sie sind in Organen (wie dem Magen und dem Herz) anzutreffen, und die Organe wiederum sind in Organsystemen (wie dem Verdauungssystem und dem Blutkreislauf) angeordnet. Das vollständige Tier setzt sich aus der Summe seiner Systeme zusammen.

VERDAUUNGSSYSTEME

33 Das Verdauungssystem wandelt Nahrung in Stoffe um, welche die Zellen verwenden können.

Tiere sind entweder Pflanzen- oder Fleischfresser. Die Nahrung gelangt ins Verdauungssystem (gewöhnlich ein hohles Rohr im Körper), indem die großen Moleküle durch die Einwirkung von Enzymen in kleinere aufgebrochen und danach vom Tierkörper aufgenommen werden. Die Organe, die diese Aufgabe erfüllen, bilden das Verdauungssystem.

34 Bei den Menschen beginnt die Verdauung im Mund.

Wenn Sie das Essen kauen, so beginnen Sie damit den Verdauungsprozeß, da die Nahrung in kleine Teile aufgespalten wird (Ihre Mutter hatte recht, wenn sie sagte: Gut kauen und einspeicheln!). Während des Kauens beginnt ein Enzym im Speichel damit, Stärke aufzuspalten.

35 Beim Menschen setzt sich die Verdauung im Magen und in den Eingeweiden fort.

Die Salzsäure tötet Mikroorganismen im Magen und trägt zur Produktion eines Enzyms (Pepsin) bei, das die Nahrung in Proteine (Eiweiße) zerlegt. Im Dünndarm führen die in der Darmwand, der Leber und der Bauchspeicheldrüse erzeugten Enzyme den Löwenanteil der Arbeit beim Aufspalten der Kohlehydrate, Eiweiße, Fette und Nukleinsäure aus. Die Produkte dieser Aufspaltung werden durch die Wände des Dünndarms hindurch absorbiert. Im Dickdarm wird der verdauten Nahrung vor dem Ausscheiden das Wasser entzogen.

36 In den großen menschlichen Eingeweiden leben viele symbiotische Bakterien.

Die berühmtesten darunter sind die *Escherichia coli* (abgekürzt E. coli). Ein Großteil unseres Wissens auf dem Gebiet der Molekularbiologie stammt aus Experimenten mit Kulturen dieser Bakterien in den Laboratorien.

37 Kühe käuen ihr Futter wieder.

Wie so viele andere Tiere auch, verfügt die Kuh in ihrem Verdauungstrakt über keinerlei Hilfsmittel, um Cellulose direkt zu verdauen. Statt dessen gelangt das vorgekaute Gras in den Pansen oder Rumen, eine Vorkammer des eigentlichen Magens, wo die symbiotischen Bakterien die Nahrung aufzuschließen beginnen. Während dieses Vorgangs holt die Kuh regelmäßig Material zum Wiederkäuen in den Mund. Schließlich gelangen das verdaute Gras (in Form von Fettsäuren) und die Mikroorganismen in den Lab- oder Käsemagen, wo die eigentliche Verdauung beginnt.

38 Kühe sind keine echten Vegetarier.
Gras ist kein guter Eiweißlieferant, so daß die Mikroorganismen der Kuh einen zweifachen Dienst erweisen. Erst schließen sie das Gras auf, und sogleich nachdem dies erledigt ist, erweisen sie einen allerletzten Liebesdienst, indem sie selbst im letzten Teil des Kuhmagens verdaut werden.

DAS SYSTEM DER SINNE

39 Die Tiere erfahren ihre Umwelt mit Hilfe ihrer Sinnessysteme.
In der Regel reagieren diese Systeme auf eine dieser vier Erscheinungen: Licht, mechanischen Druck, Temperatur oder chemische Konzentration. Die fünf Sinne des Menschen zum Beispiel sind der Gesichtssinn (Wahrnehmung von Licht), der Geruchs- und der Geschmackssinn (Wahrnehmung von Chemikalien) sowie der Tast- und der Gehörsinn (Wahrnehmung von Druck und Schwingungen). Wir besitzen keinen gesonderten Temperaturfühler. Ich habe mich oft gefragt, ob dies der Grund dafür ist, warum das Thermometer erst im späten siebzehnten Jahrhundert entwickelt wurde.

40 Tieraugen können einfach oder kompliziert sein.
Einige Einzeller verfügen über Flecken an der Außenhaut, mit deren Hilfe sie Hell von Dunkel zu unterscheiden vermögen. Dadurch können sie in dem Teich, in dem sie leben, zum Licht hin schwimmen (d.h. an die Oberfläche).
Insekten und Menschen dagegen besitzen sehr komplizierte Augen. Die Augen eines Insekts (und anderer Gliederfüßer) bestehen aus zahlreichen, nebeneinander gesteckten Linsen. Jedes Teil eines solch zusammengesetzten Auges besteht in Wirklichkeit aus einem gesonderten «Mini-Auge», das mit einer Linse ausgestattet ist, die das Licht auf einen gesonderten Rezeptor fokussiert. Ein Insekt nimmt daher die Welt als eine Reihe sich überlappender Flecken wahr. Es ist nicht

in der Lage, wie die Menschen die feinen Unterschiede wahrzunehmen, dafür aber erkennt es Bewegungen sehr viel wirksamer.

41 Libellen können mehr als 20000 Linsen *pro Auge* haben.
(Möchte gern wissen, wer sie gezählt hat!)

42 Bei den Menschen und den meisten Wirbeltieren ist das Auge ziemlich kompliziert aufgebaut.
Das Licht tritt durch die geöffnete Pupille ein (der dunkle Teil des Auges) und wird von der Linse scharf eingestellt. Muskeln im Auge ziehen sich zusammen oder entspannen sich, um die Brennweite der Linsen zu verändern, damit wir Gegenstände in unterschiedlicher Entfernung *zum* Auge scharf sehen. Das Licht wird auf der *Retina* (Netzhaut) im Augenhintergrund gebündelt, wo chemische Reaktionen (siehe unten) einen Nervenimpuls erzeugen, der zum Sehnerv im Gehirn gelangt.
Im Auge gibt es zwei Arten lichtempfindlicher Zellen: die *Zapfen* und die *Stäbchen*. Ihre Bezeichnungen beziehen sich übrigens auf deren Form, nicht auf ihre Funktion. Die Stäbchen, die auf Farbe nicht ansprechen, übernehmen das Dämmerungssehen, bei dem nur Helligkeitsempfindungen hervorgerufen werden. Es gibt drei Arten von Zapfen, die das Erkennen von Farben übernehmen und jeweils auf blaues, grünes und rotes Licht reagieren. In Zapfen wie auch Stäbchen gibt es große Moleküle, die Lichtphotonen resorbieren und im Sehnerv schließlich Impulse erzeugen.

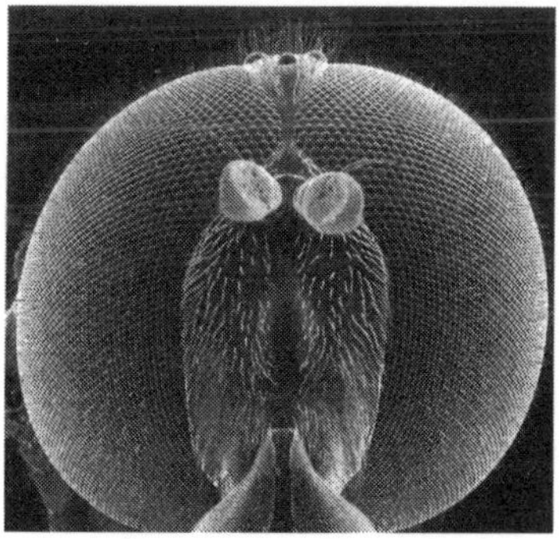

Auge einer Syrphidfliege im Elektronenmikroskop in 120facher Vergrößerung

43 Frösche, Vögel, Eidechsen und Menschen erkennen Farben, Hunde dagegen nicht.

Die Wahrnehmung von Farben ist wahrlich sehr viel komplizierter, als man sich gemeinhin vorstellt. Die Farben erscheinen je nach Umgebungslicht anders – aus diesem Grund erscheinen die Farben von Bekleidungen im Geschäft unter Einwirkung des Neonlichts anders als im Sonnenlicht. Aber sie hängen auch von der Art der Verarbeitung im Auge ab (die Maler wissen zum Beispiel bereits seit langem, daß sich dort, wo Blau und Gelb aneinanderstoßen, eine Fläche ergibt, die weißlich und wie ausgewaschen erscheint). Schließlich hängt es von der Denkart ab. Menschen, denen man einen Baum und einen Ziegel in demselben Grau zeigt, sehen den Ziegel eher rötlich und den Baum eher grünlich.

44 Das Auge ist keine Fernsehkamera.

Eine Fernsehkamera erzeugt ein Bild, indem sie ein Bild in eine Reihe heller und dunkler Punkte auflöst (oder im Fall der Farbfernsehkamera in drei Serien von Punkten – für jede der Primärfarben eine). Es besteht eine direkte Beziehung zwischen jedem gesehenen Punkt auf dem Gegenstand und jedem Punkt auf dem resultierenden Bild, und diese Beziehung bleibt während der ganzen Verarbeitung in der Kamera erhalten. Man könnte also mit anderen Worten die Verarbeitung an irgendeinem Punkt unterbrechen und so etwas behaupten wie: «Dieses elektronische Signal stammt von diesem besonderen Punkt auf jenem besonderen Blatt.»

Im Fall des Gehirns ist so etwas nicht möglich. Ein Stück der Sehrinde kann viele verschiedene Teile der Netzhaut miteinander verbinden, und der Vorgang des «Sehens» ist ziemlich kompliziert. Es hat den Anschein, als wären zum Beispiel Teile der Sehrinde besonders gut geeignet, waagerechte Linien zu erkennen, andere besser im Erkennen senkrechter Linien, andere wiederum im Erkennen der Konturen von Gegenständen, und so weiter. Diese komplizierte Architektur versetzt das Gehirn in die Lage, visuelle Informationen besser zu verarbeiten als selbst der schnellste Computer, der wie eine Fernsehkamera die Informationen nacheinander verarbeiten muß.

45 Ohren reagieren auf den von Schallwellen bewirkten Druck.
Schallwellen bringen das Trommelfell im menschlichen Ohr wie dasjenige einer Trommel zum Schwingen. Die vom Trommelfell aufgenommenen Schwingungen werden von mehreren Gehörknöchelchen ins Innenohr übertragen und verursachen in der Flüssigkeit der spiralförmigen knöchernen Schnecke (Cochlea) Druckveränderungen. Diese führen zu gewissen Verformungen empfindlicher Zellen, und dies wiederum erzeugt einen Sinnesreiz, der schließlich zum Gehirn gelangt.

46 Nicht alle Tiere haben ihre «Ohren» am Kopf.
Bei einigen Motten sitzt das dem Trommelfell entsprechende Gegenstück mitten auf ihrer Brust, während es bei Spinnen und Grillen auf den Beinen sitzt.

47 Beim Geschmacks- und Geruchssinn sind chemische Rezeptoren beteiligt.
Damit man etwas schmeckt, müssen Moleküle des Geschmacksstoffes mit spezialisierten Geschmacksknospen auf der Zunge in Berührung kommen. Damit man etwas riecht, müssen Moleküle des Geruchsstoffes durch die Luft auf eine Nase treffen, wo sie mit anderen spezialisierten Zellen reagieren. In beiden Fällen rufen die Reaktionen der Moleküle mit den Zellen Reize hervor, die über das Nervensystem ins Gehirn gelangen.
Der legendäre Geruchssinn des Hundes spiegelt sich in der Anatomie des Tiers wider. Die Nase eines Hundes verfügt über mehr als 200 Millionen Geruchszellen, während ein Mensch deren nur 5 Millionen besitzt. Was versäumen wir nicht alles!

48 Das Weibchen der Seidenwurmmotte zeigt ihre Bereitschaft zur Paarung dadurch an, daß sie einen Stoff absondert, der Bombykol heißt und das absolute Parfum ist.
Männliche Motten «riechen» Bombykol noch in einer Konzentration von einem Molekül zu einer Billiarde – im Tierreich die wohl erstaunlichste Leistung beim Aufspüren chemischer Stoffe.

49 Beim Tastsinn sind viele verschiedene Empfängerzellen beteiligt.

Nahe der Hautoberfläche gibt es spezialisierte Zellen, die nach dem Druck einer Berührung Schmerz und andere Reize melden. Etwas tiefer liegt ein Netz verschiedener Zellen, die dieselbe Funktion haben. Schließlich gibt es Zellen, die um die Haarwurzeln herumgewickelt sind und melden, wenn ein Haar entfernt wird.
Hausfliegen besitzen druckempfindliche Zellen auf dem Körper, die ihnen melden, wenn sich ein großer Körper nähert und dabei die Luft verdrängt. Aus diesem Grund ist es sehr schwierig, eine Fliege mit der Hand zu erwischen. Deshalb haben Fliegenpatschen Löcher, durch welche die verdrängte Luft wegströmen kann.

KNOCHEN UND MUSKELN

50 Jedes mehrzellige Tier braucht eine tragende Stütze gegen die Schwerkraft.

Die verbreitetste Lösung zu diesem Problem besteht in einem Skelett außen (Muscheln und Insekten) oder innen (Menschen). Beide Strategien schließen Strukturen ein, die Hautskelett bzw. Endoskelett heißen.

51 Die Endoskelette von Wirbeltieren enthalten Knochen und Knorpel.

Knochen treten dort auf, wo Steifheit und die Fähigkeit zur Lastaufnahme gefordert sind, und Knorpel an jenen Stellen, die Elastizität erfordern. Die menschliche Nase und der Kehlkopf bestehen zum Beispiel aus Knorpel, und dieses Material dient als Stoßdämpfer in den Gelenken.
In den Skeletten der Wirbeltiere werden die Gelenke von Bändern zusammengehalten. Dabei handelt es sich um starke, relativ unelastische Bänder, welche die Knochen eines Gelenks auf der einen Seite mit denen auf der anderen Seite verbinden. Der relative Mangel an Elastizität und ihr langsamer Heilprozeß erklären, weshalb Knieverletzungen sich so verheerend auf die Karriere von Athleten auswirken können.

52 **Im menschlichen Körper gibt es zwei Muskelarten.**

Muskeln bestehen aus Bündeln langer Zellen, die sich auf ein bestimmtes Nervensignal hin zusammenziehen. Im menschlichen Körper sind die einfachsten die *glatten Muskeln*, die dem Willen nicht unterworfen sind und unwillkürlich etwa die Erweiterung der Pupille und die Kontraktion des Magens und des Darms steuern. Die *quergestreiften Muskeln* bewerkstelligen die Bewegung der menschlichen Glieder. Sie besitzen einen komplizierteren Aufbau (und entwickelten sich später) als glatte Muskeln. Eine spezielle Sonderform quergestreifter Muskeln bewegt sich regelmäßig, um Blut durch das Herz zu pumpen.

Beispiele für quergestreifte (links) und glatte Muskeln (rechts) durch das Mikroskop

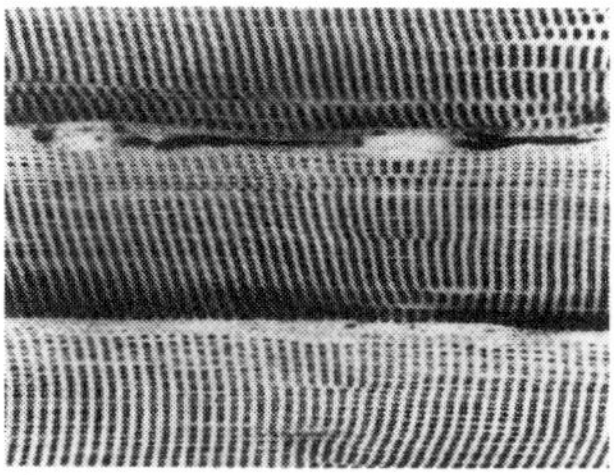

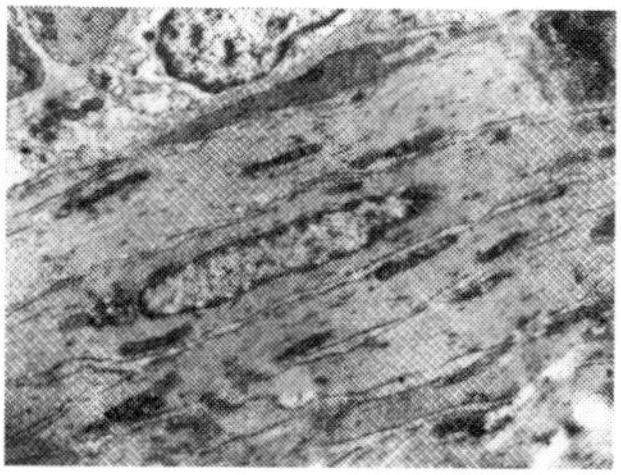

Quizfrage

Wenn Sie einem Kind sagen, es solle «seine Muskeln spielen lassen», welche Muskelart meinen Sie dann?

Antwort: Die gestreiften oder willkürlichen Muskeln.

53 **Muskeln sind mit den Knochen über Sehnen verbunden.**

Zieht ein Muskel sich zusammen, so zieht er an den Sehnen, die ihrerseits an den Knochen ziehen und eine Bewegung erzeugen. Der «Tennisarm» ist eine häufig vorkommende Beschwerde, bei der die Sehnen des Ellbogens sich entzündet haben.

Jede wiederholte Belastung des Ellbogens führt zu dieser Art von Beschwerden. So habe ich mir beim Sägen von Kaminholz mit der Kettensäge einen «Tennisarm» zugezogen.

54 Das Nervensystem eines Tieres sammelt und verarbeitet Informationen und reagiert darauf.

Das *sensorische Nervensystem* empfängt Informationen von den Sinnesorganen des Tieres und leitet sie an das *zentrale Nervensystem* weiter (bei den Menschen ins Gehirn und die Wirbelsäule), wo sie weiterverarbeitet werden. Ist erst einmal eine angemessene Antwort auf die umgebende Situation festgelegt, so gehen weitere Signale vom zentralen Nervensystem zum *autonomen* oder *vegetativen Nervensystem* (welches unwillkürliche Tätigkeiten wie den Herzschlag steuert) und zum *motorischen Nervensystem* (welches willkürliche Bewegungen wie die der Körperglieder steuert).

55 Signale in den Nerven unterscheiden sich von gewöhnlichen Elektroströmen.

Signale werden im Nervensystem von den Nerven übertragen, die aus einem Netz einzelner Zellen (sogenannter Neuronen) bestehen. Jeder Nerv kann viele Signale zur selben Zeit befördern, gerade so wie ein Glasfaserkabel viele Telefongespräche unabhängig voneinander übertragen kann. Die Kontaktstellen an den Enden einzelner Neuronen heißen Synapsen, und die langen dünnen Teile einer Nervenzelle, die eigentlich das Signal befördern (die «Drähte»), heißen Axone.

Bei elektronischen Systemen wie den Hi-Fi-Anlagen werden die Signale mit Hilfe der Elektronenbewegung durch die Drähte befördert. Bei den Nerven werden die Signale mit Hilfe von Kalium- und Natriumionen durch die äußere Membran des Axons übertragen. Erreicht ein Signal das Ende eines Neurons, so treten Chemikalien (sogenannte Neurotransmitter) aus, die vom nächsten Neuron aufgenommen werden, wodurch der Impuls weitergeleitet wird. Die übliche Übertragungszeit für ein Neuron beträgt eine Millisekunde (0,001 Sekunde), was mehr als tausendmal langsamer ist als die Übertragungszeit der entsprechenden Komponente in einem PC (Personalcomputer).

56 **Das Nervensystem höherer Tiere ist gebündelt.**

Bei Tieren wie der Qualle ist das Nervensystem mehr oder weniger wie ein Wurzelwerk über den ganzen Körper verteilt. Bei höheren Lebensformen befinden sich die Sinnesorgane und jene Teile des Nervensystems, die Sinnesinformationen verarbeiten und darauf reagieren, im Kopf. Manchmal besteht dieses zentrale Verarbeitungssystem, etwa bei Würmern, aus nur einem Nervenbündel (Ganglion genannt). Bei Wirbeltieren jedoch nimmt es jene komplizierte Struktur an, die wir Gehirn nennen.

57 **Verschiedene Teile des menschlichen Gehirns führen verschiedene Funktionen aus.**

Das Gehirn kann (grob) in drei Abschnitte unterteilt werden. Das Rautenhirn befindet sich an der Grundfläche (Basis) dort, wo es ins Rückenmark übergeht. Es steuert die automatischen motorischen Bewegungen – bewegt man sich unbewußt, um beispielsweise das Gleichgewicht wiederzugewinnen, so kommen die neuronalen Signale aus diesem Teil des Gehirns. Der obere Teil des Gehirns, das Großhirn mit der Gehirnrinde («die grauen Zellen»), ist der Ort, wo die Sinnesreize verarbeitet werden und sich der Sitz höherer Funktionen wie Nachdenken und Gedächtnis befindet. Zwischen beiden Teilen befindet sich das Mittelhirn, eine wichtige Schaltstation, wo Gefühle und ein Teil des Verhaltens herstammen.

58 **Wissenschaftler verstehen die Komplexität des Gehirns nur unvollständig.**

Bei populären Darstellungen herrscht die Neigung vor, zwischen den drei Teilen des Gehirns Entsprechungen einfacher Natur herzustellen: Rautenhirn = reptilienhaft, unbewußte Existenz; Mittelhirn = tierhaftes Empfinden; Großhirn = «höhere» Funktionen. Oder man stößt sogar auf die Gleichungen: Rautenhirn = Es, Mittelhirn = Ich, Großhirn = Überich.

So einfach ist es jedoch nicht! Die Forschungen über die komplexen Strukturen des menschlichen Gehirns werden die Forscher vermutlich noch für eine lange Zeit beschäftigen, und vereinfachte Vorstellungen wie die vorangehenden werden von den Forschern nicht mehr akzeptiert.

59 **Zusätzlich zu den Signalen entlang der Nerven steuern die Tiere ihre Körperfunktionen noch anhand von Hormonen.**
Diese von speziellen Drüsen oder Geweben ausgeschiedenen Moleküle verbreiten sich im ganzen Körper und wirken auf andere Organe ein. Bei den Menschen machen diese Drüsen das *endokrine System* aus. Bei Angstzuständen beispielsweise scheiden Drüsen der Nebenniere Adrenalin aus, wodurch das Herz schneller schlägt und der Blutzustrom in die Muskeln erhöht wird.

KREISLAUF, ATMUNG UND AUSSCHEIDUNG

60 **Der grundlegende chemische Vorgang, der die Tiere mit Energie versorgt, ist die Oxidation (Verbrennung).**
Damit dieser Vorgang funktioniert, muß dem Körper eines Tieres und dessen Zellen Sauerstoff zugeführt und alsdann müssen die Abfallprodukte aus den Zellen und aus dem Körper entfernt werden. Drei getrennte Abläufe wirken bei diesen Aufgaben zusammen: die Atmung (Zufuhr von Sauerstoff), der Kreislauf (Sauerstoffzufuhr zu den Zellen und Abtransport der Abfälle) und die Ausscheidung (Entfernung der Abfälle aus dem Körper).

61 **Die Art der Sauerstoffentnahme eines Tieres aus seiner Umwelt hängt von seiner Größe ab und davon, ob es im Wasser oder in der Luft lebt.**
Ein einzelliger Organismus nimmt genug Sauerstoff auf (und gibt CO_2 ab), indem die Gase durch seine Außenhaut dringen. Er benötigt kein Atmungssystem. Bei Kiemen (sowohl bei Gliederfüßern wie bei Fischen) wird Wasser ständig über Oberflächen mit Blutgefäßen gepumpt, und der Sauerstoff dringt «im Fluge» ins Blut ein (und CO_2 tritt aus). Die Lungen sind eine Anpassung für ein Leben an Land. Bei den Lungen tritt die Luft in einen Beutel ein, wo sie verweilt, während der Austausch der Gase vollzogen wird. Insekten besitzen keine Lungen, sondern eine Reihe von Luftröhren (Tracheen genannt), welche die Luft aus Höhlen in ihren Körpern direkt in die Zellen befördern.

62 Warmblütige Meerestiere, die wegen ihrer Größe eine Menge Sauerstoff verbrauchen, kommen mit der im Wasser vorhandenen nicht aus.

Verglichen mit derselben Menge Luft enthält eine bestimmte Menge Wasser nur ein paar Volumenprozent Sauerstoff, so daß Wale und Tümmler Luft einatmen müssen. Ebenfalls verliert das Wasser beim Erwärmen seine Fähigkeit, Sauerstoff zu binden, so daß warmes Wasser weniger Sauerstoff enthält als kaltes. Aus diesem Grund schwimmen die Fische während des Tages in die tiefen (und kalten) Zonen.

63 Höhere Tiere besitzen ein Herz.

Die Funktion des Blutkreislaufes bei den Tieren besteht darin, den Zellen Sauerstoff und Nahrung zuzuführen und deren Abfallstoffe zu entsorgen. Bei einfachen Tieren (wie den Fadenwürmern) wirbelt das Blut lediglich im inneren Hohlraum herum. Bei höheren Tieren wird es von einem Herzen durch den ganzen Körper gepumpt.
Ein Herz besteht aus zwei verschiedenen Arten von Kammern – eine, in die das Blut hineinströmt (Vorkammer genannt), und eine, aus der herausgepumpt wird (Ventrikel genannt). Bei den Fischen, wo das Blut eine Runde durch die Kiemen macht und darauf sofort zu den Zellen fließt, besteht das Herz aus zwei Kammern – eine von jeder Art. Bei den Menschen gibt es zwei Kammern, die das Blut in die Lungen pumpen, und zwei weitere, die es durch den Körper pumpen, so daß das menschliche Herz über vier Kammern insgesamt verfügt.

64 Das Blut strömt vom Herzen aus durch Arterien, zum Herzen hin durch Venen.

Bei den Menschen wird das Blut von der linken Ventrikel in ein Netz sich verzweigender Arterien gepumpt, wo es schließlich winzige Gefäße (Kapillargefäße genannt) erreicht, die im ganzen Körper verbreitet sind. In den Kapillargefäßen strömt das Blut zu den Zellen, und CO_2 und weitere Abfallstoffe gelangen ins Blut, das alsdann durch die Venen zum Herzen zurückströmt. Nachdem es in die rechte Vorkammer gelangt ist, wird es von der rechten Ventrikel in die Lungen gepumpt, wo es das CO_2 absondert und Sauerstoff aufnimmt. Von den Lungen kehrt es in die linke Vorkammer zurück und beginnt den gesamten Kreislauf aufs neue.

65 William Harvey (1578–1657) entdeckte den großen Blutkreislauf.

Vor der Veröffentlichung von Harveys Arbeit im Jahr 1628 war die Rolle des Herzens beim Blutkreislauf unbekannt – vielmehr nahm man während der überwiegenden Dauer der Menschheitsgeschichte an, daß das Blut sich überhaupt nicht bewegte. Durch eine Serie klassischer Versuche gelangte Harvey zu unserem modernen Bild vom Blutkreislauf. Ein typisches Experiment: Er brachte am Arm der Versuchsperson eine Aderpresse an, und nachdem die Venen hervorgetreten waren, drückte er sie, um zu untersuchen, welche Richtung «flußabwärts» war. Auf diese Weise entdeckte er, daß das Blut in den Venen stets zum Herzen hin fließt.

66 Der vom Herzen bewirkte Druck reicht nicht aus, um das Blut durch die Venen zurückzudrücken.

Dies trifft besonders dann zu, wenn es bergauf gepumpt werden muß. Die normale Bewegung der Körpermuskeln bewirkt, daß das Blut durch die Venen gedrückt wird, die ebenfalls Klappen besitzen, um einen Rückfluß zu unterbinden.

67 Blut ist ein ganz besonders komplexer Saft.

Über die Hälfte des Blutes besteht aus einer Plasma genannten gelben Flüssigkeit, welche den Hauptanteil chemischer Nährstoffe befördert. Die roten Blutkörperchen befördern den Sauerstoff, und die größeren, wenngleich weniger zahlreichen weißen Blutkörperchen

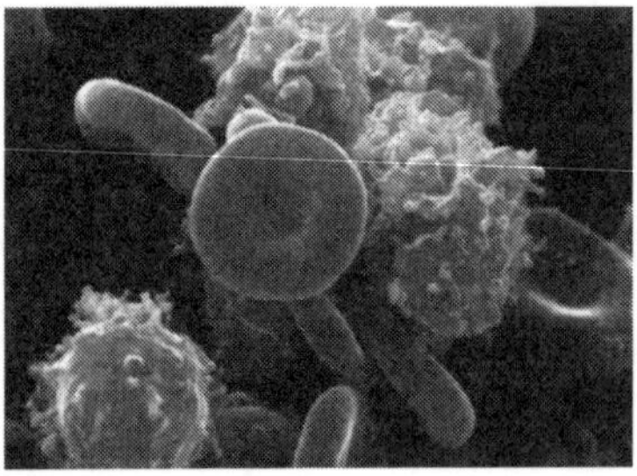

Die runden, krapfenförmigen Gegenstände sind menschliche rote Blutkörperchen; die bauschigen weißen sind weiße Blutkörperchen.

schaffen eine Abwehr gegen Fremdkörper und Mikroorganismen. Die Blutplättchen aus Fragmenten von Zellen des Knochenmarks, die einen Anteil an der Blutgerinnung haben, sind Bestandteil des Blutes.

Ein recht kompliziertes Molekül namens Hämoglobin färbt das Blut rot ein. Das Diagramm seiner Atomstruktur ähnelt einem Spitzendeckchen. In seinem Zentrum befindet sich ein einzelnes Eisenatom, das locker vier Sauerstoffatome an sich zu binden vermag. Hämoglobin (Blutfarbstoff) ermöglicht es dem Blut, vier- bis siebenmal mehr Sauerstoff zu befördern, als wenn der Sauerstoff einfach im Plasma aufgelöst wäre.

68 Rote Blutzellen teilen sich nicht.

Sie entstehen im Knochenmark etwa 140000fach pro Minute, und nach einem nutzbringenden Leben von wenigen Monaten Dauer werden sie in der Leber zerstört.

69 Jedes Tier benötigt eine Methode, um seine Abfälle zu entsorgen.

Es muß eine Möglichkeit geben, Körperflüssigkeiten von unnützen oder schädlichen Stoffen zu trennen, und es gibt viele verschiedene Wege, auf denen die Tiere diese Funktion erfüllen. Bei einfachen Tieren (wie den Plattwürmern) gibt es einzelne Zellen, die zur Außenwelt offen sind. Wenn die Flüssigkeit durch die Zellen strömt, werden einige Stoffe resorbiert – der Restbestand wird ausgeschieden. Bei anderen (den Krustentieren zum Beispiel) wird das Blut durch Filtrieren verarbeitet. Vielleicht ist Ihnen das grüne Organ aufgefallen, als Sie zuletzt Hummer aßen – es gilt allgemein als Delikatesse.

70 Bei den Wirbeltieren geschieht die Abfallentsorgung in den Nieren.

Das Blut tritt in die Nieren ein und wird in einer Sammlung kleiner Organe verarbeitet, die Nephronen heißen. Die Technik ist einfach: Das Blut wird gefiltert, dann werden die Stoffe ausgesucht resorbiert. Was nicht resorbiert wurde, gelangt von den Nieren in die Harnblase, von wo es ausgeschieden wird. Die Nieren sind wirklich eine kompli-

zierte Chemiefabrik, die im Körper ein Gleichgewicht von verschiedenartigen Molekülen und Wasser aufrechterhalten.
Den Nieren gelingt es sehr gut, das Wassergleichgewicht im menschlichen Körper stabil zu halten – ein Mensch kann pro Tag nur einen Liter oder mehrere Liter auf einmal zu sich nehmen und dennoch überleben. Doch die Nieren können keinen Urin mit einer mehr als zweiprozentigen Salzkonzentration erzeugen. Nimmt etwa jemand Salzwasser (das drei Prozent Salz enthält) zu sich, so sind die Nieren gezwungen, dem Körper Wasser zu entziehen, um den Salzüberschuß darin aufzulösen, ein Vorgang, der noch mehr Durst hervorruft.

71 Der weiße Anteil von Vogelexkrementen ist der «Urin».
Bei den Menschen werden flüssige Abfallstoffe in der Blase gesammelt und als flüssiger Urin ausgeschieden. Bei Insekten, Reptilien und Vögeln dagegen wird dem Urin das Wasser entzogen. Die verbleibende Harnsäure wird mit festen Abfallstoffen vermischt und mit diesen zusammen ausgeschieden. Diese Tiere urinieren nicht.

Fortpflanzung und Entwicklung der Tiere

72 Tiere können sich sowohl geschlechtlich wie ungeschlechtlich vermehren.
Bei geschlechtlicher Fortpflanzung besitzt jeder Nachwuchs zwei Elternteile, die jeweils die Hälfte seiner Gene beisteuern. Bei ungeschlechtlicher Fortpflanzung steuert ein einziger Elternteil sämtliche Gene bei. Einzeller pflanzen sich ungeschlechtlich fort.

73 Viele höhere Tiere pflanzen sich ungeschlechtlich fort.
Obwohl die meisten höheren Tiere zwei Elternteile besitzen, sind einige sehr entwickelte Tiere in der Lage, sich ungeschlechtlich fortzupflanzen. Schwämme beispielsweise pflanzen sich gemeinhin durch

Knospung vom Elternorganismus fort. Die Knospung trennt sich dann ab und wächst unabhängig weiter. Einige entwickelte Tiere wie die Seesterne können aus einem Einzelteil wachsen, das abgetrennt wurde. Schlangen vermögen dies dagegen nicht, auch wenn es im Volksglauben allgemein angenommen wird.

74 Pflanzen sich Tiere geschlechtlich fort, so steuert jeder Partner die Hälfte der Gene zum Nachwuchs bei.

Bei den sich geschlechtlich fortpflanzenden Tieren besteht immer ein Mechanismus, Meiose genannt, bei dem Zellen mit einem vollständigen Satz von Genen sich teilen können, um Zellen zu erzeugen, die lediglich die Hälfte der normalen Gene enthalten. Solche Zellen heißen Gameten. Bei den männlichen Gameten handelt es sich um Samenzellen, bei den weiblichen um Eier. Jeder Elternteil steuert eine dieser spezialisierten Zellen zum Nachwuchs bei, so daß der Nachwuchs über einen vollen Satz von Genen (je einen halben von jedem Elternteil) verfügt.

Diesem Seestern wachsen zwei Glieder nach, die er verloren hatte.

75 Geschlechtliche Fortpflanzung heißt nicht unbedingt Geschlechtsverkehr.

Es ist nicht unbedingt notwendig, daß zwei Tiere sich paaren, damit eine geschlechtliche Fortpflanzung stattfindet. Daneben bestehen noch viele andere Strategien, um zwei Sätze von Gameten zusammenzubringen. Dazu gehören der Geschlechtsverkehr, wie normalerweise bei den Menschen üblich, aber auch etwas so Unpersönliches wie die folgende Methode: Ein Männchen und ein Weibchen produzieren jeweils eine große Anzahl Zellen und verstreuen sie im Wind (oder weit häufiger in den Strömen) in der Hoffnung, daß sie irgendwie eine jeweils passende Zelle treffen.

FORTPFLANZUNGSSYSTEME

76 Der erste Schritt bei der Fortpflanzung von Tieren ist die Entwicklung von Gameten.

Bei jedem sich geschlechtlich fortpflanzenden Tier gibt es spezialisierte Zellen (Keimzellen genannt), die entweder ein Ei (beim Weibchen) oder Samenzellen (beim Männchen) produzieren. Die Eier werden gewöhnlich in den «Eierstock» und Samenzellen in den «Hoden» genannten Organen erzeugt. Diese Organe kommen bei ein und demselben Tier vor oder auch nicht. Schwämme, Plattwürmer und Quallen besitzen normalerweise männliche und weibliche Organe. Bei den Menschen tauchen natürlich diese Geschlechtsorgane bei verschiedenen Personen auf.

77 Keimzellen im männlichen Organ teilen sich erst durch Mitose, um sich zu vermehren, danach durch Meiose, um Samenzellen zu produzieren.

Das Endergebnis dieses Vorgangs ist eine Spermatide genannte komplizierte Struktur, in welcher der Kopf die DNS enthält und der lange Schwanz für den Antrieb sorgt.

78 Antoni van Leeuwenhoek (1632–1723) war der erste Mensch, der menschliche Samenzellen sah

und ihre Rolle bei der Fortpflanzung begriff. Er nahm jedoch an, daß der Kopf jeder Samenzelle einen Miniaturmenschen enthalte, der nach der Befruchtung zu einem ausgewachsenen menschlichen Wesen heranreife.

79 **Ex ovo omnia. «Dem Ei entstammt alles.»**

So faßte William Harvey (1578–1657) die Entdeckung der Rolle des Eis in der Fortpflanzung zusammen. Damit endeten die lang andauernden Forschungen über die genaue Technik der menschlichen Fortpflanzung.
Auch die Eizelle entsteht aus den Keimzellen durch die Meiose. Bei einigen Tieren entwickelt sich das Ei weiter. Dazu gehört die Entwicklung eines Eigelbs (das Nahrung für das Neugeborene enthält) und sogar einer Schale.
Das fertige Ei ist je nach Spezies unterschiedlich groß. Bei den Menschen beispielsweise besitzt das Ei einen Durchmesser von lediglich etwas mehr als einem Zehntel Millimeter. Trotz dieses geringen Ausmaßes paßt das Volumen einer Samenzelle fast zweihunderttausendmal in das menschliche Ei.

80 **Rekordei.**

Das größte je erzeugte Tierei ist etwa 17 cm hoch und bei einigen Haifischarten anzutreffen.

81 **Bei der geschlechtlichen Fortpflanzung ist die Befruchtung das wichtigste.**

Bei diesem Vorgang kommen ein Ei und eine Samenzelle zusammen. Tiere, die sich für gewöhnlich nicht bewegen, streuen Eier und Samenzellen breitwürfig in der Umgebung aus in der Hoffnung, daß sie durch irgendeinen glücklichen Zufall aufeinandertreffen. Diese Strategie wird «Laichen» genannt und von Tieren wie Austern und sogar von manchen Fischen, darunter Lachsen, angewendet.

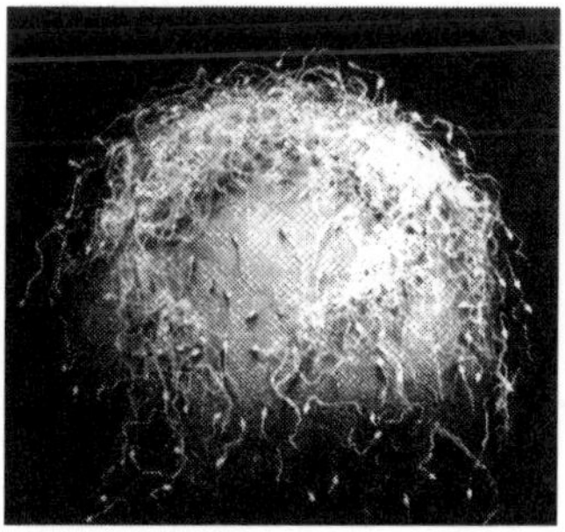

Ein von Spermatozoen umgebenes menschliches Ei. Schließlich gelingt es einem, ins Ei zu gelangen und es zu befruchten.

Andere Tiere wie die Frösche paaren sich, indem Männchen und Weibchen die Samenzellen und Eier gleichzeitig an die Umgebung abgeben. Diese Methode und das Laichen sind Beispiele äußerer Befruchtung – einer Befruchtung also, bei der eine Samenzelle und ein Ei außerhalb des Körpers des Weibchens zusammentreffen.

82 Die höherentwickelten Arten pflanzen sich durch innere Befruchtung fort.

Bei Menschen und anderen Säugetieren wie auch bei den meisten anderen höheren Tieren geschieht die Befruchtung, nachdem die Samenzellen in den Körper des Weibchens eingedrungen sind und den Weg zum Ei gefunden haben.

Die menschlichen Samenzellen erzeugen eine Substanz, die dabei hilft, die Eiwand zu durchdringen, aber eine einzelne Samenzelle kann nicht genug von diesem Stoff produzieren, um hindurchzugelangen. Folglich müssen sich viele Spermatide daran beteiligen, die Außenwand des Eis aufzubrechen, bevor eine schließlich bis zum Ei vordringt und es befruchtet.

83 Die Bienenkönigin paart sich nur einmal.

Sobald die Bienenkönigin erwachsen geworden ist, verläßt sie den Bienenkorb und läßt sich einmal von einer einzelnen Drohne befruchten, gewöhnlich in mehreren hundert Metern Höhe und «im Fluge». Dann speichert sie sämtliche Samenzellen in besonderen Organen in ihrem Körper und verwendet sie, um Eier während mehrerer Monate, ja sogar Jahre zu befruchten. Ihre gespeicherten Samenzellen stellen das gesamte genetische Kapital eines Bienenstocks dar.

84 Das befruchtete Ei, dessen Gene je zur Hälfte von den beteiligten Partnern stammen, heißt Zygote (eine diploide Zelle).

Ist es einmal entstanden, so kann es geschützt werden oder auch nicht. Bei Austern und anderen laichenden Tieren bleibt das befruchtete Ei mehr oder weniger sich selbst überlassen. Die Eltern wenden keine Mühen auf, um es zu beschützen, und die Reproduktionsstrategie besteht darin, so viele Eier zu befruchten, daß einige davon einfach überleben müssen. Bei höheren Tieren dagegen gibt es eine Anzahl anderer Strategien zum Schutz des sich entwickelnden Organismus. Entweder wird er in ein Ei mit einer schützenden harten Schale gebracht oder wächst vollständig im Körper des Muttertiers heran wie bei den Menschen, oder es wird früh geboren und dann in einer Tasche herumgetragen wie bei Känguruhs und Opossums.

85 Ausgehend von einer einzelnen Zelle entwickelt sich die Zygote zu einem Organismus, der schließlich Billionen verschiedener Zellarten enthalten kann.

Dieses Wachstum und diese Diversifizierung ist einer der hervorragendsten (aber ebenso einer der geheimnisvollsten) Vorgänge in der Natur. Die Anweisung für die Entwicklung muß in der DNS enthalten gewesen sein, die sich ursprünglich im Ei und in der Samenzelle befand. Herauszufinden, was diese Anweisungen enthalten und wie sie funktionieren, bleibt eine der großen Aufgaben der modernen Wissenschaft.

Hat sich die Zygote zu einem vielzelligen Organismus entwickelt, so wird dieser Embryo genannt.

86 Die Ontogenese rekapituliert die Phylogenese – in etwa.

Im neunzehnten Jahrhundert bemerkten Biologen, daß ein Embryo eines fortgeschrittenen Organismus während seines Wachstums verschiedene Etappen durchläuft, die der Erwachsenenphase bei weniger fortgeschrittenen Organismen ähnelt. Zu einem gewissen Zeitpunkt etwa besitzt ein menschlicher Embryo Kiemen und ähnelt einer Kaulquappe. Im neunzehnten Jahrhundert wurde dieses sogenannte biogenetische Gesetz zum Beweis dafür herangezogen, daß die Evolution mehr oder weniger in einer geraden Linie vom einfachsten Organismus bis zur Entwicklung des Menschen verlaufen war. Diese Ansicht wird nicht mehr vertreten, doch das biogenetische Gesetz ist nach wie vor eine nützliche Verallgemeinerung über die Art und Weise, in der sich ein Embryo entwickelt.

87 Ein Embryo entwickelt sich während eines Vorgangs, der Zellteilung genannt wird.

Beginnend als einzelne Zelle, teilt sich der Embryo erst in zwei Zellen, dann in vier, dann in acht, dann in sechzehn, und so fort. Bei den ersten wenigen Teilungen bleiben die Zellen synchronisiert – d.h. sie teilen sich etwa zur gleichen Zeit. Wenn die Zellen später diversifizieren, verschwindet diese Synchronisation. Verfolgt man die Geschichte einer Zelle im frühen Embryo, so ergibt sich, daß manche Zellen Teil des Nervensystems, andere Teil des Verdauungssystems, andere des Skelettsystems und so weiter werden.

Die ersten beiden Teilungen der Salamanderzygote – erst in zwei Zellen (links), dann in vier (rechts).

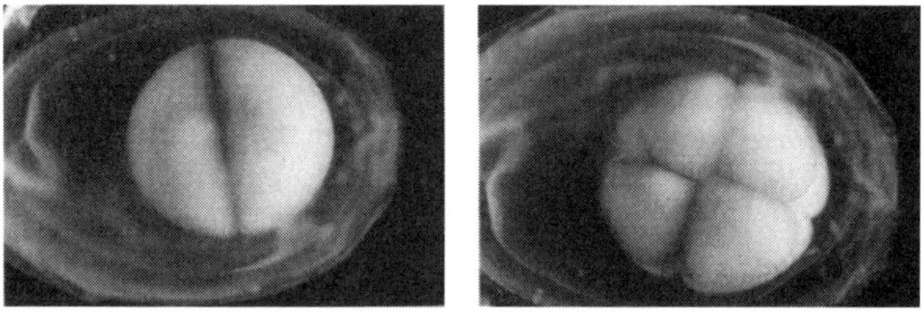

88 In der Frühzeit der embryonalen Entwicklung verliert die Zelle ihre Fähigkeit, ihr Schicksal zu verändern.

Die Fähigkeit einer Zelle, ihr Schicksal zu verändern (d.h. beispielsweise der Wechsel vom Teil des Skelettsystems zu dem des Nervensystems) wird «Omnipotenz» genannt. In der Frühzeit der embryonalen Entwicklung verliert die Zelle ihre Omnipotenz. Wird eine Zelle in späteren Entwicklungsstadien von einer Stelle im Embryo an eine andere verpflanzt, so entwickelt sie sich dennoch in den Organtyp, der ihrer ursprünglichen Position angemessen war.

Die Entwicklungsart einer Zelle scheint vor allem davon abzuhängen, an welcher Stelle im Embryo sie sich befindet – entnehmen wir also eine Zelle einem Gebiet, das sich normalerweise zu einem Muskel entwickelt, und befördern sie zu einem Gebiet, das sich früh in der Entwicklung des Embryos zu einem Teil des Nervensystems entwickelt, so wird die Zelle schließlich Teil des Nervensystems werden.

89 **Die Entwicklung der Zellen ist mit der Geburt nicht abgeschlossen.**
Gewöhnlich bezieht man die Zellentwicklung eines Organismus auf den Embryo, doch die Zellentwicklung dauert noch lange nach der Geburt an. Jeder, der miterlebt, wie ein Kind wächst, weiß, daß dies zutrifft. Tatsächlich sind einige Wissenschaftler davon überzeugt, daß der Verlauf unseres ganzen Lebens – von der Befruchtung bis zum schließlichen Altern und dem Tod – in unseren Genen programmiert ist.

OFFENE FRAGEN

90 **Warum werden wir alt?**
Vor kurzem haben Biologen sich dieser Frage wissenschaftlich genähert. Bei der Beantwortung dieser Frage herrschen zwei Denkschulen vor. Die eine ist die Schule vom «sich anhäufenden Zufall», die behauptet, daß wir altern, weil unser Körper im Laufe unseres Lebens zufällig fehlgelaufenen Prozessen unterliegt. Die andere ist die Schule vom «programmierten Altern», die behauptet, der Alterungsprozeß sei in unseren Genen eingebaut. Diese Ansicht wird von den Resultaten einiger Experimente gestützt. So ergibt sich beispielsweise, daß Zellen menschlicher Embryos, die in Kulturen gezüchtet wurden, sich – unabhängig davon, wieviel Nahrung noch vorhanden ist – nur rund fünfzigmal teilen können, bevor sie absterben.
Vom Standpunkt der Entwicklungsbiologie aus ergibt die Ansicht vom programmierten Altern einen Sinn. Denn ist ein Organismus so alt geworden, daß er sich nicht reproduzieren kann, so wird die natürliche Selektion nicht aktiv, um ungesunde Artmitglieder auszusondern. Es besteht mit anderen Worten kein evolutionärer Druck, um eine langlebige Art zu erzeugen. Im Gegenteil: falls die Energie, die in ein würdevolles Altern geht, die reproduktive Fähigkeit schmälert, so kann ein postreproduktives Leben tatsächlich zu einem negativen Faktor in der Evolution werden.

91 **Es gibt keine «wissenschaftliche» Definition für den Beginn des «Lebens».**
Eine der größten Schwierigkeiten, denen man in der Debatte um die Freigabe der Abtreibung begegnet, ist die Frage, wann das «Leben» beginnt. Gegner der Abtreibung behaupten, das Leben beginne mit der Befruchtung oder der Empfängnis. Diejenigen, die für ein Selbstbestimmungsrecht bei der Entscheidung über eine Abtreibung eintreten, behaupten, es beginne zu einem späteren Zeitpunkt. Es sollte jedoch klar sein, daß es keinen festen Zeitpunkt beim Übergang von der Keimzelle über die Zygote bis zu einem neugeborenen Kind gibt, von dem man sagen könnte, dies sei «der Beginn des Lebens». Der Vorgang vollzieht sich kontinuierlich, und die Frage nach dem Beginn des Lebens muß außerhalb des wissenschaftlichen Bereichs beantwortet werden. In dieser Debatte spiegelt sich der alte theologische Streit darüber wider, zu welchem Zeitpunkt genau der Mensch eine Seele erwirbt.

Vorstellungen über die Ursprünge des Lebens

92 **Alles Leben stammt aus dem bestehenden Leben.**
Dies ist wohl eine der wichtigsten Regeln der Biologie. Sie besagt, daß kein neues Leben direkt aus anorganischen Stoffen entstehen kann. Statt dessen kommen lebende Dinge aus anderen lebenden Dingen hervor. Dies ist beim Vorgang der Zellteilung augenfällig, jedoch war es zu jener Zeit, da die Biologen den Organismus (und nicht die Zelle) als fundamentale Einheit des Lebens ansahen und die Menschen noch nichts von der Existenz der Zellen wußten, längst nicht so offensichtlich.

93 Während der überwiegenden Dauer der überlieferten Geschichte glaubten die Menschen an die Urzeugung.

Es war der Glaube, daß das Leben spontan aus nichtlebenden Stoffen entspringen könne. Läßt man etwa ein Stück Fleisch verfaulen, so ist es bald mit Maden bedeckt. Was für Beweise braucht man noch mehr? Auf dieselbe Weise nahm man an, daß Frösche und Salamander aus dem Schlamm und die Fliegen aus dem Sand kommen, und so weiter. Die Vorstellung von einer Urzeugung überlebte lange, und es brauchte eine Reihe von Experimenten über eine Periode von mehreren Jahrhunderten hinweg, um ihr den Rest zu geben. Das erste Experiment führte der italienische Arzt Francesco Redi durch. 1668 wies er nach, daß sich in einem Stück Fleisch, das er bedeckt hielt, um Fliegen fernzuhalten, keine Maden entwickelten. Fliegen also erzeugen Maden, die sich mit der Zeit zu neuen Fliegen entwickeln – Leben kommt aus bestehendem Leben. Der holländische Naturforscher Antoni van Leeuwenhoek (1632–1723), der mit einem kurz zuvor von ihm entwickelten Mikroskop den Lebenszyklus der Fliegen verfolgte, konnte nachweisen, daß auch Fliegen von anderen Fliegen kommen. Gegen Ende des achtzehnten Jahrhunderts war die Vorstellung von einer Urzeugung ganzer Organismen ziemlich in Mißkredit geraten.

94 Die Urzeugung von Zellen war schwerer zu widerlegen.

Es war sehr schwer, die Urzeugung auf Zellebene zu widerlegen. Erst 1875 etwa waren die Mikroskope so weit entwickelt, daß die Mitose wirklich beobachtet und beschrieben werden konnte. Die Tatsache also, daß Traubensaft durch Gärung zu Wein wird, gleich ob man ihn mit einem Tuch abgedeckt hat oder nicht, galt als Beweis für die Urzeugung von Hefe. Diesen Vorstellungen machte schließlich Louis Pasteur den Garaus, der in einer Reihe genialer Experimente in den späten fünfzigern und sechziger Jahren des neunzehnten Jahrhunderts nachwies, daß die Luft selbst voller Mikroorganismen steckt, die in der Lage sind, solche Wirkungen zu zeitigen.

Einzeller

95 Es gibt zwei vollständige, den Einzellern gewidmete Reiche.
Früher wurden Einzeller entweder als Pflanzen oder als Tiere eingestuft, je nachdem ob sie ihre Energie aus der Photosynthese oder durch Nahrungsaufnahme beziehen. Vor kurzem hat man erkannt, daß diese Organismen eigentlich nicht sehr gut in die traditionellen Kategorien passen, und man hat zwei neue Reiche für sie ersonnen. Diese Reiche sind die Prokaryoten, die aus Einzellern ohne Zellkern, den Bakterien, bestehen, und die Protisten, die eine Zelle besitzen. Allgemein wird angenommen, daß die Bakterien die primitiveren unter den einzelligen Organismen sind und die ersten Lebewesen waren, die sich entwickelten.

96 Zellen aus Organismen im Reich der Bakterien sind rudimentär.
Diese Zellen sind nicht nur Prokaryoten (die DNS liegt frei herum), sondern ihnen fehlt ein guter Teil der komplexen Struktur fortgeschrittenerer (eukaryoter) Zellen. Wir glauben, daß viele der Organellen in fortgeschrittenen Zellen als symbiotische Organismen begannen – d.h., fortgeschrittene Zellen sind in Wirklichkeit Kolonien aus vielen verschiedenen einfachen Zellen, die gelernt haben zusammenzuleben.

97 Prokaryoten sind die Generalisten der zellularen Welt.
Vielleicht weil sie so einfach aufgebaut sind, scheinen Bakterien Fähigkeiten zu besitzen, die fortgeschrittenere Organismen verloren haben. So können sie beispielsweise Zellulose verdauen, was Säugetiere nicht mehr vermögen. Aus diesem Grund beherbergen die Kühe in ihren Mägen Bakterien.
Ich denke, daß Prokaryoten einem einfachen Personalcomputer gleichen, der nach jedem Anschalten arbeitsbereit ist, und die fortgeschritteneren Zellen ähneln hochentwickelten Maschinen, die weitaus mehr Leistungen anbieten, die jedoch gehätschelt und nach jeder Benutzung auf null gestellt werden müssen.
Wie alle anderen lebenden Dinge brauchen auch Prokaryoten eine Energie- und eine Stoffquelle. Beides kann aus organischen oder an-

organischen Quellen stammen. Die Bakterien beziehen ihre Energie aus der Gärung organischer Stoffe, aus der Photosynthese oder aus dem Oxidieren anorganischer Substanzen.
Der wichtigste Stoff, den die Bakterien aus ihrer Umwelt erhalten müssen, ist der Kohlenstoff. Manche entnehmen ihn den organischen Stoffen – diese Bakterien sind für die Verrottung abgestorbener Pflanzen und Tiere verantwortlich. Andere entnehmen den Kohlenstoff anorganischen Zusammensetzungen wie etwa dem Kohlendioxid in der Luft.

98 Bakterien können aerobisch oder anaerobisch leben.

Manche Bakterien sind anaerob, was soviel bedeutet, daß sie ihre Energie nur ohne Sauerstoff erzeugen können. Die Bakterien, die einen Abfallhaufen in Kompost verwandeln, gehören zu dieser Klasse. Andere Moneren benötigen Sauerstoff zum Überleben und werden aerob genannt.
Ich sollte darauf hinweisen, daß Aerobic wenig mit aeroben Bakterien zu tun hat. Aerobic soll den Sauerstoffbedarf des Körpers erhöhen und hat mit aeroben Bakterien nur den Namen gemeinsam.

99 Der vielleicht ungewöhnlichste Mechanismus zur Energieerzeugung ist bei den Bakterien zu finden, die viele tausend Meter tief im Ozean leben,

und zwar in der Nähe hydrothermischer Öffnungen. Die Bakterien beziehen ihre Energie aus dem Schwefelwasserstoff (H_2S), der aus diesen Öffnungen hervorsprudelt. Diese Bakterien bilden die Grundlage der Nahrungskette, die alle Arten von Schalentieren und Riesenwürmern einschließt.

100 Die Arten einzelliger Organismen werden nicht in bezug auf die Kreuzbarkeit definiert.

Es fiel mir immer schon schwer, das muß ich gestehen, Biologen zu verstehen, die von «Arten» einzelliger Organismen sprechen. Denn schließlich gelten die Mitglieder derselben Art als Teile einer sich kreuzenden Population. Wenn eine Paarung nicht in Frage kommt – wenn alle Reproduktion durch Zellteilung vollzogen wird –, was hat man dann unter «Art» zu verstehen? Es stellt sich heraus, daß Biologen den Begriff «Art» in diesem Fall nur als Analogie zum Gebrauch dieses Begriffes im Fall komplexerer Organismen verstehen. Praktisch gesehen werden Arten einzelliger Organismen durch ihre biologische Nische, durch die Art und Weise ihrer Energieerzeugung und durch die Art und Weise der Zusammensetzung der Zelle voneinander unterschieden.

101 Das System der Bakterien.
Von den Bakterien haben vermutlich die meisten Menschen bereits gehört. Bakterien treten gewöhnlich entweder als Kugeln (cocci), Stäbchen (bacillus) oder in gekrümmten oder korkenzieherartigen Formen auf. Häufig kommen sie in Kolonien zahlreicher Zellen vor, die miteinander nicht in Beziehung stehen. Viele Biologen glauben, daß diese Art der Zellenkolonien der Ursprung der Vielzelligkeit in höheren Lebensformen sein könnte.

102 Bakterien verursachen menschliche Krankheiten und heilen sie.
Uns Menschen sind die Bakterien vertraut, da ihre unterschiedlichen Arten eine Anzahl von Krankheiten bei uns hervorrufen. Tuberkulose, Angina, Syphilis, Ruhr und Cholera sind einige Beispiele für Krankheiten, die durch Bakterien verursacht werden. Doch damit Sie nicht denken, die Bakterien seien eine reine Plage, will ich darauf hinweisen, daß eine Bakterienart, die *Streptomyces* nämlich, Streptomycin produziert, eines der gebräuchlichsten Antibiotika. In Wirklichkeit gewinnen wir viele Antibiotika aus Bakterien. Die Kolibakterien (E. coli) sind gutartige Bakterien, die u. a. als Arbeitstiere in der molekularbiologischen Forschung gedient haben.

103 Die als Chlamydia und Rickettsia bekannten Bakterienarten sind die kleinsten lebenden Dinge
und haben einen Durchmesser von nur ein paar hundert Atomen. Sie sind kleiner als das größte Virus. Diese Arten besitzen etwa halb soviel DNS wie andere Bakterienarten. Sie sind etwa so klein, wie es gerade noch möglich ist, um lebensfähig zu sein.

104 **Cyanobakterien sind für einen guten Teil des Sauerstoffs und für die Photosynthese auf der Erdoberfläche verantwortlich.**
Diese Ordnung der Bakterien umfaßt einzellige Organismen, die auf der Wasseroberfläche schwimmen und einfach als «Blaualgen» bezeichnet werden. Es wird angenommen, daß Cyanobakterien die ersten lebenden Dinge auf der Erde gewesen sind und daß ihr Abfallprodukt Sauerstoff vor zwei Jahrmilliarden teilweise für die großen Veränderungen in der Erdatmosphäre verantwortlich war.

105 **Cyanobakterien sind ein Mitglied der als Plankton bekannten Gruppe von Organismen.**
Mitglieder dieser Gruppe werden durch die Tatsache definiert, daß sie sich auf der Wasseroberfläche befinden, aber nicht schwimmen. Plankton umfaßt Bakterien und ein- wie mehrzellige Tiere und Pflanzen. Der Begriff steht im Gegensatz zu «Nekton» oder Organismen, die schwimmen.

106 **Das Reich der Protisten besteht aus einzelligen Organismen, deren genetisches Material (DNS) in einem Kern innerhalb der Zelle enthalten ist.**
Protisten wurden gewöhnlich unter die Tiere eingeordnet, da sie eine ziemlich komplexe Struktur besitzen, sich bewegen und häufig ihre Nahrung einkreisen und verschlingen. Betrachtet man einen Tropfen Wasser aus einem Teich unter dem Mikroskop, so handelt es sich bei den darin herumschwimmenden kleinen «Tieren» sämtlich um Protisten. Die bekanntesten Protisten bewegen sich mit Hilfe von Geißeln fort – lange, peitschenförmige Schwänze, mit denen die Zelle zum Zweck der Fortbewegung wedeln kann. Andere Protisten bewegen sich mit Hilfe von Cilien fort, winzigen, wimperähnlichen Strukturen außen an der Zellwand. Das Pantoffeltierchen (Paramecium), dem Sie wahrscheinlich im Biologieunterricht begegnet sind, ist ein Beispiel für diese Art Protisten.
Protisten sind mit anderen Worten weitaus entwickelter und komplexer als die Bakterien. Sie verfügen über einen vollständigen Satz Organellen und sind in ihrer Komplexität mit einer großen Petroleumraffinerie vergleichbar. Ein mit mir befreundeter Biologe sagte: «Mach dir nichts vor – eine Amöbe ist ein sehr kompliziertes Ding!»

107 **Protisten stellen den größten Teil der fossilen Dokumente auf der Erde.**
Die als Foraminiferen oder Kammerlinge bekannten Protisten sind einzellige Organismen, die eine Schale aus harten Stoffen um sich herum erzeugen. Sie sind sehr klein (so klein, daß man sie nur unter dem Mikroskop sieht), aber die Schalen bleiben im Sediment auf dem Meeresboden erhalten. Der Kalkstein steckt voller Fossilien aus den Schalen dieses besonderen einzelligen Organismus.

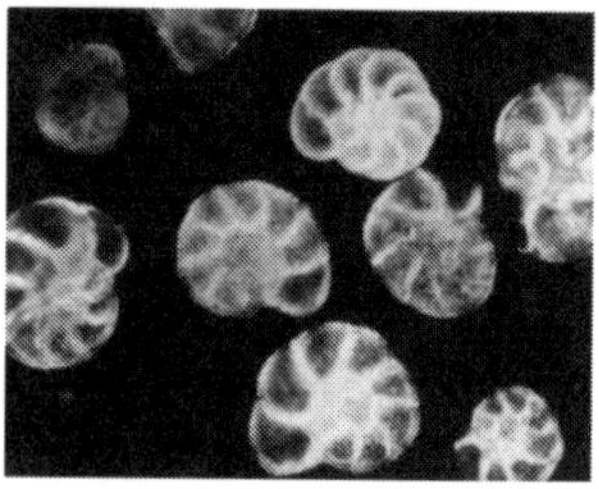

Beispiele für Foraminiferen (Wurzelfüßer)

Klassische Genetik

108 **Genetik ist die Wissenschaft, die sich mit den Fragen beschäftigt, wie und warum die Nachkommen ihren Eltern gleichen.**
Seitdem die Menschen einen Zusammenhang zwischen Sexualität und Nachkommenschaft hergestellt haben, ist man davon ausgegangen, daß es einen Zusammenhang zwischen den Eigenschaften der Eltern und ihrer Kinder gibt. Die Wissenschaft von der Genetik widmet sich dem Studium der Beziehung zwischen Eltern und Nachkommen und deren Entstehung.
Wenn Sie nächstesmal feststellen, daß der kleine Helmut dieselben Augen wie Tante Helene hat, so stoßen Sie die Tür zu einem der wichtigsten Untersuchungsgebiete innerhalb der Biologie auf.

109 **Gregor Mendel hat die moderne Genetik begründet.**
Als Vater (bitte entschuldigen Sie den Ausdruck!) der modernen Genetik gilt im allgemeinen der österreichische Mönch Gregor Johann

Mendel (1822–1884). Seit 1856 beschäftigte er sich in der Abgeschiedenheit des Brünner Augustinerstifts mit botanischen Arbeiten und führte eine lange Serie von Kreuzungsversuchen mit Erbsen und Bohnen durch, nach denen er die grundlegenden Gesetze der Genetik aufstellte. Der Inhalt seiner Arbeiten (weiter unten dargestellt) wird nunmehr als «klassische» oder «Mendelsche» Genetik bezeichnet. Mendel veröffentlichte die Ergebnisse seiner Versuche in einer obskuren österreichischen Zeitschrift. Was Wunder, daß sein Werk bis nach seinem Tod unbekannt blieb!

110 Mendel führte seine Experimente mit Erbsen durch.
Diese Versuche sind Teil der wissenschaftlichen Gebräuche und auch unserer Mythologie geworden. In seinem Stiftsgarten befruchtete Mendel eine Reihe ausgewählter Erbsenpflanzen mit den Pollen einer anderen Serie und untersuchte dann die Nachkommenschaft. Schnell fand er heraus, daß bei der sich darauf ergebenden Nachkommenschaft gewisse Charakteristiken vorherrschen. Hatte er beispielsweise eine große Pflanze mit einer kurzen gekreuzt, so war das Ergebnis nicht etwa eine mittelgroße Pflanze, sondern eine große. Wurde diese hybride Nachkommenschaft mit einer anderen gekreuzt (oder befruchtete sie sich selbst), so war ein Viertel der Nachkommenschaft kurz und die übrige groß. Durch solche Regelmäßigkeiten gelangte Mendel zu seiner Theorie der Genetik.

111 GLOSSAR ZUR GENETIK

Allel – eine Genausprägung. In Mendels Erbsenpflanzen beispielsweise ist eine Allele für die Größe, eine andere für die Kürze zuständig. Der Begriff bezieht sich auf die Gene selbst, nicht aber auf die Merkmale (wie die Größe).

Genotyp – eine Beschreibung der Genausprägungen (Allelen) eines Organismus (zur Unterscheidung von der Beschreibung des Organismus selbst).

Phänotyp – eine Beschreibung der Merkmale eines Organismus. Wenn ich daher sage, daß Mendels Erbsenpflanzen ein Gen für die Kürze besitzen, so spreche ich über deren Genotyp, aber wenn ich sage, die Pflanze ist kurz, so meine ich deren Phänotyp.

112 **Die fundamentale Einheit der Vererbung heißt Gen.**

Diesen Begriff prägte Mendel für das, was von den Eltern auf ihre Nachkommen übergeht. Ihre Gene haben bewirkt, daß Sie groß oder klein wurden, blaue oder braune Augen bekommen haben, und so weiter. Heutzutage wissen wir, daß das Gen ein Strang mit vielen tausend Molekülen auf einer DNS-Kette ist, doch Mendel hatte keine Ahnung davon, was DNS ist. Er erstellte seine Theorie nur anhand der Beobachtung seiner Erbsenpflanzen. In Wirklichkeit kündigten die Gene ihm ihre Anwesenheit durch ihre Einwirkungen auf jede Pflanzengeneration an.

113 **Jeder Elternteil verfügt über zwei Gensätze; die Nachkommen erhalten ein Gen für jedes Charaktermerkmal von jedem Elternteil.**

Die Grundmechanik eines Gens ist einfach. Jeder Elternteil besitzt zwei vollständige Gensätze, und jeder trägt davon einen Gensatz zum Nachkömmling bei. Welches der beiden Gene beim Nachkömmling tatsächlich «ausgedrückt» wird (d.h., welche Charakterzüge sich bei einem Nachkömmling herausbilden), hängt davon ab, welche Genkombination sich ergeben hat, und diese Kombinationen werden von den Gesetzen bestimmt, die Mendel entdeckte.

114 **Gene verhalten sich dominant oder rezessiv.**

Wenn zwei Gene in einem Nachkömmling zusammentreffen, so gibt es wohl bestimmte Regeln dafür, welches Gen im neuen Organismus ausgedrückt wird. Sind die beiden Gene dieselben – erhält beispielsweise ein Kind das Gen für blaue Augen von beiden Elternteilen –, so entsteht kein Problem. Das Kind wird blaue Augen bekommen. Was aber, wenn das Kind ein Gen für blaue Augen und eins für braune Augen erhält? Die Augen können nur eine Farbe annehmen, daher muß ein Gen «siegen».

Das «siegende» Gen wird dominant genannt. Bei den Menschen zum Beispiel ist das Gen für dunkle Augen dominant, so daß das Kind im Beispiel braune Augen bekommt. Das Gen, das «unterliegt», wird rezessiv genannt. Bei Mendels Erbsen war das Allel für die Größe dominant, während das für die Kürze rezessiv war.

Die Rechnung mit den Genen ist leicht. Ist kein Gen (oder sind beide) dominant, so wird das dominante Merkmal ausgedrückt. Das rezes-

sive Merkmal wird nur dann ausgedrückt, wenn beide Gene rezessiv sind. Das ist bereits alles über die Vererbung à la Mendel.
Nehmen wir die Erbsen als Beispiel. Bei der ersten Kreuzung (lang und kurz) hatte ein Elternteil zwei dominante Gene (die wir als L/L abkürzen), während der andere zwei rezessive kurze Gene (k/k) besaß. Daher hat jeder Nachkömmling ein langes und ein kurzes Gen (L/k), und da die Länge dominant ist, war jeder Nachkömmling lang. Wenn die Nachkömmlinge jedoch miteinander gekreuzt werden, so rechnet man allgemein mit einem L/L, jeweils einem L/k und einem k/L und einem k/k. Die ersten drei werden lang, der letzte wird kurz werden, wie Mendel herausfand.

115 Ein Mensch kann ein rezessives Gen besitzen, ohne es zu wissen.

Ein rezessives Gen verbleibt in der DNS eines Nachkömmlings und kann an seine eigenen Nachkommen weitergegeben werden. Ein Kind etwa mit einem braun- und einem blauäugigen Elternteil, das selbst braune Augen hat, kann dennoch ein rezessives Gen für blaue Augen mit sich herumtragen. Bekommt es seinerseits ein Kind von jemandem mit einem ähnlichen Genotyp, so kann beider Kind blauäugig werden, auch wenn beide Elternteile braune Augen haben. Ein Merkmal (wie blaue Augen etwa), das zwar enthalten, aber nicht ausgedrückt wird, heißt rezessives Merkmal. Hat Ihr Sprößling blaue Augen, während Sie und Ihre Frau braune Augen haben, so brauchen Sie nicht gleich an eine Affäre zu denken. Diese Situation liegt innerhalb der Möglichkeiten, welche die Mendelschen Gesetze vorgeben.
Außer den blauen Augen bei den Menschen gibt es noch viele weitere rezessive Merkmale. Eines der bekanntesten ist das Gen für die Hämophilie oder Bluterkrankheit, bei der das Blut nicht gerinnt, so daß geringste Kratzer und Verletzungen zum Tod führen können. Dieses Merkmal trat gewöhnlich in einigen europäischen Königsfamilien auf, in denen Inzucht die Wahrscheinlichkeit erhöhte, daß anscheinend gesunde Eltern die Bluterkrankheit als rezessives Merkmal mit sich herumtragen und an ihre Kinder vererben. Die Sichelzellen-Anämie (Blutarmut), Zwergwuchs und die Tay-Sachs-Erkrankung sind weitere Beispiele für Krankheiten und Zustände, die mit rezessiven Genen in Zusammenhang stehen.

116 **Bei den Menschen sind folgende Merkmale rezessiv und dominant:**

rezessiv	*dominant*
blaue Augen	braune Augen
Farbenblindheit	Farbwahrnehmung
Glatzköpfigkeit	Behaartheit

Das Gen für sechs Finger ist ebenfalls dominant über das Gen für fünf Finger. Kaum zu glauben, aber wahr!

Quizfrage

Ein Farbenblinder heiratet jemand, der nicht farbenblind ist. Das Paar bekommt vier Kinder. Wie viele Kinder sind (statistisch) höchstens, wie viele sind mindestens farbenblind?

Mindestens: 0 (falls die dominanten Eltern keine rezessiven Merkmale haben)

Höchstens: 2 (falls die dominanten Eltern ein rezessives Merkmal haben)

117 **Die Zuchtauswahl ist eine praktische Anwendung der Mendelschen Genetik.**

Bauern und Züchter wissen seit langem, daß es möglich ist, den Viehbestand durch Zuchtauswahl zu verbessern. Wird zum Beispiel angestrebt, Vieh zu züchten, das schnell wächst und viel Fleisch liefert, so sucht man sich für die Zucht solche Bullen aus, die diese Eigenschaften besitzen. Auf diese Weise werden jene Gene, die das schnelle Wachstum und die Fleischerzeugung bestimmen, entsprechend der von Mendel entdeckten Gesetze an die nächste Generation vererbt. Diese Anwendung der Mendelschen Genetik erklärt zwei Dinge, die vielen Menschen rätselhaft erscheinen: 1. warum prämierte Zuchtbullen Millionen Mark kosten können, und 2. weshalb sich eine Rasse wie die Black Angus – eigentlich ein viereckiges Stück Rindfleisch auf vier kurzen Beinen – je entwickeln konnte.

118 Die Zuchtauswahl inspirierte Darwins Theorie der Evolution.
Das erste Kapitel seines Werkes *Von der Entstehung der Arten* hat Charles Darwin der Diskussion dessen gewidmet, was er «künstliche Selektion» oder Zuchtauswahl nannte. Sein Argument lautet wie folgt: Wenn Menschen solch große Veränderungen in Organismen hervorrufen können, indem sie bestimmen, welche Einzeltiere Nachwuchs haben sollen, so muß die Natur in der Lage sein, dasselbe über längere Zeitperioden hinweg durch natürliche Selektion zu tun. Obwohl Darwin Mendels Arbeiten nicht kannte, benutzte er unwissentlich in seinen Argumenten die Mendelsche Genetik.

119 Die «grüne Revolution» ist ein neues Beispiel für den Einsatz der Mendelschen Genetik.
In den sechziger Jahren wuchs die Sorge, das anhaltende Bevölkerungswachstum auf der Erde, insbesondere in der sogenannten Dritten Welt, werde dazu führen, daß die Versorgung mit Nahrungsmitteln nicht mehr ausreicht. Pflanzengenetiker entwickelten jedoch neue Reis- und andere Getreidesorten, die höhere Erträge erbrachten. Durch die erhöhten Erträge von den bereits bebauten Feldern konnte die bevorstehende Katastrophe abgewendet werden.

Das System des Lebens

120 Die große historische Aufgabe der Biologie bestand darin, die belebte Natur zu ordnen und zu klassifizieren.
Möchte man das enorm komplexe und mannigfaltige System der belebten Natur auf unserem Planeten verstehen, so muß man als erstes einen Weg finden, die Natur in ein System zu bringen – durch Einteilung in jene Dinge, die zusammengehören, und solche, die nicht dazugehören. In diesem Zusammenhang kann die ganz normale Frage auftauchen: «Gleicht ein Mensch mehr einer Pinie oder einem Fisch?» Unser derzeitiges Einteilungssystem verdanken wir dem schwedischen Naturforscher Carl von Linné (1707–1778). Sein Sy-

stem zur Einteilung der belebten Natur ähnelt ein wenig einem Adressierungssystem, bei dem einem bestimmten Haus ein Länder- und Provinzname, ein Städtename, ein Zustellpostamt, ein Straßenname sowie eine Hausnummer zugeordnet werden. Auf dieselbe Weise läßt sich die belebte Natur mit fortlaufendem Genauigkeitsgrad lokalisieren, indem man sie in zunehmend engere Kategorien einteilt, bis sie zuletzt einer Kategorie zugeteilt werden, die sie mit keinem anderen gemeinsam haben.

121 **Die Einteilung in «Tier, Gemüse oder Mineral» gilt nicht mehr.**

Das alte Quizspiel «Siebzehn und vier» im Hörfunk fing stets mit dieser einleitenden Frage an. Bei diesem Spiel ging man davon aus, daß sich alles entweder in einen nichtlebenden Stoff (Mineralien) oder in einen lebenden (Pflanze oder Tier) einteilen ließe. Bei dieser groben Einteilung der belebten Natur wurden die «Pflanzen» und «Tiere» als dem Pflanzen- und Tierreich zugehörig bezeichnet.

Zusätzlich zum traditionellen Pflanzen- und Tierreich kennen die modernen Biologen noch drei weitere: das der Prokaryoten (einzellige Organismen ohne Zellkern), das der Protisten (einzellige Organismen mit Zellkern) und das der Pilze (wie etwa Schimmel und Wiesenchampignons).

Die Zuordnung eines Organismus zu einem Reich entspricht bei der Adresse in etwa der Zuteilung des Ländernamens.

122 **Die Reiche entsprechen in etwa drei Lebensebenen.**

Prokaryoten und Protisten sind einzellige Organismen, wobei die Prokaryoten zu den primitivsten gehören (die sich vermutlich als erste entwickelten). Die drei mehrzelligen Reiche (das der Pilze, Pflanzen und Tiere) verwenden eine andere Überlebensstrategie. Die Pilze entnehmen ihrer Umwelt das, was sie brauchen, die Pflanzen erzeugen Nahrung mit Hilfe der Photosynthese, und die Tiere verzehren Nahrung, indem sie Pflanzen, Pilze oder einander fressen.

123 **Viren passen nicht in diese Einteilung.**

Sämtliche belebte Natur in den fünf Reichen besteht aus Zellen, Viren dagegen nicht, da sie nur Nukleinsäuren und Eiweiße enthalten. Gehören sie zu den lebenden Dingen? Schwer zu beantworten, es ist vermutlich mehr eine Frage der Semantik. In jedem Fall werden sie in den meisten Diskussionen über die Einteilung vernachlässigt (oder in eine Fußnote verbannt).

124 In jedem Reich sind die Organismen nach Stämmen gruppiert.
Im Tierreich zum Beispiel gibt es Dutzende von Stämmen, welche die verschiedenen Würmer, Weichtiere, Hohltiere und viele andere «niedrigere» Lebensformen umfassen. Die meisten der bekannten Tiere gehören zum Stamm der Chordaten (Tiere mit einem Rückenmark) und dem Unterstamm der Wirbeltiere (Tiere mit einem Rückgrat). Entsprechend ist das Pflanzenreich in viele Stämme unterteilt, einschließlich der Farne, Moose, blühenden Pflanzen, und so weiter. Die Zuordnung eines Organismus zu einem Stamm oder Unterstamm entspricht bei der Adresse in etwa der Zuteilung des Provinznamens.

125 Obwohl Wirbeltiere zu den bekanntesten Tieren zählen, sind sie von den gewöhnlichsten weit entfernt.
Weil wir Menschen zu den Wirbeltieren gehören, neigen wir dazu, diesen Unterstamm im System der belebten Natur zu überschätzen. In Wirklichkeit aber sind die meisten Lebewesen keine Wirbeltiere – so gibt es etwa weitaus mehr Käfer als Säugetiere. In meinem Unterricht weise ich stets auf diese Tatsache hin, indem ich das ausgezeichnete Buch von Lynn Margulis und Karlene V. Schwartz mit dem Titel *Die fünf Reiche* in die Höhe halte, das Beschreibungen sämtlicher Stämme in allen Reichen liefert. Das Buch hat 374 Seiten, ganze vier davon sind den Chordaten (Tieren mit Rückenmark) gewidmet!

126 Stämme werden in Klassen, Ordnungen und Familien unterteilt.
Setzt man die Unterteilung in feinere Bereiche fort, so gelangen wir zu diesen drei Kategorien, die bei einer Adresse in etwa dem Landkreis, der Stadt und dem Zustellpostamt entsprechen. Die Wirbeltiere beispielsweise sind in Klassen – Säugetiere, Amphibien, Reptile, Vögel usw. – unterteilt. Die Klasse der Säugetiere ist weiterhin in Ordnungen – Primaten, Nagetiere, Fleischfresser, Wale (Wale und Tümmler) usw. – unterteilt. Die Ordnung der Primaten schließlich ist unterteilt in Familien – die Lemuren, verschiedene Affenarten, Riesenaffen und Menschen.

127 Organismen werden nach Gattung und Art bezeichnet.
Die letzte Unterteilung im Linnéschen System ist jene in Gattung und Art. Diese entsprechen bei der Adresse der Zuteilung einer Straße und Hausnummer. Organismen derselben Gattung gleichen einander, können sich jedoch nicht paaren. Der Eisbär (*ursus maritimus*) und der Grizzly- oder Graubär (*ursus horribilis*) zum Beispiel sind Mitglieder derselben Gattung innerhalb der Bärenfamilie, gehören aber nicht zur selben Art. Organismen, die sich miteinander vermehren können, sind Mitglieder derselben Art.
Biologen geben gewöhnlich nur die Gattung und die Art eines Organismus an, doch stillschweigend ist das gesamte Einteilungssystem in einem solchen Namen enthalten. Ein bekanntes Beispiel für diesen Usus: der *Homo sapiens* (Mensch, der Weise) – moderne Menschen gehören zu dieser Gattung und Art.

128 Der Fortpflanzungstest für Arten funktioniert nicht immer.
Wie die meisten Regeln in der Biologie, so funktioniert das «Vermehrungskriterium» nicht immer. Der amerikanische Wolf *(canis lupus)* kann manchmal mit gewöhnlichen Hunden *(canis familiaris)* Nachwuchs zeugen, obwohl beide verschiedenen Arten zugeteilt sind.

129 Die Menschen sind die einzig lebenden Mitglieder unserer Gattung und Art.
Der menschliche «Stammbaum» sieht wie folgt aus:

Reich: Tiere
Stamm: Chordatiere
Unterstamm: Wirbeltiere
Klasse: Säugetiere
Ordnung: Primaten
Familie: Hominiden
Gattung: Homo
Art: sapiens

130 Gruppeneinteilungen erfolgen traditionell nach anatomischen Ähnlichkeiten.
Organismen werden mit Hilfe einer Reihe zunehmend eingeschränkter Kriterien eingeteilt, vom Reich bis hin zur Art. Die Menschen zum

Beispiel werden zuerst als Mitglieder des Tierreichs identifiziert, weil sie unter anderem aus vielen Zellen (mit Kernen) bestehen und ihre Nahrung verdauen. Wir gehören zu den Wirbeltieren, weil unser Rückenmark in unserer Wirbelsäule eingeschlossen ist. Wir gehören zu den Säugetieren, weil wir behaart sind und unsere Jungen säugen. Wir gehören zu den Primaten, weil wir wie die Affen und Menschenaffen über große Zehen und Daumen, ein großes Hirn, Augen an der Kopfvorderseite und über Fingernägel statt Klauen verfügen. Wenn wir die Familie der Hominiden von anderen Primaten abgrenzen sollen, so werden die Kriterien etwas spezieller. Ein Beispiel: die Hominiden (angefangen beim *Australopithecus*) gingen aufrecht und nicht so wie die Gorillas auf ihren vier Extremitäten. Dies bedeutet, daß das Gewicht des Schädels bei den Hominiden von der Wirbelsäule gestützt wird und weniger Muskeln vonnöten waren, um es zu balancieren. Dies wiederum bedeutet, daß Hominiden keine Befestigungen für schwere Muskeln am hinteren Schädel benötigen, eine Tatsache, die es uns (unter anderem) erlaubt, sie von den Menschenaffen abzugrenzen.

Der *Homo sapiens* wird von anderen Hominiden durch noch detailliertere anatomische Merkmale unterschieden, wie etwa ein flaches Gesicht und große Nebenhöhlen unter den Augen.

131 Ein Organismus kann ausgestorben und dennoch in der Einteilungstabelle enthalten sein,

vorausgesetzt natürlich, daß wir genügend Informationen über die Anatomie eines Organismus aus den fossilen Funden gewinnen können. Aus diesem Grund können wir behaupten, daß es sich bei den Dinosauriern um Reptilien und beim *Australopithecus* um einen Hominiden gehandelt hat, auch wenn es keinen von beiden heutzutage mehr gibt.

132 Manche Wissenschaftler schlagen Alternativen zur Linnéschen Einteilung vor.

Das Linnésche System ist im wesentlichen ein statisches – wir betrachten die Organismen von heutzutage und gruppieren sie. Statt dessen könnten wir uns ihre Entwicklungsgeschichte vornehmen und beispielsweise jene Organismen zusammenfassen, die von einem gemein-

samen Vorfahren abstammen. In diesem Fall würden wir die Organismen als einander nahestehend bezeichnen, wenn nur wenige Verzweigungen im Stammbaum zwischen ihnen lägen, und als einander fernstehend, wenn sich viele Verzweigungen zwischen ihnen befinden.
Ein dritter, damit zusammenhängender Ansatz ist die Einteilung der Organismen danach, wie lange es schon her ist, daß sie einen gemeinsamen Vorfahren besaßen und wie sehr sie sich seitdem davon verzweigt haben. Die beiden letzteren Vorgehensweisen konzentrieren sich auf die Entwicklung der Organismen bis heute, nicht aber auf die Details dieses Zustands.

133 Auf vielen Gebieten der Biologie bleibt die Funktionsdefinition einer Art ein wunder Punkt.
Die klassische Definition einer Art lautet: Zwei Organismen gehören derselben Art an, wenn sie sich untereinander vermehren können. Leider ist es in der Praxis nicht immer möglich, von dieser Definition auszugehen. Nehmen wir folgendes Beispiel: Die Wissenschaftler haben Millionen verschiedener Käferarten identifiziert. Glauben Sie wirklich im Ernst, die hätten versucht, jede dieser Käferarten mit der anderen zu kreuzen? Selbstverständlich nicht – sie haben sich lediglich die Anatomie der Insekten angesehen und aufgrund ihrer Erfahrung eine Entscheidung getroffen. Entsprechend gilt, daß man die Kreuzungskompatibilität, auch im Prinzip, bei ausgestorbenen Arten (wie den Dinosauriern) nicht testen kann.
Wenn ich die Paläontologen unter meinen Freunden ärgern will, so stelle ich ihnen meine Lieblingsfrage: Wenn du ein Fossil eines Chihuahua und eines Bernhardiners vor dir hättest, würdest du diese dann als Angehörige derselben Art identifizieren? Etwa die Hälfte von ihnen verneint diese Frage.

VORAUSSCHAU KOMMENDER ATTRAKTIONEN

134 In Zukunft können Beziehungen zwischen Organismen durch Ähnlichkeiten der DNS gemessen werden.
Eine direktere Maßeinheit bei der Feststellung des Verwandtschaftsgrades zweier Organismen ist der Grad der Überlappung ihres gene-

tischen Kodes. Da die DNS die Abfolge der Aminosäuren in den Eiweißen bestimmt, welche die Zelle synthetisiert, kann statt dessen das Überlappen zwischen den Eiweißen gemessen werden. Zur Zeit ist die Anwendung dieser molekularen Meßmethode des Verwandtschaftsgrades nicht mehr als ein Hoffnungsschimmer in den Augen der Praktiker, vor allem weil die Meßtechniken so zeitraubend und beschwerlich sind. Dennoch ist die Übereinstimmung von DNS und Eiweißen in einigen Fällen eingesetzt worden, und ich habe den Eindruck, daß es nur eine Frage der Zeit ist, bis sie das auf die Anatomie gegründete Linnésche System ersetzen wird.

135 Ein einzelner Menschen hat 99,8 Prozent seiner DNS mit anderen Menschen gemeinsam,
aber «nur» 98,4 Prozent mit den Schimpansen und 98,3 Prozent mit den Gorillas.

Der Westenknopf-Preis für die Identifizierung einer Art aufgrund des kleinsten Beweises.
Es gibt eine alte Redensart, die einen, der voreilige Schlüsse zieht, mit jemandem vergleicht, der mit «einem Knopf anfängt und daran eine Weste annäht». Im Geiste dieser Redensart verleihen wir den Westenknopf-Preis an den kanadischen Paläontologen Davidson Black, der 1927 nicht nur eine neue Menschenart, sondern sogar eine ganze neue Gattung identifizierte (und zwar den Pekingmenschen oder *Sinanthropus pekinensis*), und dies anhand eines einzigen Zahns!

Pflanzen

136 Verfolgt man jede Nahrungskette weit genug zurück, so stößt man auf eine Pflanze.

Pflanzen stellen die Energie für sämtliche höheren Lebensformen auf der Erde zur Verfügung. Die Energie gelangt in Form des Sonnenlichts zu unserem Planeten. Pflanzen absorbieren einen Teil dieser Energie und speichern sie vermittels der chemischen Reaktion der Photosynthese in Form von Zuckern, Fetten, Ölen und Stärke. Pflanzenfresser fressen Pflanzen, um sich selbst zu ernähren, und werden ihrerseits von Fleischfressern gefressen. Bei diesem Vorgang durchläuft die Energie die Nahrungskette.

137 Der überwiegende Teil der Masse organischen Lebens befindet sich in Pflanzen.

Häufig nehmen wir die Pflanzen in unserer Umgebung gar nicht wahr – das Gras unseres Rasens etwa, das Moos auf einem Stein oder die Algen in einem Teich. Dabei machen die Pflanzen den Löwenanteil des organischen Lebens auf unserem Planeten aus – mindestens 90 Prozent, besagen die meisten Schätzungen.

PFLANZENARTEN

138 Algen sind für 50 bis 90 Prozent der Photosynthese auf der Erde verantwortlich.

Sie gehören zur einfachsten Pflanzenart, und es gibt viele Sorten – von den einzelligen Organismen, die auf dem Wasser schwimmen, bis hin zu hochstrukturierten Organismen wie etwa Tang.

139 Mehrzellige Pflanzen haben ein Leitbündel oder nicht.

Bei komplexen Pflanzen gibt es nur eine grobe Unterteilung – in solche, die Flüssigkeiten über ein inneres Gefäßsystem befördern und in solche, die es nicht tun. Die erste Sorte wird Tracheophyten genannt, die zweite Bryophyten.

Moose und einige damit eng verwandte Pflanzen gehören zur zweiten Kategorie. Sie sind die einfachsten Pflanzen, die noch genügend Struktur besitzen, so daß sie sich an Land selbst versorgen können. Darin unterscheiden sie sich von ihren Vorfahren, die nur auf dem Wasser zu schwimmen vermochten. Moose überlassen ihre Embryos nach der Befruchtung nicht ihrem eigenen Schicksal, wie die Algen dies tun, sondern beschützen sie.

140 Die bekanntesten Pflanzen besitzen ein Gefäßsystem.

Die überwiegende Mehrheit der bekannten Pflanzen (Gräser, Blumen, Bäume usw.) besitzt ein inneres Leitbündel. Dieses erfüllt einen doppelten Zweck: es befördert die Nahrung im Innern der Pflanze und sorgt für die Versteifung, welche die Pflanze benötigt, um aus eigener Kraft aufrecht zu stehen. Diese Pflanzen haben auch Blätter, die sie von den Moosen unterscheiden.

Es gibt zwei Klassen von Gefäßpflanzen – die Farne und die Samenpflanzen. Farne sind die einfachsten Gefäßpflanzen. Sie haben Blätter und ein Leitbündel, aber sie reproduzieren sich mit Hilfe von Sporen statt mit Samen. Sie gehörten zu den ersten Pflanzen, die sich entwickelt haben, doch heutzutage spielen sie im Ökosystem der Erde nur eine Nebenrolle .

141 Komplexe Pflanzen reproduzieren sich mit Hilfe von Samen.

Gymnospermen oder Nacktsamer sind die einfachsten samenhaltigen Pflanzen. Sind ihre Samen erst einmal freigesetzt, so sind sie der Umwelt gegenüber ungeschützt. Die bekanntesten Gymnopsermen sind immergrüne Bäume wie Kiefern und Föhren. Die längsten (Roter Sandholzbaum) wie auch die größten Pflanzen (Mammutbaum) auf der Welt gehören zu den Nacktsamern. Sie sind die Grundlage der Holz- und der Papierindustrie. Das Haus, in dem Sie wohnen, und die Buchseite, die Sie umschlagen, enthalten höchstwahrscheinlich die Fasern von Nacktsamern.

Die Blütenpflanzen sind die komplexesten Pflanzen, und sie sind zugleich die bekanntesten. Sie werden Angiospermen oder Decksamer genannt. Ihr Samen ist in einer Frucht eingekapselt (die in Wirklichkeit ein Fruchtknoten ist), und die Frucht ist häufig so angepaßt, daß der Samen großflächig verstreut werden kann. Die meisten Nah-

Pflanze mit Leitungsgewebe

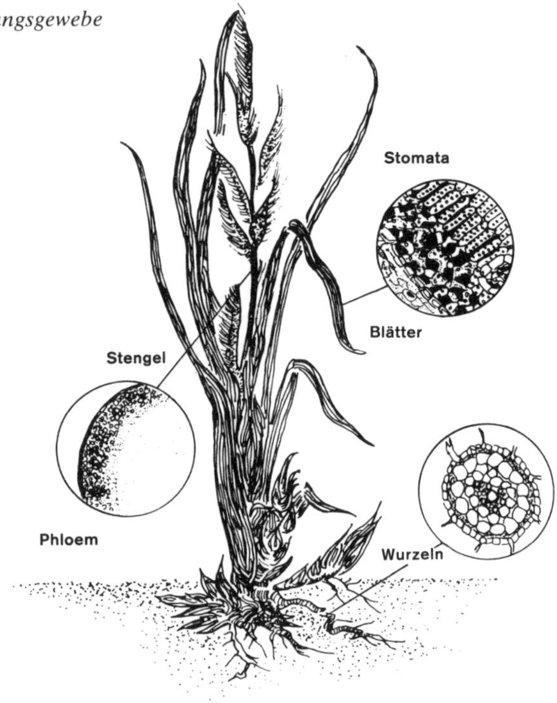

Der Stengel *hält die Pflanze aufrecht und führt die Wasserleitung. Der Holzteil (Xylem) leitet das von den Wurzeln aufgenommene Wasser durch Gefäße sproßaufwärts, während der Siebteil (Phloem) in den Siebröhren die organischen Stoffe aus den Blättern zu den Bedarfsorten hintransportiert. Die Gefäße sind zur Zeit ihrer Funktion abgestorben, die Siebröhren dagegen leben.*

Die Blätter *erledigen den Hauptanteil der chemischen Arbeit in einer Pflanze. Wasser und Kohlendioxid aus der Luft werden in Sauerstoff (der abgegeben wird) und Kohlenhydrate (die durch die Gefäße in die Pflanze zurückgelangen) umgewandelt. Die Blattfläche hat einen wächsernen Überzug und kleine Spaltöffnungen (Stomata), die sich nachts schließen, um einem Wasserverlust vorzubeugen.*

Die Wurzeln *können faserig sein (wie bei Grassoden) oder Pfahlwurzeln (wie bei der Eiche). Mit Hilfe von Pfahlwurzeln kann eine Pflanze auch dann Feuchtigkeit aufnehmen, wenn die Oberfläche des Bodens trocken ist. Grob gesprochen breiten sich die Wurzeln eines Baums so tief im Erdreich aus, wie seine Äste dies oberhalb des Erdreichs tun.*

rungspflanzen, die wir anbauen, sind Angiospermen, wie auch die Zierpflanzen und Hartholzbäume.

142 **Bei den Blütenpflanzen gibt es zwei wichtige Unterklassen.**
Die eine bilden die Monokotyledonen oder Einkeimblättrigen. Dazu gehören die Gräser, Liliengewächse, Orchideen und Palmen. Einkeimblättrige besitzen (neben weiteren Eigenschaften) Blätter mit parallelen Venen und ein über den ganzen Stengel verteiltes Leitbündel (statt nur einer Schicht an der Oberfläche). Zur anderen Unterklasse, den Dikotyledonen oder Zweikeimblättrigen, gehören Sträucher, Kräuter und Weinreben. Sie alle verfügen über ein Leitbündel, welches das Stammzentrum in einem Kreis umgibt. Daher kann man einen Baum töten, indem man das Holz in einem kontinuierlichen Kreis um den Stamm einschneidet.

ENTWICKLUNG DER PFLANZEN

143 **Zeittafel der Pflanzenentwicklung**
Das «Datum» ist jener Tag, an dem das Ereignis stattgefunden hätte, wenn wir die Geschichte der Erde auf ein einziges Jahr verdichten würden.

Zeit (Jahrmillionen)	*Ereignis*	*Datum*
3600	die ersten Algen	21. März
433	Pflanzen gehen aufs Land über	27. Nov.
400	Farne und Einkeimblättrige	30. Nov.
300 (etwa)	größere Kohlelager entstehen	8. Dez.
65	Blütenpflanzen tauchen auf	26. Dez.

144 **Pflanzen tauchten vor mehr als drei Jahrmilliarden auf der Erde auf.**
Die fossilen Funde liefern Beweise dafür, daß die blaugrünen Algen vor 3,6 Jahrmilliarden in den Ozeanen der Erde reichlich vorkamen. Sie unterschieden sich vermutlich nicht sehr von einigen einfachen

Arten neuzeitlicher Algen. Man glaubt, daß die Bryophyten (wie Moos) und die Gefäßpflanzen (wie Farn und Baum) sich getrennt und zu einer anderen Zeit entwickelten als die urzeitlichen Algen.

145 Blütenpflanzen wurden einst für die Ausrottung der Dinosaurier verantwortlich gemacht.

Das Auftauchen der Blütenpflanzen bleibt tatsächlich das große Geheimnis bei der Entwicklung der Pflanzen. Wir wissen, daß sie laut den fossilen Funden vor etwa 65 Jahrmillionen auftauchen, aber wir besitzen noch keine gesicherte Kenntnis darüber, wer ihre Vorfahren waren oder wie sie entstanden sind.

Das Argument mit den Dinosauriern kam wie folgt zustande: Bis zum Auftauchen der Blütenpflanzen fraßen die Dinosaurier solche Sachen wie Kiefernadeln, voll der natürlichen Öle. Als sie dann zu Spinat übergingen, so besagt die Theorie, starben sie alle an Verstopfung. (Das ist wirklich nicht auf meinem Mist gewachsen!)

146 Saft fließt sowohl im Holzteil (Xylem) wie auch im Siebteil (Phloem).

Der Begriff «Saft» meint jene Flüssigkeit, die man sieht, wenn eine Pflanze angeschnitten oder verletzt wird und umfaßt das, was sich sowohl im Holzteil wie auch im Siebteil befindet. Die erste Flüssigkeit enthält gelöste Mineralien und die letztere das Endprodukt der Photosynthese.

Quizfrage

Wenn wir einen Ahornbaum wegen seines Safts anzapfen, erhalten wir dann den Holzteil-(Xylem-) oder den Siebteil-(Phloem-)Saft?

Antwort: den Siebteilsaft. Wir kochen alles weg bis auf den Zucker.

147 Im Gegensatz zu den Tieren, die mehr oder weniger gleichförmig heranwachsen, wachsen die Pflanzen nur an bestimmten Stellen.

Diese Bereiche mit einer schnellen Zellteilung werden Meristem oder Bildungsgewebe genannt. Einige normale Meristeme bei einer Pflanze sind die Spitzen der Wurzeln, die Spitzen der Stengel und auf den Seitenlinien die Punkte (Knospen) auf dem Stengel.

148 Die Kartoffel ist in Wirklichkeit ein modifizierter Stengel und keine Wurzel.
Die Augen sind Seitenknospen, so daß eine sprießende Kartoffel nichts anderes tut als ein Baum, der Zweige austreibt.

149 Baumstämme wachsen unter der Rinde.
Das Gebiet der Zellteilung in einem Baumstamm, Kambium oder Bildungsgewebe genannt, ist jene Schicht glänzender Stoffe, die den Stamm unmittelbar unter der Rinde umgibt. Im Bildungsgewebe entstehen neue Holz- und Siebteile, die den Stamm nach außen ausdehnen und die alten, toten Zellen im Zentrum belassen. Wird ein Baum alt, so verstopft das Harz die Rohre in der Mitte und erzeugt das, was wir Hartholz nennen. Dieses Holz wird seiner Stärke und seiner Resistenz gegen Termiten und Fäulnis wegen teuer gehandelt. Jener Teil des Stammes, in denen die Rohre noch frei sind und daher Flüssigkeit befördern, wird Splintholz genannt.

150 Das Alter eines Baums kann man an seinen Jahresringen abzählen.
Im Frühling erzeugt das Bildungsgewebe große, dünnwandige Gefäße. Wenn später das Wasser weniger reichlich fließt, werden die Gefäße kleiner und ihre Wände dicker (um das Wasser zu schützen, das nun seltener fließt und kostbarer geworden ist). Das Sommerwachstum fällt daher dunkler aus. Die abwechselnd hellen und dunklen Streifen nennen wir Jahresringe.

Eine in Kalifornien beheimatete Pinienart (Pinus aristata) *gehört zu den ältesten lebenden Organismen. Durch Zählen der Jahresringe gelang es Wissenschaftlern, das Klima 8000 Jahre zurückzuverfolgen.*

Quizfrage

Weshalb haben tropische Bäume keine Jahresringe?

Antwort: In den Tropen gibt es keine Jahreszeiten.

151 Der Laubauswurf ist ein Überlebensmechanismus der Pflanzen

(im Winter gehen sogar immergrüne Pflanzen zu einem reduzierten Stoffwechsel über). Geringerer Sonnenscheineinfall im Winter reduziert die Photosynthese, und Bäume verringern ihren Wasserverlust dadurch, daß sie ihr Laub fallen lassen. Während dieses Zeitraums verursacht das Laub tatsächlich mehr Ärger, als es wert ist.

Strenge Kälte kann den kahlen Bäumen aber auch Schaden zufügen – wenn das Wasser in den Stämmen gefriert, dehnt es sich aus, und der Stamm kann aufplatzen. Dabei entsteht ein Geräusch, das zwischen einem lauten Knacken und einem Gewehrschuß ausfällt. Niemand, der es bereits gehört hat, wird es vergessen können.

152 Ein verfaulter Apfel steckt wirklich alle anderen an.

Das Reifen einer Frucht und das Fallen der Blätter werden von der Erzeugung einfacher Chemikalien in einer Pflanze gesteuert. Wenn die Nächte länger werden, so stellen beispielsweise die Baumwurzeln die Produktion einer Cytokinin genannten Chemikalie ein, und die Blätter werden alt und sterben ab. Schließlich fallen sie von den Bäumen und verursachen Kehrarbeit in den Vorstadtgärten.

Es gibt noch eine weitere Chemikalie, die das Fallen der Blätter zu befördern scheint. Im späten neunzehnten Jahrhundert entdeckte man, daß Bäume in der Nähe von Gaslaternen früher als andere ihre Blätter verloren. Heutzutage werden Tomaten häufig grün geerntet und mit Ethylen bedampft, damit sie rot werden, bevor sie in den Supermarkt gelangen. Daher schmecken Wintertomaten nicht so gut wie die aus dem eigenen Garten.

Ein faulender Apfel gibt Ethylen ab und veranlaßt alle anderen in einer Steige, schneller zu reifen. Dies ist der chemische Ursprung dieser beliebten Volksweisheit.

153 Blätter «verfärben» sich eigentlich im Herbst nicht.
Blätter sind normalerweise grün, weil sie Chlorophyll enthalten. Wenn ein Blatt abstirbt, so verschwindet das Chlorophyll, und die anderen Farben, zusammen mit bereits vorhandenen Substanzen, gewinnen die Oberhand.

Ökosysteme

154 Ein Ökosystem ist die Gesamtheit der Pflanzen und Tiere in einer bestimmten Gegend, zusammen mit der physischen Umwelt, in der sie leben.
Die Wissenschaft, die sich der Untersuchung von Ökosystemen widmet, heißt Ökologie.

155 In Ökosystemen kreisen die Atome und fließt die Energie.
Die Atome, aus denen das Ökosystem der Erde heutzutage besteht, sind dieselben Atome, aus denen es vor Jahrmillionen bestand und auch in Zukunft bestehen wird. Atome durchqueren einen Teil, dann einen anderen, aber verschwinden nie. In kleineren Ökosystemen (wie dem eines Teichs) mögen die Atome immer kreisen, jedoch ist die Begrenzung nicht so streng, und es kann durchaus einen Austausch von Stoffen zwischen dem begrenzten Bereich und der Außenwelt geben. Ein Ökosystem, das keinen Austausch von Stoffen mit der Umwelt gestattet, wird geschlossen genannt; ansonsten ist es offen.
Eigentlich stammt sämtliche Energie im Ökosystem der Erde von der Sonne, verweilt eine Zeitlang auf unserem Planeten und wird dann in Form infraroter Strahlung in den Weltraum zurückgegeben. Daher verharrt die Energie nicht auf der Erde, sondern macht lediglich auf ihrer Reise von der Sonne durch den Weltraum bei uns auf der Erde Station. Dieses Verhalten ist für die Art und Weise der Wechselwirkung zwischen der Energie und Ökosystemen üblich.

156 Kohlenstoff kreist durch das globale Ökosystem.

Kohlenstoff wird dem Zustrom des durch die Photosynthese entstandenen Kohlendioxids aus der Atmosphäre entnommen und in das Pflanzengewebe eingebaut. Tiere fressen die Pflanzen (oder andere pflanzenfressende Tiere), und so gelangt der Kohlenstoff in ihre Körper. Durch die Atmung dieser Tiere gelangt ein Teil des Kohlenstoffs in Form von Kohlendioxid in die Atmosphäre zurück. Auf diese Weise schließt sich der Kreislauf.

Wird die Pflanze nicht gegessen, so befindet sich die ursprüngliche Menge Kohlenstoff bei ihrem Absterben noch im Gewebe. Dieser Kohlenstoff kann in den Langzeitspeicher in Form eines fossilen Brennstoffs wie Kohle und Öl gelangen. Er kann verwesen und von Bakterien verdaut werden, wobei in diesem Fall der Kohlenstoff schließlich in Form von CO_2 in die Atmosphäre zurückgelangt. Der Kohlenstoff in einem Tierkörper wird auf ähnliche Weise nach dem Tod des Tieres an die Atmosphäre zurückgegeben.

Ein großes «Becken» mit Kohlenstoff ist das in den tiefen Ozeangewässern aufgelöste Kohlendioxid. Im Ozean ist weitaus mehr Kohlenstoff gespeichert als in der Luft.

Gelangen die fossilen Brennstoffe an die Oberfläche und verbrennen sie dort (in einem Kohlekraftwerk oder beim Autofahren), so wird ihr Bestandteil an Kohlenstoff aus dem Vorrat entfernt und an die Atmosphäre zurückgegeben.

157 Stickstoff kreist durch das Ökosystem der Erde.

Obwohl sich eine Menge Stickstoff in der Erdatmosphäre befindet, können die meisten lebenden Systeme ihn nicht direkt verbrauchen. Stickstoff gelangt über die Tätigkeit stickstoffbindender Bakterien in lebende Organismen. Ist Stickstoff erst einmal im Pflanzengewebe gebunden, so kann er in das Gewebe von pflanzenfressenden Tieren gelangen. Stickstoff wird über Tierexkremente und abgestorbene Pflanzen an den Boden zurückgegeben, und Bakterien können den Stickstoff aus dem Boden an die Atmosphäre zurückgeben. Wie Kohlendioxid auch ist Stickstoff in Form gelöster Gase im Ozean gespeichert.

158 **Man kann nichts wegwerfen,**
da alle Stoffe das Ökosystem der Erde durchlaufen müssen. Unabhängig davon, wie tief etwas vergraben oder wie weit hinaus im Ozean es verklappt wird, es verbleibt im Ökosystem und kehrt letztendlich zurück, ja verfolgt uns womöglich. Dies ist eine der großen Wahrheiten, welche die neueren Debatten über Probleme der Umweltverschmutzung bestimmen.

159 **Energie steigt die Nahrungskette hinauf.**
In jedem Ökosystem drückt die Nahrungskette die Beziehung zwischen lebenden Organismen aus; sie gibt an, wer gefressen wird und wer bei jeder Etappe frißt. Auf der niedrigsten Stufe der Nahrungskette stehen die Pflanzen, die ihr eigenes Gewebe direkt aus dem Sonnenlicht herstellen. Wir können die Pflanzen als erste Nahrungsebene bezeichnen (eine Nahrungsebene ist eine Gruppe von Organismen, die ihre Energie auf die nämliche Weise erzeugt).
Tiere, die Pflanzen fressen (Pflanzenfresser), bilden die zweite Nahrungsebene. Es versteht sich, daß Pflanzenfresser keinen effizienten Gebrauch von der Primärenergiezufuhr machen. Die meisten Pflanzen sterben eines natürlichen Todes und werden nicht von Karnickeln und Konsorten aufgefressen. Normalerweise können Pflanzenfresser 10 Prozent der auf der ersten Nahrungsebene verfügbaren Energie verwerten.
Die dritte Nahrungsebene besteht aus elementaren Fleischfressern (wie den Wölfen), die Pflanzenfresser auffressen, und die vierte aus Tieren (wie den Mörderwalen), die elementare Fleischfresser auffressen. Am Ende der Nahrungskette schließlich befinden sich die Tiere (wie die Geier und einige Insekten), die abgestorbene Pflanzen und Tiere verspeisen.

160 **Menschen, Grizzlybären und andere Allesfresser nehmen Nahrung aller Nahrungsebenen zu sich.**
Sie sind vermutlich die effizientesten Tiere in puncto Verwendung der Energie, die sie über die Nahrungskette erreicht.

161 **Hat man erst einmal verstanden, daß beim Übergang von einer Nahrungsebene zur nächsten etwa 90 Prozent der verfügbaren Energie verlorengehen, so versteht man eine Anzahl Tatsachen über die Lebensmittelpreisgestaltung.**
Da man einen Faktor zehn an Energie bei der Überwindung jeder Stufe einer Nahrungsebene verliert, muß man auf der höheren Ebene zehnmal mehr für die Energie ausgeben als auf der unteren. Daher kostet nach Gewicht zum Beispiel Rindfleisch etwa zehnmal soviel wie Getreide, da die Energie im Rindfleisch aus dem Getreide gewonnen wird, wobei ein Energieverlust vom Faktor zehn in Kauf zu nehmen ist.

162 **Schadstoffe werden beim Durchlaufen der Nahrungskette konzentriert.**
Ebenso wie die Energie sich beim Übergang von den Pflanzen über die Pflanzenfresser zu den Fleischfressern konzentriert, so gilt dies auch für die Schadstoffe, die in die Nahrungskette gelangt sind. Dies ist für Ökologen und Lebensmittelbehörden ein Anlaß zur Sorge.

Quizfrage
Weshalb züchten wir keine Löwen zur Nahrungsversorgung?
Antwort: Löwen sind Fleischfresser der dritten Nahrungsebene, so daß – die Frachtkosten einmal beiseite gelassen – Löwenfleisch etwa zehnmal so viel kosten würde wie Rindfleisch, womit es – außer für fanatische Feinschmecker – bei weitem zu kostspielig wäre.

POPULATIONEN

163 **Populationen wachsen exponentiell an, es sei denn, das Wachstum wird begrenzt.**
Bei exponentiellem Wachstum ist die Anzahl von Nachkömmlingen in jeder Generation zur Anzahl der Individuen in der vorangegangenen Generation proportional. Zeugt beispielsweise jedes Individuum zwei Nachkommen, die bis zum Erwachsenendasein überleben, so wächst diese Population exponentiell an.

164 Das wichtigste Konzept im Zusammenhang mit dem exponentiellen Wachstum ist das der Verdopplungszeit – nämlich jene Zeit, in der eine Population auf die doppelte Stärke anwächst. Eine grobe Formel zur Berechnung der Verdopplungszeit lautet:

$$\text{Verdopplungszeit} = \frac{70}{\text{jährliche Zuwachsrate in \%}}$$

Eine Population, die sich pro Jahr um 10 Prozent vermehrt, verdoppelt sich im Laufe von sieben Jahren.

Quizfrage

Wie lange dauert es bei einer fünfprozentigen Inflation, bis eine Mark nur noch die Hälfte wert ist?

Antwort: 70 : 5 = 14

In vierzehn Jahren bekommen Sie für den Gegenwert Ihrer Mark nur noch das, wofür Sie heutzutage die Hälfte bezahlen müssen.

165 Exponentielles Wachstum kann nicht unbegrenzt andauern. Früher oder später muß etwas nachgeben. In der Natur wachsen Populationen exponentiell an, bis Lebensmittelknappheit eintritt oder räuberische Wesen ihre Anzahl zu steuern beginnen, wodurch sich die Population stabilisiert. Ein normales Wachstum einer Population ist in der Abbildung dargestellt.

Eines der Merkmale menschlicher Population, das Demographen Sorge bereitet, ist die Verdopplungszeit von 30 Jahren, so daß die Menschheitsbevölkerung im Jahre 2020 auf das Doppelte angewachsen sein wird, wenn nicht Maßnahmen zur Verringerung der Geburtenrate getroffen werden.

Das Wachstum einer Bevölkerung nimmt exponentiell zu und stagniert dann am Punkt der größtmöglichen Belastbarkeit.

166 Früher oder später hat eine ständig anwachsende Population auch die größten Vorräte aufgebraucht.
Ökologen nennen die Zahl lebender Wesen, die von einem bestimmten Ökosystem ertragen werden kann, die «Grenze der Belastbarkeit». Nähert sich eine Population dieser Grenze der Belastbarkeit, so muß sie sich stabilisieren und konstant bleiben.

167 Populationen sind ein Typ von Organismen, die von anderen Organismen begrenzt werden können.
Sind in einem Gebiet mehrere Organismustypen vorhanden, so können sie durch Wettbewerb und durch Räuber-Beute-Beziehungen miteinander konkurrieren oder auf sonst irgendeine Weise voneinander Vorteile erlangen. Ein Beispiel für den ersten Typ der Wechselwirkung wären zwei Gazellenarten, die auf derselben Ebene grasen. Sie stehen in Konkurrenz zueinander, da das von einer Gazellenart gefressene Gras der anderen nicht mehr zur Verfügung steht. Ein Beispiel für den zweiten Typ der Wechselwirkung ist in der Population von Hasen und Kojoten in einem bestimmten Gebiet zu sehen. Die Hasen würden sich grenzenlos vermehren, gäbe es da nicht die Kojoten, doch andererseits könnten die Kojoten ohne die Hasen nicht überleben. Jede Population wirkt als Kontrollinstanz der anderen.
Vorteilhafte Beziehungen zwischen Arten, die auf Gegenseitigkeit beruhen, kommen in der Natur ziemlich selten vor. Ein Beispiel ist die Beziehung zwischen den Blütenpflanzen und den Honigbienen.

168 Würden die räuberischen Wesen aus einem Ökosystem entfernt, so würde die Anzahl der Beutearten im allgemeinen unbegrenzt anwachsen, bis die Grenze der Belastbarkeit erreicht ist und es eine weitverbreitete Hungersnot gäbe. Umgekehrt darf die Zahl der räuberischen Wesen nicht zu groß werden, so daß die Beuteart dezimiert wird und letztendlich die Zahl der räuberischen Arten ebenfalls.
In den Vereinigten Staaten gibt es viele Beispiele für sich explosionsartig vermehrende Tierarten, die verhungern und erkranken, wenn die Jäger sie nur noch begrenzt jagen dürfen. In vielen Fällen spielen die menschlichen Jäger die Rolle der inzwischen ausgestorbenen Tierräuber wie Wolf und Berglöwe. Obwohl ich selbst kein Sportjäger

bin, erkenne ich die wichtige Rolle an, welche diese Jäger bei der Begrenzung einiger Wildarten übernehmen. Es fällt manchmal schwer, uns daran zu erinnern, daß auch wir Menschen ein Teil der Natur sind.

2 EVOLUTION

Der gesprenkelte englische Nachtfalter ist der lebende Beweis für die Macht der natürlichen Auslese.

Evolution

169 Das Leben auf der Erde entwickelte sich durch den Vorgang der Evolution.

Diese Aussage beinhaltet alles von den Bakterien über die Kiefernbäume bis hin zu den Giraffen. Das Konzept der Evolution des Lebens bildet den zentralen Rahmen, um den herum die Wissenschaften vom Leben organisiert sind. Da allen diesen Gebieten eine evolutionäre Sicht des Lebens gemeinsam ist, können zwei Forscher, von denen der eine das Ökosystem eines großen Sees und der andere die Molekülabfolge an einem bestimmten Teilstück der DNS untersucht, ein und dieselbe Sprache sprechen, obwohl es auf den ersten Blick scheinen könnte, als hätten beide nichts gemeinsam. Es ist unmöglich, die moderne Wissenschaft der Biologie zu verstehen, ohne daß man die Evolution versteht.

170 Der zentrale Mechanismus der Evolution ist die natürliche Selektion.

Die fundamentale Vorstellung von der natürlichen Selektion ist die folgende: Irgendwann gibt es Variationen innerhalb einer Population. Einige Giraffen haben längere Hälse als andere Artgenossen, einige Menschen können schneller laufen als andere, und so weiter. Falls bestimmte Variationen einem Individuum, das sie besitzt, eine höhere Wahrscheinlichkeit verleiht, so lange zu überleben, bis es Kinder haben kann, so werden diese Eigenschaften wahrscheinlich eher auf die nächste Generation übertragen. Falls die bestimmte Giraffe mit dem längeren Hals beispielsweise an Blätter herankommt, die andere Giraffen während eine Dürreperiode nicht erreichen, so überlebt die Giraffe mit dem längeren Hals vermutlich die Dürre und hat später Nachwuchs. Dieser Nachwuchs gleicht den Eltern und hat einen längeren Hals. Stellt sich der längere Hals als vorteilhaft heraus, so werden die Giraffen mit den längeren Hälsen schließlich zur beherrschenden Variation innerhalb der Population. So wird ein Merkmal, das einem Individuum ermöglicht, seine Umgebung wirkungsvoller auszubeuten, schließlich zum gemeinsamen Merkmal jener Art. Dies verbirgt sich hinter der Vorstellung von der natürlichen Selektion.

171 **Die Evolution dauert noch an.**

Die Entwicklung von Leben ist kein Vorgang, der zu einer Zeit stattfand und dann abbrach – lebende Wesen passen sich auch heutzutage noch ihrer Umwelt an. Das berühmteste historische Beispiel dafür ist die Geschichte einer Nachtfalterart, die in Mittelengland lebte. Ursprünglich waren die Falter weißbraun gesprenkelt, so daß sie den Bäumen, die ihre natürliche Umwelt darstellten, farblich angepaßt waren. Während der industriellen Revolution tönte sich die englische Umwelt durch den Ruß aus den Fabrikschornsteinen etwas dunkler. Als Reaktion darauf nahmen diese Falter innerhalb weniger Jahre eine gräuliche Farbe an, um mit ihrer neuen Umwelt übereinzustimmen. Als die Bürgerbewegung für saubere Luft in den sechziger Jahren aktiv war und die Fabrikabgase gefiltert wurden, begannen die Falter, wieder ihre ursprüngliche Farbe anzunehmen.

172 **Charles Darwin (1809–1882) ist der Begründer der modernen Evolutionstheorie.**

Kurz nach Abschluß seines Universitätsstudiums verpflichtete Darwin sich als Naturwissenschaftler für eine fünfjährige Forschungsreise auf dem Schiff Beagle. Während dieser Reise gewann er die Überzeugung, daß die Arten nicht unveränderlich sind, sondern sich im Laufe der Zeit allmählich verändern. Diese Schlußfolgerung zog er aus einer Untersuchung über die Finken auf den Galápagos-Inseln,

Charles Darwin

wo eng miteinander verwandte Vögel auf verschiedenen Inseln ziemlich unterschiedliche Merkmale (die Schnabelform etwa) als Reaktion auf ihre unterschiedliche Umwelt entwickelt hatten.
1859 veröffentlichte Darwin sein Hauptwerk *On the Origin of Species by Means of Natural Selection (Von der Entstehung der Arten)*, vermutlich eines der einflußreichsten Bücher überhaupt. Obwohl die zeitgenössischen Theologen Darwins Ansichten vom Leben strikt widersprachen, sind sie seitdem von jedermann, ausgenommen ein Häuflein religiöser Denker, allgemein anerkannt worden. Die Beweise, die seine Theorie stützen, sind dermaßen zahlreich, daß Wissenschaftler sich um ihre grundlegende Gültigkeit gar keine Gedanken mehr machen, sondern sich statt dessen lieber darauf konzentrieren, deren Feinheiten herauszuarbeiten.

173 Wirklichkeit und Theorie der Evolution sind nicht ein und dasselbe.

Manchmal hört man, daß andere Menschen über die Evolution äußern, es «sei alles nur graue Theorie». Eine solche Aussage ist sehr irreführend, da die Evolution sowohl eine Tatsache als auch eine Theorie ist. Sie verstehen, was ich meine, wenn Sie an die Gravitationswirkung denken. Es gibt Theorien über die Gravitation, darunter jene von Newton und Einstein. Diese Theorien können sich als richtig oder falsch, vollständig oder unvollständig erweisen. Aber unabhängig davon existiert auch noch die *Tatsache* der Gravitationswir-

Der Daumen des Panda ist einer der besten Beweise für die Evolution.

kung – wenn Sie etwas loslassen, fällt es zur Erde. Diese Tatsache gilt unabhängig davon, ob die Theorien stimmen oder nicht.
Auf genau dieselbe Weise ist die Aufzeichnung von der Entwicklung des Lebens von den bescheidenen Anfängen bis zur gegenwärtigen komplexen Biosphäre eine Tatsache, die aus den fossilen Funden herausgelesen werden kann. Auf ähnliche Weise kann die Fähigkeit lebender Wesen, als Reaktion auf Veränderungen in der Umwelt selbst zu mutieren, im Labor und in der Natur beobachtet werden. Ob irgendeine der gegenwärtigen Evolutionstheorien diese Aufzeichnungen erklären kann oder nicht, ändert nichts an der Existenz der tatsächlichen Evolution.

174 Die Fehler der Natur sind die anschaulichsten Beweise für die Evolution.

In seinem wunderbaren Essay «Der Daumen des Panda» weist Steven Jay Gould darauf hin, daß gut angepaßte Organe wie das Auge nicht herangezogen werden können, um die Evolutionstheorie zu beweisen, da sich diese Organe ebensogut vom Standpunkt einer besonderen Schöpfung aus erklären lassen. Organe wie der menschliche Blinddarm oder der Daumen des Panda dagegen liefern einen solchen Beweis.
Der Panda, ein entfernter Verwandter des Waschbären, verlor seinen echten Daumen frühzeitig in seiner Entwicklungsgeschichte. Als seine Umwelt sich veränderte und er die Bambusblätter zu seiner Lieblingsspeise erkor, wäre es von Vorteil gewesen, so etwas wie einen Daumen zu besitzen, mit dem man die Blätter von den Zweigen abstreifen könnte. Beim Panda entwickelte sich daraufhin ein daumenähnlicher Sporn aus der Seite eines Handgelenkknochens.
Dies ist natürlich eine sehr linkische Art, dem Panda zu einem Daumen zu verhelfen – dies entspräche ganz und gar nicht dem Vorgehen, wenn man das Tier am Zeichenbrett neu entwerfen müßte. Der Mechanismus der natürlichen Selektion geht von einem Tier aus, so wie es ist, und paßt es an die Umwelt an, wie immer diese aussieht. Sie führt nicht notwendigerweise zum besten oder sogar wirkungsvollsten Organismus, der möglich wäre – nur zum besten, der sich, vom Ausgangsmaterial ausgehend, machen läßt. Manchmal hat das Ergebnis, wie beim Panda, eine zweifellos zusammengestoppelte Erscheinung.

175 Wie haben sich die Flügel entwickelt?

Während der entwicklungsmäßige Vorteil von voll ausgebildeten Flügeln nicht schwer zu erkennen ist, kann gleiches nicht von den rudimentären Fortsätzen gesagt werden, die sich später zu Flügeln ausgebildet haben. In manchen Fällen, bei Vögeln etwa, haben sich die Flügel aus Armen und Händen entwickelt. Bei den Insekten jedoch müssen die Flügel sich aus Ausbuchtungen an der Seite des Tiers entwickelt haben. Warum sollten solche Ausbuchtungen irgendeinen Vorteil vermittelt haben? Die Tatsache, daß Flügel einem Nachkommen in einer Million Jahren von Nutzen sein werden, wäre einem Individuum von heute für das Überleben nicht hilfreich.

Vor kurzem haben Forscher behauptet, daß diese Ausbuchtungen bei der Temperaturregelung eine Rolle gespielt hätten – und zwar hätten sie für eine zusätzliche Fläche gesorgt, über die Wärme aufgenommen oder abgestrahlt werden konnte. Berechnungen ergeben, daß die wirkungsvollsten Wärmeaustauscher gerade so groß sind, daß die Insekten zu gleiten vermögen (in der Art eines modernen «fliegenden» Eichhörnchens). Von diesem Zeitpunkt an konnte das ursprünglich zu einem Zweck (Wärmeübertragung) entwickelte Organ als Ausgangspunkt zur Entwicklung eines anderen (Fliegen) dienen. Diese Vorstellung, die mir sehr einleuchtet, illustriert sehr gut die Ad-hoc-Natur des entwicklungsgeschichtlichen Vorgangs.

176 Die Evolution des Lebens auf der Erde ging in zwei Schritten vor sich: chemisch und biologisch.

Das Leben auf der Erde muß sich aus anorganischen Materialien heraus entwickelt haben – was anderes wäre auch vorhanden gewesen? Die erste Etappe bei der Entwicklung des Lebens war daher die Erzeugung einer reproduzierenden Zelle aus den auf der frühen Erde zur Verfügung stehenden Materialien. Dieser Vorgang wird chemische Evolution genannt (siehe Nummer 187 und folgende). War erst einmal ein lebendes, reproduzierendes System vorhanden, so nahm der Vorgang der natürlichen Selektion die Sache in die Hand, um die breite Vielfalt des Lebens zu erzeugen, die heutzutage existiert.

177 **Wichtige Daten der Evolution**

Die folgende Tabelle faßt wichtige Ereignisse in der Entwicklung der Erde zusammen. Das «Datum» in der rechten Spalte bezieht sich auf den Tag, an dem das Ereignis stattgefunden hätte, wenn wir die gesamte Erdgeschichte auf ein einziges Jahr verdichten.

Zeit (vor Jahrmillionen)	*Ereignis*	*Datum*
4600	Entstehung der Erde	1. Januar
3800	Entstehung des ältesten bekannten Gesteins	5. März
3600	älteste bekannte Fossilien (Algen)	21. März
2000	merklicher Sauerstoff in der Atmosphäre	26. Juli
650	vielzelliges Leben in den Ozeanen	10. Nov.
590	fossile Funde	14. Nov.
440	das Leben geht aufs Land über	25. Nov.
400	Fische (Wirbeltiere) zuhauf	29. Nov.
250	Dinosaurier tauchen auf	12. Dez.
65	Dinosaurier sterben aus	16. Dez.

***** *Von hier an beziehen sich alle Daten auf den 31. Dez.* *****

4	dic crstcn Hominiden	7 Uhr 30
0,1	der erste Homo sapiens	11 Uhr 49
0,005	Beginn geschichtlicher Aufzeichnungen	11 Uhr 59 und 34 sec.

OFFENE FRAGEN DER EVOLUTION

178 **Wie ging die Evolution vor sich?**

Als Charles Darwin zum erstenmal die Evolutionstheorie vortrug, ging er davon aus, daß die Veränderungen bei Organismen zu einer Zeit nur gering ausfielen, wobei die Veränderung in jeder Generation sich auf jene in der vorhergehenden aufbaut, bis die Anhäufung die dramatischen Veränderungen zeitigt, die wir bei den fossilen Funden

erkennen. Diese Vorstellung ist unter der Bezeichnung Gradualismus bekanntgeworden.
1972 haben die beiden amerikanischen Paläontologen Steven Jay Gould und Niles Eldridge eine andere Sichtweise auf die Entwicklung vorgeschlagen. Ihre Interpretation der fossilen Funde lief darauf hinaus, daß während der überwiegenden Vergangenheit von einer Generation zur nächsten nur kleine Veränderungen auftraten, eine Erscheinung, die sie «Stasis» nannten. Diese Perioden der Stagnation wurden, in ihrer Sichtweise, von kurzen Ausbrüchen mit schnellen Veränderungen unterbrochen. Diese Interpretation der fossilen Funde wird «unterbrochenes Gleichgewicht» genannt.
Die Debatte darüber, welche dieser beiden Interpretationen der fossilen Funde korrekt ist, hält an, da diese so uneinheitlich und unvollständig sind, daß wir eigentlich den Unterschied nicht feststellen können. Ich glaube, die Antwort auf die Frage «Wie ging die Evolution vor sich?» lautet «von beidem etwas». Es gibt vermutlich Beispiele sowohl für schnelle als auch für allmähliche Veränderungen in der Geschichte vom Leben. Die Welt ist zu kompliziert, als daß es einfache Antworten geben könnte!

179 Nahm das Leben wirklich auf anderen Planeten seinen Anfang?

Die Voraussetzungen für die Entwicklung des Lebens aus anorganischer Materie auf der Erde sind ziemlich eng umgrenzt. Die anscheinende Unwahrscheinlichkeit für die Entwicklung von Leben auf der Erde hat einige Leute zu der Ansicht gebracht, daß das Leben von anderswo zu unserem Planeten gelangte. Diese Vorstellung ist unter der Bezeichnung «Panspermia» bekanntgeworden. Im neunzehnten Jahrhundert meinte man, das Leben sei durch irgendeine Sporenart von einem Sternensystem zum anderen befördert worden. Diese Vorstellung geriet jedoch in Verruf, als man feststellte, daß die Strahlung, der eine solche Spore in der Tiefe des Weltraums begegnen würde, bei weitem jegliche tödliche Dosis übersteigt.
Vor kurzem ist eine «direkte Panspermia» genannte Variante dieser Vorstellung von dem Nobelpreisträger Francis Crick vorgetragen worden. Seine Idee besagt, daß außerirdische Zivilisationen Mikroben in abgeschirmte Raumschiffe verfrachteten und sie aussandten, um sie auf gleichen Planeten auszusäen. Das Hauptproblem bei die-

ser Sichtweise: Wie entwickelte sich das Leben auf dem Heimatplaneten des Vorfahren? Immerhin machen die Dinge, die das Leben auf der Erde erschweren, es auch anderswo schwierig. Weshalb also ein Wunder (das Leben) durch zwei Wunder ersetzen (das Leben plus der Wunsch, im Universum auszusäen)?

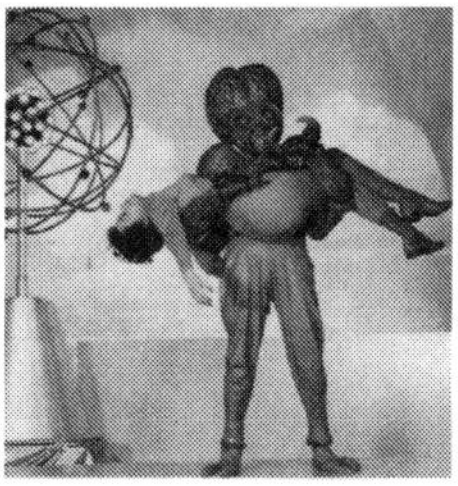

Eine Ansicht davon, wie sich das Leben auf anderen Planeten entwickelt haben könnte

Lassen sich Darwins Vorstellungen auf Gesellschaften anwenden?

Eine der interessantesten (und umstrittensten) Ausweitungen darwinistischen Gedankenguts ist das Studium der Soziobiologie. Die wesentliche Voraussetzung der Soziobiologie besteht darin, daß einige Prinzipien der biologischen Evolution Gültigkeit für die Entwicklung von Kulturen wie auch von Organismen besitzen.

Ich verstehe die Situation der Soziobiologie wie folgt: Die Theorie hat einer ursprünglich inbrünstigen Opposition getrotzt, die vorwiegend auf Ideologie gegründet und in der politischen Linken verankert war. Die Soziobiologie befindet sich inzwischen in einer Periode intensiver Entwicklung, die dann zu Ende geht, wenn wir herausgefunden haben, wie weit diese Idee trägt, wenn die Sozialstruktur der Menschen erklärt werden soll.

Es fällt schwer, sich jemanden vorzustellen, der weniger gern im Mittelpunkt einer Kontroverse steht als Edmund O. Wilson von der Harvard University. Er ist ein stiller Wissenschaftler, dessen ganze Liebe dem Studium der Ameisen gehört, den lebenden wie den toten. Seit langem hat er eine Abmachung mit haitischen Bernstein-Händlern, der zufolge sie ihm das Vorkaufsrecht für die in Bernstein eingeschlossenen Ameisen einräumen.

Wilsons Arbeiten über die Entwicklung der Insekten brachte ihn jedoch schließlich in seine gegenwärtige Lage als Begründer und führender Kopf der neuen Wissenschaft von der Soziobiologie. Als solcher wird er von seinen Kollegen geschmäht, in der Presse kritisiert und bei Podiumsdiskussionen anläßlich wissenschaftlicher Kongresse von radikalen Studenten ausgebuht. Meiner Meinung nach benötigt er mehr als ein bißchen Mut, um seine Vorstellungen angesichts dieses Schreis der Entrüstung weiterzuverfolgen.

ÜBLICHE MISSVERSTÄNDNISSE ÜBER DIE EVOLUTION

180 Die Evolution behauptet nicht, daß der Mensch vom Affen abstammt.

Die Evolution erfordere, daß der Mensch vom Affen abstammt, ist eine alte Falschmeldung, die auf Darwins Epoche zurückgeht. In Wirklichkeit besagt die Theorie, daß sowohl Menschen wie Affen von einem gemeinsamen Vorfahren abstammen, der vor Jahrmillionen gelebt hat.

181 Die Evolution verlangt kein «fehlendes Bindeglied» zwischen Menschen und Affen.

Die Suche nach dem «fehlenden Bindeglied» zwischen den Menschen und Affen beansprucht einen besonderen Stellenwert in der modernen Mythologie. Mein eigenes Lieblingsbeispiel für die Kraft dieses Bildes ist ein Berufsringer, der sein Antlitz grün anmalte und sich selbst «Das fehlende Glied» nannte. Hinter dieser Idee steckt die Vorstellung, daß – so die Menschen von den Affen abstammen – es ein Geschöpf geben müsse, das halb Mensch, halb Affe sei. Da die Menschen und die Affen von einem gemeinsamen Vorfahren abstammen, gibt es in Wirklichkeit so etwas nicht.

182 **«Das Überleben der Fähigsten» heißt nicht das, was es scheint.** Die natürliche Selektion wird häufig als «das Überleben der Fähigsten» beschrieben. Darwin selbst benutzte diesen Begriff, doch wurde er häufig falsch dargestellt oder einfach mißverstanden. Darwin benutzte die Bezeichnung «fähig», um Individuen zu beschreiben, die in der nächsten Generation erfolgreich Nachwuchs zeugten, und nichts weiter. Im allgemeinen sind diejenigen Individuen in seinem Sinn «fähig», die am besten ihrer Umwelt angepaßt sind.

Während des neunzehnten Jahrhunderts und bis weit in unsere Zeit hinein verliehen viele Philosophen dem Begriff «Fähigkeit» einen moralischen Beiklang. Es wurde behauptet, daß die «Besten» überleben und gedeihen. Wie man an dem Beispiel der Giraffe erkennt, funktioniert die natürliche Selektion nicht auf eine solche Weise. In der Natur gibt es keinerlei moralisches Urteil. Nur die Aussage ist erlaubt, daß diejenigen Individuen, deren genetische Ausrüstung ihnen beim Konkurrenzkampf mit ihren Artgenossen einen Vorteil verschafft, sehr viel wahrscheinlicher Nachwuchs haben werden, so daß irgendwann in der Zukunft dieser Nachwuchs in der Population vorherrschend ist.

Im neunzehnten Jahrhundert hat der britische Philosoph Herbert Spencer Darwins Gedankengut, oder das, was er dafür hielt, auf die Sozialkritik übertragen. Seine Gedanken sind in der Folge als Sozialdarwinismus bekannt geworden. Die Grundvorstellung des Sozialdarwinismus besagt, daß die Gesellschaft, ebenso wie die Natur, das Überleben der Fähigsten fördere. Spencer zufolge befinden sich die Reichen dort, wo sie stehen, weil sie fähig sind, wogegen die Armen sich dort befinden, wo sie stehen, weil sie unfähig sind. Selbstverständlich stellt diese Behauptung das gesamte Darwinsche Paradigma auf den Kopf. Tatsächlich ist jemand wie Leland Stanford, der Erbauer der Southern Pacific Railroad und einer der großen Räuberbarone im Amerika des neunzehnten Jahrhunderts, nach Darwinschen Maßstäben eindeutig unfähig. Er hatte nur einen Nachkommen, einen jungen Mann, der starb, bevor er Kinder zu zeugen vermochte. Andererseits brachte es der gewöhnlichste chinesische Kuli oder irische Arbeiter in Stanfords Arbeiterheer leicht auf ein Dutzend Kinder und war daher im Darwinschen Sinne sehr viel fähiger als Stanford.

Wenn ich Darwins Theorie mit Studenten diskutiere, mache ich mir ein Vergnügen daraus, sie darauf hinzuweisen, daß sie, indem sie ein College besuchen, sich selbst unfähiger machen, weil sie die zu ihrer Reproduktion besten Jahre vergeuden.

183 Einzelne Mitglieder einer Spezies können ihre genetische Ausrüstung nicht verändern.

Der französische Naturforscher Jean-Baptiste Lamarck war davon überzeugt, daß erworbene Eigenschaften von einer Generation auf die nachfolgende übertragen werden können. Wenn beispielsweise eine Giraffe sich strecke, um an Blätter heranzukommen, so werde ihr Hals länger und ihre Kleinen würden diese erworbene Eigenschaft erben. Heutzutage wissen wir, daß solche Eigenschaften nicht vererbt werden. Weder bekommt das Kind eines Gewichthebers automatisch kräftigere Muskeln noch das Kind eines Marathonmeisters ein erweitertes Fassungsvermögen der Lungen. Von unseren Eltern erben wir eine Menge, aber diese Erbschaft hat nichts mit ihrem Streben und ihren Bemühungen zu tun.

Während der zwanziger Jahre wurde der russische «Genetiker» Trofim Lysenko in der Sowjetunion zum politisch beherrschenden Wissenschaftler auf diesem Gebiet, da seine Theorien als mit der marxistischen Philosophie in Übereinstimmung galten. Er verwarf die Vorstellung, daß Gene irgend etwas mit Vererbung zu tun haben könnten und wandte sich von der «dekadenten» Wissenschaft im Westen ab. Er versprach Stalin, eine Reihe Zitronenbäume vom Schwarzen Meer in Moskau anzusiedeln, indem er sie etappenweise in einem jeweils kälteren Klima als ihrem ursprünglichen anpflanzte und jedem Zitronenbaum Zeit zur Anpassung an das entsprechende Klima geben wollte, bevor er die Zöglinge etwas weiter nördlich anpflanzte.

Durch seinen politischen Einfluß legte er ein halbes Jahrhundert lang die Biologie in der Sowjetunion lahm, indem er seine Konkurrenten in den Gulag schicken und den Unterricht der modernen Genetik als ungesetzlich erklären ließ. Die Lysenko-Affäre bleibt eine der schwärzesten Episoden in der Geschichte der Wissenschaften.

184 **Kreatianismus ist eine katholische Glaubenslehre, die besagt, daß die Erde vor einigen Jahrtausenden durch einen göttlichen Akt erschaffen wurde.**
Der Kreatianismus oder die «Lehre von der Weltschöpfung» hat in den Vereinigten Staaten eine bescheidene Wiedererweckung erlebt. Diese Glaubenslehre besagt, daß die Erde vor einigen Jahrtausenden erschaffen worden ist, und zwar mehr oder weniger so, wie das Buch Genesis die Schöpfung beschreibt. Sie behauptet, daß lebende Systeme in ihrer heutigen Form besonders erschaffen wurden und daß seit dieser Schöpfung keine Veränderungen eingetreten sind. Im allgemeinen wird der Kreatianismus mit konservativen protestantischen Kirchen in Amerika in Verbindung gebracht und findet sowohl bei der herkömmlichen Wissenschaft als auch bei der herkömmlichen Theologie nur geringe Unterstützung.

185 **Die Lehre von der Weltschöpfung ist keine Wissenschaft.**
Anhänger des Kreatianismus haben zu behaupten versucht, daß ihre Sichtweise in den öffentlichen Schulen der Vereinigten Staaten gleichgewichtig mit der allgemein akzeptierten Theorie der Evolution vertreten sein müsse, da sie eine alternative «Wissenschaft» vertrete. Glücklicherweise haben die Gerichte dagegen gehalten, daß diese Taktik lediglich dazu diene, auf diesem Umweg den Religionsunterricht in den öffentlichen Schulen einzuführen. Von einem wissenschaftlichen Standpunkt aus besteht das Problem mit dem Kreatianismus darin, daß es unmöglich ist zu beweisen, daß er falsch ist. Welchen Beweis auch immer man ins Spiel bringt, die Antwort der Kreatianisten lautet stets: «Nun, so sind eben die Dinge erschaffen worden.»
Ein gewöhnliches Argument beispielsweise gegen die Kreatianisten lautet, daß wir Sterne sehen können, die Milliarden Lichtjahre entfernt sind, so daß also das Licht Jahrmilliarden zu uns unterwegs gewesen sein muß. Aus diesem Grund kann die Erde nicht vor sechstausend Jahren erschaffen worden sein. Die Kreatianisten antworten darauf mit der von ihnen so genannten Lehre vom erschaffenen Alter. Im wesentlichen besagt diese, daß das Licht auf dem Weg zur Erde ge-

nau auf eine solche Weise erschaffen wurde, daß es so aussieht wie die jahrmilliardenalten Dinge. Die Ansicht von Gott als einem absoluten Joker, das muß ich gestehen, empfinde ich als reichlich schwer zu schlucken.

186 Die Evolution verstößt nicht gegen den zweiten Hauptsatz der Thermodynamik.

Es gibt ein Argument der Kreatianisten, das mich als Physiker wirklich ganz kribbelig macht. Es lautet wie folgt: Die Evolution verlangt, daß sich das Leben vom Einfachen zum Komplizierten entwickelt, wogegen der zweite Hauptsatz der Thermodynamik besagt, daß Systeme sich auf einen Zustand maximaler Unordnung hin bewegen und daß die Evolution deswegen gegen die Gesetze der Physik verstößt.
Das Problem mit diesem Argument liegt darin, daß der zweite Hauptsatz lediglich für isolierte Systeme gilt. Die Erde gehört nicht dazu, da sie ständig Energie von der Sonne erhält. Um zu erkennen, warum dieses Detail wichtig ist, braucht man sich nur eine gewöhnliche Tätigkeit vorzustellen – die Herstellung von Eiswürfeln in einem Kühlschrank. Stellt man einen Eiswürfel her, so schafft man ein System hoher Ordnung (das Eis) aus einem System niedriger Ordnung (das Wasser), indem man dazu die Energie des örtlichen Versorgungsunternehmens verwendet. Der Zuwachs an Ordnung im Eiswürfel wird ausgeglichen durch die größere Unordnung beim Stromerzeuger, der durch das Verfeuern der Kohle die Atmosphäre erwärmt. Solange die Gesamtbilanz ausgeglichen ist, gibt es keinen Verstoß gegen die Gesetze der Physik.
Dasselbe Argument gilt für lebende Systeme auf der Erde. Die Zunahme der Ordnung in der Biosphäre wird ausgeglichen durch die Zunahme der Unordnung in unserer «Energieversorgung» – in der Sonne.
Würde das Argument der Kreatianisten zutreffen und wäre es *irgendeinem* System unmöglich, in einen Zustand größerer Unordnung zu geraten, so würde es einem nie gelingen, Eiswürfel zum Kühlen der Getränke herzustellen.

Die Evolution komplexen Lebens

DIE CHEMISCHE EVOLUTION

187 Wir begreifen, wie sich die fundamentalen Bausteine des Lebens auf der frühen Erde entwickelt haben könnten.

1955 führten Harold Urey und Stanley Miller an der University of Chicago ein Experiment durch, das zeigte, wie die erste Etappe der chemischen Evolution ausgesehen haben könnte. Sie brachten Methan, Wasserstoff, Ammoniak und Kohlendioxid zusammen – jene Materialien, von denen wir annehmen, daß die frühe Erdatmosphäre aus ihnen zusammengesetzt war – und setzten die Mischung elektrischen Funken aus (die Wirkung von Blitzen simulierend). Nach einigen Stunden bemerkten sie, daß die Bestandteile der frühen Erde Moleküle bildeten, die als Aminosäuren bekannt und die fundamentalen Bausteine der Eiweiße sind. Eiweiße sind ihrerseits jene Moleküle, die in lebenden Systemen den größten Teil der chemischen Leistung erbringen. Miller und Urey waren mit anderen Worten von nichtlebenden Materialien ausgegangen und hatten die einfachsten Materialien erzeugt, aus denen eine lebende Zelle besteht.

Weitere Experimente haben gezeigt, daß nicht nur der Blitz, sondern die Wärme (zum Beispiel aus Vulkanen) und die Ultraviolettstrahlung (zum Beispiel von der Sonne) aus denselben Materialien Aminosäuren erzeugen können. Tatsächlich haben moderne Forscher ermittelt, daß Reaktionen des Typs Miller-Urey eingesetzt werden können, um nicht nur Aminosäuren, sondern die gesamte alphabetische Suppe aus biochemischen Molekülen zu erzeugen.

188 Das Leben hat wahrscheinlich in der Ursuppe begonnen.

Falls sich die Reaktionen des Typs Miller-Urey in der frühen Erdatmosphäre fortgesetzt haben, so wäre ein Regen aus Aminosäuren auf die Ozeane niedergegangen. In etwa hunderttausend Jahren (geologisch betrachtet ein kurzer Zeitraum) haben die Ozeane dann dieselbe Konzentration an Aminosäuren wie heutzutage an Salz. In den Ozeanen hat es demnach von Molekülen, aus denen man lebende Systeme bilden konnte, nur so gewimmelt.

Den Ozean, der sich aus diesem Regen ergab, hat man häufig die Ursuppe genannt. Er besaß eine Konzentration an Aminosäuren von einigen Prozent – ungefähr soviel wie man erhält, wenn man auf einen Brühwürfel fünf Liter Wasser gießt. Es war sicherlich kein angenehmer Ort zum Schwimmen – eine Vielzahl der Aminosäuren sind ziemlich übelriechend –, vielmehr war es ein an Nährstoffen außerordentlich reichhaltiger Ort. In dieser Suppe, so nehmen wir an, hat sich die erste lebende Zelle entwickelt.

189 Einige Aminosäuren sind womöglich von Meteoriten eingebracht worden.

Eine der verblüffendsten Entwicklungen der letzten Jahrzehnte führte zu der Entdeckung, daß Aminosäuren im Universum häufig vorkommen. Man trifft sie in riesigen Wolken in der Milchstraße an und auf Asteroiden, die aus dem Weltraum auf die Erde fallen. Dies brachte einige Leute auf die Idee, daß einige oder alle Aminosäuren in der Ursuppe mit Meteoriten auf die Erde gelangten. Ob nun die Meteoriten oder der Vorgang nach Miller-Urey oder beide zur Zunahme beitrugen, das Ergebnis war jedenfalls, daß die Ozeane kurz nach dem Abkühlen der Erde reich an Aminosäuren waren.

OFFENE FRAGEN

190 Wir wissen nicht, wie sich die ersten lebenden Zellen aus den komplizierten Molekülen in der Ursuppe herausgebildet haben.

Dies ist unsere größte Wissenslücke auf dem Gebiet der Entwicklung des Lebens.

Das Problem bei der Zelle, die sich aus der Ursuppe entwickelt, verweist auf eine im klassischen Sinn ausweglose Situation. Falls die Aminosäuren zusammentreffen, um Eiweiße in der Luft oder an der Meeresoberfläche zu bilden, so schließt die Ultraviolettstrahlung der Sonne die Eiweiße auf. Um diesem Schicksal zu entgehen, müssen sich die Aminosäuren im Wasser zusammenschließen. Tun sie dies jedoch, so werden sie durch die chemischen Reaktionen mit dem Wasser aufgeschlossen. Die einzige Möglichkeit, daß eine Suppe aus Aminosäuren sich zu etwas Komplexerem entwickelte, war dann gegeben, wenn die Konzentration an Aminosäuren so hoch war, daß es Gebiete gab, in denen das Wasser nicht eindringen und die komplexeren Moleküle aufschließen konnte. Aus diesem Grund richtet sich das herkömmliche Denken über die ersten Zellen auf die Art und Weise, auf die Aminosäuren sich konzentrieren können.

Diese Konzentration konnte in Gezeitenbecken stattfinden, in die das Wasser bei Flut hineinschwappt und dann während der Ebbe verdampft, wobei es die Aminosäuren zurückläßt. Falls das Becken wenigstens zehn Meter tief war, wurde die Ultraviolettstrahlung am Grund abgeschirmt, so daß Kombinationen von Aminosäuren am Grund zusammenbleiben konnten.

Ersatzweise könnte Wärme aus einem Vulkan Wasser zum Verdampfen gebracht und den Aminosäuren ermöglicht haben, sich zu konzentrieren. Als drittes wäre es möglich gewesen, daß die chemische Kombination der Aminosäuren zwischen den Schichten einiger Tonmineralien am Meeresgrund stattfinden konnte.

191 Obwohl wir nicht wissen, wie sich die erste Zelle entwickelt hat, so wissen wir dennoch, daß es sehr schnell geschah.

Die Entstehung der Erde datieren wir vor 4,6 Jahrmilliarden, und ausreichend fortgeschrittene einzellige Organismen existierten etwa vor 3,6 Jahrmilliarden (siehe weiter unten). Dies bedeutet, daß eine Zeitspanne von höchstens 800 Jahrmillionen für den Übergang von einem heißen, vollkommen anorganischen Planeten zu einem kühlen, lebendigen übrigbleibt. Tatsächlich besteht gegenwärtig die beste Annäherung in der Annahme, daß die Ozeane weniger als eine Jahrmillion nach ihrer Entstehung voller einzelliger lebender Systeme waren.

192 Die erste Zelle kann sich ebensogut in einer urzeitlichen Ölfläche herausgebildet haben.

Einige fetthaltige Materialien bilden spontan Blasen, wenn sie ins Wasser gelangen. Diese Tatsache wird herangezogen, um einen anderen Ablauf von der Bildung der ersten Zelle zu formulieren. Bei einem solchen Verlauf enthalten die Ozeane einige dieser fetthaltigen Materialien – eine Art urzeitlicher Ölfläche. Es bilden sich Blasen, und die chemischen Reaktionen, die den Aminosäuren ermöglichen, sich in Eiweißen aufzubauen, laufen – vom Wasser geschützt – im Innern der Blasen ab. Dieser Ablauf hat den Vorteil, zwei der größten Probleme bei der Bildung der ersten Zelle zu lösen: er erklärt, wie sich komplexe Moleküle bilden konnten, und ebenfalls, wieso der Zellinhalt nach Bildung der Zelle von der Umgebung isoliert war.

DIE FOSSILEN DOKUMENTE

193 Wir erfahren etwas über die Evolution des Lebens mit Hilfe der Lektüre der fossilen Dokumente.

Stirbt eine Pflanze oder ein Tier, so kann es beerdigt werden. Grundwasser umspült die Überreste, und allmählich ersetzen die Mineralien im Wasser die Atome im begrabenen Organismus. Nach einer langen Zeit ergibt sich daraus eine genaue Replik der begrabenen Teile. Jahrmillionen danach stößt ein Paläontologe auf das Fossil, und unser Wissen über die geologische Vergangenheit wird um ein neues Stück Information erweitert. Die gesamten Informationen, die in den Fossilien enthalten sind, werden die fossilen Dokumente genannt.

194 Die fossilen Dokumente sind unvollkommen.

Nicht jedes gestorbene Tier versteinert und wird zu einem Fossil – häufiger kommt es vor, daß Tiergerippe verwesen, ohne daß sie jemals in die Erde gelangen. Nicht aus jeder beerdigten Pflanze und jedem beerdigten Tier wird ein Fossil – eindeutige Panzerteile (wie Skelette) bleiben leichter erhalten als Weichteile wie Haut und Organe. Und schließlich wird nicht jedes entstandene Fossil entdeckt. Paläontologen schätzen, daß eine von zehntausend Arten (*nicht* ein Tier oder eine Pflanze) uns dank fossiler Funde bekannt ist.

Bei allen Unvollkommenheiten der fossilen Dokumente bleiben wir auf sie angewiesen, um etwas über die Entwicklung von Leben auf unserem Planeten zu erfahren.

195 Die meisten unserer Fossilien stammen aus den Kontinentalschelfgebieten.

Stirbt eine Pflanze oder ein Tier an Land, so wird das Skelett vermutlich von Aasfressern und vom Wetter verstreut – die Wahrscheinlichkeit, daß es zu einem fossilen Dokument heranreift, ist gering. Organismen auf dem Kontinentalschelfgebiet dagegen rutschen in den reichhaltigen Schlammboden auf dem Meeresgrund hinab und versinken sofort darin, wodurch sich deren Wahrscheinlichkeit, zu einem Fossil zu werden, erheblich erhöht. Deshalb kann es auch nicht überraschen, daß der überwiegende Anteil der Fossilien, auf die wir stoßen, von Pflanzen und Tieren aus Gebieten stammen, die Kontinentalschelfgebiete waren.

Die Situation ist nicht so unvorteilhaft, wie sie im ersten Augenschein wirken mag, denn sollte man einen Gebietstyp auswählen, um die Gesundheit des gegenwärtigen Ökosystems der Erde einzuschätzen, so würde man vermutlich in jedem Fall die Kontinentalschelfgebiete aussuchen.

196 Die ersten Zellen, die eine Spur hinterließen, waren Blaualgen, die nahe am Meer lebten.

Man kann sie sich als dem grünen Schaum ähnlich vorstellen, der sich oft am Rand von Teichen und Seen und in den strömungsarmen Flußstrecken ansammelt. Die Algen selbst hinterließen keine Fossilien, sondern Geflechte aus Algen hinterlassen ihre Spuren im Ton und im Schlamm, der später versteinert. Diese Ton- und Schlammschichten versteinern schließlich zusammen mit den Abdrücken, und diese Versteinerungen können heutzutage an einigen Orten an der Erdoberfläche entdeckt werden.

197 Womöglich tragen wir den Abdruck der ersten Zelle in unseren eigenen Körpern.

Die DNS in unserem Körper und allen lebenden Wesen kommt in Gestalt einer rechtsdrehenden Spirale vor. Weshalb sollte allen Lebewesen auf der Erde diese besondere Form der DNS gemeinsam sein? Schließlich kann ein DNS-Molekül genausogut in einer linksdrehenden Spirale auftauchen.

Eine besonders faszinierende Erklärung besagt, daß sich die erste Zelle während ihrer Entstehung zufällig eine rechtsdrehende DNS in ihre Struktur einverleibte. Es liegt kein Grund vor, warum dies so hätte sein müssen, es mußte halt entweder eine rechts- oder eine linksdrehende sein. Als sich jedoch die erste Zelle entwickelte, vermehrte sie sich in der reichhaltigen Ursuppe sehr schnell. Dieser besondere

Zelltyp hätte vermutlich nur eine kurze Zeitspanne benötigt, um die Erde zu überfluten und sämtliche der einfachsten und gebräuchlichsten Nährstoffe verbraucht, die verfügbar waren. Falls eine andere Zelle (mit vielleicht einer linksdrehenden DNS) sich später irgendwo entwickelte, so wäre sie in Konkurrenz zu einem Typ getreten, auf den die natürliche Selektion bereits eingewirkt hätte und der sehr gestärkt worden wäre. Die zweite Zelle hätte keine Chance gehabt. Folglich, so lautet die Argumentation, könnte die rechtsdrehende DNS sehr gut ein Überbleibsel jener ersten Zelle sein, die sich irgendwo in diesem alten Ozean entwickelte.

Stromatolithen, knollig-schalige Kalkkrusten, entstehen heutzutage in Australien. So ähnlich könnten die ersten Fossilien ausgesehen haben.

HÖHEPUNKTE DER EVOLUTION

198 Die «wirklichen» fossilen Funde tauchten vor etwa 600 Jahrmillionen auf.

Beim Wort «Fossil» denken die meisten von uns nicht an Geflechte, die Algen hinterlassen. Vielmehr beschwört dieses Wort das Bild von riesigen Dinosaurierskeletten in schwach beleuchteten Museumshallen herauf.

Erst vor etwa 590 Jahrmillionen, und zwar zu Beginn jener Ära, die Geologen das Kambrium nennen, begannen Lebewesen, Skelette und Panzerteile zu entwickeln. Aus diesen Teilen, die sich länger erhalten als gewöhnliches Gewebematerial, entstehen sehr viel häufiger Fossi-

lien. Bis vor kurzem sahen die fossilen Dokumente bis zum Kambrium ziemlich dürftig aus, doch für die Periode danach kommen sie reichlich vor. Wissenschaftler nennen dieses plötzliche Auftauchen von Fossilien die «kambrische Explosion».
Heutzutage stellen wir fest, daß es vor dem Kambrium komplexes Leben gab, das allerdings nur sehr dürftige Spuren an fossilen Dokumenten hinterließ – die Ozeane hat man sich übervoll mit Quallen vorzustellen. Im Kambrium «explodierte» dann die Population der mit Skeletten versehenen Organismen.

199 Das komplexe Leben begann im Ozean.

Ebenso wie sich die erste Zelle im Ozean entwickelte, so tat dies der erste Organismus mit mehr als einer Zelle. Vor 590 Jahrmillionen entwickelte sich eine komplexe Ansammlung von Pflanzen und Tieren in seichten Ozeangewässern – Dinge wie Seegras, Muscheln, Korallen und so weiter. Über 150 Jahrmillionen hinweg fand alles Leben auf der Erde im Meer statt, und das Land war öde und unfruchtbar.

200 Vor 430 Jahrmillionen ging das Leben auf das Land über.

Die Pflanzen gingen zuerst aufs Land über, dann Tiere wie der heutige Skorpion. Dies geschah während der von den Geologen als Silurzeit bezeichneten Periode. Da es auf dem neuen Territorium keine Konkurrenten gab, entwickelten sich die aufs Land übergewechselten Organismen gut und breiteten sich rasch aus.

201 Fische waren die ersten Wirbeltiere.

Haie und (inzwischen zumeist ausgestorbene) riesige Panzerfische beherrschten vor 380 Jahrmillionen die Ozeane während der Devonzeit. Zu jener Zeit waren sie die komplexesten Lebensformen auf dem Planeten.

202 Das «Zeitalter der Reptilien» begann vor 248 Jahrmillionen und endete vor 65 Jahrmillionen mit dem Aussterben der Dinosaurier.

Dies ist die den meisten Menschen am besten vertraute Periode, da sie die Dinosaurier einschließt. Die Dinosaurier bildeten eine ungleiche Familie, und sie waren nicht sämtlich riesig. Viele von ihnen waren nicht größer als ein Fuchs heutzutage. Zur selben Zeit, da Dinosaurier das Land und das Meer beherrschten, schlugen sich die Vorfahren der neuzeitlichen Säugetiere in Form kleiner, mausähnlicher Geschöpfe mühsam durch.

203 Durch das Aussterben der Dinosaurier wurde der Weg frei für die Säugetiere.

In den vergangenen 65 Millionen Jahren waren die Säugetiere die beherrschende Lebensform auf der Erde. Was auch immer zur Ausrottung der Reptilien geführt hat, es hat eine wohltuende Wirkung gehabt, so behaupten wenigstens einige Leute – denn sonst hätten Reptilien weiterhin alles beherrscht, und die Menschheit hätte sich nie entwickeln können.

204 Menschen gibt es erst seit sehr kurzer Zeit.

Nimmt man einmal an, die Erde wäre gerade ein Jahr alt, dann gäbe es die «Menschen» dort erst seit einigen Stunden. Dies gilt unter der Voraussetzung, daß wir unseren weiblichen Vorfahren Lucy als Menschen ansehen. Den *Homo sapiens* gäbe es dann erst seit ein paar Minuten.

DINOSAURIER

205 Vom Standpunkt der Wissenschaft aus sind die Dinosaurier nicht wichtig.

Nun gut, einverstanden, sie sind zwar von Belang, jedoch bei weitem nicht so sehr, wie die meisten Menschen annehmen. Zu keiner Zeit gab es mehr als einige wenige Arten großer Dinosaurier. Sie waren faszinierend – wer kann schon den *Tyrannosaurus rex*, den *Brontosaurus* und den *Tricerotops* vergessen? Sie ähnelten den neuzeitlichen Elefanten und Nashörnern: schön und interessant, trugen jedoch wenig Information bei über das Leben im allgemeinen. Bedenkt man zudem, daß die Dinosaurier, da sie Landtiere waren, nur selten Fossilien hinterließen, so ergibt sich eine Situation, in der jene Art von Fossil, für das sich das allgemeine Publikum am meisten interessiert, für die Wissenschaftler vermutlich die am wenigsten interessante ist.

Diese Wandmalerei im Dinosaurier-Raum des Field Museum of Natural History in Chicago habe ich in meiner Kindheit heiß geliebt.

206 Ein paar Kubikmeter Kalkstein von bestimmten Orten können ohne weiteres fünfzigtausend fossile Muscheln beherbergen –
die Überbleibsel von Kleintieren, die auf Kontinentalschelfgebieten lebten. Dies ergibt mehr an fossilen Dokumenten als sämtliche Dinosaurier in allen Museen der Welt zusammengenommen.

207 Einige Dinosaurier ließen ein Sozialverhalten erkennen.
Im Gegensatz zu den neuzeitlichen Reptilien scheinen manche Dinosaurier sich in Gruppen niedergelassen und um ihre Jungen gekümmert zu haben. Jack Horner vom Museum of the Rockies in Bozeman (Montana, USA) hat Orte entdeckt, an denen große Dinosaurierkolonien genistet haben. Er hat behauptet, sie seien in großen Herden umhergezogen. Dies ist eine neue Sicht auf die Dinosaurier, die allerdings nur von Horners Funden gestützt wird.

208 Dinosaurier könnten mit neuzeitlichen Vögel verwandt sein.
Einige Wissenschaftler behaupten, daß die Dinosaurier in Wirklichkeit gar nicht ausgestorben sind, da sie auf der Erde lebende Nachkommen besitzen – die Vögel. Wenn Sie also das nächste Mal zu einem Truthahnessen eingeladen werden, bedenken Sie, daß sie vielleicht von einem entfernten Verwandten des *Tyrannosaurus rex* kosten.

209 **Dinosaurier sind wahrscheinlich Warmblüter gewesen.**
Warmblütige Tiere wie die Menschen behalten unabhängig von der Temperatur ihrer Umgebung eine gleichbleibende Körpertemperatur bei, kaltblütige Tiere wie die neuzeitlichen Reptilien dagegen nicht. Man ging davon aus, daß die Dinosaurier als Reptilien Kaltblüter gewesen sein müssen. Nun behaupten manche Wissenschaftler, daß sie wie die Vögel Warmblüter gewesen sind.
Diese Behauptung ist deshalb schwierig nachzuvollziehen, weil das weiche Gewebe bei den Fossilien nicht erhalten bleibt. Uns stehen lediglich Knochen und Zähne zur Verfügung. Daher sind die Wissenschaftler darauf angewiesen, Vergleiche mit lebenden Tieren zu ziehen. Ich habe den Eindruck, daß keine der beiden Seiten in dieser Debatte einen entscheidenden Sieg davongetragen hat.

210 **Dinosaurier verschwanden plötzlich vor 65 Jahrmillionen.**
Die vielleicht interessanteste Tatsache über Dinosaurier ist nicht die Art und Weise, in der sie lebten, sondern in der sie starben. Sie verschwanden ganz plötzlich – im Laufe einer Zeitspanne, die hunderttausend Jahre oder ein Wochenende umfassen könnte. Da wir im Augenblick nicht in der Lage sind, diese Zeitspanne genauer zu bestimmen, ist dies einer der Gründe für die gewaltige Debatte über das Aussterben der Dinosaurier.

AUSROTTUNGEN

211 **Annähernd alle Arten, die je gelebt haben, sind ausgestorben.**
Meine Frau mag es überhaupt nicht, wenn ich solche Dinge sage – sie nennt es «Gerede von Physikern». Damit meine ich jedoch folgendes: Die zehn bis fünfzig Millionen Arten, die schätzungsweise heute auf der Erde leben, machen lediglich 0,1 Prozent aller Arten aus, die je existiert haben. Die gewöhnliche Entwicklung einer Art verläuft wie folgt: Sie taucht auf, hält sich einige Zeit lang und stirbt dann aus.
Wissenschaftler schätzen, daß während der von den fossilen Dokumenten vergegenwärtigten Zeit mehrere hundert Arten pro Jahr ausgestorben sind. Man kann weder verhindern, daß einzelne Arten aussterben, noch daß einzelne Artmitglieder sterben.

212 Die mittlere Lebensdauer einer Art beträgt etwa eine Million Jahre.

Setzen wir den Beginn der Menschheit bei Lucy an, so ist die Menschheit drei Millionen Jahre alt. Es sieht ganz so aus, als wären unsere Tage gezählt.

213 Die Dinosaurier verschwanden bei einem Massensterben.

Als die Dinosaurier vor 65 Jahrmillionen ausstarben, verschwanden gut zwei Drittel der anderen Arten auf der Erde zugleich mit ihnen. Für einige Organismen wie Meeresplankton beträgt die Aussterberate sogar 98 Prozent. Wenn ein weitreichendes Sterben wie dieses zu vermelden ist, so erhält es einen besonderen Namen – Massensterben.

214 Das Massensterben der Dinosaurier war weder das jüngste noch das schlimmste im Lauf der Geschichte.

Je nachdem, wie man zählt, gab es im Verlauf der Zeit, für die es fossile Dokumente gibt, acht bis zwölf Massensterben in den vergangenen 250 Jahrmillionen. Das jüngste (etwas weniger arg als dasjenige, bei dem die Dinosaurier verschwanden) fand vor 11 Jahrmillionen statt. Das schlimmste fand vor 248 Jahrmillionen gegen Ende der Permzeit statt. Bei letzterem verschwanden mehr als 80 Prozent der bestehenden Arten.

215 Das Aussterben der Dinosaurier wurde vermutlich durch einen Meteoriteneinschlag auf der Erde verursacht.

Die neueste Theorie, die sich an einer Deutung des Aussterbens der Dinosaurier versucht, trägt vor, daß es sich um die Nachwirkungen des Zusammenstoßes eines Meteoriten von etwa zehn Kilometer Durchmesser mit der Erde gehandelt habe. Der vom Einschlag hochgewirbelte Staub habe etwa drei Monate lang weltweit das Sonnenlicht verdunkelt und die meisten Pflanzen abgetötet. Zu gegebener Zeit seien dann die Pflanzenfresser gestorben, danach die Fleischfresser. Dieser skizzierte Ablauf wird Alvarez-Hypothese genannt nach dem Vater-und-Sohn-Team Luis und Walter Alvarez, die als erste Beweise dafür vortrugen.

Der Stand der Alvarez-Hypothese ist der folgende: Es liegen überzeugende Beweise dafür vor, daß ein Meteoriteneinschlag tatsächlich zur selben Zeit wie das Massensterben stattfand. Ob er es auslöste oder nur ein Teil der Ursache war, darüber wird derzeit noch heftig gestritten.

216 Massensterben treten regelmäßig alle 26 Jahrmillionen auf.
Neue Computerdaten über Fossilien deuten darauf hin, daß Massensterben nicht zufällig, sondern regelmäßig auftreten. Falls dies zutrifft und falls ein Massensterben durch einen Einschlag ausgelöst wurde, dann – so behaupten Wissenschaftler – ist die Annahme vernünftig, daß sämtliche Massensterben von einem Einschlag ausgelöst wurden. Dies würde bedeuten, daß die Erde regelmäßig aus dem Weltraum mit großen Körpern bombardiert wird. Es bleibt allerdings völlig im dunkeln, aus welchem Grund es eine solche Bombardierung geben sollte.

217 Keine Bange, das nächste Massensterben läßt noch eine Weile auf sich warten.
Da das jüngste Massensterben vor 11 Millionen Jahren stattfand, bleiben uns noch 15 Millionen Jahre Zeit bis zum nächsten.

Die menschliche Evolution

218 Der Stammbaum der Menschen läßt sich anhand der Fossilien zurückverfolgen.
Ebenso wie die Geschichte der Evolution sämtlicher Lebewesen auf der Erde sich anhand der fossilen Dokumente zurückverfolgen läßt, gilt gleiches für die Geschichte der Menschheit. Die fossilen Dokumente schließen Fossilien entfernter gemeinsamer Vorfahren sowohl der neuzeitlichen Affen wie der neuzeitlichen Menschen ein, wie auch jüngere Vorfahren des *Homo sapiens*. Die Vorstellung, daß der Mensch sich nicht von anderen Tieren unterscheidet, war für die Menschen schon immer schwer zu akzeptieren.

219 **Die Entscheidung darüber, was ein menschliches Wesen ist, war immer schon ein verborgenes Problem beim Entwirren der menschlichen Evolution.**
Dieser Gesichtspunkt wird nicht weitgehend gewürdigt. Will man jedoch den Stammbaum des Menschen zurückverfolgen, so bedarf es einer ziemlich klaren Vorstellung davon, wodurch ein menschliches Wesen sich von seinen Vorfahren unterscheidet. Diese Tatsache führt zu einer wichtigen Konsequenz: Im Lauf der Geschichte bestand die Neigung, die Menschheit als etwas Besonderes, als von der übrigen Natur verschieden anzusehen. Sogar nach der Annahme der Darwinschen Evolution wurde eine erstaunliche Anzahl von Fehlern gemacht, weil Wissenschaftler die Ähnlichkeiten zwischen dem *Homo sapiens* und (beispielsweise) dem Neandertaler (siehe unten) nicht sehen wollten.

220 **Die wichtigste Etappe bei der Entwicklung der Menschheit war jene der Fortbewegung auf zwei Füßen.**
Die Größe des Gehirns unterscheidet den Menschen von anderen Tieren. Daher nahm man an, daß sich bei den menschlichen Wesen erst ein großes Hirn entwickelte und der aufrechte Gang so etwas wie eine Folge davon war. Es hat sich jedoch herausgestellt, daß genau das Gegenteil zutrifft. Der aufrechte Gang kam zuerst und danach die Intelligenz. Die Frage, warum und wie die Hominiden auf zwei Füßen zu gehen begannen, ist nach wie vor Thema heftiger Debatten unter Wissenschaftlern, doch steht eindeutig fest, daß die frühen Hominiden ein kleines Hirn besaßen (vielleicht ein Viertel desjenigen des neuzeitlichen Menschen) und aufrecht gingen.

221 **Der Glaube, daß die Menschheit frühzeitig Intelligenz erwarb, führte zu der großen Piltdown-Ente.**
Der Amateur-Paläontologe Charles Dawson berichtete 1912, daß er in einer Kiesgrube der südenglischen Gemeinde Piltdown auf einen Schädel und Fragmente eines Kiefers gestoßen sei. Das Fossil besaß einen großen Schädel (was auf Intelligenz hinwies) und einen primitiven Kiefer. Vierzig Jahre darauf, nachdem es zunehmend schwerfiel, den Piltdown-Menschen mit den fortgeschrittenen Ideen über die menschliche Evolution in Einklang zu bringen, wurden die Fossilien

erneut überprüft. Dabei stellten sich die Schädelfragmente als neuzeitlich heraus (wenngleich geschickt auf alt präpariert), wogegen der Kiefer von einem Orang-Utan stammte.
Angesichts moderner Techniken wie der Radiokarbonmethode läßt sich ein solch primitiver Schwindel wie der von Piltdown nicht wiederholen. Auch wenn ich die Fossilien im British Museum im nachhinein besichtigte, so war der Befund doch ziemlich klar, daß die Zähne zurechtgefeilt worden waren.
Wer war der Übeltäter? Niemand weiß es, doch ich tippe auf Arthur Conan Doyle, den Schöpfer von Sherlock Holmes und Nachbarn von Dawson.

222 Der *Homo sapiens* ist das einzige überlebende Mitglied unserer Gattung.
Unter normalen Umständen würde man erwarten, daß es viele weitere Arten unserer Gattung gibt – man könnte sie *Homo A*, *Homo B* usw. nennen. Unser Stammbaum ist großzügig zurechtgestutzt worden, und wir sind die einzige überlebende Art, nicht nur der Gattung *Homo*, sondern der gesamten Hominidenfamilie. Ob unsere Vorfahren das Zurechtstutzen durch Ausschalten ihrer Konkurrenten erledigten oder ob es sich durch natürliche Selektion einstellte, bleibt eine offene Frage.

223 Im Stammbaum der Menschen, so wie er heutzutage bekannt ist, klaffen große Lücken.
Eine ganz normale Situation: Wir finden ein paar Schädel einer Art an ein paar Orten einer Gegend, dann ein paar Schädel verschiedener Arten an Orten, die einer späteren geologischen Zeit in einer anderen Gegend entsprechen. Ob die beiden Schädel parallele Zweige des Stammbaums darstellen oder ob einer der Vorfahr des anderen ist, läßt sich aus den Daten allein nicht beantworten. Folglich gibt es zahlreiche Behauptungen über die exakte Anzahl der Zweige, die zum neuzeitlichen Menschen hinführen.

224 **Ohne Zählkarte lassen sich die Spieler nicht zählen.**

Einer der schwierigsten Aspekte beim Studium der Entwicklung des Menschen sind die fremdartig klingenden Namen der verschiedenen Mitglieder des Stammbaums. Im folgenden führe ich die Namen der Mitspieler in der Reihenfolge ihres Auftretens auf, zusammen mit einer Erklärung der Bedeutung ihres Namens:

Ramapithecus («Ramas Affe») – die Fossilien wurden in Indien entdeckt und nach dem Hindu-Gott Rama benannt.

Proconsul («vor dem Konsul») – in den dreißiger Jahren gab es in London einen Vaudeville-Einakter, in dem ein Schimpanse namens Consul auftauchte. Nach einem launigen Anfall nannten die Entdecker ihr Fossil Vorläufer des Consul.

Australopithecus («südlicher Affe») – diese Fossilien wurden zuerst in Afrika gefunden. Es ist ein Gattungsname, und es gibt mehrere verschiedene Arten des Australopithecus.

Homo habilis («der Werkzeugmacher») – erste Fossilien, die zusammen mit Steinwerkzeugen gefunden wurden.

Homo erectus («der aufrechte Mensch»).

Homo neandertalensis («Mensch aus Neandertal») – das erste als «menschliches» Fossil entdeckte und als solches erkannte Fossil im Neandertal bei Düsseldorf.

Homo sapiens («der weise Mensch») – ein Mensch wie du und ich.

Cro-Magnon-Mensch – derselbe wie der *Homo sapiens* – der Name bezeichnet den französischen Fundort der Überreste.

225 **Der neuzeitliche Mensch wie auch der neuzeitliche Affe stammen von einem gemeinsamen Vorfahren ab.**

Zwanzig bis zehn Millionen Jahre vor unserer Zeit lebte in Afrika ein schimpansenähnliches Tier, *Proconsul* genannt. Dieses Tier ist einem «fehlenden Bindeglied» so ähnlich wie möglich, und einige Wissenschaftler behaupten, daß es der älteste gemeinsame Vorfahr sei, den wir mit den Affen teilen. Ab dem *Proconsul* beginnt der Stammbaum der Affen und der Hominiden (die Vorfahren der menschlichen Wesen) sich zu verzweigen.

Vierzehn bis acht Millionen Jahre vor unserer Zeit lebte in Afrika und Asien ein aufrecht wandelndes, affenähnliches Geschöpf, *Ramapithecus* genannt. Es teilt viele Erscheinungen mit den neuzeitlichen Menschen, inklusive die aufrechte Haltung und eine ähnliche Kieferstruktur.

226 ***Proconsul*** **hatte als Fossil eine interessante und wechselvolle Laufbahn.**
Viele der Überreste, die wir von diesem besonderen Affen kennen, wurden nach ihrem Fund nicht als bedeutend eingestuft. Daher wurden sie in den Museen einfach in mit «Verschiedenes» beschriftete Behälter geworfen. Eigentlich wurden sie daher in den Museen, nicht aber vor Ort entdeckt! Da fragt man sich, was sich noch alles auf diesen verstaubten Regalen entdecken läßt!

227 **Die erste große Lücke in der Abstammung der Menschen klafft in der Zeitspanne von acht bis drei Jahrmillionen vor unserer Zeit.**
Wir wissen nicht sehr viel darüber, was mit unseren Vorfahren nach dem *Ramapithecus* geschah. Das ist fast ausschließlich darauf zurückzuführen, daß wir nicht über genug Fossilien von frühen Affen und Affenmenschen verfügen, um Klarheit in die Geschehnisse zu bringen. Es ist der am wenigsten bekannte Abschnitt des Stammbaums der Menschen.

228 **Der** ***Australopithecus*** **war der erste wirkliche «Mensch».**
Bezeichnet man sämtliche Mitglieder der Hominidenfamilie als «Menschen», so kommen die Mitglieder der Gattung *Australopithecus* als erste Menschen in Frage. Es handelte sich um etwa einen Meter große und aufrecht wandelnde Tiere, wahrscheinlich mit einem Pelz wie die neuzeitlichen Affen. Sie lebten etwa von 4 bis 1,5 Millionen Jahre vor unserer Zeit. Es gab mehrere Arten des *Australopithecus*, darunter der *Australopithecus afarensis* (siehe unten) als ältester. Später entwickelten sich zwei getrennte Arten, die eine robust, kräftig und vermutlich vegetarisch lebend, die andere klein, flink und vermutlich als Jäger lebend. All diese unterschiedlichen australopithecinen Arten starben vor einer Million Jahren aus. Niemand weiß, aus welchem Grund sie verschwanden, obwohl die Konkurrenz mit dem direkten Vorfahren des *Homo sapiens* als eine Möglichkeit angegeben wurde.

229 Lucy, der «älteste Mensch», war eine *Australopithecine*.

Das früheste und berühmteste «menschliche» Fossil erhielt bei seiner Entdeckung im Jahr 1974 den Spitznamen Lucy. Dieser Spitzname ergab sich aus der Tatsache, daß die Entdecker ihren Fund mit einem Fest am Lagerfeuer feierten, bei dem der Beatles-Song «Lucy in the Sky with Diamonds» besonders häufig gespielt wurde. Lucy war eine junge Frau der Art *Australopithecus afarensis*, die vor 3,5 Millionen Jahren lebte. (Der Name bedeutet «südlicher Affe vom Afar-Dreieck in Äthiopien».) Wir glauben, daß sie eine Art vertritt, die in Gruppen mit einer Familienstruktur lebte. Die Angehörigen dieser Gruppe wandelten mit Sicherheit aufrecht. Die Entdeckung von Lucys Skelett war vielleicht einer der größten Funde unter den fossilen menschlichen Dokumenten. Der Fund förderte eines der vollständigsten Skelette zutage, die von unseren Vorfahren auf uns übergekommen sind.

230 Die direkte Linie zum neuzeitlichen Menschen verläuft über den *Homo habilis*.

Der *Homo habilis* lebte zwischen 2 und 1,5 Millionen Jahren vor unserer Zeit. Der *Homo habilis* fertigte mehrere Steinwerkzeuge an, darunter auch solche zum Schneiden und Zerkleinern, wie auch Hämmer zur Herstellung neuer Werkzeuge aus Feuerstein. Diese Menschen lebten in Jägerhorden zusammen und erreichten in etwa die Größe eines Zwölfjährigen von heute. Auch besaßen sie große Gehirne. Wegen ihrer Ähnlichkeit mit dem neuzeitlichen Menschen werden sie derselben Gattung (*Homo*) zugerechnet.

231 Die meisten der berühmten frühen Fossilien waren die des *Homo erectus*.

Dieser jüngste Vorfahr lebte zwischen 1,5 Millionen und 500000 Jahren vor unserer Zeit. Er besaß ein größeres Gehirn als der *Homo habilis* und war nicht viel kleiner als ein neuzeitlicher Mensch. Am wichtigsten jedoch war die Tatsache, daß er das Feuer kannte, was zuvor nicht der Fall gewesen war.

Als man nach und nach die Schädel der frühen Menschen fand, gab es davon so wenige, daß man jedem einen eigenen Namen verlieh. Sie wurden Javamensch, Pekingmensch und so fort genannt. Als die Sammlung anwuchs und die Ähnlichkeiten zwischen den Fossilien ins

Auge fielen, erkannte man, daß es sich bei all diesen unterschiedlichen «Menschen» lediglich um verschiedene Mitglieder ein und derselben Art (*Homo erectus*) handelte.

232 Es gab eine Zeit, da betraten viele «Menschen» die Bühne der Welt.

Vor 1,5 Jahrmillionen könnten viele Mitglieder unseres Stammbaums in Afrika nebeneinander existiert haben. Es könnte zwei getrennte Gattungen (den *Australopithecus* und den *Homo*) mit jeweils zwei getrennten Arten gegeben haben. Die Verhältnisse müssen interessant gewesen sein. Was geschah zum Beispiel, wenn eine Horde von *Homo habilis* und eine von *Australopithecus* sich trafen? Hier ist der Stoff zu einem wahrlich großartigen Roman zu heben!

233 Der Neandertaler war kein «Neandertaler»!

Eine dem neuzeitlichen Menschen ähnliche Erscheinung ist erst vor einigen hunderttausend Jahren aufgetaucht. Der erste unserer Art war der Neandertaler. Ob es sich beim Neandertaler um eine Unterart des *Homo sapiens (Homo sapiens neandertalensis)* oder eine unabhängige Art (*Homo neandertalensis*) handelt, ist weiterhin umstritten. Fest steht nur, daß vor hunderttausend Jahren Europa und Asien von Stämmen bevölkert waren, deren Angehörigen wir gleichen.

Vom Neandertaler, der als ein schlurfendes, ungeschlachtes und hirnloses Geschöpf minderer Intelligenz dahingestellt wurde, macht man sich gemeinhin eine falsche Vorstellung. In Wirklichkeit verfügte der Neandertaler über ein größeres Gehirn als der neuzeitliche *Homo sapiens*. Der schlurfende Gang, den wir dem Neandertaler zuschreiben, rührt aus der Tatsache her, daß das erste analysierte Skelett eines Neandertalers von einem Mann stammt, der an fortgeschrittener Arthritis litt und aus diesem Grund vornübergebeugt war. Moderne Rekonstruktionen des Neandertalers zeigen jemanden, der vermutlich in den U-Bahn-Gängen einer Großstadt völlig unbemerkt bliebe.

Zudem hatten die Neandertaler eine entwickelte Religion und bestatteten ihre Toten. Gegen Ende ihrer Herrschaft fertigten sie Ornamente und weitere Gebrauchsgegenstände an, die wir mit menschlicher Zivilisation in Verbindung bringen.

234 Die beste Erklärung des Neandertalers.

Als 1856 das erste Skelett eines Neandertalers entdeckt wurde, erklärte Franz Meyer von der Bonner Universität, daß es einem Kosaken gehöre, der verstorben sei, als er Napoleon durch Europa verfolgte. Der Mann habe Rachitis gehabt, meinte der gute Professor, was seine krummen Beine erkläre, und wegen der Schmerzen dieses Leidens habe er die Augenbrauen zusammengezogen, worauf sich die dicke Stirnfurche zurückführen lasse. Wie dieser rachitische, stirnrunzelnde Kosak den dreißig Meter hohen Abhang hinauf- und in die Höhle hineingelangt sein soll, um sich dort zum Sterben hinzulegen, darüber hat der Herr Professor leider kein Wort verloren.

235 Der Neandertaler verschwand vor fünfunddreißigtausend Jahren plötzlich in Europa.

Als der Cro-Magnon-Mensch vor fünfunddreißigtausend Jahren in Europa die Szene betrat, verschwand der Neandertaler. Wir wissen nicht, weshalb er verschwand, wir wissen lediglich, daß nach diesem Verschwinden nur ein Mitglied der Gattung *Homo* und ein Hominide auf der Erde übrigblieben – der *Homo sapiens*. Den Stammbaum der Menschen kann man sich daher wie eine Serie von Experimenten vorstellen, bei denen jede Abzweigung abstirbt, wenn ein neues und erfolgreicheres Modell die Szene betritt.

OFFENE FRAGEN

236 Was geschah mit dem Neandertaler?

Es gibt mehrere Theorien: 1. der Neandertaler wurde von tückischen Eindringlingen ausradiert; 2. der Neandertaler kreuzte sich mit den Neuankömmlingen, so daß der neuzeitliche Genvorrat der Menschen einen erheblichen Anteil an Genen der Neandertaler enthält; oder 3. der Neandertaler war außerstande, mit den Neuankömmlingen zu konkurrieren und starb daher aus. Im Augenblick scheint die letzte dieser Theorien sich bei der Mehrheit der Paläontologen großer Beliebtheit zu erfreuen, aber in dieser Frage wechselt die Mode.

237 Je nachdem wie Sie den Neandertaler zuordnen, beeinflussen Sie auch Ihre Annahme über dessen Ende.

Wenn Sie davon ausgehen, daß der Neandertaler nur eine Untergruppe des *Homo sapiens* ausmacht, dann ergibt es einen Sinn, vom neuzeitlichen Menschen als dem Ergebnis der Kreuzung zwischen dem Neandertaler und dem Cro-Magnon-Menschen zu sprechen. Falls der Neandertaler eine eigene Art repräsentiert, dann ist dies nicht der Fall.

Während der siebziger und achtziger Jahre schienen die Beweise eine Einteilung in eine Untergruppe zu stützen, und dies mögen Sie in der Schule so gelernt haben. Später jedoch ist das Pendel in die andere Richtung ausgeschlagen. Als wichtigster neuer Beweis gelten die Entdeckungen von Orten im Nahen Osten, an denen der neuzeitliche Mensch und der Neandertaler über Zehntausende von Jahren hinweg Seite an Seite gelebt zu haben scheinen, ohne sich je zu kreuzen. Falls sie sich nicht kreuzten, weil sie es nicht konnten, so wäre dies ein klassischer Testnachweis dafür, daß es sich um verschiedene Arten handelte.

238 Namen in den Schlagzeilen.

Die Namen, auf die Sie höchstwahrscheinlich stoßen, wenn Sie Geschichten über die menschliche Evolution lesen, sind jene der Mitglieder der Familie Leakey und der von Don Johansson. Der verstorbene Louis Leakey und seine Frau Mary waren Pioniere auf dem Gebiet der menschlichen Paläontologie und erschlossen die berühmte Stätte in der tansanischen Olduvai-Schlucht. Ihr Sohn Richard ist für sich allein eine wichtige Figur. Die Leakeys förderten sehr viel von unseren Kenntnissen über den *Australopithecus* und den *Homo habilis* zutage.

Donald Johansson ist der Entdecker von Lucy, dem ältesten menschlichen Fossil. Glaubt man den Schlagzeilen in der Presse, so ist er mit Richard Leakey in einen heftigen Kampf darüber verwickelt, wer von ihnen den ältesten direkten Vorfahren des neuzeitlichen Menschen entdeckt hat. Ein Zitat eines Kollegen von Johansson: «Es fällt schwer, einem Paläontologen zu trauen, der Slipper von Gucci trägt.»

239 **Wir alle besitzen ein und dieselbe Großmutter.**
Will man etwas über die jüngste menschliche Evolution erfahren, so bietet sich eine Methode an, und zwar jene des Vergleichs der DNS-Sequenzen bei verschiedenen Menschengruppen. Als die Wissenschaftler sich daranmachten, fanden sie heraus, daß die Ahnenreihe aller neuzeitlichen Menschen sich bis auf eine einzelne Frau zurückverfolgen läßt, die sie «Eva» getauft haben. Eva lebte offensichtlich in Afrika und war eine ferne Urgroßmutter von uns allen.

240 **Ziel vieler Paläontologen ist es, den «Ersten Menschen» aufzuspüren.**
Die ältesten Fossile der Hominiden aus dem Hauptstamm des Stammbaums der Menschen zu finden, gilt vielen Forschern auf diesem Gebiet als wichtiges Ziel. Die Gründe dafür liegen weniger im wissenschaftlichen Wert einer solchen Entdeckung verborgen als vielmehr in der Sichtbarkeit, Bekanntheit und Projektförderung, die eine solche Entdeckung nach sich zieht. Die «reine» Wissenschaft ist längst nicht so rein, wie manche Menschen es von ihr erwarten.

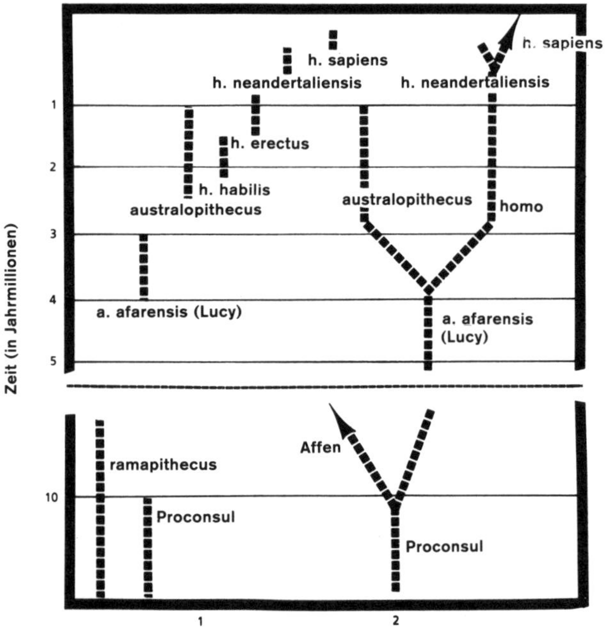

Hier ist der Stammbaum der Menschen – zumindest zum Zeitpunkt der Drucklegung dieses Buches. Auf der linken Seite ist das Erscheinen unserer fossilen Vorfahren im Verlauf der Zeit aufgezeichnet, ohne daß ich zu sagen versuche, was ein Zweig und was der Stamm ist.
Rechts zeige ich eine mögliche Interpretation der fossilen Daten in Form eines Familienstammbaums. Es handelt sich um die «Johansson»-Interpretation, bei der Lucy (sein Fossil) die Vorfahrin der gesamten Hominiden-Linie ist. Den Neandertaler habe ich als eine gesonderte Art dargestellt.

3 MOLEKULARBIOLOGIE

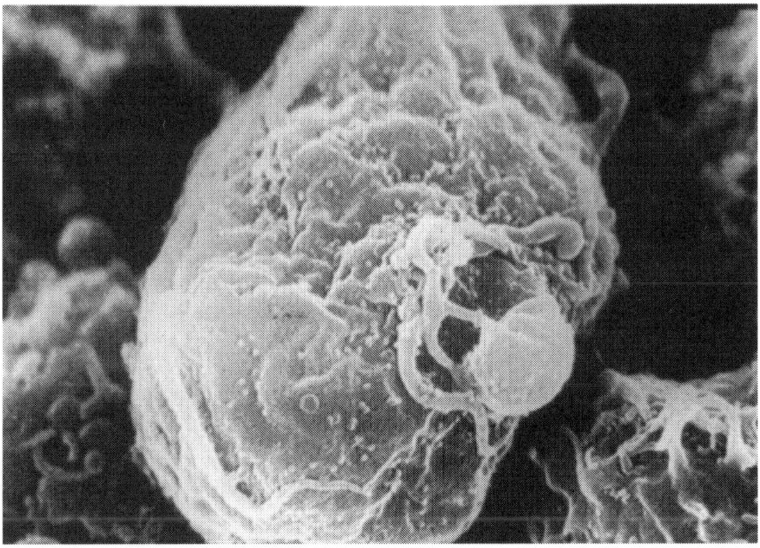

Das AIDS-Virus beim Angriff auf eine menschliche weiße Blutzelle.

Moleküle des Lebens

241 Sämtliche Moleküle, die in lebenden Systemen auftauchen, bestehen im wesentlichen aus nur sechs chemischen Elementen, nämlich Kohlenstoff, Wasserstoff, Stickstoff, Sauerstoff, Phosphor und Schwefel. All diese Elemente kommen häufig vor und standen zur Verfügung, als das Leben sich entwickelte.

242 In lebenden Systemen gibt es vier Molekülarten – Kohlehydrate, Eiweiße, Lipide und Nukleinsäuren.
Jede besitzt eine andere Struktur und spielt eine andere Rolle. Kohlehydrate befördern Energie und sorgen für einen Teil der Gewebestruktur. Eiweiße sind die chemischen Arbeitstiere der Zelle (und stellen einen Teil der Gewebestruktur bereit). Lipide sind wichtig für die Zellmembranen und die Energiespeicherung. Nukleinsäuren (DNS und RNS) befördern die für die Arbeit einer Zelle wesentliche Information.

243 Große Moleküle in lebenden Systemen bestehen aus vielen Einzelbausteinen, die von kovalenten Bindungen zusammengehalten werden.
Sie sind aus einer festgesetzten Reihe kleinerer Moleküle zusammengesetzt, wobei große Moleküle den verschiedenen Zusammenstellungen der elementaren Bausteine entsprechen. Man denke dabei an ein so kompliziertes Gebäude wie einen Wolkenkratzer. Er besteht aus einzelnen Bestandteilen – Fenstern, Tragbalken, Türen und so weiter –, und verschiedene Gebäude entsprechen verschiedenen Zusammenstellungen dieser Bestandteile. Komplexe Eiweiße sind auf dieselbe Weise durch Aneinanderketten unterschiedlicher Sequenzen von Aminosäuren aufgebaut. Bei diesem Vergleich übernehmen die kovalenten Bindungen, eine Bindungsart, bei der Atome sich Elektronen untereinander teilen, die Rolle des Mörtels.

244 Zucker ist der fundamentale Baustein von Kohlehydraten.
Ein Zuckermolekül ist eine ringförmige Struktur von Kohlen-, Sauer- und Wasserstoff. Die Darstellung zeigt das gewöhnliche Glukosemolekül – jene Zuckerart, die der menschliche Organismus als Energie nutzt und die in allen lebenden Zellen auftaucht. Es gibt viele weitere Zuckerarten, die sämtlich eine ähnliche Struktur besitzen.
Bei einem festgesetzten Verhältnis von Kohlenstoff, Sauerstoff und Wasserstoff kann die Zusammensetzung der Atome ebenfalls wechseln. (Moleküle mit derselben Atommenge, aber unterschiedlichen Verknüpfungen heißen *Isomere.*)
Ein weiterer wichtiger Zucker wird Ribose genannt (siehe die Darstellung links). Entfernt man ein Atom Sauerstoff aus der Ribose, wie rechts dargestellt, so ergibt sich ein Molekül Ribose ohne Sauerstoff oder die Desoxyribose.

Glukosemolekül

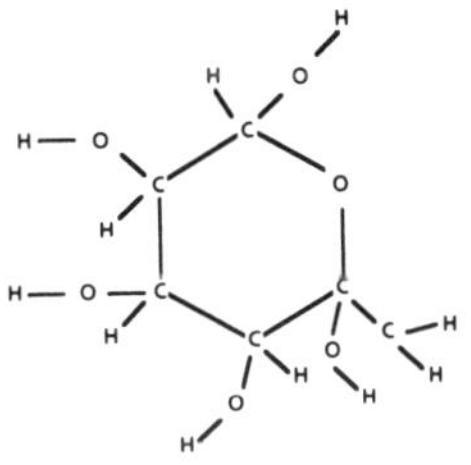

Ribose (links) und Desoxyribose (rechts)

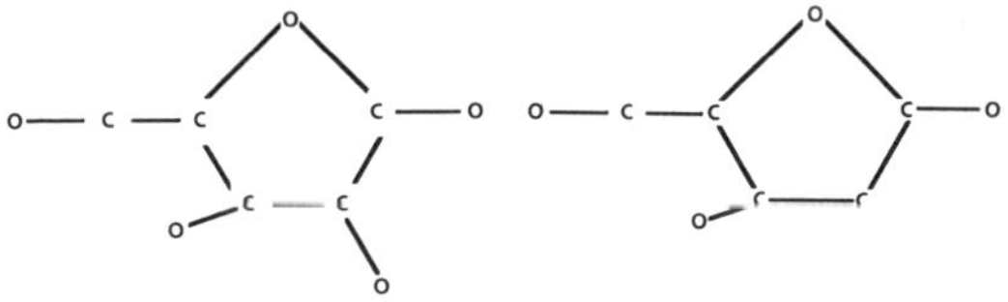

245 Einfache Zucker schließen sich zu komplexem Zucker zusammen.
Sie verschränken sich miteinander, wenn ein «H» an einem Molekülende sich mit dem «OH» am anderen Ende zusammenschließt, um Wasser zu bilden, wobei die beiden Zuckerringe zurückbleiben, die über ein einziges Sauerstoffatom verbunden sind. Sukrose (gewöhnlicher Tafelzucker) entsteht auf diese Weise durch Kombination von Glukose und Fruktose (Fruchtzucker). Chemiker nennen alle Zusammensetzungen aus zwei Zuckern «Disacchariden».

246 Stärke und Zellulose bestehen aus Zuckerketten.

Kettet man ein Glukosemolekül an das andere, ohne aufzuhören, so erhält man schließlich Zellulose oder Stärke, je nachdem, an welcher Stelle in den Ketten wir die «H»- und «OH»-Paare entnehmen. Stärke wird von lebenden Organismen als zusammengesetzter Energiespeicher genutzt, wogegen die Zellulose ein starres Molekül ist, das als wichtigste Versteifung in Pflanzenstengeln und im Holz auftritt. Zellulose ist ebenfalls die Hauptfaser in Naturstoffen – mehr als 90 Prozent der Baumwolle etwa besteht aus Zellulose.

247 Trotz ihrer Ähnlichkeit besitzen Stärke und Zellulose völlig unterschiedliche chemische Eigenschaften.

Die Menschen können zum Beispiel Stärke, nicht aber Zellulose verdauen – aus diesem Grund nennen wir Sellerie einen Ballaststoff. Tiere wie etwa die Kühe müssen ihre eigenen Bakterien mit sich herumtragen, damit diese die Zellulose für sie verdauen. Die Tatsache, daß das Baumwollhemd in Ihrem Schrank, der Sellerie in Ihrem Salat und das Energiespeichersystem in Ihrem Körper sämtlich aus Glukosearten bestehen, die auf unterschiedliche Weise miteinander verkettet sind, illustriert besser als alles andere die große Vielfalt der Dinge, die aus der Verkettung kleiner Moleküle entstehen können.

248 Der Begriff «Kohlehydrate» bezieht sich auf jegliche Zusammensetzung aus miteinander verketteten Zuckern,

oder auf jede Zusammensetzung mit den Bestandteilen $C_nH_{2m}O_m$. Diese Bezeichnung umfaßt einfache Zucker (wie Glukose), Zusammensetzungen aus neuen Zuckern (wie Sukrose) und jene aus vielen Zuckern (wie Stärke und Zellulose). Chemiker bedienen sich des Begriffs Polysaccharide («viele Zucker»), um solche Dinge wie Zellulose zu bezeichnen.

249 Aminosäuren sind die fundamentalen Bausteine der Eiweiße.
Diese Molekülart besitzt eine einfache allgemeine Struktur: an einem Ende befindet sich ein Stickstoffatom mit zwei verbundenen Wasserstoffatomen (dies wird eine Aminogruppe genannt und gibt der Zusammensetzung den Namen). Dann kommt eine Ansammlung von Atomen, die von einer Art der Aminosäure zur anderen variiert und schließlich am anderen Ende eine «COOH»-Gruppe.
Alle wichtigen Moleküle, die Eiweiße genannt werden, bestehen aus Ketten von Aminosäuren, die wie die Elefanten in einer Prozession aneinandergebunden sind. Die grundlegende Zusammensetzung eines Eiweißes ist unten dargestellt.
Treffen zwei Aminosäuren aufeinander, so verbindet sich der Wasserstoff der einen mit dem Sauer- und Wasserstoff der anderen zwecks Bildung von Wasser. Bei diesem Vorgang bleibt ein längeres Molekül aus den Bestandteilen der beiden Aminosäuren zurück. Die Bildung von Eiweißen durch Aminosäuren kann man sich so vorstellen, daß die Aminosäuren das Wasser zwischen sich «auswringen» und danach zusammenrücken. Diese Art der Bindung wird «Peptidbindung» genannt.
Die Vielzahl der Eiweiße in der Natur ist dadurch möglich, daß jeder unterschiedlichen Folge von Aminosäuren ein verschiedenes Eiweiß entspricht. Eiweiße bestehen aus weniger als hundert Aminosäuren (ein Beispiel: Insulin) bis hin zu Hunderttausenden. Die größten Eiweißmoleküle enthalten Millionen verschiedener Atome.

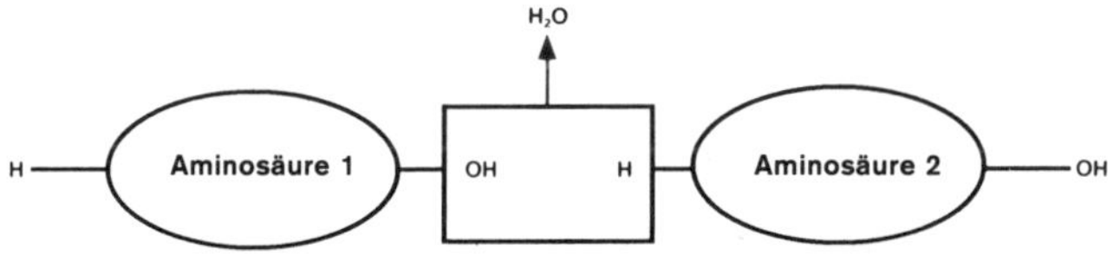

Zwei Aminosäuren verbinden sich, um die Bildung einer Eiweißkette zu beginnen.

250 **Eiweiße definieren unsere biochemische Identität und sind die Arbeitstiere der Zellchemie.**
Sie verhalten sich als Enzyme in praktisch allen komplexen chemischen Reaktionen, die innerhalb der Zellen im menschlichen Körper ablaufen. Manchmal dienen sie auch als Bauelemente – Ihre Haare und Ihre Fingernägel etwa bestehen aus Eiweißmolekülen.

251 **Sämtliche Eiweiße in lebenden Systemen auf der Erde bestehen aus nur zwanzig verschiedenen Aminosäuren.**
Jedes Eiweiß, das in irgendeinem lebenden System auf unserem Planeten auftaucht, besteht aus verschiedenen Zusammensetzungen derselben zwanzig grundlegenden Aminosäuren, trotz der Tatsache, daß sehr viel mehr Aminosäurearten im Labor hergestellt werden können. Die Namen der grundlegenden zwanzig sind:

Glycin	Arginin
Alanin	Asparagin
Valin	Glutamin
Leucin	Cystein
Isoleucin	Methionin
Serin	Phenylalanin
Threonin	Tyrosin
Asparaginsäure	Tryptophan
Glutaminsäure	Histidin
Lysin	Prolin

OFFENE FRAGEN

252 **Weshalb diese zwanzig Aminosäuren?**
Es gibt zwei Denkschulen.
Eine vertritt die Meinung, im wesentlichen beruhe dies auf einem Zufall – die erste Zelle tauchte zufälligerweise mit ebendiesen zwanzig Aminosäuren auf, und aus diesem Grund hatte das Leben und sämtliche Nachkommen eben dieselben zwanzig Aminosäuren. Die andere Denkschule behauptet, es gebe ein – wenn auch bisher unbekanntes – Gesetz, das diese besonderen zwanzig Aminosäuren zur

optimalen Zusammensetzung für lebende Systeme werden lasse. Im Augenblick neige ich selbst der ersten Denkrichtung zu. Allerdings würde es mich auch nicht wundern, wenn die Widersacher recht bekommen würden.

253 Eiweiße besitzen eine komplexe, vielschichtige Struktur.

Die «Primärstruktur» eines Eiweißes ergibt sich durch die Abfolge der Aminosäuren in der Kette. Eine Kette mit Aminosäuren liegt jedoch nicht einfach so herum wie ein Stück Schnur. Einige der Aminosäuren können Bindungen eingehen, entweder mit Molekülen aus ihrer eigenen Kette oder mit jenen aus einer anderen. Als Ergebnis dieser Bindungen erwerben Eiweiße eine «Sekundärstruktur». Hier einige gewöhnliche Strukturen: ein Korkenzieher aus einem einzigen Molekül (anzutreffen in den Haaren, Fingernägeln und in der Wolle), getrennte Ketten, die an verschiedenen Stellen entlang der Kette miteinander verbunden sind (Seide steht hierfür als Beispiel), oder getrennte Ketten, die wie die Drähte in einem Kabel umeinander gewickelt sind (wie in Sehnen und Knorpeln).

In sehr großen Eiweißketten taucht die im Zusammenhang mit der Sekundärstruktur auftretende Art des Knickens und Zwirbelns nur bei einigen Teilen der Kette auf, und es mögen sogar unterschiedliche Arten von Sekundärstruktur an verschiedenen Stellen der Kette auftreten. Die gesamte Kette, mit Sekundärstrukturen und allem, was dazugehört, kann dann in einer größeren Form aufgehen, die wir «Tertiärstruktur» nennen. Die wichtigsten Eiweiße bilden unregelmäßige (wenn auch in etwa kugelförmige) Tröpfchenformen.

254 Weshalb ist Seide flexibel, Wolle dagegen dehnbar?

Im Fall der Seide verlaufen die Eiweißketten in derselben Richtung wie die Fasern. Versucht man, den Stoff zu strecken, so tut man nichts anderes, als sämtliche kovalenten Bindungen aufzubrechen, welche die Ketten zusammenhalten – ein schwieriges Unterfangen. Faltet man jedoch den Stoff, so braucht man lediglich die schwachen Kräfte zwischen den Ketten zu überwinden, was viel weniger Energie erfordert.

Zieht man dagegen an Wolle, so zieht man die «Korkenzieher» in ihren Molekülen auseinander, darin dem Auseinanderziehen (nicht aber dem Brechen) einer Spiralfeder nicht unähnlich.

255 Die komplexe, spiralförmige äußere Oberfläche eines kugelförmigen Eiweißmoleküls schafft ideale Voraussetzungen für seine Funktion als Enzym.
Eines der Moleküle, die einer Reaktion unterliegen, «paßt» in ein Tal an der Eiweißoberfläche hinein, das andere Molekül paßt in das Nachbartal. Das Eiweiß hält zwei Moleküle zusammen, bis die neuen chemischen Bindungen hergestellt sind. Das neugebildete Molekül «paßt» nun nicht mehr in das Eiweiß, so daß es davonschwimmt, wodurch das Eiweiß denselben Vorgang erneut starten könnte. Auf diese Weise setzen die Eiweiße die chemische Arbeit einer Zelle fort, ohne selbst aufgezehrt zu werden.

OFFENE FRAGEN

256 Weshalb haben Eiweiße ausgerechnet diese Form?
Es ist eine einfache (wenngleich beunruhigende) Tatsache, daß ein Chemiker nicht vorhersagen kann, welche Tertiärstruktur ein bestimmtes Eiweiß annehmen wird, wenn man ihm die Abfolge der Aminosäuren in diesem Eiweiß benennt. Der Grund für dieses Unvermögen ist leicht zu verstehen – das Eiweiß ist an so vielen Wechselwirkungen mit Atomen beteiligt, daß es die größten Computer überfordern würde, wollte man ihm dabei auf der Spur bleiben. Die Berechnung von Eiweißstrukturen bleibt nach wie vor eines der größten ungelösten Probleme auf dem Gebiet der Biochemie.

LIPIDE

257 Man denke an «Fette und Öle», und man hat eine Vorstellung von der drittwichtigsten Klasse der Lebensmoleküle – den Lipiden.
Die einfachsten Lipide bestehen aus Kohlen-, Wasser- und Sauerstoff

(wenn auch nicht in präzisen Anteilen wie bei den Kohlehydraten). Einige Lipide dienen als Zellmembran, andere als Medium bei der Energiespeicherung und andere wiederum erfüllen eine Vielzahl biologischer Funktionen.
Technisch gesprochen ist ein Lipid jeder Stoff, der einem lebenden System leicht entzogen werden kann und in Wasser unlöslich ist. Diese lockere Definition erklärt, warum diese Einteilung auf so viele verschiedene Moleküle zutrifft.

258 Lipide sind fabelhaft gut im Speichern von Energie!
Lipide speichern fast doppelt soviel Energie wie gleich schwere Kohlehydrate. Aus diesem Grund verwenden alle Tiere (und einige Pflanzen) sie zu diesem Zweck. Wenn Sie übergewichtig werden, so stellt dieses Gewicht höchstwahrscheinlich Nahrungsenergie dar, die Ihr Körper als Fett gespeichert hat und bis zum Verbrauch bereitstellt. Manche Pflanzen verwenden Lipide zur Energiespeicherung (Olivenöl ist ein Beispiel für ein pflanzliches Lipid), aber die meisten verwenden Kohlehydrate. Dies ist vermutlich so, weil Pflanzen sich nicht bewegen und Übergewicht daher ihrem Stoffwechsel nicht zur Last wird.

259 Lipide enthalten ein Sammelsurium von Molekülen.
Cholesterin, Testosteron und Östrogen (das männliche und weibliche Sexualhormon der Menschen), Vitamin D und Cortison gehören sämtlich zu den Lipiden.

NUKLEINSÄUREN

260 Die beiden wichtigsten Nukleinsäuren sind DNS und RNS, und sie bestehen aus Nukleotiden.
Das Grundmuster der Nukleinsäuren besteht, ebenso wie das der Eiweiße, aus einer Wiederholung einfacher Bausteine. Der Baustein für die DNS wie auch für die RNS wird Nukleotid genannt. Wie in der Abbildung dargestellt, besteht es aus einem Zucker, einer Phosphatgruppe (Phosphoratom mit vier Sauerstoffatomen) und einer soge-

nannten organischen Base, die mit dem Zucker verbunden ist. Verschiedene Nukleinsäuren verwenden Nukleotide mit verschiedenen Zuckern, und innerhalb einer bestimmten Nukleinsäure besitzen aufeinander folgende Nukleotide verschiedene Basen.
Obwohl ein einzelnes Nukleotid einfach gebaut ist, können aus ihm große Moleküle entstehen, ähnlich wie der größte Wolkenkratzer aus dem wiederholten Aneinanderfügen der unterschiedlichsten Bauelemente entsteht.

Ein Nukleotid

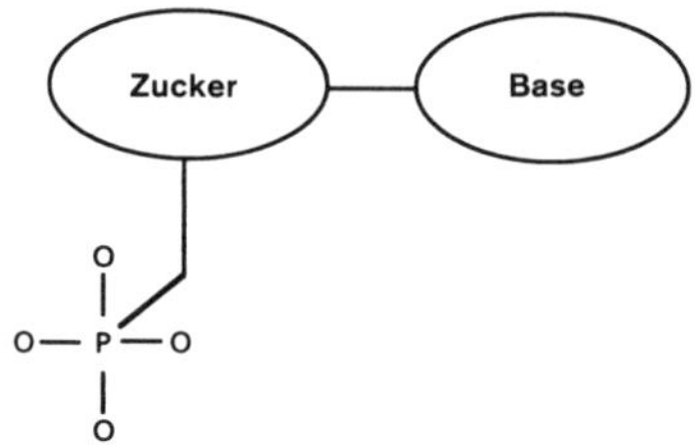

261 In der DNS besteht der Zucker im grundlegenden Baustein aus Desoxyribose.

Dies führt auch zu ihrem vollständigen Namen Desoxyribonukleinsäure (DNS). Die organische Base in den DNS-Molekülen kann aus einer von vier Möglichkeiten bestehen. Diese sind Adenin (A) und Thymin (T), Guanin (G) und Cytosin (C).
Das DNS-Molekül besteht aus zwei Nukleotidenketten. Die Basen verbinden sich miteinander durch die Kette hindurch, während die Zucker und Phosphate einander an der Kette entlang verbinden. Am besten stellt man sich ein DNS-Molekül als Leiter vor. In diesem Fall sind die Zucker und die Phosphate die Seitenholme der Leiter, während die Verbindungen zwischen den Basen von den Sprossen dargestellt werden. Die «Sprossen» sind lediglich von zweierlei Art: eine Verbindung zwischen A und T oder eine Verbindung zwischen G und C. Die Struktur der Basen erlaubt keinerlei andere Verbindungen. Nimmt man nun die soeben erbaute Leiter und verdreht sie in sich, so erhält man ein DNS-Molekül mit seiner berühmten Doppelhelix-Struktur. Ein normales DNS-Molekül enthält Millionen von Nukleotiden.
Die Sequenz der Basen an der DNS-Leiter ist der genetische Code.

262 **Das RNS-Molekül ist mit der DNS darin vergleichbar, daß es aus Nukleotiden mit Phosphat-Zucker-Base besteht.**

Es unterscheidet sich dahingehend, daß es eine einzelne Kette ist (eine halbe «Leiter») und der Zucker aus Ribose statt aus Desoxyribose besteht. Die Basen sind dieselben wie bei der DNS, nur daß das Thymin (T), das in der RNS auftaucht, durch eine andere Base ersetzt wird, die Uracil (U) heißt und sich wie das Thymin mit Adenin (A) verbindet.

Die Doppelhelix-Struktur der DNS

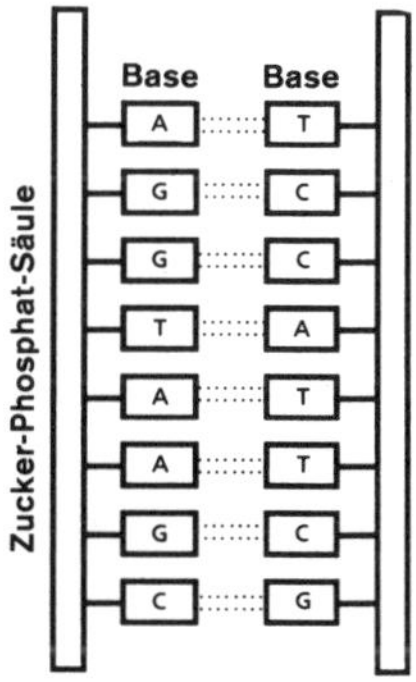

Der genetische Code

263 **Für alle Lebewesen auf der Erde existiert nur ein genetischer Code.**

Dieser Code, der uns die fundamentale Erklärung für die Gesetze der genetischen Vererbung liefert, ist in der Sequenz der Basenpaare in der DNS enthalten. Die Basen, welche die «Sprossen» innerhalb der DNS-Leiter darstellen, sind der bestimmende Bestandteil für die genetische Ausstattung eines jeden Organismus, wobei jeder Organismus und jedes Individuum eine andere Folge dieser organischen Basen besitzt. Daher unterscheidet sich jeder Organismus und jedes Individuum von allen anderen, auch wenn alle dieselbe Molekülart im Zentrum ihres Reproduktionssystems besitzen. In dieser Beziehung ist der genetische Code nicht viel anders als andere Codes auch. Das Morse-Alphabet zum Beispiel ist eine einfache Folge von Punkten und Strichen, aber eine unendliche Anzahl von Nachrichten läßt sich mit ihm versenden. Auf eine ähnliche Weise ist der genetische Code zwar einfach, kann aber zu gegensätzlichen Ergebnissen führen.

REPRODUKTION DER DNS

264 Der erste Schritt bei der Übermittlung genetischer Informationen besteht darin, die DNS in der Elternzelle zu duplizieren.
Jede lebende Zelle enthält DNS. Soll jedoch diese Zelle reproduziert werden, so muß die Menge an DNS verdoppelt werden, so daß genügend sowohl für die Eltern wie für den Nachkömmling vorhanden ist. Im folgenden gebe ich Schritt für Schritt eine Darstellung, wie dies funktioniert:

1. Schritt: *Öffnen des Reißverschlusses.* Ein besonderes Enzym steigt die DNS-Leiter hinunter und durchtrennt dabei die Bindungen, welche die «Sprossen» bilden – diesen Vorgang der Reproduktion kann man sich so vorstellen, daß jemand mit einer Säge eine Leiter hinabsteigt, wobei er die Sprossen durchsägt. Aus diesem Öffnen des «Reißverschlusses» ergeben sich zwei getrennte Stränge des ursprünglichen DNS-Moleküls.
2. Schritt: *Rekonstruktion.* In der Zellflüssigkeit frei umherschwimmende Nukleotide können an den exponierten «Sprossen» der getrennten DNS-Ketten festmachen und die jeweils fehlende Hälfte der Leiter Stück für Stück rekonstruieren. Falls es beispielsweise ein freies A-Molekül in der DNS-Kette gibt, so wird es auf natürliche Weise ein Nukleotid mit einem verbundenen T-Molekül anziehen, und die beiden verbinden sich. Aus diesem Vorgang ergibt sich schließlich, daß diese besondere Sprosse der ursprünglichen Leiter neu gebildet wird.

Dieser Vorgang der Neubildung von Sprossen vollzieht sich an beiden Strängen des ursprünglichen DNS-Moleküls. Allmählich rekonstruiert jede Seite die Teile der jeweils fehlenden Seite. Als Endergebnis ergeben sich zwei identische DNS-Moleküle, wo ursprünglich nur eins vorhanden war.

Dieses einfache und ziemlich elegante Teilen und Rekonstruieren des DNS-Moleküls, gegründet gleichsam auf der Geometrie von vier Basen, erklärt alles, was wir über Genetik wissen. Es erklärt, wie die Reproduktionsvorgänge von der Amöbe bis zum Elefanten ablaufen. Dieses Beispiel der Einheit in der Vielfalt – einheitlicher Vorgang, vielfältige Form – ist eine der elegantesten und schönsten Wahrheiten in der Wissenschaft.

265 Die Details des tatsächlichen Vorgangs der Nachbildung der DNS sind sehr viel komplizierter als der oben skizzierte einfache Vorgang.

Zunächst wird das DNS-Molekül nicht vollständig geöffnet – statt dessen bewegen sich Enzyme am DNS-Molekül entlang und «öffnen» eine oder mehrere Strecken auf einmal. Diese Strecken werden reproduziert, und dann ziehen die Enzyme weiter, wobei sie sich weiterhin mit dem Öffnen beschäftigen. Auf diese Weise durchläuft das ganze Molekül den Vorgang der Neugestaltung, ohne daß je irgendein einziges Molekül vollständig auseinandergerissen wird. Zusätzlich sind besondere Enzyme aktiv, um die Nukleotide zu bilden, die mit dem ursprünglichen Strang zu einer vollständigen Leiter verbunden werden sollen. Auf die Erforschung der Details einer DNS-Reproduktion ist nach wie vor das Hauptinteresse der modernen Molekularbiologen gerichtet.

Die Nachbildung der DNS

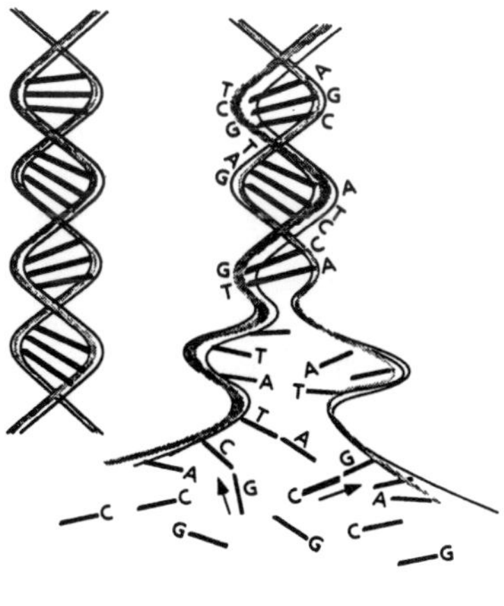

266 Die DNS steuert die Produktion der Eiweiße in der Zelle.
Es ist die Reihenfolge der Basen in der DNS (der genetische Code), die bestimmt, welche Eiweiße hergestellt werden, und die daher die Arbeitsweise einer Zelle bestimmt.
Die Natur eines jeden Eiweißes wird von der Folge seiner Aminosäuren bestimmt. Der «genetische Code» ist lediglich das Verhältnis zwischen der Folge der Basen in einem DNS-Molekül und der Folge von Aminosäuren des Eiweißes, das entsteht, wenn dieser Bestandteil des DNS-Moleküls aktiv wird. Mit anderen Worten: der Code übersetzt die in der DNS enthaltenen Informationen in die Eiweißstruktur, die als Enzym in der Zelle wirkt.

267 Der genetische Code ist in Dreiergruppen niedergeschrieben.
Durch ausführliches Experimentieren ist nachgewiesen, daß ein Strang mit drei Basen an der DNS-Kette die Art einer Aminosäure im sich ergebenden Eiweiß bestimmt. Die technische Bezeichnung für eine Dreiergruppe am DNS-Molekül lautet «Codon».

268 Um ein Eiweiß aus einer Folge von Basenpaaren in der DNS zu schaffen, müssen drei wesentliche Arbeiten ausgeführt werden.
1. Die Information der DNS muß auf irgendein Botenmolekül kopiert werden, das diese Information von der DNS an jenen Punkt in der Zelle (gewöhnlich außerhalb des Zellkerns) befördert, wo die tatsächliche Bildung des Eiweißes stattfinden soll.
2. Es muß irgendeinen Weg geben, um die Information vom Botenmolekül auf das im Entstehen begriffene Eiweiß zu übertragen.
3. Es muß irgendeine Art Rahmen vorhanden sein, der all diese langen und linkischen Moleküle während des Entstehungsvorgangs zusammenhält.
Alle diese drei Funktionen werden von verschiedenen Arten von RNS ausgeführt.

269 Der erste Schritt zur Produktion des Eiweißes ist die Anfertigung der Boten-RNS (mRNS).

Und so funktioniert der erste Schritt bei der Übersetzung des genetischen Codes: Über eine gewisse Strecke ihrer Länge hinweg werden die beiden Stränge des DNS-Moleküls «aufgetrennt». Wie im Fall der DNS-Nachbildung (siehe weiter oben) ziehen die Basen, welche die aufgetrennten «Sprossen» wiederherstellen, solche Nukleotide an, die in der Zelle umherschwimmen, mit dem Unterschied, daß hierbei die Nukleotide jene für die RNS sind. Die Folge der Basen in der DNS werden als «Blaupause» auf die RNS kopiert, die danach wegschwimmt. Die auf diese Weise entstandene RNS wird RNS-«Bote» (mRNS) genannt, aus Gründen, die gleich offensichtlich werden, und der Vorgang, bei dem er entsteht, heißt «Transkription» (Umschrift).

270 Der Boten-RNS trägt die Information der DNS aus dem Zellkern heraus.

Der größte Teil der Arbeit bei der Synthese (Zusammenfügen) von Eiweiß läuft im Zellplasma, nicht dagegen im Kern ab, wo sich die DNS befindet. Die Wand des Kerns in der Zelle hat kleine Löcher, durch welche die mRNS-Moleküle hindurchgelangen können, die aber andererseits viel zu klein sind, als daß die DNS herausgelangen könnte. Die Funktion der mRNS besteht darin, der Zelle zu ermöglichen, die Eiweißsynthese an einem anderen Ort weiterzuführen als dort, wo die Information gespeichert ist. Die mRNS kann man sich wie eine Computerdiskette vorstellen, die in einem Büroraum von Programmierern vorbereitet und dann in die Fabrikationsräume gebracht wird, wo man sie in die Maschinen einlegt, welche die eigentliche Fertigung ausführen, indem sie Anweisungen über die Reihenfolge und Art der Arbeitsgänge liefert.

271 Der genetische Code ist in der mRNS niedergeschrieben.

Nehmen wir einmal an, die besondere Folge der Basen an einer Stelle des DNS-Moleküls sei T T C. Die Komplementärbase zu T ist A, und die Komplementärbase zu C ist G. Daher erscheint die TTC-Folge in der DNS als AAG-Folge im mRNS-Molekül. Bei der Eiweißsynthese bewirkt diese besondere Dreiergruppe in der DNS das Auftauchen einer besonderen Aminosäure im Eiweiß (in diesem Fall Lysin).

Quizfrage
Was erzeugt der Codon ATG in der mRNS?
Antwort: UAC.

272 Der genetische Code ist redundant.
Aus den vier Aminosäuren in der DNS lassen sich vierundsechzig unterschiedliche Codone kombinieren ($4 \times 4 \times 4 = 64$). Es gibt nur zwanzig Aminosäuren, die in die Eiweiße lebender Organismen eingehen. Daher also muß der Code redundant sein – einige Aminosäuren müssen aus mehr als einer Dreiergruppe des DNS-Moleküls stammen. Mehrere Aminosäuren sind mit vier Dreiergruppen in der mRNS kodiert, aber der Spitzenreiter ist Leuzin, das nicht weniger als sechs ihm gewidmete Dreiergruppen besitzt. Es handelt sich dabei im einzelnen um UUA, UUG, CUU, CUC, CUG und CUA.

Quizfrage
Weshalb ist der genetische Code redundant?
Antwort: Aus demselben Grund, aus dem man Raumschiffe mit einem Reservesystem ausrüstet: es kann nicht falsch sein, im Falle eines Falles gegen einen Ausfall gewappnet zu sein.

273 Die Synthese des Eiweißes wird von der Transfer-RNS ausgeführt.
Wenn ein Boten-RNS an der Stelle ankommt, wo das Eiweiß synthetisiert werden soll, betritt eine andere Art von RNS – die Transfer-RNS (tRNS) – die Szene. Das tRNS-Molekül ist in einer kleeblattförmigen Gestalt gefaltet. Quer über dem oberen Kleeblatt befinden sich drei Basen des in der mRNS anzutreffenden Typs. Am Schwanzende des Transfer-RNS ist eine Stelle, die eine besondere Aminosäure anzieht. Von der tRNS gibt es viele verschiedene Typen – einen für jeden der vierundsechzig möglichen Codone. Jedes tRNS-Molekül wird von dem entsprechenden Codon an der mRNS angezogen. Ein tRNS-Molekül mit dem Codon UUC zum Beispiel stellt sich entlang der mRNS der AAG gegenüber auf. Am anderen Ende dieses tRNS-Moleküls befindet sich jene Stelle, welche die Aminosäure Lysin anzieht (siehe Abbildung).
Nach einer Weile zieht jede Dreiergruppe entlang der mRNS nach-

einander das entsprechende tRNS-Molekül an, und jede tRNS trägt die entsprechende Aminosäure an seinem anderen Ende. Mit Hilfe von verschiedenen Enzymen werden dann die Aminosäuren verknüpft und in ein Eiweiß umgewandelt. Die Abfolge der Aminosäuren im Eiweiß wird vollständig von der Abfolge der Basen im DNS bestimmt. Da die Abfolge der Aminosäuren die Form der Eiweißmoleküle bestimmt und da die Form bestimmt, wie sich das Eiweiß als Enzym verhält, bestimmt die Information in der DNS vollständig, welche chemischen Reaktionen innerhalb der Zelle ablaufen und infolgedessen auch die Natur der Zelle selbst.
Die Information im genetischen Code fließt von der DNS über die mRNS und die tRNS zum Eiweiß. Der Code ist einfach, obwohl der Vorgang kompliziert ist.

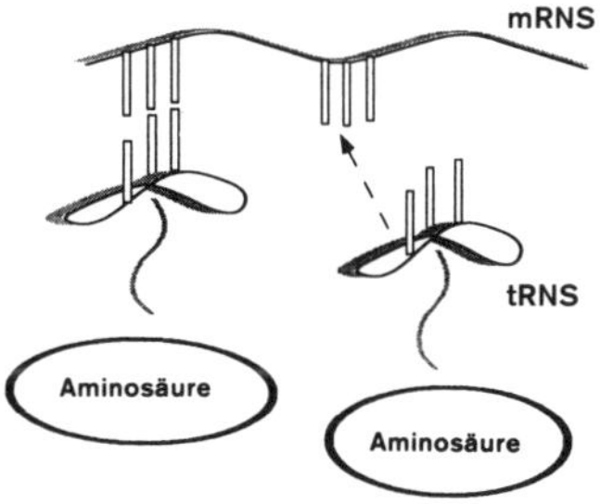

Zusammenbau eines Eiweißes. Der auf die mRNS (oben) geschriebene Code wird von den tRNS-Molekülen auf eine Sequenz von Aminosäuren (unten) übertragen.

274 Ribosomen halten die Dinge zusammen, so daß die Schritte bei der Eiweißsynthese ordentlich ausgeführt werden können.

Die Ribosomen kann man sich wie ein Paar großer Kugeln vorstellen, die aneinanderkleben, wobei eine jede Furchen in geeigneter Form besitzt, um ein bestimmtes Molekül zu halten. Jedes Ribosom ist für die Produktion eines bestimmten Eiweißes maßgeschneidert und besteht aus noch einer anderen Art der RNS, die ribosomale RNS (rRNS) genannt wird. Sie dient dazu, etwa fünfzig verschiedene Eiweißarten zu einer einzigen massiven Doppelkugel-Struktur zu verschränken, auf der sämtliche Eiweißsynthesen ablaufen.
In einer wirklichen Zelle können mehrere verschiedene Ribosomen an einer mRNS zur gleichen Zeit aktiv sein. Es mag sich auch in Prokaryoten, wo keine Kernmembran die Vorgänge trennt, eine Situation ergeben, in der ein Ende des Boten-RNS noch vom Haupt-DNS-Molekül umgeschrieben wird, während der Mittelteil der mRNS

gelesen und in mehreren Ribosomen in Abfolgen von Aminosäuren übersetzt wird, und das endgültige Eiweiß faltet und formt sich gerade am anderen Ende. In einer solchen Situation vollziehen sich sämtliche Abläufe im Strang von der DNS zum Eiweiß zur gleichen Zeit.

Molekulargenetik

275 Die Gene sind Folgen von Basenpaaren auf einem DNS-Molekül, wobei je ein Gen ein Eiweiß kodiert.
Als Mendel die Gene als die Grundeinheit der Vererbung einführte, hatte er keine Vorstellung davon, was dies sein könnte. Heutzutage identifizieren wir die Gene als ein bestimmtes Segment eines DNS-Moleküls. Ein einzelnes Gen umfaßt alles zwischen ein paar Dutzend bis zu einigen tausend Basenpaaren.
Die Information in einem Gen wird in eine einzelne Folge von Aminosäuren in einem Eiweiß umgewandelt. Das Eiweiß wirkt seinerseits als Enzym für eine einzelne chemische Reaktion in der Zelle. Die Regel «ein Gen, ein Eiweiß» ist eine der wesentlichen Lehrmeinungen in der modernen Molekularbiologie.

276 Auf einem normalen Strang von DNS ist Raum für viele Gene, und die genaue Zusammenstellung der Gene ist von Art zu Art unterschiedlich. Die Länge der Gene variiert natürlich je nach der Komplexität des Eiweißes, das es kodiert, und häufig gibt es DNS-Abschnitte zwischen den (und in den) Genen, von deren Funktion wir nichts wissen. In manchen Organismen überlappen die Gene sogar auf der DNS-Kette.
Die Gesamtsumme des vollständigen genetischen Codes eines Organismus wird «Genom» genannt. Das menschliche Genom enthält etwa hunderttausend Gene. Eine Vorstellung von der Komplexität unserer genetischen Erbanlagen kann man sich in etwa machen, wenn man berücksichtigt, daß jede Zelle unseres Körpers DNS mit ausreichend Informationen enthält, um hunderttausend verschiedene Ei-

weiße zu erzeugen, von denen jedes in der Lage ist, bei einer anderen chemischen Reaktion zu vermitteln.
Wegen der unterschiedlichen Komplexität der Organismen besitzen nicht sämtliche Organismen dieselbe Anzahl Gene. Die Menschen haben etwa einhunderttausend Gene. Eine einfache Bakterie hat nur ein paar tausend (*E. coli* beispielsweise hat etwa viertausend).

277 Fünfundneunzig Prozent der DNS kodieren keine Eiweiße.
Obwohl die Grundregel «ein Gen, ein Eiweiß» das Fundament der modernen Molekularbiologie bildet, so machen die Gene doch nur einen kleinen Teil der DNS aus. Der übrige Teil heißt Heterochromatin («Ausschuß-DNS»), doch die «Ausschuß-DNS» ist überhaupt kein Ausschuß, sondern sie enthält Anweisungen darüber, wann Gene aktiviert werden müssen, und nicht darüber, welche Eiweiße die Gene erzeugen.

278 Jedes Chromosom ist ein unterschiedlicher Strang der DNS.
Jedes der sechsundvierzig Chromosomen in unseren Zellen enthält ein anderes DNS-Molekül in doppelter Ausfertigung – das heißt einen Strang DNS mit einer anderen Folge von Basenpaaren. Ein vollständiger Satz aus Genen ist beim Menschen daher über sämtliche Chromosomen verteilt und nicht nur in einem konzentriert.

279 Nicht sämtliche Gene sind immer aktiv.
Wenn ein Gen aktiv ist und das Eiweiß erzeugt, das es erzeugen soll, so sprechen wir davon, daß das Gen «exprimiert» wird. Andernfalls sprechen wir davon, daß es «ruht».
Zu einem beliebigen Zeitpunkt sind nur ein paar tausend Gene aktiv, während die übrigen ruhen. Jede Zelle enthält beispielsweise ein Gen, das ihr ermöglicht, Insulin herzustellen, aber dieses Gen ist nur in den Zellen in der Bauchspeicheldrüse tätig.

280 Woher wissen die Gene, wann sie während der Entwicklung an- und abschalten müssen?

Da alle Zellen im menschlichen Körper sich aus der Teilung einer einzigen Zygote (diploide Zelle) ergeben, müssen sämtliche Zellen genau dieselben genetischen Informationen enthalten. Dennoch versteht es sich, daß die Zellen sich in ihrer Struktur voneinander unterscheiden und daß sie sehr unterschiedliche Aufgaben bewältigen. Wieso ergeben sich aus identischer DNS später sehr verschiedene Zellen?

Wir sagen, daß die ursprüngliche Zygote «omnipotent» ist, weil sie sich zu jeder Zelle des menschlichen Körpers zu entwickeln vermag. Später werden die Zellen «determiniert», was nichts anderes heißen soll, als daß sie dazu bestimmt sind, ein Teil eines bestimmten Organs zu werden und sich dazu entwickeln, was auch immer sonst mit ihnen geschieht. Schließlich «differenzieren» sich die Zellen zu ihrer gegenwärtigen Form. Über diesen Vorgang der «Differenzierung» wissen wir nur, daß er etwas mit den Abfolgen zu tun hat, durch welche die Gene während der Entwicklung der Zelle an- und abgeschaltet werden.

In den achtziger Jahren erhielt das gesamte Gebiet der Gensteuerung Auftrieb durch die Entdeckung gemeinsam gesteuerter Gene, die dem Ablauf von der Determination bis zur Differenzierung bestimmter Körperteile bewirken. Obwohl diese («Homöobox» genannte) Sequenz zuerst in Fliegen angetroffen wurde, wurde sie danach auch beim Menschen entdeckt. Forscher können nun einen großen Teil der Gensequenz verfolgen, die sich bei den Fliegen ein- und abschaltet, doch ist der Weg noch weit, bevor dies ebenso bei den Menschen gelingt.

281 Die Tätigkeit der Zelle hängt wesentlich von der Genregulierung ab.

Der Vorgang, bei dem ein bestimmtes Gen ein- und abgeschaltet wird (d.h. bei dem ein bestimmtes Gen veranlaßt wird, sein entsprechendes Eiweiß zu erzeugen oder auch nicht), heißt Genregulierung. Die Regulation von Genen ist nicht nur bei den Entwicklungs- und den Differenzierungsvorgängen wichtig, sondern ebenso bei der alltäglichen Arbeit der Zelle.

282 Eine wohlbekannte Methode der Gensteuerung geschieht durch den Steuervorgang bei der Erzeugung der mRNS.

In einigen Fällen ist es möglich, ein Gebiet der DNS vor dem Gen zu finden, welches Operator genannt wird, und das als Ort dient, an den sich ein bestimmtes Enzym (Repressor) binden kann. Dieses Enzym verhindert ein «Auftrennen» der DNS und hemmt die Erzeugung des Eiweißes, für das dieses Gen kodiert. Wird der Repressor entfernt, so funktioniert das Gen normal; wenn aber der Repressor an diese Stelle, den Operator, zurückgebracht wird, so wird das Gen abgeschaltet.

Das beste Beispiel für diese Art der Genregulation liefern die Kolibakterien *E. coli* (was sonst?). Wenn diese *E. coli* in Ihrer Darmflora leben, so leben sie dort in einer Umgebung, in der sich ihre Energiequelle in kurzen Zeitperioden drastisch verändert. Trinken Sie beispielsweise etwas Milch, so können die Bakterien gelegentlich Enzyme benötigen, mit deren Hilfe sie den Milchzucker Laktose verdauen können. Und so funktioniert das System: Der «Repressor» verbindet sich mit dem Operator auf der DNS und verhindert, daß sich Enzyme bilden, welche die Laktose verdauen würden. Wenn die Laktose in der Umgebung erstmals auftaucht, verbindet sich der Repressor mit der Laktose und löst sich von der DNS. In diesem Augenblick wird das Gen «exprimiert», und Enzyme zur Verdauung der Laktose entstehen. Während diese Enzyme ihre Arbeit verrichten, verringert sich die Laktosemenge in der Zelle, und der Repressor verbindet sich schließlich erneut mit der DNS und stoppt die Erzeugung der Enzyme.

283 Die moderne Molekularbiologe erklärt Mendels Arbeiten.

Jedes der Mendelschen Gesetze kann mit dem Funktionieren einzelner Gene an einem bestimmten DNS-Molekül in Verbindung gebracht werden. Der Erwerb dieses Wissens ist eine der großen wissenschaftlichen Leistungen in unserem Jahrhundert.
Die genetischen Erbanlagen werden in DNS-Molekülen befördert, die ihrerseits von Chromosomen befördert werden. Treffen Ei und Sperma zusammen, so führt jeder Teil die Hälfte eines Chromosomensatzes mit sich, die zur Bildung einer normalen Zelle erforderlich ist. Diese Chromosomen ordnen sich in Zweiergruppen an, und jede Zweiergruppe besteht aus einem Chromosom eines jeden Elternteils. Einander entsprechende Gene auf jedem Satz von DNS-Molekülen liegen auf den Chromosomen einander gegenüber (siehe Abbildung).

Jedes Gen ist ein Abschnitt der DNS auf einem Chromosom

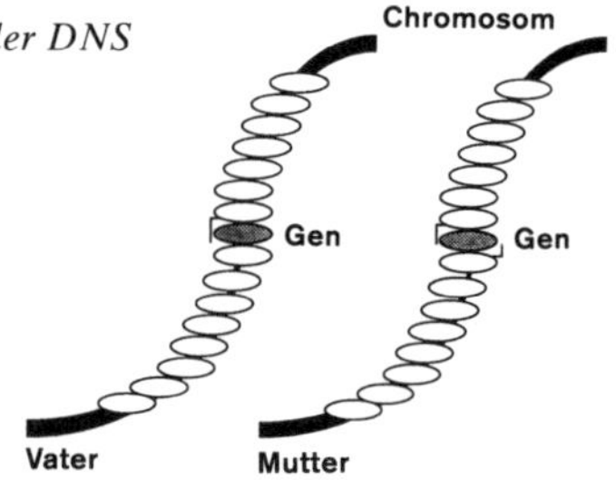

284 Bei Menschen wird das Geschlecht des Nachwuchses von dem Vorhandensein von Chromosomen bestimmt, die als X- und Y-Chromosom bekannt sind.

Das weibliche Ei (und sämtliche Zellen im weiblichen Körper) enthalten zwei X-Chromosomen. Das männliche Sperma enthält gleichermaßen X- wie Y-Chromosomen, und alle anderen Zellen im männlichen Körper enthalten je ein X- und ein Y-Chromosom. Befruchtet ein Sperma mit einem Y-Chromosom ein Ei, so ergibt sich ein männlicher Nachwuchs, wogegen weiblicher Nachwuchs von der Befruchtung durch ein X-Chromosom herrührt. Der Vater bestimmt daher das Geschlecht eines Kindes, eine Tatsache, deren sich die Männer, so vermute ich, in jenen zahlreichen patriarchalischen Kulturen noch nicht bewußt geworden sind, in denen männlicher Nachwuchs geschätzt, für weiblichen aber ausschließlich die Frau verantwortlich gemacht wird.

285 Rezessive und dominante Charaktermerkmale können in den Begriffen der Molekularbiologie erklärt werden.
Eine Art und Weise, in der rezessive und dominante Charaktermerkmale wirken, funktioniert wie folgt: Rezessive Gene erzeugen kein bestimmtes Enzym, wogegen dominante Charaktermerkmale bewirken, daß Enzyme erzeugt werden. Erhält jemand also je ein Gen jeder Sorte von seinen Eltern, so enthält jede Zelle ein dominantes und ein rezessives Gen. In diesem Fall wird das Enzym erzeugt (wenngleich nur von einem Chromosom), so daß der Organismus das dominante Charaktermerkmal trägt. Nur wenn beide Chromosomen ein Gen enthalten, das bewirkt, daß kein Enzym entsteht, taucht das rezessive Charaktermerkmal in dem Organismus auf.

286 Eine Mutation ergibt sich, wenn ein Strang DNS «fehlerhaft kopiert» wird und die falsche Base im genetischen Code auftaucht.
Diese Situation kann sich wegen der Einflüsse von Chemikalien, Strahlung und Wärme ergeben. Wegen der Redundanz des genetischen Codes sind einige Mutationen unwichtig. Wenn zum Beispiel eine bestimmte Abfolge auf der DNS-Kette AAT lautet, so bewirkt dies, daß die Aminosäure Leuzin in einem Eiweiß auftaucht. Falls dieses besondere Codon in der DNS irrtümlicherweise als AAC kopiert worden wäre, so würde dies für den Organismus keinen Unterschied ausmachen, da dies ebenfalls ein Code für Leuzin ist.

GENMANIPULATIONEN

287 Wissenschaftlern ist es möglich, die spezifische Stelle in einem DNS-Molekül zu orten, die ein spezifisches Eiweiß kodiert.
Mit anderen Worten: wir sind in der Lage, die Position der Gene an jedem Chromosom zu orten. Dieser Vorgang wird «Kartographieren» genannt. Viele der einhunderttausend Gene, aus denen der menschliche Satz genetischen Materials besteht, sind kartographiert worden, jedoch nicht die Mehrzahl.

Eine sehr viel schwierigere Tätigkeit ist das Ermitteln der Abfolge von Basenpaaren am DNS-Molekül. Dies wird «Sequenzieren» genannt. Ist ein bestimmter Abschnitt der DNS sequenziert worden, dann wissen wir nicht nur, *wo* die Gene sich befinden, sondern im Detail auch, *was* dort steht.

288 Biologen haben vorgeschlagen, das gesamte menschliche Genom – alle 23 Chromosomen – zu sequenzieren.

Dies wäre ein jahrzehntelanges, milliardenteures Unterfangen (falls der amerikanische Kongreß es bewilligen würde). Es ist unter der Bezeichnung «Genomprojekt» bekannt. Ergebnis wäre eine vollständige Auflistung der genetischen Ausstattung der Menschen. Es wäre die endgültige Antwort auf die sokratische Forderung «Erkenne dich selbst».

289 Es ist möglich, Gene in der DNS-Kette so «zusammenzukleben» wie die Filmschnipsel beim Filmschnitt.

Mit Hilfe besonderer Enzyme wird ein DNS-Molekül wie dargestellt aufgeschnitten. Da der Schnitt versetzt ausgeführt ist, ergibt sich daraus, daß ein anderer Abschnitt der DNS mit der geeigneten Base an das Ende der ursprünglichen Sequenz «geklebt» werden kann. Der Klebevorgang wird «Wiederverknüpfung» und das sich daraus ergebende Molekül «verknüpfte DNS» genannt. Auf diese Weise kann ein neues Gen in eine DNS-Kette eingefügt werden, und dieses neue Gen wird exprimiert, wenn die manipulierte DNS in einen Organismus wieder eingeführt wird.

Ein neues Gen kann in die DNS eines Chromosoms integriert werden. Dieser Vorgang bildet die Grundlage der Gentechnik.

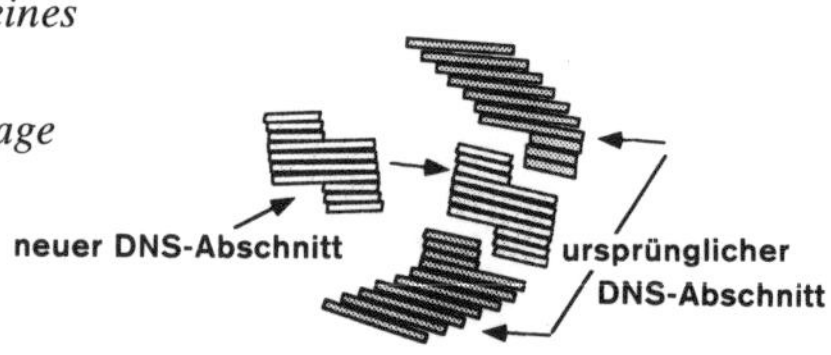

290 «Gentechnik» bezeichnet die kommerzielle Verwertung von Organismen, deren DNS durch Genmontage verändert wurde.

Dies ist eine Technik mit einem gewaltigen Potential. Sie kann beispielsweise dazu benutzt werden, um Bakterien zu erzeugen, die nützliche Substanzen wie Insulin und Interferon absondern, beides wichtige Medikamente in der heutigen Medizin. Sie kann ebenfalls dazu eingesetzt werden, Pflanzen zu erzeugen, die gegen Frost unempfindlich sind oder ihre eigenen Insektenvertilgungsmittel selbst herstellen.

Ein großer Teil der öffentlichen Diskussionen über Gentechnik konzentriert sich auf die Gefahren im Zusammenhang mit der Freisetzung bisher unbekannter Lebensformen in der Umwelt. In den siebziger Jahren haben Forscher freiwillig für ein Moratorium über Forschungen auf dem Gebiet der rekombinierten DNS plädiert, bis Richtlinien für die Sicherheit aufgestellt sind. Diese sind inzwischen verabschiedet worden, und die Debatte hat sich auf die absichtliche Freisetzung, insbesondere auf gentechnisch veränderte Pflanzen, verlagert.

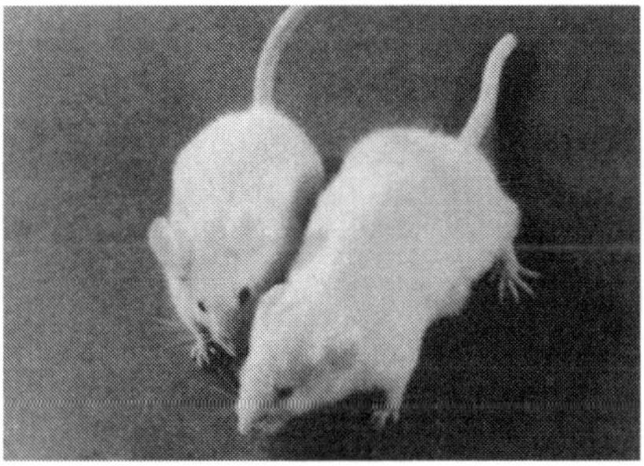

Gentechnik am Werk. Die große Ratte besitzt ein Gen, das von einem in seine DNS eingebauten Wachstumshormon kodiert wird.

Das Virus

291 Ein Virus ist entweder das komplizierteste Stück anorganischer Materie oder das einfachste Stück lebender Materie,

je nachdem, ob man es als «lebendig» betrachtet oder nicht. Ein Virus besteht aus RNS oder DNS, umgeben von einer aus Eiweißen bestehenden Ummantelung. Obwohl ein Virus unabhängig von einer Zelle weiterexistiert, kann es sich nicht ohne deren Hilfe vermehren.

292 **Viren reproduzieren sich mit Hilfe der Mechanismen in einer Zelle.**
Nähert sich ein Virus der Zellwand, so erkennt die Zelle die Eiweißummantelung und nimmt das Virus als Nahrung auf. Einmal im Innern der Zelle, löst sich die Eiweißummantelung des Virus auf, wodurch die Nukleinsäure sich in der Zelle frei entfalten kann. Ein Teil des normalen chemischen Wirkens einer Zelle wird für die Erzeugung von Material abgezweigt, das in der viralen RNS oder DNS kodiert wurde. Tatsächlich unterbricht die virale Nukleinsäure den normalen Vorgang, bei dem der genetische Code in die für die Zellfunktion benötigten Eiweiße umgewandelt wird. Nicht allein die fremde Nukleinsäure wird unzählige Male in der Maschinerie der Zelle reproduziert, sondern die Eiweißummantelung für das Virus ebenfalls. Nachdem die Zelle viele Viren reproduziert hat, platzt sie, und die Viren infizieren andere Zellen.

OFFENE FRAGEN

293 **Woher kommen die Viren? Da Viren sich nicht auf normale Weise reproduzieren, fällt es schwer sich vorzustellen, wie es mit ihnen angefangen hat.**
Eine Theorie lautet: Es handelt sich um Parasiten, die über eine lange Zeit hinweg ihre Fähigkeit verloren haben, sich unabhängig zu vermehren. (Dies ist nicht so seltsam – die Menschen haben die Fähigkeit verloren, Vitamin C zu synthetisieren und müssen sich nun aus der Umwelt damit versorgen, auch wenn viele andere Säugetiere es weiterhin unabhängig synthetisieren können.)

294 **Viren gehören zu den kleinsten «lebenden» Dingen.**
Ein normales Virus wie jenes, das eine gewöhnliche Grippe auslöst, mag vielleicht einen Durchmesser von nicht mehr als tausend Atomen besitzen. Damit verglichen sind Zellen etwa hundertmal oder sogar tausendmal größer. Die geringe Größe ist einer der Gründe, weshalb es einem Virus so leicht fällt, sich von einem Wirt auf den nächsten auszubreiten – es ist schwierig, etwas so Winziges herauszufiltern. Wenn es auch im allgemeinen stimmt, daß Zellen größer sind

als Viren, so ist jedoch das Größenspektrum so breit, daß es zu Überschneidungen kommt – und wirklich, das größte Virus ist größer als die kleinste Zelle.

295 Ein «Computervirus» verhält sich sehr ähnlich wie ein echtes Virus.
«Computerviren» sind kleine Programme, die sich beim Laden an größere Programme anhängen und danach den Programmmechanismus so beherrschen, daß andere Befehlsfolgen als die gewünschten ausgeführt werden. So kann ein «Computervirus» etwa die freie Speicherkapazität auf der Festplatte mit Datenmüll auffüllen oder in besonders unangenehmen Fällen die gespeicherten Daten löschen. Der Begriff «Virus» wird in diesem Zusammenhang deshalb verwendet, weil ein Computervirus wie ein wirkliches Virus nicht selbst über den Mechanismus verfügt, um seine üblen Machenschaften auszuführen. Statt dessen eignen sich auch diese Viren eine bereits bestehende Maschinerie an.

296 Viren können durch Antibiotika nicht abgetötet werden.
Ein Antibiotikum ist eine Chemikalie, die von einer Zelle aufgenommen wird und dann darangeht, diese bestimmte Zelle abzutöten. Gewöhnlich wirkt sie, indem sie einige lebenswichtige Etappen in der normalen Zellchemie blockiert. Da Viren keine Zellen sind, greift diese Angriffsmethode bei Viren nicht. Aus diesem Grund kann man nicht einfach eine Tablette einnehmen, um seine (von Viren verursachte) Erkältung loszuwerden, so wie man eine (von Bakterien verursachte) Lungenentzündung los wird.

OFFENE FRAGEN

297 Weshalb sind Viren so spezifisch?
Viren scheinen in jeweils nur eine Art Zelle einfallen zu können, und Viruserkrankungen scheinen nur in bestimmten Teilen des Pflanzen- und Tierreichs aufzutreten. So scheint es zum Beispiel viele Viruserkrankungen bei Blumenpflanzen, aber nur wenige bei immergrünen

Pflanzen (Nacktsamer) zu geben. Wirbeltiere unterliegen einer Anzahl Viruserkrankungen wie auch die Gliederfüßer, andere Tiere jedoch sind offensichtlich weniger anfällig dafür.

298 Die Retroviren sind für AIDS und wahrscheinlich auch einige menschliche Krebsarten verantwortlich.
Und so funktioniert ein Retrovirus: Die virale RNS erzeugt, dabei von einem im Virus beförderten Enzym unterstützt, einen DNS-Strang, der in den Zellkern aufgenommen wird und macht also eine umgekehrte Transkription. Diese DNS kodiert dann die Produktion weiterer viraler RNS und Enzyme, wodurch sie neue Viren erzeugt und schließlich die Zelle (und den Organismus) abtötet.

Die Zelle

299 Alle lebenden Organismen bestehen aus Zellen.
Vom größten Mammutbaum bis zur kleinsten einzelligen Bakterie bestehen lebende Organismen entweder aus Einzellern oder Ansammlungen von Zellen. Eine Zelle hat mehrere Funktionen auszuüben: sie muß die biochemischen Geschäfte des Lebens ausführen, sie muß Energie erzeugen und verarbeiten, und sie muß genetische Informationen speichern, damit sie an die nächste Generation weitergegeben werden können. Zu diesem Zweck besitzen Zellen eine komplexe Struktur.
Fortgeschrittene Organismen, sowohl einzellige wie mehrzellige, besitzen in ihren Zellen einen Kern. Eine Zelle mit einem Kern wird Eukaryot genannt, was soviel bedeutet wie «echter Kern».
Einfachere Zellen andererseits besitzen keinen Zellkern, sondern haben ihre DNS im Plasma der Zelle. Eine Zelle ohne Kern wird Prokaryot («vor dem Kern») genannt.

300 In einem menschlichen Körper gibt es etwa zehn Billionen Zellen.

301 Zellen kommen in den unterschiedlichsten Größen vor.
Die kleinste Zelle besitzt nur einen Durchmesser von einigen tausend Atomen. Die größte einzelne Zelle ist das Straußenei, das 50 cm lang werden kann. Die Durchmesser der meisten Zellen jedoch bewegen sich in einem Bereich von wenigen hunderttausend Atomdurchmessern (10^{-5} bis 10^{-4} m).
Es gibt Gründe dafür, weshalb die meisten Zellen weder sehr groß noch sehr klein sind. Die chemische Arbeit der Zelle wird von Eiweißen ausgeführt, und um ein Eiweiß zu erzeugen, benötigt man einen DNS-Strang (d.h. ein Gen) und zwei verschiedene RNS-Arten. Es ist einfach nicht genug Raum vorhanden, damit diese ganze Maschinerie in eine sehr viel kleinere Zelle als die eben angeführten hineinpaßt.
Bei großen Zellen begegnen wir einem anderen Problem. Wenn die Größe einer Zelle zunimmt, so wächst das Volumen stärker an als die Oberfläche. Da über die Oberfläche sämtliche Nahrung für die Zelle aufgenommen und der Abfall entsorgt werden muß, gerät man, wenn die Zelle zu groß wird, an einen Punkt, an dem die Oberfläche einfach überfordert ist – sie ist nicht groß genug, um ihre Aufgaben zu erledigen. Dieses Problem scheint die Obergrenze für die Größe einer Zelle zu bestimmen.

302 Der englische Physiker Robert Hooke hat als erster eines der neuen Mikroskope benutzt, die seine Kollegen entwickelt hatten, und damit den fundamentalen Aufbau lebender Materialien untersucht.
In einem Korkstück bemerkte er eine Reihe hohler, in sich geschlossener Strukturen, die er Zellen nannte. (Heutzutage nennen wir sie Zellwände.)

303 Die universelle Energieform ist ATP
oder Adenosintriphosphat. Die von der Nahrung oder vom Sonnenlicht stammende Energie wird benutzt, um dieses Molekül zu bilden, und die in ihm gespeicherte Energie steht dann für andere chemische Reaktionen in der Zelle zur Verfügung.
Der Vollständigkeit halber führe ich eine Darstellung des ATP-Moleküls, des wohl zweitwichtigsten nach dem DNS-Molekül, im folgenden an.

Adenosintriphosphat

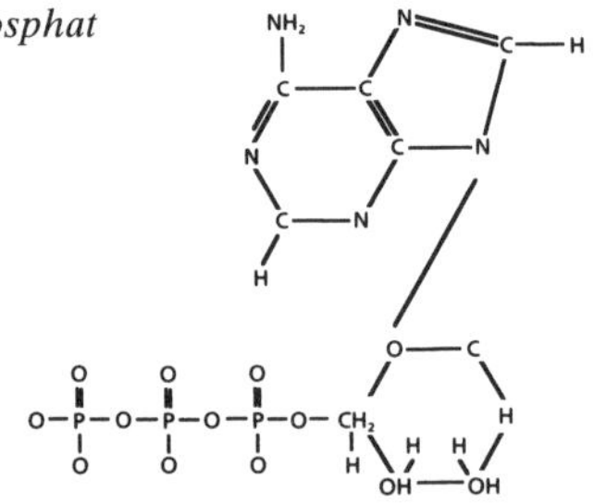

Das wichtigste an dieser Struktur sind die drei Phosphor- plus Sauerstoffgruppen im Molekülschwanz. Jede dieser Gruppen heißt «Phosphat», und die Tatsache, daß davon drei vorhanden sind, erklärt das «T» in ATP.
Das Energiesystem einer Zelle funktioniert wie folgt: Die entweder durch Gärung, Atmung oder Photosynthese (siehe unten) gewonnene Energie wird verwendet, um das letzte Phosphat an ein ADP-Molekül zu binden, damit ein ATP-Molekül entsteht. Das ATP-Molekül bewegt sich dann fort und nimmt seine gespeicherte Energie mit, bis diese benötigt wird, um irgendeine andere chemische Reaktion einzuleiten. An diesem Punkt wird das zusätzliche Phosphat entfernt (ein Vorgang, bei dem Energie freigesetzt wird), und das Molekül wird wieder ein ADP-Molekül. Dieses Ein- und Loshaken jenes letzten Phosphats hält die ganze lebende Welt in Schwung.

Quizfrage

Was ist Adenosindiphosphat (ADP)?

Antwort: Es ist wie ATP, besitzt aber nur zwei Phosphate am Schwanz.

304 In einer durchschnittlichen Zelle werden pro Minute etwa zwei Millionen ATP-Moleküle eingesetzt.

305 In einer Zelle sind weitere Arten kurzfristiger Energiespeicher vorhanden.

Eine Zelle verhält sich eigentlich ein wenig wie ein moderner amerikanischer Städter. In einem Lebensmittelladen zahlt er mit Bargeld, den Flugschein aber mit einer Kreditkarte. Auf eine ähnliche Weise benutzt die Zelle ATP-Moleküle, um kleine Energiemengen zu speichern, die jeden Augenblick benötigt werden; sie bedient sich jedoch anderer Vorgänge, um mit größeren Mengen umzugehen. Diese Vorgänge erfordern einen Energieaufwand, um Elektronen aus einigen besonderen Molekülen herauszureißen, dann das Einsammeln der Energie anderswo, wenn andere Elektronen in die Löcher zurückfallen. Die gebräuchlichste zellulare «Kreditkarte» ist ein NAD genanntes Molekül (die Buchstaben stehen für Nikotinamid Adenin Dinukleotid, und glauben Sie's mir, das Diagramm dieses Moleküls wollen Sie bestimmt nicht sehen!).

306 Die Gärung ist die einfachste (und vermutlich älteste) Form der Energieerzeugung.

Dies ist ein Vorgang, bei dem ein Molekül Kohlehydrat (z.B. Glukose) in kleinere Moleküle wie Milchsäure, Äthanol oder Kohlendioxid zersetzt wird. Dabei wird Energie freigesetzt, die zur Erzeugung von ATP verwendet wird. Es ist ein relativ ineffektiver Vorgang, bei dem je Molekül Glukose nur zwei Moleküle ATP entstehen. Gärung läuft bei Abwesenheit von Sauerstoff ab; daher wird sie als anaerob bezeichnet. Auf der frühen Erde, in deren Atmosphäre es keinen Sauerstoff gab, erzeugten vermutlich die Zellen durch Gärung Energie.

Es gibt viele verschiedene Gärungsarten, aber die bekannteste ist vielleicht jene, die zur Erzeugung von Äthylalkohol führt. Bei diesem

Vorgang wandeln Hefezellen Zucker (Glukose) in Alkohol und Kohlendioxid um. Sowohl der Alkohol wie auch das Kohlendioxid sind Abfallprodukte, insofern es die Hefe angeht – sie will nur das ATP. Die Menschen konsumieren natürlich den Alkohol und leiten das Kohlendioxid wieder in die Atmosphäre zurück.

307 Die Tatsache, daß Wein durch Gärung gewonnen wird, zeitigt Folgen!

Die Gärung findet auf anaerobe Weise bei Abwesenheit von Sauerstoff statt. Wenn Wein mit Luft in Kontakt kommt, so stoppt der Gärvorgang, und der Wein wird schließlich zu Essig. Nachdem eine Weinflasche geöffnet wurde, damit der Wein «atmen» kann, brechen durch die Anwesenheit von Sauerstoff einige der delikaten Moleküle im Wein auf und fördern den vollen Geschmack und das Bukett zutage.

Als ich auf dem Gebiet der Weinkunde noch ein blutiger Anfänger war, habe ich einmal eine Flasche Clos de Veugeot geöffnet und sie geleert, noch bevor der Sauerstoff in der Luft seine Arbeit erledigen konnte. Erst nach dem letzten Glas ging mir auf, was ich angestellt hatte. Der Gedanke an diese vergeudete Flasche Wein macht mich immer noch traurig, deshalb weise ich Sie eigens darauf hin: Wenn Sie eine gute Flasche Wein öffnen, *so lassen Sie ihn erst einmal atmen*!

308 Glühwürmer wandeln ATP direkt in Licht um.

Tatsächlich verfügen die Biologen über eine schnelle und nicht ganz klassische Methode, um eine Flüssigkeit auf eine ATP-Konzentration hin zu überprüfen. Sie brauchen nur ein paar Schwänze von gestrandeten Glühwürmern hineinzutauchen und zu sehen, wieviel Licht das bringt!

309 In Eukaryoten wird die Energie in einem komplizierteren Vorgang erzeugt, der Atmung genannt wird.

Die Atmung kann man sich als eine «Verbrennung» der großen Moleküle vorstellen, indem man sie sich mit Sauerstoff verbinden läßt.

Bei diesem Vorgang wird ein Kohlehydrat wie Glukose bis hinunter zu Wasser und Kohlendioxid aufgebrochen, und sämtliche in seinen chemischen Bindungen gespeicherte Energie wird zur Erzeugung von ATP verwendet. Die Atmung ist ein relativ effektiver Vorgang, bei dem für jedes verbrauchte Molekül Glukose bis zu sechsunddreißig ATP-Moleküle entstehen.
Die fundamentale Gleichung der Atmung lautet:

Sauerstoff + Kohlehydrate -> Kohlendioxid + Wasser + Energie

310 Viele Zellen, die gewöhnlich die Atmung verwenden, behalten die Fähigkeit zu Gärungsreaktionen als eine Art «Reserve» bei.
Wenn eine Muskelzelle im Körper keinen Sauerstoff erhält (zum Beispiel wenn sie zu schwer arbeiten muß), so ist sie in der Lage, zur Gärung zurückzukehren, um sich am Leben zu erhalten. Diese Strategie der «zwei Pfeile im Köcher» ist unter den Eukaryotenzellen weit verbreitet. Mit einer Ausnahme: die Zellen im menschlichen Nervensystem. Aus diesem Grund kann selbst ein kurzer Ausfall der Sauerstoffversorgung zu einer ernsthaften Schädigung des Gehirns führen.

311 Strapaziert man sich körperlich zu sehr, so werden die Muskeln unzureichend mit Sauerstoff versorgt und beginnen zu gären, wodurch Milchsäure entsteht.
Die Zunahme von Milchsäure in Ihren Muskeln führt zu dem nur allzu bekannten Muskelkater und zu steifen Muskeln am folgenden Morgen. Die Lösung für dieses Problem sind regelmäßige Körperübungen, wodurch sich die Fähigkeit des Körpers erhöht, die Zellen mit Sauerstoff zu versorgen.

312 Biochemische Stoffwechselprozesse sind eine Folge chemischer Etappen, bei denen Rohbrennstoff in die Energie für eine Zelle umgewandelt wird.
In fast allen Zellen führen sämtliche biochemischen Wege zu ATP, aber sie können ziemlich kompliziert und gewunden sein.

313 Die Photosynthese ist das Gegenteil der Atmung.
Die verallgemeinerte Reaktion, die wir Photosynthese nennen, kann durch die Gleichung

Kohlendioxid + Energie + Wasser = Kohlehydrate + Sauerstoff

dargestellt werden. Die Energie, die diese Reaktion ermöglicht, ist natürlich das Sonnenlicht, und die lebenden Dinge, die diese photosynthetischen Reaktionen nutzen, sind die Pflanzen.

314 Die Photosynthese ist die Grundlage für sämtliches Leben auf der Erde.
Pflanzen nutzen die Energie des Sonnenlichts, um Zucker und andere Kohlehydrate zu synthetisieren. Diese ihrerseits werden von anderen Organismen gefressen, wobei die in ihnen gespeicherte Energie durch Gärung und Atmung angezapft wird. Sämtliche Energie in lebenden Systemen – einschließlich der Energie, die Sie gerade im Augenblick verbrauchen, um sich auf diese Worte zu konzentrieren – stammt ursprünglich auf dem Umweg über die Photosynthese aus dem Sonnenlicht.

315 Zur Photosynthese gehört gewöhnlich Chlorophyll.
Chlorophyll ist ein Molekül, das in seinem Kern ein Atom des Metalls Magnesium besitzt, mit einem komplexen Ring aus Kohlenstoff und Wasserstoff und einem langen Schwanz – die Diagramme dieser Moleküle ähneln ein wenig einem Drachen am Himmel. In der Anfangsphase der Photosynthese wird ein Photon von einem Chlorophyllmolekül absorbiert. Die Energie des Photons wird dazu verwendet, ein Elektron in dem Molekül auf eine höhere Bahn zu bringen, von der aus es dem Elektron leichter fällt, zu einem anderen Molekül überzuwechseln. Diese «Gabe» eines Elektrons ist die Energiezufuhr, die dazu führt, daß die gesamte Reaktionskette in Gang kommt.

316 Das Chlorophyll ist nicht das einzige in einem Blatt, das Licht absorbiert.
Es gibt zwei Chlorophyllarten, die dem roten und dem blauen Licht entsprechende Photonen absorbieren. Zudem können Blätter andere Moleküle besitzen, die Licht absorbieren und die Energie an das Chlorophyll weitergeben. Zwischen dem Chlorophyll und den Pigmenten wird außer dem grünen Licht jedes Licht absorbiert. Aus diesem Grund sind die Blätter grün. Wenn im Herbst kein Chlorophyll mehr produziert wird, bestimmen die anderen Pigmente die Lichtabsorption der Blätter. Aus diesem Grund «verfärben» sie sich in den buntesten Farben.

EINE DUMME FRAGE

317 Weshalb sind die Blätter nicht schwarz?
Die wirkungsvollste Nutzung des Sonnenlichts würde erfordern, daß sämtliche Wellenlängen des Lichts absorbiert werden. Weshalb gibt es dann kein Pigment, das grünes Licht absorbiert, so wie es Pigmente gibt, die gelbes und blaugrünes Licht absorbieren? Gäbe es sie, so wäre das Blatt schwarz. Angesichts der Mechanismen der natürlichen Selektion würde man annehmen, daß solche Pflanzen auf der Erde vorherrschen, dennoch ist dies nicht der Fall. Gibt es in der Entwicklungsgeschichte etwas, das die Entwicklung einer schwarzblättrigen Pflanze verhindert oder gibt es einen physikalischen Grund, weshalb eine solche Pflanze nicht überlebensfähig wäre?

318 Die Photosynthese vollzieht sich in zwei Etappen.
Ist erst einmal ein Elektron aus einem Chlorophyllmolekül, wie soeben beschrieben, entfernt worden, so führt eine komplexe Reaktionsfolge zur Produktion von Molekülen, welche die Energie für kurze Zeit speichern. Diese Moleküle schließen «schnell verfügbares Bargeld» in Form von ATP und «Kreditkarten» in Form eines Vetters des NAD, NADPH genannt, ein. Diese Reaktionsfolge bei der Photosynthese wird die «Lichtreaktion» genannt.
Bei der zweiten Reaktionsfolge wird die in diesen Molekülen gespeicherte Energie dazu verwendet, eine andere Reihe von komplizierten

Reaktionen anzutreiben, bei denen der Luft Kohlendioxid entzogen und als Endprodukt Glukose sowie als Abfallprodukt Sauerstoff erzeugt wird. Dieser Teil der Photosynthese wird die «Dunkelreaktion» genannt.

Ist kein Licht vorhanden, so werden kein ATP und NADPH mehr erzeugt, und sowohl die Licht- wie auch die Dunkelreaktion kommen zum Stillstand. Die Bezeichnung «Dunkelreaktion» ist also irgendwie eine unzutreffende Bezeichnung.

319 Pflanzenzellen verwenden die auf dem Wege der Photosynthese erzeugte Glukose genauso wie andere Zellen auch.
Die meisten Pflanzen verwenden den Atmungsvorgang, um die Glukose zu verarbeiten, die ihre Chloroplasten erzeugen. Wie bei anderen Zellarten auch wird die Energie von Mitochondrien (den sog. Kraftwerken der Zelle) aus der Glukose entnommen. Tiere und Pflanzen verwenden daher im wesentlichen dieselbe Zellmaschinerie, um die Energie aus der Glukose zu gewinnen, und unterscheiden sich in erster Linie durch das Verfahren, bei dem Glukose gewonnen wird.

320 In der Biologie besteht keine Regel ohne Ausnahme,
einschließlich der Regel, daß bei der Photosynthese Chlorophyll vonnöten ist. 1971 identifizierten Biologen eine Bakterie, die in einer salzigen Umgebung lebt (eine sogenannte Halobakterie). Diese Bakterie verwendet kein Chlorophyll, ist aber dennoch in der Lage, eine Photosynthese durchzuführen. Sie erzeugt eine Pigmentart, die jener in den Augenfarben ähnelt und bringt sie mit einem Eiweiß zusammen, um violette Flecken in seiner Zellmembran zu bilden. Diese Flecken erzeugen durch Photosynthese ATP, und das ATP befördert dann den Stoffwechsel der Zelle.

Die Struktur der Zelle

321 Die Zelle ist nichts Formloses,
sondern eine sehr komplizierte Struktur. Eine lebende Zelle muß man mit einer Raffinerie oder einer Chemiefabrik vergleichen. Rohstoffe werden angeliefert und herumtransportiert, Tausende chemischer Reaktionen laufen ab, und die Produkte jener Reaktionen werden ihrerseits zu Stellen innerhalb der Zelle oder zu größeren Organismen befördert, von denen die Zelle ein Bestandteil ist.
Wegen dieser Komplexität wird der Begriff «Protoplasma» von modernen Biologen selten benutzt. Dieser Begriff bedeutete ursprünglich «Lebenssubstanz» und bezeichnete jenes Element, von dem die meisten Leute annahmen, es handle sich dabei um eine ziemlich einfache Flüssigkeit innerhalb der Zelle. Heutzutage wird der Begriff «Zytoplasma» verwendet, um jene Flüssigkeit zu bezeichnen, die zwischen den vielen unterschiedlichen Strukturen innerhalb einer Zelle vorhanden ist. («Zyto» ist eine Vorsilbe und bedeutet «Zelle».)

322 Die «Zellfabrik» kann man sich aus drei Hauptsystemen bestehend vorstellen.
Es sind: 1. eine Reihe von Bedienungsanweisungen, die jedermann mitteilt, was zu erledigen ist, 2. die chemischen Fabriken selbst, von denen einige die Zelle mit Energie versorgen und andere neue Stoffe anfertigen; und 3. das Transportsystem, das Stoffe von einem Teil der Zelle zum anderen befördert. Teil des Transportsystems sind die Membranen, welche die einzelnen Bestandteile der Zelle umgeben und die Zelle vom Außen trennen. Man kann sich diese als «Schiffdocks» vorstellen, welche die unerwünschten Stoffe abhalten und jene Stoffe heranschaffen, welche die Zelle benötigt.
In einer normalen eukaryoten Zelle befördern spezialisierte Rezeptoren in der äußeren Membran Rohstoffe herein sowie Endprodukte und Abfälle weg. Im Innern bringen winzige Kugeln voller Chemikalien auf einem verschlungenen dreidimensionalen System aus Fädchen ihre Fracht zu unterschiedlich geformten Objekten, wo die chemische Arbeit der Zelle erledigt wird. Im Kern werden verwickelte Stränge von DNS getrennt und Anweisungen in Eiweiße umgeschrieben.

323 Die Membranen, welche die Zelle von ihrer Umgebung und einen Teil der Zelle vom anderen Teil trennen, bestehen aus einer Art Lipid(Fett)molekül.

Diese Moleküle besitzen die Eigenschaft, daß das eine Ende vom Wasser angezogen, das andere Ende aber abgestoßen wird. In einer Flüssigkeit sich selbst überlassen, bilden sie sich eigenständig zu einer doppelten Schicht, wobei die vom Wasser angezogene Seite nach außen zeigt und die andere Seite eingeschlossen wird. Zellmembranen kann man sich als Stapel aus diesen doppelten Molekülen Seite an Seite vorstellen. Die Moleküle bewegen sich im Stapel herum – tatsächlich kann man sich die Zellmembranen als so etwas Ähnliches wie jene Schicht aus Styroporkugeln vorstellen, welche die Besitzer von Schwimmbecken im Freien manchmal im Winter ausstreuen, um zu verhindern, daß das Wasser gefriert. Die Schicht ist undurchdringlich, dabei jedoch nicht starr.

324 Die Zellmembran enthält Rezeptoren,

also größere Eiweißmoleküle, die hier und dort zwischen den Lipiden eingelagert sind. Sie sind vergleichbar mit Basketbällen, die auf der Oberfläche eines mit Styroporkügelchen bedeckten Schwimm-

Diagramm einer Zelle

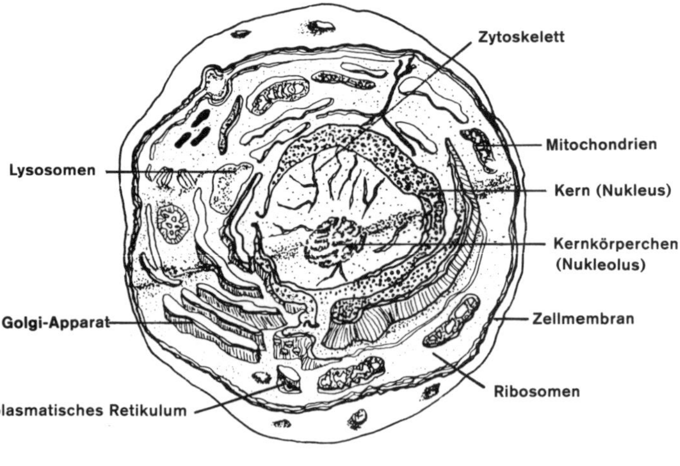

beckens treiben. Es gibt viele verschiedene Rezeptoren, und wie andere Eiweiße haben sie eine komplexe dreidimensionale Gestalt. Wenn ein Molekül mit einer Form vorbeikommt, die zur Eiweißgestalt paßt, so verbindet es sich mit dem Eiweiß und wird in die Zelle hineingezogen. Auf diese Weise pickt sich die Zellmembran jene Moleküle heraus, die sie aus jenen in der Umgebung braucht.

325 AIDS ist eine todbringende Erkrankung, weil das auslösende Virus zufällig an einen Rezeptor paßt, der gewöhnlich in der Membran weißer Blutzellen anzutreffen ist.
Der Rezeptor, der glaubt, lediglich seine Aufgabe zu erledigen, zieht das Virus mit tödlicher Folge in die Zelle hinein.

326 Stoffe können durch Zellmembranen hindurch auf einmal oder Atom für Atom befördert werden.
Um Stoffe auf einmal in die Zelle zu befördern, verzahnt sich die Membran damit, wickelt sich um die zu befördernde Sache herum und dreht ihr dann den Hals herum. Ergebnis: der Stoff ist bequem in einem Membranstück eingekapselt, das Vesikel genannt wird. Wenn der Inhalt eines Vesikels nach draußen befördert werden muß (zum Beispiel dann, wenn einige Produkte aus den chemischen Zellfabriken in den Blutstrom zurückgebracht werden), so nähert sich das Vesikel der Membran, öffnet ein kleines Loch und kippt seinen Inhalt darin aus, als würde es eine Spritze leerdrücken.
Manche kleinen Atome können einfach mit Hilfe der Diffusion oder der Osmose durch die Zellmembran hindurchgelangen, doch größere Moleküle benötigen häufig Hilfe. Aufgabe der Eiweiße ist es, diese Hilfe zur Verfügung zu stellen. Dies tun sie, indem sie einen Kanal öffnen, durch den das größere Molekül hindurchgelangen kann oder indem sie das Molekül regelrecht durchdrücken («Pumpen»). Beide Vorgänge kommen in einer normalen Zelle vor.

327 Aus der alltäglichen Erfahrung weiß man, daß der Transport durch Zellmembranen hindurchgeht.
So wissen Sie zum Beispiel, daß welker Salat wieder «knackig» wird, wenn Sie ihn ins Wasser legen, weil seine Zellen dann Wasser aufnehmen. Sie wissen, daß es möglich sein muß, Stoffe durch Zellwände hindurchzupumpen, da es Fische (wie etwa den Lachs) gibt, die sowohl im Süß- wie im Salzwasser leben können. Befindet sich ein Lachs im Süßwasser, so nimmt er Salz durch die Zellen in seinen Kiemen auf. Im Salzwasser dagegen sondert er Salz durch dieselben Zellen ab. In beiden Fällen fließt das Salz «stromaufwärts» und muß gepumpt werden.

328 Pflanzen, Pilze und einige Einzeller haben außen auf der Zellmembran eine starre Struktur, die Zellwand genannt wird.
Bei Pflanzen besteht die Zellwand hauptsächlich aus Zellulose und liefert die notwendige Versteifung für Stengel und Zweige. Die Härte von Stoffen wie Holz beruht auf Zellwänden, die nach dem Tod der Zelle selbst noch eine lange Zeit überleben können.

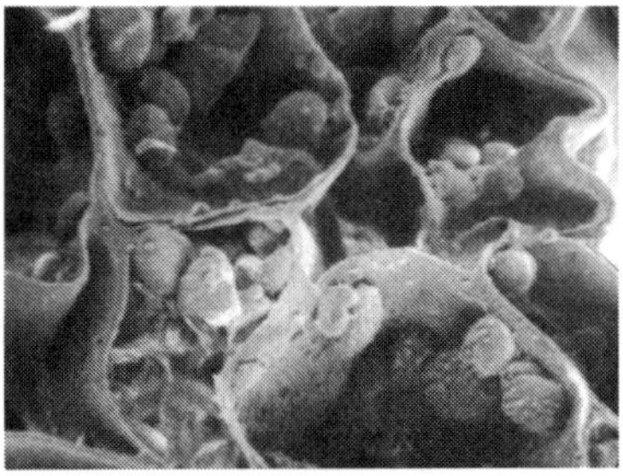

Aufnahme der Zellwände eines Blattes im Elektronenmikroskop

DAS SKELETT DER ZELLE

329 Gelänge man in eine Zelle hinein, so würde einem unter anderem auffallen, daß die gesamte Struktur mit Eiweißfilamenten (Zytoskelette genannt) verschnürt ist.
Es gibt verschiedene Arten von Filamenten, und sie verleihen der Zelle ihre Gestalt und Struktur. Zellen bewegen sich, indem sie diese

Filamente kürzer und länger machen. Die Filamente treten manchmal aus der Plasmamembran hervor, um Cilia zu bilden – Flimmerhärchen («Wimpern»). Diese Flimmerhärchen in den Zellen der Auskleidung unseres Atmungssystems sind unsere erste Verteidigungslinie gegen eine beginnende Infektion.

330 Ihr Haar und die oberste Schicht Ihrer Haut begannen als Zellen, die eine besonders reiche und gewundene Reihe von Filamenten als Zytoskelett hatten.
Wenn die Zellen absterben, so bleibt das Skelett übrig, um diese beiden Teile in Ihrem Körper zu bilden. In einem gewissen Sinn berühren und manipulieren Sie also Ihr ganzes Leben lang Zytoskelette.

331 Die Zelle verfügt über ein Transportsystem,
das im wesentlichen aus dünnen Stäbchen besteht, die Mikrotubulen genannt werden. Wenn eine bestimmte Portion Chemikalien in einer der chemischen Fabriken zusammengesetzt wird, so wird sie in einem Vesikel aus der Außenmembran der «Fabrik» verschickt. Diese Vesikel werden dann die Mikrotubuli entlang bewegt, die man sich als Gleissystem einer Miniatureisenbahn vorstellen kann.
Laufen tausend chemische Reaktionen zugleich ab, so ist es nicht einfach, dafür Sorge zu tragen, daß das Vesikel mit den richtigen Molekülen an die richtige Stelle in der Zelle gelangt. Das «Adressierungssystem» beruht auf einer Eigenschaft spezialisierter Moleküle auf der Vesikeloberfläche. Diese Moleküle werden von Rezeptoren in der Wand der inneren «Chemiefabriken» erkannt. Kommt das richtige Vesikel vorbei, so zieht der Rezeptor es in die «Chemiefabrik» hinein, genauso wie die Rezeptoren in der Außenwand die Stoffe von außerhalb der Zelle hineinziehen.
Das Transportsystem einer Zelle kann man sich als Postsystem vorstellen, bei dem aufs Geratewohl Briefe verschickt werden. Dabei schneit alle mögliche Post ins Haus, jedoch behält man nur die an einen selbst adressierte Post, wogegen man die übrige weiterschickt. Bei einem solchen System, so ineffektiv es auch sein mag, wird schließlich doch alles Postgut zugestellt.

332 Die Organellen sind die Kraftwerke der Zellen.

Eine Organelle ist eine organisierte Struktur innerhalb der Zelle. Der größte Anteil der chemischen Abläufe in der Zelle findet in verschiedenen Organellen statt. Wäre die Zelle ein großes Gebäude, so hätten die Organellen eine Größe zwischen einem Strandball und einem Zimmer, und es kann bis zu tausend davon in einer Zelle geben. Es gibt viele verschiedene Organellenarten, von denen jede eine andere Funktion hat.

333 Mitochondrien sind die «Fabriken» zur Energieversorgung der Zellen.

Es gibt vielleicht Hunderte oder sogar Tausende solcher wurstförmigen Organellen, die in jeder Zelle unseres Körpers verstreut sind. Die Kohlehydrate, Fette und Eiweiße, die man über die Nahrung aufnimmt und die teilweise im Darm verdaut werden, gelangen über Rezeptoreneiweiße in der Plasmamembran in die Zelle hinein und werden zu den Mitochondrien befördert. Im Innern dieser Organellen werden die Moleküle aus der Nahrung aufgebrochen (diesen Vorgang kann man sich als eine Art «Schwelbrand» vorstellen), und die Energie wird in das ATP-Molekül umgewandelt, die grundlegende Einheit der zellularen Energie. In einer Zelle von der Größe eines Gebäudes nähmen die Mitochondrien etwas mehr Raum als ein Wohnzimmersofa ein.

334 Jede Leberzelle hat über tausend Mitochondrien, die umgewälzt werden.

335 Bei den Pflanzen findet die Energieumwandlung in den Chloroplasten statt.

Wie schon der Name besagt, ist dies der Ort, wo sich das Chlorophyll in der Zelle befindet, und die Chloroplasten verleihen der Zelle (und dem Blatt) ihre grüne Farbe. Ihre Aufgabe besteht darin, die Energie im Licht zu nutzen, um Kohlendioxid in Glukose zu verwandeln, welche die Zelle als Energiestoff benötigt.

Bei einem Blatt sind nur die Chloroplasten grün – das übrige Blatt ist farblos. Aus diesem Grund sind die nicht dem Sonnenlicht ausgesetzten Teile einer Pflanze (wie die Wurzeln) auch nicht grün.

OFFENE FRAGEN

336 Weshalb ist die Tomate rot?

Bei reifen Tomaten, Karotten und einigen anderen Gemüsesorten sorgen die den Chloroplasten ähnlichen Organellen für die Farbe. Niemand weiß, welche Aufgabe die sogenannten Chromoplasten erfüllen. Eine Theorie besagt, daß sie die bestäubenden Insekten anlocken, aber es fällt einem schwer, diesen Gedanken mit der Tatsache in Einklang zu bringen, daß der orangerote Teil einer Karotte sich unterhalb der Erdoberfläche befindet!

337 Die Mitochondrien und wir: die endgültig glückliche Vermählung.

Die unter Biologen vorherrschende Theorie besagt, daß Mitochondrien und Chloroplasten einstmals unabhängige Zellen waren, die ihr eigenes Leben führten. Irgendwann in der Vergangenheit gelangten sie in die Vorfahren unserer Zellen hinein, und seitdem leben die beiden glücklich miteinander.

Mehrere Beweisstücke unterstützen diese Ansicht. Zum einen besteht die Zellmembran um die Mitochondrien und Chloroplasten aus zwei Schichten von Lipidmolekülen, was nahelegt, daß diese Organellen einst über eine eigene Zellmembran verfügten. Zum anderen verfügen Mitochondrien und Chloroplasten über eine eigene DNS – man kann sie sich als kleine Prokaryoten vorstellen, die im Innern einer größeren Eukaryote leben.

338 Durch die Untersuchung der DNS in Mitochondrien verfolgten Forscher den menschlichen Stammbaum bis zu einer einzelnen Frau zurück,

bis auf «Eva». Dahinter steht die Vorstellung, daß diese DNS nicht den von der natürlichen Selektion verursachten Änderungen unterliegt und sich daher nur langsam in einem regelmäßigen Tempo verändert. Ausgehend vom derzeitigen Änderungstempo in der DNS der Mitochondrien und von der Kenntnis um die Divergenz der DNS bei zwei Einzelpersonen, können wir bis zu jener Zeit zurück extrapolieren, da die beiden einen gemeinsamen Vorfahren besaßen.

339 Das endoplasmatische Retikulum verbreitet sich im Hauptkörper der Zelle.

Wer jemals beobachtet hat, wie die Luft aus einem Heißluftballon abgelassen wird, bevor er in den Kofferraum eines Wagens gepackt wird, der kann sich eine Vorstellung davon machen, wie diese Organelle aussieht – es ist eine riesige Membran, die vielmals gefaltet ist.
An der äußeren Oberfläche eines Teils des endoplasmatischen Retikulums, das eine netzförmige Membranstruktur im Zytoplasma bildet, sind viele Ribosomen angebracht, die ihm sein rauhes Aussehen verleihen. Aus diesem Grund wird es auch rauhes endoplasmatisches Retikulum genannt. Eiweiße von diesen Ribosomen sind zum Gebrauch außerhalb der Zelle bestimmt, und das Innere dieses Teils des endoplasmatischen Retikulums, das über keine Ribosomen verfügt (das «glatte» ER), stellt Raum zur Verfügung, in dem sie «fertiggestellt» und dann gespeichert werden können.

340 Der Golgi-Apparat ähnelt einem Stapel Pfannkuchen.

Er ist nach dem italienischen Biologen Camillo Golgi benannt, der ihn 1898 entdeckte. In einer Zelle von der Größe eines Gebäudes wäre der Stapel so groß wie ein größeres Auto. Die Anzahl dieser Organellen in einer Zelle ist in verschiedenen Körperteilen unterschiedlich. Die Funktion dieses Apparates besteht darin, die abschließende Synthese jener Eiweiße zu vollziehen, welche die Zelle aussondern wird. Den Golgi-Apparat kann man sich wie eine lagerähnliche Veredelungsfabrik innerhalb der Zellmaschinerie vorstellen.

341 Das Vorhandensein des Golgi-Apparats war bis vor kurzem ziemlich umstritten.
Es hat sich herausgestellt, daß er mit einem normalen Mikroskop nur sehr schwer zu entdecken ist. Im Lauf der ersten Hälfte des zwanzigsten Jahrhunderts haben die meisten Biologen an sein Vorhandensein so wenig geglaubt wie an die Kanäle auf dem Mars. Erst in den fünfziger Jahren und mit dem Aufkommen des Elektronenmikroskops konnte seine Existenz nachgewiesen werden.

342 Lysosomen sind die Mägen der Zellen.
Bei den Menschen enthalten die Lysosomen etwa fünfzig Prozent Verdauungsenzyme. Im Innern der Lysosomen werden teilweise aufgeschlossene Nahrungsmoleküle zu einfacheren Chemikalien reduziert und dann zur Zelle zurückgeschickt, wo sie in Energie in den Mitochondrien umgewandelt werden. Die nicht ausgewertete Nahrung und die Enzyme werden zur Zellmembran zurückbefördert und außerhalb der Zelle entsorgt. In einer Zelle so groß wie ein Gebäude wäre ein Lysosom so groß wie ein Stuhl.

343 Lysosomen spielen beim «Selbstmord der Zellen» eine Rolle.
Wird eine Zelle über längere Zeit hinweg nicht mehr mit Sauerstoff versorgt, so «begeht sie Selbstmord». Die Wände der Lysosome brechen zusammen, und die Verdauungsenzyme schwappen in die Zelle über. Die Zelle verdaut sich in Wirklichkeit selbst. Bei den Menschen findet der Zellselbstmord im Gehirn infolge Sauerstoffmangels nach nur vier oder fünf Minuten statt. Aus diesem Grund kann eine auch nur kurzfristige Unterversorgung mit Sauerstoff schwere neurologische Probleme nach sich ziehen.

344 Ribosomen spielen bei der Umschrift von mRNS in Eiweiße eine wichtige Rolle.
In einer Zelle gibt es Millionen davon, die meisten haften an den Wänden des endoplasmatischen Retikulums. In einer Zelle so groß wie ein Gebäude hätten sie die Größe eines Golfballs.

345 **Besonders in den Pflanzenzellen gibt es Gebiete, die mit Flüssigkeiten gefüllt sind und keine innere Struktur zu haben scheinen.**
Dies sind die Vakuolen. Bei Pflanzen sind es jene Orte, wo flüssige Abfälle gespeichert werden, und sie sind für die Versteifung in vielen nicht verholzten Pflanzen (Kräuter) verantwortlich. Die Lagerung von Abfällen ist eine wichtige Funktion, da Pflanzen oftmals nicht in der Lage sind, Abfälle in die Umgebung auszuscheiden. Diese Abfälle verbleiben einfach in der Zelle, bis die Pflanze stirbt.

DER ZELLKERN

346 **Der Zellkern enthält den genetischen Plan für die Tätigkeit einer Zelle.**
Der Kern ist die größte der eukaryotischen Organellen einer Zelle. In einer Zelle so groß wie ein Gebäude wäre es eine Kugel von der Größe eines Zimmers. Wie die Mitochondrien sind auch die Kerne von einer doppelten Membran umgeben. Diese Membran ist mit Poren durchsetzt, die es der RNS ermöglichen, außerhalb des Kerns zu gelangen; die DNS hält sie dagegen zurück.
Im Innern der Kerne befinden sich die Chromosomen, die lange Knäuel aus DNS und anderen Stoffen sind. Bei den Menschen gibt es sechsundvierzig Chromosomen, und in jedem ist die DNS in ein Knäuel eingewickelt. Diese ineinander verhedderten Bänder aus DNS tragen die Pläne, welche die gesamte Tätigkeit der Zelle steuern.

347 **Menschliche Chromosomen sind eng zusammengerollt.**
Obwohl sie leicht in einen Zellkern hineinpassen, der einen Durchmesser von etwa einem zweitausendstel Zentimeter besitzt, so wären sie einige Zentimeter lang, wenn sie vollkommen ausgerollt und gestreckt würden. Das Vollpacken einer Zelle mit DNS entspricht in etwa dem Vollpacken eines Hauses mit Wäscheleinen. Die unglaubliche Komplexität im Zusammenhang mit dem Zusammenfalten von Chromosomen in der Zelle ist ein Argument, das Leute häufig dafür anführen, daß die nicht mit Genen besetzte DNS Anweisungen für die Tätigkeiten der Gene enthalten muß. Wie anders könnte eine

Zelle wissen, wo sie mit dem Auftrennen beginnen muß, wenn sie etwas RNS umschreiben möchte?

348 Tief im Herzen eines Zellkerns vergraben ist eine Organelle in einer Organelle, die Nukleolus (Kernkörperchen) genannt wird.
Ihre Funktion besteht darin, Ribosomen herzustellen.

349 Die menschlichen roten Blutkörperchen besitzen keinen Zellkern.
Von sämtlichen Zellen im menschlichen Körper besitzen nur die roten Blutkörperchen keinen Kern. Sie sind jedoch nicht so zur Welt gekommen. Wenn sie im Knochenmark entstehen, so besitzen sie einen Kern wie andere Zellen auch – wie anders könnten sie geschaffen werden? Kurz nach ihrer Geburt wird der Kern jedoch aus der Zelle ausgestoßen. Aus diesem Grund sind rote Blutkörperchen nicht in der Lage, Reparaturarbeiten auszuführen, und sterben nach einer Lebensdauer von etwa 120 Tagen ab.

PROKARYOTEN

350 Anders als ihre komplizierten eukaryotischen Kusinen ist die prokaryotische Zelle ein relativ einfaches Ding.
Sie besteht aus drei Teilen – einer Zellmembran, ein paar tausend Ribosomen und einem relativ klaren Gebiet der Zelle, in dem sich die DNS befindet. Die Organellen und die komplexe Maschinerie der Eukaryoten sind überhaupt nicht vorhanden.

351 Prokaryoten entwickelten sich vermutlich zuerst,
wogegen die komplizierteren Eukaryoten später auftauchten. Soweit wir aus den (sehr spärlichen) fossilen Funden schließen können, gab es prokaryotische Lebensformen bereits vor etwa 3,6 Jahrmilliarden, während Eukaryoten erst seit etwas über einer Jahrmilliarde vorkommen.

OFFENE FRAGEN

352 Wo sind die fehlenden Bindeglieder?

Der Unterschied zwischen prokaryotischen und eukaryotischen Zellen sei auffallend, ist das wenigste, was man sagen kann. Wenn allerdings die letzteren sich aus den ersteren entwickelt haben, weshalb gibt es dann aber keine Zwischenstadien zwischen beiden? Weshalb zum Beispiel gibt es keine Zellen mit freier DNS und Organellen? Wenn die Entwicklungslinie tatsächlich von den Prokaryoten zu den Eukaryoten verläuft und wir viele lebende Beispiele von beiden Arten besitzen, weshalb hat dann keins der Zwischenstadien überlebt?

EINE DUMME FRAGE

353 Geht es nicht etwas einfacher?

Ist die Komplexität einer Zelle der langen Entwicklungsgeschichte zuzuschreiben, oder ist dies wirklich die effektivste Struktur für das, was die Zelle erledigt? Soweit mir bekannt, haben die Biologen nicht einmal begonnen, sich dieser Frage zuzuwenden.

Die Zellteilung

354 In diesem Augenblick teilen sich in Ihrem Körper jede Sekunde Millionen von Zellen.

Sie teilen sich zwar nicht alle mit derselben Geschwindigkeit, und manche teilen sich nur während des Wachstums und danach nicht mehr. Die Zellen, die sich am schnellsten teilen, sind jene in der Wand des Dünndarms – sie teilen sich alle paar Tage. Dagegen teilen sich die Zellen im Nervensystem nach Erreichen ihrer Reife überhaupt nicht mehr. Zwischen diesen Extremen liegen die Zellen, wie jene der Haut, die sich alle paar Wochen teilen.

355 Weshalb teilt sich eine Zelle?

Weshalb sollten sich die Zellen bei einem jungen Menschen erst schnell teilen, später langsamer und beim erwachsenen Menschen ganz damit aufhören? Dies ist eine Frage von mehr als akademischem Interesse, da viele Forscher denken, daß der Krebs aus einem Versagen jenes Mechanismus herrührt, der den Zellen sagt, wann sie mit dem Teilen aufhören sollen. Als Beweis verweisen sie auf Tumorzellen, deren Zahl sich innerhalb weniger Tage verdoppelt, wenn sie in Kulturen gezüchtet werden, die aber aus Tumoren stammen, die sich erst nach Monaten oder Jahren verdoppelt haben. Selbst bei einem Tumor, so scheint es, gibt es einen Mechanismus, der die Neigung einer Zelle zur Teilung zähmt.

356 Chromosomen befinden sich dort, wo das genetische Material der Zelle gespeichert ist.

In der Frühzeit der Mikroskope bemerkten mit der Beobachtung der Zellteilung beschäftigte Biologen, daß mit dem Beginn der Teilung plötzlich kurze fadenförmige Gebilde im Kern auftauchten. Diese Gebilde absorbierten einen Farbstoff, der sie deutlicher sichtbar machte, und seitdem wurden diese «Chromosomen» genannt.

Heutzutage wissen wir, daß Chromosomen sich dort befinden, wo die DNS der Zelle gespeichert ist, und wir erkennen, daß die Neubildung der Chromosomen eine wesentliche Erscheinung bei der Zellteilung ist.

Aber Chromosomen enthalten mehr als nur die DNS. Die Details sind noch nicht vollkommen geklärt, denn das Chromosom in einer eukaryotischen Zelle ist ein ziemlich kompliziertes Gebilde. Die Stränge der Doppelhelix der DNS erscheinen um eine Reihe von «Spulen» gewickelt, die aus Eiweißmolekülen bestehen, wobei jeder DNS-Strang um viele verschiedene Spulen gewickelt ist.

357 Würde man das DNS-Molekül in einem einzigen Chromosom in *E. coli* auf die Dicke einer gewöhnlichen Wäscheleine vergrößern, so wäre es acht Kilometer lang.
Dies illustriert die früher gemachte Anmerkung, daß es notwendig sei, kodierte Anweisungen in der DNS verfügbar zu haben, damit die Gene aufzufinden sind.

358 Beim Beginn einer Zellteilung wickeln sich die Chromosomen auf und verdicken.
Die meiste Zeit über sind Chromosomen und ihre DNS locker im Kern gewunden. Erst wenn die Zellteilung einsetzt, beginnen sie sich aufzuwickeln und werden unter dem Mikroskop sichtbar. Diese Tatsache führte zu der folgenden für die Biologen des neunzehnten Jahrhunderts interessanten Frage: Wohin verschwinden die Chromosomen zwischen zwei Zellteilungen, wenn sie unsichtbar sind? Mit dem Aufkommen besserer Mikroskope kann diese Frage nunmehr beantwortet werden – sie sind die ganze Zeit über da.

359 Verschiedene Arten besitzen eine unterschiedliche Chromosomenzahl.
Die Menschen haben sechsundvierzig (d.h. dreiundzwanzig Paar), Moskitos haben deren sechs, Hunde achtundsiebzig, Goldfische vierundneunzig und Kohlpflanzen haben deren achtzehn. Es scheint kaum einen Zusammenhang zwischen der Komplexität eines Organismus und seiner Chromosomenzahl zu geben.

360 Der Organismus mit den meisten Chromosomen ist eine Farnart
namens *Ophioglossum reticulatum*, die nicht weniger als 1260 (630 Paar) besitzt. Die geringste Anzahl Chromosomen in normalen Zellen ist bei einer australischen Ameisenart anzutreffen, der *Myrmecia pilosula*, deren Arbeiter Körper mit Zellen haben, die jeweils lediglich ein Chromosom enthalten.

361 **Der Vorgang, bei dem eine Zelle sich in zwei Tochterzellen teilt, die beide mit dem Original identisch sind, wird Mitose genannt.**
Dies ist die «normale» Methode der Zellteilung, die von sämtlichen Zellen im menschlichen Körper angewandt wird, ausgenommen jene, die mit der Erzeugung von Sperma und Eiern beschäftigt sind.
Der erste Schritt bei der Mitose besteht aus dem Kopieren der DNS. Die Chromosomen bestehen aus je zwei identischen Chromatiden, die durch die Verdopplung entstehen und x-förmig miteinander verbunden sind.
Während die DNS kopiert wird, behält die Zelle ihre normale Erscheinung. Die wirkliche Tätigkeit beginnt, wenn die Chromosomen sich aufwickeln und sichtbar werden und die Membran um den Kern verschwindet, wodurch der Inhalt des Kerns freigesetzt und Teil der freien Zelle wird.

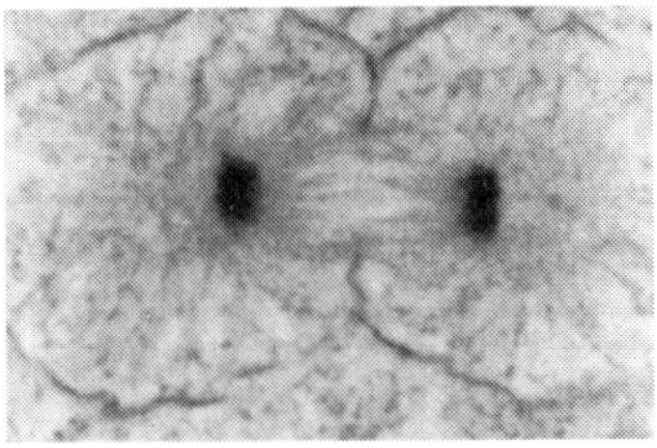

Zelle während der Teilung. Man beachte die Entstehung des Spindelapparates.

362 **Das Endstadium einer Zellteilung ist die tatsächliche Spaltung.**
Man kann sich zwei Chromatiden eines Chromosoms, die nach dem Kopieren verbunden sind, wie Sockenpaare in einer Schublade vorstellen, wobei jedes Paar zusammengebunden ist. Es gibt einen (bisher wenig verstandenen) Zellmechanismus, der diese Paare trennt. Tatsächlich greift dieser Mechanismus in die «Schublade» hinein, holt ein Chromatidenpaar heraus und trennt es dann. Während dieses Vorgangs entsteht ein Spindel genanntes Gebilde in der Zelle. Die Spindel besteht aus Eiweißen und sieht wie die Linien der «Längengrade» aus, die man auf die Zelle gezeichnet hat, wobei jede Linie von einem Pol zum anderen führt. Jeder Teil des Chromatidenpaars wird in eine entgegengesetzte Richtung gezogen, so daß die zwei passenden Chromatiden an entgegengesetzten Zellenden landen. Wenn dieser Vorgang für alle Chromatidenpaare vollzogen ist, so gibt es an den

entgegengesetzten Enden der Zelle Sätze identischer Chromosomen, die dann je aus einem Chromatiden bestehen.
Sind die Chromosomen erst einmal getrennt, bildet sich ein anderes Eiweißgerüst um die Zelle herum und beginnt sich hineinzuzwängen. Dies verursacht die Zellteilung. Dieser Vorgang ähnelt jenem, wenn man einen aufgeblasenen Luftballon nimmt, die Hände um die Mitte zusammendrückt und dann wringt.

363 Während einer Teilung stellt die Zelle ihre Tätigkeit ein.
Wenn der Kopiervorgang abläuft, setzt die normale Tätigkeit der Gene aus. Dies bedeutet, daß die Zelle sämtliche Anweisungen zu ihrer Teilung erteilen muß (einschließlich jene zur Produktion und Zusammensetzung der Eiweiße für die verschiedenen beteiligten Gebilde), bevor die Teilung tatsächlich stattfindet. Bei menschlichen Zellen dauert eine Teilung normalerweise etwa sieben Stunden.

364 Die Lebensgeschichte einer Zelle wird häufig durch einen Kreis dargestellt.
Die kritischen Ereignisse bei der Zellteilung nehmen verschiedene Gebiete des Kreises ein, und die Zelle durchläuft sie tatsächlich alle, wie etwa der große Zeiger das Zifferblatt.
Der Beginn des Teilungsvorgangs wird vom Beginn der Nachbildung

Der Zellzyklus

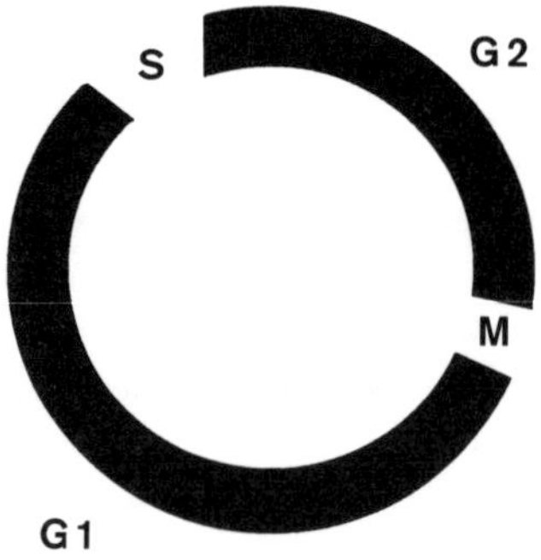

oder Synthese des DNS gemeldet. Dies wird durch die «S-Phase» wie in der Abbildung dargestellt. Dann gibt es in der Zeit eine Lücke («G2» genannt), bevor die Zelle tatsächlich der Mitose (M) unterzogen wird. Nach der Mitose gibt es eine weitere Lücke, während der die Zelle ihre normalen Funktionen ausführt, aber keine neue DNS produziert. Dies ist «G1».
Jede Zelle kreist während ihrer Lebensdauer auf dieser «Uhr», wobei jedes «Tick» der Erzeugung einer Tochterzelle entspricht.

365 Die Teilungen, die zu Geschlechtszellen führen, sind etwas komplizierter als die gewöhnliche Mitose.

Bei der Bildung einer Geschlechtszelle wünschen wir keine exakte Reproduktion der ursprünglichen Zelle. Statt dessen wünschen wir eine Zelle mit exakt der Hälfte der normalen Chromosomenzahl. Die Art der Zellteilung, die mit einer normalen Zelle einsetzt und zu einer Zelle mit der Hälfte der normalen Chromosomenzahl führt, heißt *Meiose.* Der Beginn der Meiose ähnelt jener der Mitose – d.h. die Chromosomen duplizieren sich selbst, ordnen sich jedoch diesmal in Zweierpaaren (also vier Chromatiden) nebeneinander an. Wiederum bildet sich ein Spindelapparat, doch diesmal werden Chromosomen (und nicht etwa einzelne Chromatiden) zu den entgegengesetzten Zellenden gezogen. Ist dieser Vorgang beendet, so bildet sich eine weitere Serie von Spindeln rechtwinklig zur ersten, und die Chromosomen-Chromatiden-Paare werden getrennt. Die Zelle teilt sich dann in vier Richtungen, so daß sich vier Zellen ergeben, von denen jede die Hälfte der Chromosomenzahl der ursprünglichen Zelle besitzt. Die neuen Zellen sind Sperma oder Eizelle – die Geschlechtszellen.

366 Prokaryoten vermehren sich durch Zellteilung.

Ihrem Status als primitive Vorläufer der komplexeren Eukaryoten gemäß sind die Chromosomen der Prokaryoten einfach freie Windungen der DNS ohne jedes Eiweiß.
Die DNS in einem Prokaryot ist gewöhnlich an der äußeren Membran der Zelle befestigt. Wird die DNS verdoppelt, so macht das neue Chromosom ebenfalls an einem Punkt der Membran fest. Die Zellteilung wird dann durch Teilung der Membran zwischen den Befestigungspunkten vollzogen.

4 KLASSISCHE PHYSIK

Isaac Newton entdeckt mit Hilfe eines Prismas die Natur des weißen Lichts.

Klassische Optik

367 Das Licht ist eine Welle.

Es gibt zwei grundlegende Arten der Energieübertragung, eine davon mit Hilfe einer Welle. Daß Licht eine Welle ist, können wir behaupten, weil das Licht Interferenzverhalten zeigen kann. Im Gegensatz zu anderen Wellen vermag das Licht sich jedoch durch ein Vakuum hindurchzubewegen.

368 Das Licht ist ein Teilchen.

Erst in diesem Jahrhundert haben wir begriffen, daß das Licht manchmal auch die Eigenschaften eines Teilchens erkennen läßt. Den ersten Beweis für diese Sichtweise lieferte Albert Einsteins Erklärung des photoelektrischen Effekts. Das Teilchen, das dem Licht entspricht, wird Photon genannt.

369 Die Farbe des Lichts hängt von seiner Wellenlänge ab,

wobei die längste Wellenlänge Rot und die kürzeste Blau und Violett entspricht. Der Hierarchie der Farben entspricht auch die Hierarchie der Energien. Das blaue Licht ist die energiereichste Lichtart, wogegen das rote das Schlußlicht bildet.

370 Weißes Licht besteht aus einer Mischung aller Farben.

Als Isaac Newton daranging, die Natur des Lichts zu bestimmen, leitete er Sonnenlicht durch ein Prismenglas, das jede Wellenlänge in einem anderen Winkel beugte, und schuf auf diese Weise ein Regenbogenspektrum aller Farben. Nachdem er das Sonnenlicht in seine Bestandteile aufgelöst hatte, steckte Newton ein weiteres Prismenglas in den Apparat und «baute den Strahl wieder zusammen», wodurch er weißes Licht erzeugte.

371 Gegenstände sind farbig, weil Licht und Atome sich gegenseitig beeinflussen.

Wenn wir sagen, daß wir etwas «sehen», so meinen wir eigentlich, daß das Licht von diesem Gegenstand auf unser Auge trifft, wodurch es eine komplexe chemische Reaktion auf der Netzhaut unseres Auges

auslöst. Was wir daher als farbig erkennen, stammt aus der Wechselwirkung des Lichts mit den Atomen in dem Gegenstand, den wir sehen.
Die Farben, die Sie wahrnehmen, werden nicht nur von der Wellenlänge des Lichts bestimmt. Die Farbsicht hängt davon ab, welche anderen Farben sich in Ihrem Gesichtskreis befinden und vielleicht sogar davon, in welcher Geistesverfassung Sie gerade sind. Wenn wir eine Farbe erkennen, so sehen wir das Ergebnis eines komplizierten Amalgams aus dem einfallenden Licht, der Physiologie und den Nervenverbindungen in unserem Auge sowie der Verarbeitung der Nervensignale durch das Gehirn.

372 Wenn Körper Licht ausstrahlen, dann machen die Elektronen in den Atomen Quantensprünge.
Dies heißt nichts anderes, als daß bestimmte Atome oder Moleküle im Material Strahlen mit genau definierten Energien und Wellenlängen aussenden und wir diese Strahlung als Farben wahrnehmen. Naturgemäß muß die zur Erzeugung dieser Strahlung benötigte Energie von irgendwoher stammen. Üblicherweise erwirbt ein Atom diese Energie zur Strahlenabgabe bei Wärmeaufnahme. Aus diesem Grund erscheinen Flammen häufig farbig.

373 Wenn man in ein Lagerfeuer starrt, kann man die Atome beim Ausstrahlen von Licht beobachten –
man muß nur nah genug herantreten und die kleine, farblose Lücke zwischen Holz und Flammen beobachten. Durch diese Lücke steigen Gase hoch und werden erwärmt, haben allerdings noch nicht die erforderliche Temperatur erreicht, um sich mit dem Sauerstoff zu verbinden. Erst nachdem dies möglich wurde, haben die Atome ausreichend Energie aufgenommen, um Licht abzustrahlen und eine Flamme zu erzeugen.

374 Damit Licht reflektiert wird, muß es erst absorbiert, dann erneut abgestrahlt werden.
Zurückgeworfenes Licht kann dieselbe Wellenlänge besitzen wie das absorbierte oder aber eine andere. Wenn wir einen Gegenstand be-

trachten, sehen wir Licht, das für die Atome in diesem Material charakteristisch ist und nicht unbedingt für jenes Licht, das auf den Gegenstand fällt. Aus diesem Grund erscheinen Gras und Ziegelsteine in verschiedenen Farben, obwohl das Sonnenlicht beide beleuchtet.

375 Die Farben des absorbierten Lichts bestimmen die Farbe vieler Materialien.

Wenn Licht von einem Atom absorbiert wird, so kann mit der Energie viel geschehen. Ein übliche Folge ist, daß die Energie einfach von dem Material absorbiert wird – es kann beispielsweise in die kinetische Energie eines Atoms umgewandelt werden, die wir als Wärme interpretieren.

Was wir sehen, sind die Farben, die nicht absorbiert werden. Chlorophyll etwa absorbiert Photonen des roten und blauen Teils des Lichtspektrums und wandelt deren Energie in Pflanzennahrung um. Grün absorbiert das Chlorophyll dagegen nicht; daher sehen wir die Blätter in dieser Farbe.

376 Fluoreszierende Materialien geben helle Farben nur dann ab, wenn sie von Ultraviolettlicht beleuchtet werden.

In einem fluoreszierenden Material wird die ultraviolette Strahlung von den Atomen absorbiert, die Atome geben die Energie jedoch in Form von sichtbarem Licht wieder ab. Diese Strahlung kann unmittelbar oder Stunden, ja sogar Tage später abgegeben werden. Im ersten Fall fluoreszieren die Materialien nur so lange, wie die ultraviolette Quelle vorhanden ist. Dies geschieht im Fall des «schwarzen Lichts», das in Diskos und Nachtbars so beliebt ist. Im zweiten Fall «glüht» das Material im Dunkeln. Die Tatsache, daß wir im Fall der Fluoreszenz in ein Licht blicken, das direkt von Atomen abgegeben wird, und nicht in das, was nach dem Entzug von Licht übrigbleibt, erklärt, warum uns diese Farben dermaßen kräftig und hell erscheinen.

377 Wenn Licht durch ein Material hindurch übertragen wird, so werden nur einige Wellenlängen absorbiert.

Je nach Anordnung der Atome in einem Material stimmen die durchsichtigen Farben mit den von der dünnen Atomschicht an der Oberfläche reflektierten Farben entweder überein oder auch nicht. Dies erklärt, warum einige Materialien (zum Beispiel das Laub) von unten anders aussehen, als wenn sie im reflektierten Licht gesehen werden.

Quizfrage

Weshalb sehen Kirchenfenster nachts von innen aus grau aus, dagegen hell von draußen?

Antwort: Vom Kircheninnern aus sieht man reflektiertes Licht, von außen durchsichtiges Licht.

378 Der Himmel ist blau wegen der Art und Weise, in der das Licht von den Molekülen in der Luft gestreut wird.

Wenn Licht auf Atome und Moleküle trifft, so wird blaues Licht ohne weiteres leichter gestreut als rotes. Das heißt: Wenn das weiße Licht der Sonne die Atmosphäre durchquert, so wird der blaue Lichtbestandteil aus dem Strahl herausgefällt, der rote dagegen nicht. Aus diesem Grund erscheint die Sonne gelb (Gelb = Weiß minus Blau) und der Himmel blau (es ist Licht, das von den Molekülen in der Luft gestreut wird und das auf das Auge trifft).
Materieteilchen in der Luft (wie Rauch oder Staub) streuen alle Wellenlängen im gleichen Maße, so daß das von derartigem Material gestreute Sonnenlicht weiß aussieht. Dem Vorhandensein dieser Materieteilchen wird der Dunstschleier am Himmel und der fahle Ring um die Sonne an hellen Tagen zugeschrieben.

379 Das Fell eines Eisbären erscheint weiß, weil es zwecks besserer Isolierung viele winzige Luftblasen enthält.

Wie die Staubteilchen in der Luft streuen diese Luftblasen das einfallende Licht und lassen das Fell weiß erscheinen. Die Fellfasern selbst sind farblos. Auf dieselbe Weise sind die Augen eines Neugeborenen blau, weil kleine Teilchen des Materials in der Iris vorzugsweise das blaue Licht streuen, genauso wie die Moleküle in der Luft. Die Augenfarbe eines Neugeborenen wechselt womöglich nach einigen Monaten, wenn im Körper das Pigment entsteht, das schließlich die Augenfarbe bestimmt.

380 **Das Licht der Sonne und das einer Neonröhre sehen mit bloßem Auge betrachtet gleich aus, tatsächlich aber enthalten sie geringfügig verschiedene Zusammenstellungen der unterschiedlichen Wellenlängen, aus denen weißes Licht besteht.**
Daher ist das Licht, das von Gegenständen abgestrahlt wird, die vom Sonnenlicht und von Neonröhren beleuchtet werden, geringfügig verschieden. Aus diesem Grund erscheinen die Farben eines Kleidungsstücks drinnen im Geschäft anders als draußen vor der Tür.

OPTISCHE GERÄTE

381 **Aufgabe einer Linse ist es, die Lichtwellen zu beugen und zu bündeln.**
In einer normalen Linse tritt das Licht durch die gewölbte Vorderseite eines Glasstücks ein, wird alsdann gebeugt und dann beim Austritt auf der Rückseite der Linse erneut gebeugt. Die Linse bildet ein Abbild, das im allgemeinen eine vom untersuchten Gegenstand unterschiedliche Größe aufweist, so daß der Gegenstand entweder größer oder kleiner als in Wirklichkeit erscheint.
Linsen sind konkav (d. h. nach innen gewölbt) oder konvex (d. h. nach außen gewölbt). Falls die Strahlen aus einer entfernten Lichtquelle in eine konvexe Linse einfallen, werden sie auf einen einzigen Punkt gebündelt, welcher Brennpunkt genannt wird. Die Entfernung zwischen der Linse und dem Punkt, an dem das Licht gebündelt wird, heißt Brennweite. Je dicker das Glas und je kleiner die Brennweite, um so leistungsstärker ist die Linse.

382 **Im Gegensatz zu einer Linse aus Glas kann die Linse im menschlichen Auge ihre Brennweite verändern.**
Ein Muskelring um die menschliche Linse kann sie zusammenziehen und verdicken. Je näher sich der betrachtete Gegenstand befindet und je mehr die Muskeln sich zusammenziehen, um so dicker wird die Linse. Betrachtet man einen etwas entfernteren Gegenstand, so entspannen sich die Muskeln um die Linse, und die Linse wird dünner.

383 Die Wellenlänge bestimmt die Lichtbrechung,
so daß ein Stück Glas das rote Licht um einen größeren Winkel bricht als grünes, und grünes Licht seinerseits wird um einen größeren Winkel gebrochen als blaues. Dies bedeutet, daß die von einer Linse gebildeten Abbilder (wie auch der Brennpunkt) für verschiedene Farben sich an geringfügig verschiedenen Stellen befinden. Der blaue Bestandteil eines Bildes kann also scharf abgebildet werden, während der rote Bestandteil noch immer verschwommen ist. Ohne Linsenkorrektur kann dies zu einer (als chromatische Aberration bekannten) Situation führen, in der das von der Linse geformte Abbild verschwommen und von verschiedenfarbigen Ringen umgeben zu sein scheint.

384 Ein Regenbogen entsteht, wenn Sonnenlicht beim Durchgang durch Regentropfen gebrochen wird.
Stehen Sie mit dem Rücken zur Sonne, so tritt das Licht vorne in die Regentropfen ein, prallt vom hinteren Teil zurück, tritt vorne wieder aus und trifft Ihr Auge. Bei diesem Vorgang wird der Lichtstrahl durch Brechung in seine Farbbestandteile aufgespalten, und unterschiedliche Wellenlängen sind in unterschiedlichen Winkeln konzentriert. Die verschiedenen Farben, die Sie im Regenbogen erkennen, stammen tatsächlich von verschiedenen Regentropfen, wobei die Regentropfen, die blaues Licht aussenden, sich näher am Erdboden befinden als jene, die rotes Licht aussenden.

385 Als im achtzehnten Jahrhundert Astronomen zum erstenmal große Fernrohre zu bauen begannen, verwendeten sie zur Darstellung von Abbildern Spiegel statt Linsen.
Der Grund lag darin, daß niemand wußte, wie die chromatische Aberration zu korrigieren war. Folglich waren alle, die scharfe Bilder von den Sternen zu erhalten wünschten, gezwungen, reflektierende Fernrohre mit Spiegeln aus Metall zu verwenden. Im neunzehnten Jahrhundert gelang es, die chromatische Aberration zu korrigieren und ein Fernrohr mit großen Linsen zu bauen, und erst in diesem Jahrhundert kehrte man zu den Reflektoren zurück.

386 **Ein einfaches, normales Mikroskop besteht aus zwei Linsen, die gemeinsam das wirkliche, vergrößerte Abbild eines kleinen Gegenstandes formen.**

Die meisten Entdeckungen in der Biologie über den Einzeller wurden dank ebenjenes Mikroskoptyps gemacht.

Die Größe des kleinsten Gegenstandes, den man durch ein Mikroskop sehen kann, hängt in einem gewissen Maß von der Qualität der Linsen ab, aber es gibt eine grundsätzliche Grenze: Details, die kleiner sind als die Wellenlänge des Lichts, das man einsetzt, kann man nicht sehen. Je kleiner der Gegenstand, den man zu sehen wünscht (oder je feiner das Detail eines größeren Gegenstands), um so kleiner muß die erforderliche Wellenlänge sein.

387 **Ein Mikroskop kann auch mit Elektronen statt mit Licht betrieben werden, da Elektronen sich wie Wellen verhalten können.**

Der Unterschied besteht darin, daß Elektronenwellen über sehr kurze Wellenlängen verfügen, so daß Elektronenmikroskope viel genauere Details liefern können als Lichtmikroskope. In Elektronenmikroskopen übernehmen Magnete bei der Führung des Elektronenstrahls die Rolle des Glases, und Abbilder werden in einer ähnlichen wie der beim Fernsehen verwendeten Technik aufgebaut.

388 **Das Elektronenrastermikroskop (ERM) vermag «Abbilder» einzelner Atome zu erzeugen.**

Das fortschrittlichste ERM, genannt Raster-Tunnel-Elektronenmikroskop (RTM), funktioniert wie folgt: Ein spitzer Stift wird nahe an die Oberfläche eines Materials herangeführt, und ein elektrischer Strom fließt in die Elektronenwolke aus Atomen, aus denen die Oberfläche besteht. Je geringer der Zwischenraum zwischen Stift und

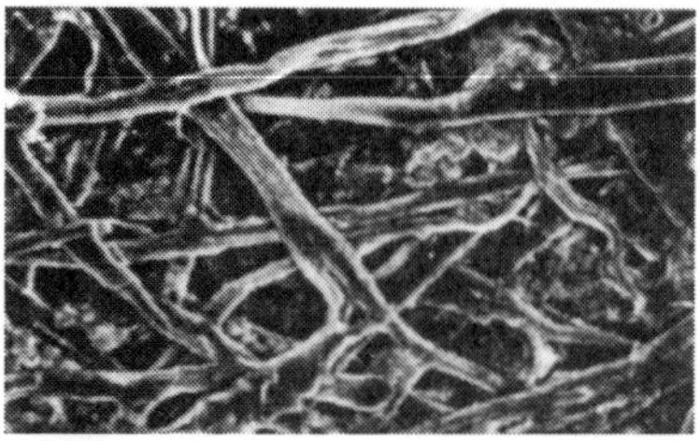

Gewöhnliche Dinge können im Elektronenmikroskop merkwürdig aussehen. Hier die Zellulosefasern in einem Blatt Papier.

Oberfläche, um so höher der Strom. Indem man wiederholt die Oberfläche abtastet, kann man ein Abbild der Stellung der Elektronenwolken (und daher auch einzelner Atome) aufbauen.

389 Das wichtigste optische Instrument eines Astronomen ist das Teleskop.

Das ganze 19. Jahrhundert über waren die geläufigen Teleskope vom links dargestellten Typ – das Licht wurde in einer großen Linse gebündelt und durchlief eine Reihe von Okularen zwecks Beobachtung. Dieser Typus wird Refraktor oder Brechungsteleskop genannt.
Seit der Jahrhundertwende werden die Teleskope nach dem rechts dargestellten Schema gebaut und sind unter der Bezeichnung Spiegelteleskope bekannt. In einem solchen Teleskop fangen große konkave Spiegel das Licht ein und bündeln es auf einen Spiegel, der die Lichtstrahlen zu einem Okular bringt, welches schließlich das Abbild formt. Der Übergang zu den Reflektoren wurde erforderlich, weil optische Ingenieure nicht in der Lage sind, so große Linsen von höchster Qualität zu liefern, daß sie noch das Licht von sehr schwach leuchtenden fernen Galaxien einzufangen vermögen. Das Teleskop auf dem Mount Palomar in Kalifornien ist das größte funktionierende Spiegelteleskop, das auf konventionelle Weise gefertigt wurde.

Refraktor und Reflektor

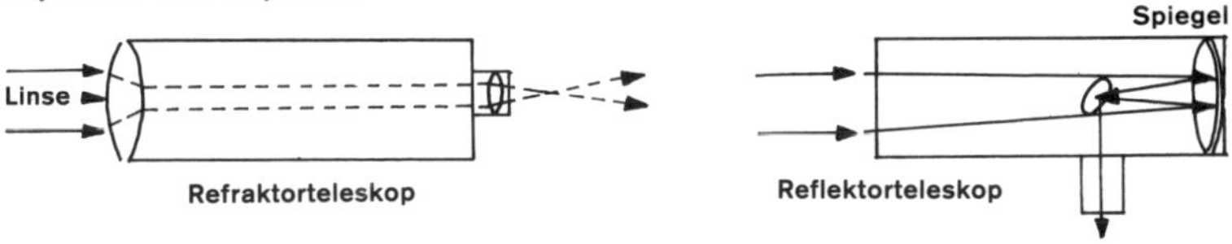

390 Den hochentwickelten Teleskopen gehört die Zukunft.

Der nächste Schritt besteht darin, die Hochgeschwindigkeitselektronik mit der Optik zu vermählen, um eine neue Generation von Teleskopen zu konstruieren. Diese Teleskope bestehen aus einer Ansammlung kleiner Spiegel, die sämtlich elektronisch gesteuert werden, damit die Bilder scharf bleiben. Indem die Bilder jedes dieser kleinen Teleskope elektronisch miteinander verknüpft werden, erhalten wir ein zusammengesetztes Bild, dessen Qualität der eines

Bildes entspricht, das von einem sehr großen, einzelnen Spiegel erzeugt würde.
Diese Technik wurde in den siebziger Jahren in Arizona mit dem Smithsonian Mehrspiegelteleskop zum erstenmal erprobt und wird seitdem bei den meisten neuen Teleskopen in der einen oder der anderen Form eingesetzt. Das vor kurzem von der Cal Tech auf Hawaii gebaute Keck-Teleskop verfügt über eine Sammlung kleiner Spiegel, die wie eine Schicht Kartoffelchips aussehen, aber der Spiegel ist in Wirklichkeit zweimal so groß wie der von Palomar.

Wellen

391 Wellen sind eine von zwei grundlegenden Arten der Energieübertragung.
Wenn Sie Energie von einem Punkt zum anderen übertragen wollten, so stehen Ihnen nur zwei Möglichkeiten zur Verfügung. Nehmen wir zum Beispiel einmal an, Sie stehen in einer Zimmerecke und möchten eine Packung Milch in der anderen umstoßen. Sie können einen Gegenstand (zum Beispiel eine Billardkugel) auf die Packung werfen und sie umstoßen. Dies wäre dann ein Beispiel für Energieübertragung mit Hilfe eines Teilchens.
Wahlweise könnten Sie auch mehrere Kegel in einer Linie hintereinander zwischen sich und der Milchpackung aufbauen und dann den ersten Kegel umstoßen. Dieser Kegel seinerseits würde seinen Hintermann umwerfen, der wiederum den Hintermann umstößt, und so weiter, bis diese Wirkung die Milchpackung erreicht. In diesem Fall wird die Energie nicht von einem einzigen Teilchen, sondern von der Welle fallender Kegel übertragen.

392 Die Bewegung einer Welle ist nicht dasselbe wie die Bewegung der Materie, auf der sich die Welle bewegt.
Wenn Sie in der Brandung schwimmen und eine Welle vorüberkommt, so bewegen Sie sich auf und ab, und das Wasser in Ihrer Umgebung bewegt sich mit Ihnen auf und ab. Andererseits bewegt sich

die Welle auf den Strand zu. Daher sind die Bewegung der Welle (auf den Strand zu) und die Bewegung des Wassers (auf und ab) nicht dasselbe.
Wenn das Medium, wie im Fall des Wassers, sich rechtwinklig zur Richtung der Welle bewegt, so sprechen wir von einer Transversalwelle (quer verlaufende Welle). Wenn das Medium sich in derselben Richtung wie die Welle bewegt (wie im Fall des Schalls und einiger seismischer Wellen), so sprechen wir von einer Longitudinalwelle (längs verlaufende Welle).

393 Eine Welle wird durch ihre Frequenz, Wellenlänge und Geschwindigkeit bestimmt.
Die Wellenlänge ist die Entfernung zwischen zwei Wellenkämmen, die Frequenz die Anzahl der Wellenkämme pro Sekunde, und die Geschwindigkeit der Welle ist die Geschwindigkeit einer einzelnen Welle.
Die Frequenz wird in Hertz (Hz) gemessen. Bei einer Welle mit einer Frequenz von 1 Hz bewegt sich jede Sekunde ein Wellenkamm an einem Fixpunkt vorüber. Diese Einheit wird nach dem deutschen Physiker Heinrich Hertz benannt, der die Radiowellen entdeckte.

WELLENINTERFERENZ

394 Die Interferenz ist jene Eigenschaft der Wellen, die sie von allem andern unterscheidet.
Sie ist zu beobachten, wann immer Wellen aus zwei verschiedenen Quellen aufeinandertreffen. Nehmen wir zum Beispiel zwei Motorboote, die auf einem ruhigen See ein Wettrennen veranstalten und dabei Kielwasser nach sich ziehen. Es gibt Stellen im See, an denen das Kielwasser der beiden Boote sich überlagert, und dort kann man die Interferenz beobachten.
Was mit zwei Wellen geschieht, wenn sie aufeinandertreffen, hängt von der relativen Position dieser Wellen ab. Ich habe dabei folgendes Bild vor Augen: Man stelle sich vor, daß jede Welle der Wasseroberfläche Anweisungen erteilt. Wenn zwei Wellenkämme zugleich ankommen, so erteilt jeder Wellenkamm die Anweisung «fünf Zenti-

meter ansteigen». Ergebnis: Das Wasser steigt um zehn Zentimeter an – zweimal so hoch wie für jede einzelne Welle. Dies wird positive Interferenz genannt.
Wenn dagegen die Wellen so aufeinandertreffen, daß der Wellenkamm der einen sich mit dem Wellental der anderen überlagert, so erhält das Wasser von einer Welle die Anweisung «fünf Zentimeter ansteigen» und von der anderen «fünf Zentimeter fallen». Ergebnis: Der Wasserstand ändert sich überhaupt nicht. Dies ist ein Beispiel für negative Interferenz.
Wenn die Wellen in einem zwischen den beiden Extremen liegenden Verhältnis aufeinandertreffen, so führt dies dazu, daß das Wasser nicht so hoch ansteigt wie bei der positiven Interferenz, jedoch höher als bei der negativen Interferenz.

395 Das Vorhandensein der Interferenz unterscheidet die Wellen von den Teilchen.
Zwei Wellen können an einem Punkt aufeinandertreffen und die völlige Abwesenheit einer Welle erzeugen. Zwei Teilchen vermögen dies nicht – man könnte nie zwei Billardkugeln zusammenwerfen und als Ergebnis keine Billardkugel erhalten.

396 Falls zwei Lichtwellen aufeinandertreffen, so führt die negative Interferenz zu dunklen Punkten.
Diese sieht man, wenn man eine Straßenlaterne durch ein Fliegengitter betrachtet und ein «Kreuz» mit wechselndem Licht und dunklen Punkten an dessen Armen sieht. «Tote Punkte» in einem Auditorium sind Stellen, an denen (etwa die der Bühne entspringenden und von den Wänden zurückgeworfenen) Schallwellen ein negatives Interferenzverhalten aufweisen. Falls Ihnen dies bei einem Konzert widerfährt, so ist gegen dieses besondere Problem kein Kraut gewachsen, es sei denn, sie wechseln auf einen anderen Platz.

397 Die Wellennatur des Lichts wird durch Experimente bewiesen, die aufzeigen, daß das Licht Interferenzverhalten an den Tag legt.
In einem berühmt gewordenen Experiment hat der britische Physiker Thomas Young (1733–1829) Licht durch zwei Schlitze hindurch auf einen Schirm fallen lassen (siehe Abbildung). Wellen bewegen sich

vom Schlitz zum Schirm und zeigen beim Aufeinandertreffen Interferenzverhalten.
Die Resultate des Experiments sind rechts in der Abbildung zu sehen. Auf halbem Wege zwischen den beiden Schlitzen kommen die beiden Wellen zusammen, überlagern sich positiv und erzeugen ein helles Licht. Entfernt man sich in beiden Richtungen von dieser mittleren hellen Linie, so sieht man eine Reihe dunkler und heller Linien, die den abwechselnden Feldern positiver und negativer Interferenz entsprechen. Man könnte keine helle mittlere Linien erhalten, wenn Teilchen (wie etwa Billardkugeln) aufeinandertreffen würden.

Ein normales Experiment, das die Interferenz von Lichtwellen zeigt.

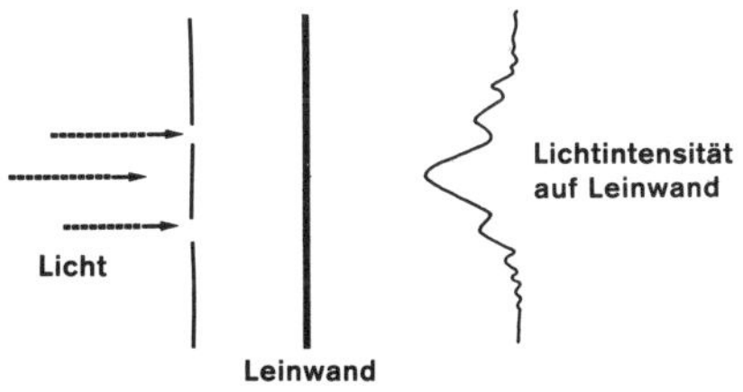

398 Wellen können um Ecken herum gebeugt werden.

Wenn Sie je an einem sonnigen Tag auf einem Schiff in eine Hafenstadt eingelaufen sind, so haben Sie vermutlich beobachtet, was in der Abbildung dargestellt ist. Die Wellen aus dem See oder Ozean gelangen zwischen die Wellenbrecher, und vom Wellenbrecher bewegen sie sich in allen Richtungen in den Hafen hinein. Dies bedeutet, daß jemand, der sich etwas entfernt auf der Seite der Wellenbrecher befindet, eine Welle sieht, auch wenn es nicht möglich ist, daß die Welle in einer direkten Linie auf ihn zukommt. Diese Fähigkeit der Wellen, um Ecken herumzuschwenken, ist ein Beispiel für eine Erscheinung, die als Diffraktion oder Beugung bekannt ist und einen weiteren Unterschied zwischen einer Welle und einem Teilchen darstellt.

399 Wenn eine Welle auf einer Oberfläche auftrifft, so wird sie reflektiert, gebrochen oder absorbiert.

Wird sie gebrochen, so verändert die Welle ihre Richtung. Am leichtesten fällt es, sich dies vorzustellen, wenn man daran denkt, daß das Licht sich in Glas langsamer fortbewegt als in der Luft. Eine Wellenfront, die sich dem Glas nähert, ähnelt einer Reihe vorwärts mar-

schierender Soldaten, die auf einen Sumpf stoßen, der ihr Vorwärtskommen abbremst. Sobald ein Soldat in den Sumpf gerät, wird er langsamer, und dies führt insgesamt dazu, daß die gesamte Linie in eine neue Richtung einschwenkt. Genau auf dieselbe Weise ändert das Licht beim Eintritt in Glas oder ein anderes Material seine Richtung.
Wellen können gebrochen werden, ohne auf eine scharfe Oberfläche zu treffen. Seismische Wellen etwa, die sich durch das Erdinnere bewegen, treffen auf Gestein von allmählich sich verändernder Dichte und Zusammensetzung. Sie ändern auch wegen der Brechung ihre Richtung, tun dies jedoch kontinuierlich statt auf einmal. Folglich verläuft ihr Weg durch das Erdinnere in einem Bogen.

Wellen biegen sich um Ecken herum.

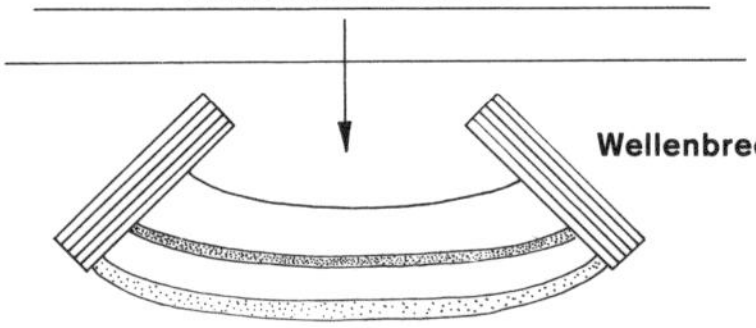

400 **Wenn Sie an einem warmen Tag auf einer Autobahn etwas Ähnliches wie eine Wasserlache sehen, so sehen Sie in Wirklichkeit Licht, das sich vom Himmel zur Autobahn bewegte, dann aber durch Brechung in der Luft herumschwenkte, bis es Ihr Auge trifft.**

401 Eine der wichtigsten Wellenerscheinungen heißt «Doppler-Effekt»

nach dem österreichischen Physiker Johann Christian Doppler (1803–1853). Bewegt sich die Quelle einer Welle, so bewegt sich die kugelförmige Welle, die in einem beliebigen Augenblick von der Quelle ihren Ausgang nimmt, zu einer Kugel hin, deren Mittelpunkt derjenige Punkt ist, an dem sich die Quelle zum Zeitpunkt der Wellenentstehung befand. Die in der Abbildung als «A» gekennzeichnete Kugel entstand, als die Quelle sich in A befand, die als «B» gekennzeichnete Kugel entstand, als die Quelle sich in B befand, und so weiter. Der resultierende Effekt der Bewegung der Quelle besteht darin, daß jemand, der die Quelle vor sich hat (d. h. jemand, der beobachtet, wie die Quelle sich auf ihn zu bewegt), sieht, wie die Wellenkämme sich stapeln, wogegen jemand, der die Quelle im Rücken hat (d. h. jemand, der sieht, wie die Quelle sich entfernt), sie als gestreckt erkennt. Handelt es sich bei der Welle um eine Schallwelle, so vernimmt eine Person vor der Welle einen höheren und eine Person mit der Quelle im Rücken einen tieferen Ton. Handelt es sich bei der Welle um eine Lichtwelle, so beobachtet eine Person vor der Welle eine Blauverschiebung, wogegen eine Person mit der Quelle im Rücken eine Rotverschiebung wahrnimmt.

Der Ursprung des Doppler-Effekts

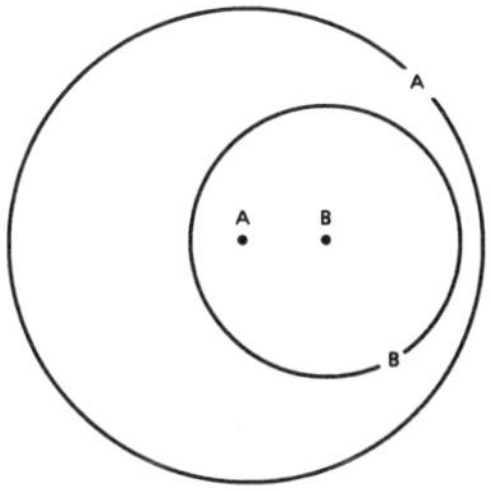

Quizfrage

Können Sie ein Beispiel für einen Doppler-Effekt geben, den Sie selbst beobachtet haben?

Antwort: Der Ton einer Autohupe oder eines Automotors, dessen Höhe beim Näherkommen höher und beim Entfernen tiefer erscheint.

402 Bei einer Radarkontrolle der Polizei werden Radiowellen ausgestrahlt, die von den Atomen in Ihrem Fahrzeug absorbiert werden.

Die Wellenenergie wird dann von den Atomen zurückgesendet und vom Radarapparat erkannt. Da Ihr Auto fährt, unterliegt die von Ihrem Fahrzeug ausgesandte Welle dem Doppler-Effekt. Christian Dopplers Beitrag zur Wissenschaft wird heutzutage also unter anderem zur Verkehrsüberwachung und Geschwindigkeitskontrolle auf Straßen und Autobahnen genutzt.

Der Casablanca-Preis für das erstklassigste Experiment in der Geschichte. Den Kinofilm *Casablanca* verehren viele als größten Klassiker der Filmgeschichte. In diesem Sinn verleihen wir den Casablanca-Preis für die erste experimentelle Überprüfung des Doppler-Effekts durch den niederländischen Forscher Christian Buys Ballot (1817–1890). Er trommelte eine Gruppe von Trompetern zusammen und verfrachtete sie auf einen offenen Eisenbahnwaggon. An den Gleisen aufgereiht standen mehrere Leute, die über ein absolutes Gehör verfügen (d. h. jede Musiknote beim ersten Hören sofort erkennen). Die Lok startete, der Zug fuhr los, die Trompeter bliesen ihre Musik, und die Beobachter zeichneten auf, was sie vernahmen, wobei sie Dopplers Voraussagen bei diesem Vorgang überprüften. Damit verglichen kommen einem die Experimente mit Oszilloskopen und Mikrochips sämtlich blaß und fade vor.

403 Der Schall ist eine Welle.

Wenn Ihre Stimmbänder vibrieren, so drücken sie abwechselnd Luftmoleküle zusammen und ziehen sie dann weiter auseinander, und diese Bewegung initiiert eine Welle.

Wenn eine Schallwelle vorüberzieht, so bewegen sich die Luftmoleküle in der Richtung der Welle vor- und rückwärts statt wie bei Wasserwellen auf- und abwärts. In Feldern, in denen die Moleküle dichter gepackt sind, ist der Druck höher. Dies ist der Kamm der Schallwelle. Wenn die Schallwelle Ihr Ohr erreicht, so drückt sie auf Ihr Trommelfell und initiiert damit einen Vorgang, den wir Hören nennen.

Je höher die Frequenz der Welle, um so höher ist der Ton, den wir wahrnehmen. Je höher der Druck des Wellenkamms, um so lauter ist der Ton, den wir vernehmen.

Elektrizität und Magnetismus

404 Zwischen der elektrostatischen Aufladung Ihrer Kleidung und einem Magneten, der an Ihrem Kühlschrank einen Notizzettel festhält, besteht ein Zusammenhang,

wie auch zwischen allen anderen elektrischen und magnetischen Erscheinungen. In Wirklichkeit kennzeichnet die Entdeckung dieses Zusammenhangs einen der Höhepunkte in der Physik des 19. Jahrhunderts. Inzwischen glauben wir, daß die Elektrizität und der Magnetismus lediglich zwei verschiedene Aspekte derselben grundlegenden Kraft sind, die wir die elektromagnetische Kraft nennen.

405 Elektrischer Strom kann magnetische Effekte erzeugen.

Wenn ein elektrischer Strom durch einen Draht fließt, so wird eine Kompaßnadel in der Umgebung des Drahtes abgelenkt. Mit anderen Worten: Ein elektrischer Strom – also elektrische Ladungen in Bewegung – kann ein Magnetfeld erzeugen. Dies war der allererste Zusammenhang zwischen Elektrizität und Magnetismus, den man entdeckte. Tatsächlich stieß ein Experimentator fast unwillkürlich auf diesen Zusammenhang. Der dänische Chemiker und Physiker Hans Christian Ørsted (1777–1851) liebte es, in seinen Vorlesungen Experimente vorzuführen. Als er eines Tages an einem großen Tisch voller Gerätschaften vor seinen Studenten herumhantierte, bemerkte er, daß jedesmal, wenn er eine Batterie an einen Stromkreis anschloß, eine Kompaßnadel in der Nähe ausschlug. Dieses Ereignis war der Ausgangspunkt für eine der wichtigsten Entdeckungen mit praktischen Folgen, die je gemacht wurden.

406 Der große Vorteil eines Elektromagneten besteht darin, daß man ihn an- und abschalten kann.

Ein Elektromagnet ist eine Schleife (oder Serie von Schleifen), durch die ein elektrischer Strom fließt. Der Strom erzeugt ein Magnetfeld – je mehr Schleifen im Draht (und je stärker der Strom), um so stärker das Magnetfeld. Die Drahtschleife verhält sich also wie ein gewöhnlicher Magnet und kann wie jeder andere auch Metallstücke aufheben.

Die Stärke eines Magneten kann durch Regelung der Strommenge, die durch den Draht fließt, angepaßt werden. Auf Autoverwertungshöfen etwa sieht man häufig, daß Schrottautos mit großen Magneten hochgehoben werden. Wenn der Strom durch den Magneten fließt, wird das Auto angezogen, und der gewöhnlich an einem Kran baumelnde Magnet kann das Auto dann hochheben. Wenn der Kranführer das Schrottauto fallen lassen will, so braucht er nur den Strom abzuschalten. Sobald der Strom nicht mehr fließt, hören die Drahtschleifen auf, sich wie Magnete zu verhalten, und das Schrottauto wird nicht mehr von ihnen angezogen. Die Schwerkraft (die immer beteiligt ist) gewinnt nun die Oberhand, und das Schrottauto fällt hinunter.

407 Magnetische Felder können elektrische Wirkungen verursachen.

Es besteht noch ein weiterer Zusammenhang zwischen Elektrizität und Magnetismus. Bewegt man einen Magneten nahe um eine Drahtschleife herum oder dreht man diese Schleife in der Nähe eines Magneten, so fließt ein elektrischer Strom im Draht, auch wenn keine Spannungsquelle vorhanden ist. Diese als «elektromagnetische Induktion» bekannte Erscheinung wurde von Michael Faraday entdeckt. Erst sie machte unsere moderne, auf elektrischer Energie basierende Gesellschaft möglich.

408 Die überwiegende Menge elektrischen Stroms wird mit Hilfe der Induktion erzeugt.

In einem elektrischen Generator wird irgendeine Energiequelle (Kohleverfeuerung, Wasserkraft usw.) dazu eingesetzt, um eine horizontale Welle anzutreiben. Die so angetriebene Welle ist mit Wicklungen aus Draht zwischen den Polen eines Magneten verbunden. Da diese Wicklungen sich in einem Magnetfeld drehen, wird in ihnen ein elektrischer Strom erzeugt. Dieser Strom wird dann abgezapft und über Stromleitungen geführt, bis er schließlich in Ihr Haus gelangt, damit Sie mit ihm Ihre Heizung, Ihre Beleuchtung, Ihre Hi-Fi-Anlage und alle übrigen Haushaltsgeräte betreiben können.

409 **Generatoren mit elektromagnetischer Induktion erzeugen gewöhnlich Wechselstrom.**

Dreht sich ein Draht in einem Magnetfeld, so ergibt sich, daß der Strom in diesem Draht die halbe Zeit in die eine Richtung und die andere Hälfte in die andere Richtung fließt. Da der überwiegende Anteil des Stroms in Deutschland durch rotierende Generatoren erzeugt wird, liefern die Energieversorgungsunternehmen ihn in aller Regel in dieser Form an – als Wechselstrom.

Quizfrage

Wie schnell drehen sich die Generatoren in Ihrem E-Werk?

Antwort: Fünfzigmal in der Sekunde – elektrischer Strom in Deutschland besitzt eine Frequenz von 50 Hertz, oder anders gesagt: Hundertmal pro Sekunde wechselt er seine Richtung.

410 **Sie benutzen ständig Transformatoren, ob Sie es wissen oder nicht.**

Ein Transformator einfacher Bauart wird in der Abbildung dargestellt. Elektrischer Strom fließt durch eine Drahtschleife. Dieser Strom erzeugt ein Magnetfeld, das seinerseits einen Stromfluß in der zweiten Schleife verursacht. Eine Schleife beeinflußt daher die andere, auch wenn sie einander nicht berühren. Transformatoren können Sie an deren klobiger und schwerer Form erkennen, die Tausende von Drahtwicklungen enthält, welche einen Eisenrahmen umgeben.

In einem einfachen Transformator erzeugen die in einer Schleife von einem Strom initiierten Magnetfelder Ströme in der anderen.

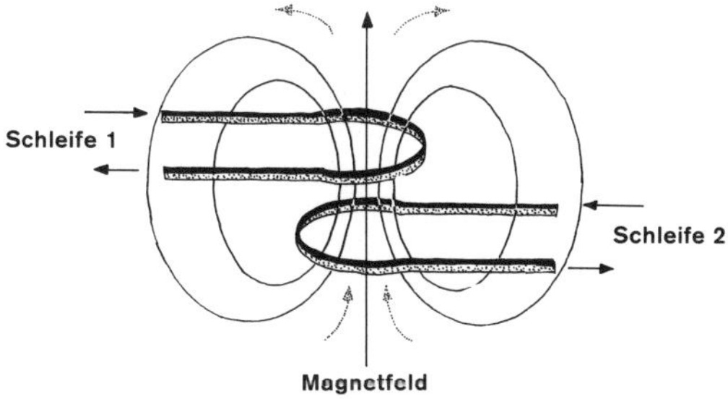

411 **Aus technischen Gründen ist es am wirtschaftlichsten, die Elektrizität von den E-Werken bis hin zum Verbraucher mit einer hohen Spannung zu übertragen.**

Aus diesen Gründen haben die Stromleitungen, die von einem großen Elektrizitätswerk über Land führen, normalerweise eine Spannung von 500 000 Volt oder mehr. Diese Leitungen werden von großen Strommasten gehalten, die häufig in der Landschaft aufgereiht zu sehen sind. Bevor der Strom in eine Überlandleitung eingespeist wird, führt man ihn einem Transformator zu, der die Spannung erhöht und den Strom reduziert. Um die Städte herum wird er mit 13 800 Volt befördert. Bevor er in einen Haushalt gelangt, durchläuft er einen weiteren Transformator, in dem er auf 230 Volt reduziert wird. Diese Endstufen-Transformatoren kann man entlang der Stromleitungen sehen – sie sehen wie kleine Einzimmerhäuschen aus.

DIE MAXWELLSCHEN GLEICHUNGEN

412 **Die Maxwellschen Gleichungen vereinigen die Erscheinungen von Elektrizität und Magnetismus.**

Sie spielen für die Elektrizität und für den Magnetismus dieselbe Rolle wie die Newtonschen Prinzipien für die Mechanik. Diese vier Gleichungen, die der schottische Physiker James Clerk Maxwell erstmals in den siebziger Jahren des neunzehnten Jahrhunderts niederschrieb, fassen alles zusammen, was wir über Elektrizität und Magnetismus und deren Zusammenhänge wissen. In knapper Form lassen sie sich wie folgt darstellen:

1. Ungleiche Ladungen ziehen einander an, gleiche Ladungen stoßen einander ab (Coulombsches Gesetz).
2. Es gibt keine isolierten Magnetpole.
3. Elektrischer Strom ruft Magnetfelder hervor.
4. Wechselnde Magnetfelder können elektrischen Strom hervorrufen.

413 Weshalb tragen diese Prinzipien den Namen Maxwellsche Gleichungen, wenn doch ein anderer sie entdeckt hat?

Maxwell hat keine der soeben angeführten vier Prinzipien entdeckt. Dagegen leistete er folgendes: Erstens erkannte er, daß diese vier Prinzipien den eigentlichen Kern der Theorie der Elektrizität und des Magnetismus darstellen. Und zweitens erweiterte er das oben angeführte dritte Prinzip geringfügig (indem er den sogenannten Verdrängungsstrom zu den möglichen Quellen eines Magnetfeldes hinzufügte). Mit dieser Erweiterung waren die vier Maxwellsche Gleichungen genannten Prinzipien abgerundet, und es stellte sich heraus, daß in ihnen unser sämtliches Wissen über Elektrizität und Magnetismus enthalten ist.

Einer der erhellendsten Augenblicke in meiner Studienzeit war jener Tag, an dem mein Professor die Maxwellschen Gleichungen an die Tafel schrieb und mir aufging, daß alle komplizierten Dinge, die wir ein ganzes Jahr lang studiert hatten, in Gleichungen zusammengefaßt werden können, die auf die Rückseite eines Briefumschlags passen. Aus solchen Augenblicken besteht die Laufbahn eines Wissenschaftlers.

414 Die wichtigste und unmittelbarste Folge der Maxwellschen Gleichungen war die Vorhersage des Vorhandenseins einer elektromagnetischen Strahlung,

was zur Entdeckung und Verwendung der Funk- und Mikrowellen führte. Jedesmal wenn Sie Ihr Fernsehgerät einschalten, Radio hören oder einen interkontinentalen Telefonanruf machen, benutzen Sie eine Technologie, die sich aus der Arbeit Maxwells entwickelte.

415 Maxwell war ein Pionier der Farbfotografie.

Tatsächlich war das allererste Farbfoto Teil seiner Doktorarbeit. Es ist ein verblüffend gutes Foto einer Dolde Weintrauben. Es ist nach wie vor in der Universität Cambridge zu besichtigen, an der Maxwell studierte.

Elektromagnetische Strahlung

416 Das Licht, der Funk und die Röntgenstrahlung sind sämtlich Beispiele für die elektromagnetische Strahlung.

Eine elektromagnetische Welle ist unten dargestellt. Wellen kann man sich als elektrische und Magnetfelder vorstellen, die den Raum auf eine ähnliche Weise durchqueren wie Wasserwellen die Oberfläche eines Sees.

417 Alle elektromagnetischen Wellen bewegen sich mit Lichtgeschwindigkeit fort.

Elektromagnetische Wellen durchqueren das Vakuum mit einer Geschwindigkeit von 300000 km/h. Dies ist die Lichtgeschwindigkeit, die üblicherweise mit dem Buchstaben «c» dargestellt wird.

Elektromagnetische Welle

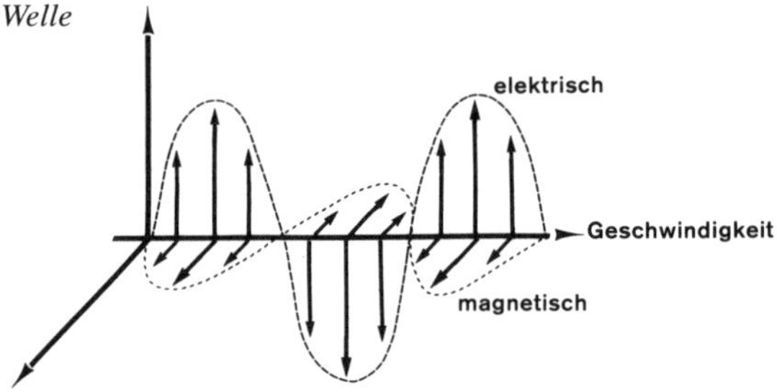

418 James Clerk Maxwell erkannte als erster, daß solche Dinge wie elektromagnetische Wellen existieren müssen.

Er entdeckte, daß die Gleichungen, die nunmehr seinen Namen tragen, bedingen, daß es eine Welle geben müsse, die das Vakuum durchqueren kann (er hätte gesagt, «den Äther durchqueren»), und daß solche Wellen die in der Abbildung dargestellte Struktur aufweisen würden. Als er die mögliche Geschwindigkeit dieser Wellen berechnete, kam er auf 300000 km/h pro Sekunde. Er erkannte selbstverständlich, daß dies die Lichtgeschwindigkeit war und identifizierte die von ihm vorhergesagten Wellen als Licht.

Als Maxwell erst einmal erkannt hatte, daß in seinen Gleichungen implizit eine neue Wellenart enthalten war, erkannte er darüber hinaus, daß es viele verschiedene solcher Wellen jenseits des Lichts geben müsse. Er sagte die Existenz etwa der Funkwellen voraus, die 1888 kurze Zeit später von Heinrich Hertz entdeckt wurden. Seit jener Zeit sind viele andere Arten elektromagnetischer Strahlung entdeckt worden (siehe weiter unten).

419 Die meisten Menschen verbinden den Namen Guglielmo Marconi (1874–1937) mit der Erfindung des Radios.
Marconi wandte die Entdeckung von Hertz an, um Signale über weite Entfernungen zu senden. Er sandte die erste Funknachricht über den Atlantik.

420 Alle elektromagnetischen Wellen sind im elektromagnetischen Spektrum enthalten.
Heutzutage wissen wir, daß es vielerlei Arten elektromagnetischer Wellen gibt, von den Funkwellen (deren Wellenlänge Tausende von Kilometern betragen) bis hin zu den sogenannten Gammastrahlen (deren Wellenlänge weniger als die Größe eines Elementarteilchens betragen). Diese Wellen unterscheiden sich nur dadurch, daß sie verschiedene Wellenlängen besitzen – ansonsten sind sie identisch und besitzen die dargestellte Struktur. Hier folgt nun eine Liste der elektromagnetischen Wellen, die wir kennen:

Name der Welle	*Wellenlänge*
Radio (Mittelwelle)	Dutzende bis Hunderte von Kilometern
Radio (UKW/Fernsehen)	Kilometer bis Meter
Mikrowellen	Meter
Infrarot	Tausendstel Zentimeter
rotes Licht	8000 Atome
violettes Licht	4000 Atome
ultraviolettes Licht	Hunderte von Atomen
Röntgenstrahlen	einige Atome
Gammastrahlen	Größe eines Atoms bis zur Größe eines Kerns

421 Das sichtbare Licht macht nur einen kleinen Teil des elektromagnetischen Spektrums aus.

Für uns Menschen ist das sichtbare Licht so ungemein wichtig, daß wir annehmen, dies müsse auch für die Natur gelten. In Wirklichkeit aber ist es nur eine von vielen unterschiedlichen elektromagnetischen Strahlungen, die einen sehr kleinen Teil des elektromagnetischen Spektrums ausmachen – und zwar jenen Teil, der für Wellen mit einer Entfernung zwischen vier- bis achttausend Atomdurchmesser zwischen den Wellenkämmen reserviert ist. Dies ist lediglich ein weiterer Hinweis auf die relativ unbedeutende Rolle, die der *Homo sapiens* im großen Schema der Dinge spielt.

422 Der menschliche Körper (nicht jedoch das menschliche Auge) kann weitere Arten elektromagnetischer Strahlung aufspüren.

Wenn Sie Ihre Hand zu einer Wärmequelle hin ausstrecken, so befördert die Infrarotstrahlung die Energie von dieser Quelle zu Ihrer Hand. Die Empfindung von Wärme ist daher eine «Entdeckung» der Infrarotstrahlung außerhalb des sichtbaren Bereichs.

Wenn Sie sich zu lange der Sonneneinstrahlung aussetzen und einen Sonnenbrand bekommen, so ist die Ursache Ihrer Qualen die Ultraviolettstrahlung. Man könnte also behaupten, daß Ihr Körper in der Lage sei, UV-Strahlung «aufzuspüren».

423 Werden elektrische Ladungen beschleunigt, so entstehen elektromagnetische Wellen.

Elektronen, die durch einen Draht geleitet werden, erzeugen Funk- und Mikrowellen, Elektronen, die in Atomen springen, erzeugen Licht, und schnelle Elektronen, die in einem Metallblock abgebremst werden, erzeugen Röntgenstrahlung. Sämtliche elektromagnetische Strahlung entsteht letzten Endes bei der Bewegung elektrischer Ladungen.

424 In der Sendeantenne eines Radiosenders werden die Elektronen vor- und rückwärts beschleunigt.

Sie erzeugen die elektromagnetische Welle, die wir «Funk» nennen. Diese Welle durchquert den Raum bis zu unserer Antenne.

Eines der frühesten Radiogeräte, der Kristalldetektor

In der Antenne befinden sich weitere Elektronen, die ihrerseits von dieser Welle beschleunigt werden. Die Bewegung dieser Elektronen bildet einen elektrischen Strom, der – nachdem er die Leitungen in Ihrem Radio durchlaufen hat – in Schallwellen umgewandelt wird, die Sie hören.

425 Für die elektromagnetische Strahlung in der Atmosphäre gibt es lediglich zwei «Fenster».

Das sichtbare Licht durchquert die Atmosphäre ohne Hindernisse. Sitzt man zum Beispiel in einem Flugzeug, so beträgt die Sichtweite oftmals Hunderte von Kilometern. Auf dieselbe Weise durchqueren Funkwellen über lange Entfernungen hinweg die Atmosphäre. Haben Sie nicht bereits mit Ihrem Autoradio einen Radiosender eingefangen, der Tausende von Kilometern entfernt war? Wir sagen, daß die Atmosphäre «Fenster» für sichtbares Licht und für Funkwellen besitze.

Alle anderen Strahlungsarten werden entweder ganz oder teilweise in der Atmosphäre absorbiert. Astronomen, die diese elektromagnetischen Wellen von fernen Gegenständen aufspüren möchten, müssen gewöhnlich über die Erdatmosphäre hinausgehen. Satellitenobserva-

torien haben umfangreiche Untersuchungen der Röntgen-, Infrarot-, Ultraviolett- und Mikrowellenstrahlung aus dem Weltall durchgeführt. In unserer Generation sind wir zum erstenmal in die Lage versetzt worden, alles zu betrachten, was sich dort befindet, und dies hat zum goldenen Zeitalter der Astronomie geführt.
Es ist mir immer schon wie eine Ironie vorgekommen, daß während der Tausende von Jahren, in denen menschliche Lebewesen in die Sterne geguckt haben, diese ganze Strahlung bis zur Erde Lichtjahrmillionen weite Strecken zurückgelegt hat, aber auf den letzten wenigen Kilometern, sozusagen kurz vor dem Ziel, von der Erdatmosphäre absorbiert wird.

426 Es ist mehr als wahrscheinlich, daß die meisten Menschen, die diese Zeilen lesen, noch die Geburt eines «Armbandfunkgeräts» miterleben werden –
ein Gerät, das in der Lage ist, Ihre Stimme in ein schwaches elektromagnetisches Signal umzuwandeln. Dieses Signal kann dann von der Antenne eines umlaufenden Satelliten aufgefangen und (entsprechend verstärkt) an das «Armbandfunkgerät» einer anderen Person gesendet werden. Eine solche Entwicklung, deren Vorläufer die Telefonzelle ist, setzt nur die Fähigkeit voraus, Empfänger zu bauen, die sehr schwache Signale zu empfangen vermögen.
Anmerkung: Möchten Sie mehr zur elektromagnetischen Strahlung lesen, so schlagen Sie in den Rubriken Sensorsysteme, Licht und Quantenmechanik nach.

Magnetismus

427 In der Natur existiert eine Magnetkraft.
Wenn Ihre Kompaßnadel sich nach Norden ausrichtet oder Sie einen Notizzettel mit einem kleinen Magneten an die Tür Ihres Kühlschranks heften, so verwenden Sie eine der fundamentalen Naturkräfte, und zwar jene, die wir Magnetismus nennen. Diese Kraft war

in allen alten Zivilisationen bekannt, auch in der chinesischen und der griechischen.
Alles, was eine Magnetkraft ausüben kann (beispielsweise durch Ablenkung einer Kompaßnadel), ist ein Magnet. Gewöhnlich besteht ein Magnet aus Eisen, und es gibt viele Eisenerze, die magnetische Eigenschaften besitzen. Es waren gerade jene natürlich vorkommenden Magnete, welche die Griechen veranlaßten, als erste Nachforschungen über den Magnetismus anzustellen.

428 Die Griechen nahmen an, daß es im Mittelmeer eine Insel gebe, die aus natürlich vorkommenden magnetischen Materialien bestehe.
Sie machten darauf aufmerksam, daß Schiffe besser nicht mit Nägeln gebaut werden sollten, da ein solches Schiff Gefahr laufe – sollte es dieser Insel zu nahe kommen –, daß alle Nägel herausgezogen würden und das Schiff auseinanderbreche.
Es gibt selbstverständlich eine Reihe guter Gründe, ein Schiff eher mit Pflöcken und Zapfen als mit Nägeln zu bauen, aber die mythische «magnetische Insel» gehört nicht dazu.

429 Magneten ziehen sich manchmal an und stoßen sich manchmal ab.
Wir sagen, daß jeder Magnet zwei Pole besitze – wir nennen sie den Süd- und den Nordpol – und daß gleiche Pole einander abstoßen und ungleiche Pole einander anziehen. Bringt man daher zwei Nordpole (oder zwei Südpole) von zwei Magneten zusammen, so stoßen die Magneten sich ab. Falls man andererseits den Südpol des einen Magneten mit dem Nordpol des anderen zusammenbringt, so ziehen sich die Magneten an.

430 Eine Kompaßnadel ist ein Magnet.
Wenn wir sagen, daß eine Kompaßnadel nach Norden zeige, so meinen wir damit eigentlich, daß eine Magnetkraft auf diese Kompaßnadel einwirkt. Die eine Nadelspitze wird vom Nordpol der Erde angezogen, die andere vom Südpol. Wohin eine Kompaßnadel ursprünglich auch immer zeigte, schließlich wird sie sich in einer

Nord-Süd-Richtung ausrichten. Dies ist natürlich der Grund, warum ein Kompaß in der Schiffahrt so nützlich ist.
Da die Spitze der mit «N» bezeichneten Kompaßnadel zum Nordpol zeigt, muß dieses Spitze in Wirklichkeit der Südpol der Nadel sein. Um jegliche Verwirrung zu vermeiden, bezeichnen Physiker gerne jenen Pol einer Kompaßnadel, auf dem «N» geschrieben steht, als den «nordsuchenden Pol».

431 Die Erde ist ein Magnet.
Die Tatsache, daß eine Kompaßnadel auf Kräfte reagiert, welche die Erde ausübt, beweist, daß die Erde eine Magnetkraft auszuüben vermag und ein Magnet ist. Die Erde darf man sich in Wirklichkeit wie einen riesigen Stabmagneten vorstellen.

432 In der Natur gibt es keine isolierten magnetischen Pole.
Soweit wir wissen, kommt ein magnetischer Nordpol in der Natur nicht allein, sondern stets in Begleitung eines magnetischen Südpols vor. Nimmt man einen gewöhnlichen Stabmagneten und bricht ihn entzwei, so erhält man keinesfalls einen getrennten Nord- und einen getrennten Südpol, sondern zwei kürzere Magneten, von denen jeder seinen eigenen Nord- wie auch Südpol besitzt.

OFFENE FRAGEN

433 Wo sind die magnetischen Monopole? Ein einzeln vorkommender isolierter Nord- oder Südpol wird «magnetischer Monopol» genannt.
Physiker haben ziemlich viel Mühe in die Suche nach Monopolen investiert, blieben jedoch, bis auf eine umstrittene Ausnahme, erfolglos. Dies ist ein großes Rätsel, da in der Natur viele isolierte elektrische Ladungen vorhanden sind (das Elektron und das Proton zum Beispiel) und wir glauben, daß zwischen der Elektrizität und dem Magnetismus eine tiefgreifende Symmetrie besteht. Eine Welt mit vielen elektrischen Ladungen und ohne magnetische Monopole stellt für einen Physiker ein riesiges Gemälde dar, aus dem man ein Stück herausgeschnitten hat – es bleibt eine nagende Neugier zurück.

434 **Alle Magnete sind Elektromagnete.**

Weil in der Natur keine freien magnetischen Monopole vorkommen, müssen die uns bekannten Magnetfelder aus den Wirkungen der elektrischen Ladungen in Bewegung entstehen. Zum Beispiel ruft ein Elektron, das um ein Atom kreist, einen elektrischen Strom hervor – *en miniature*, gewiß, aber dennoch ist es ein elektrischer Strom. Ebendieser elektrische Strom kann das Atom in einen Magneten verwandeln.

Auf dieselbe Weise, so nehmen wir an, entsteht das Magnetfeld der Erde (siehe folgende Nummern) durch die Bewegung des flüssigen Eisens im Erdkern wie gleichfalls das Magnetfeld der Sonne durch die Bewegung der geladenen Teilchen im Innern der Sonne.

435 **Die größten von Menschen erzeugten Magnetfelder produziert das National Magnet Laboratory in Cambridge (Mass., USA)**

und erreicht dabei die vierzigtausendfache Stärke desjenigen der Erde. Die größten Magnetfelder überhaupt im Weltall sind vermutlich jene an der Oberfläche von Pulsaren, die viele milliardenmal stärker als das Magnetfeld der Erde werden können.

436 **Natürliche Magnete des üblicherweise aus Eisen bestehenden Typs werden Ferromagnete**

oder manchmal auch «permanente Magnete» genannt. Und so funktioniert ein Ferromagnet: Die mit einem jeden Eisenatom verbundenen «Magnete» richten sich aus, wie in der Abbildung dargestellt. Die Ausrichtung ist Folge einer zwischen benachbarten Atomen herrschenden Kraft.

Ferromagnetische Felder. Verstärken sie sich einander, so erzeugen sie einen Dauermagneten.

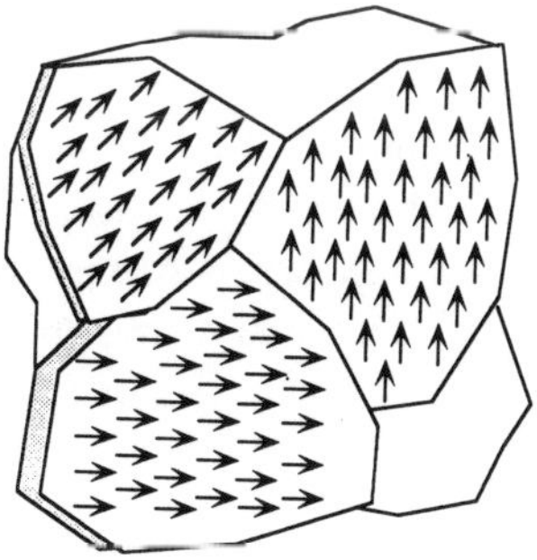

Die Kraft, die zur Ausrichtung der Atome führt, schafft einen sogenannten «ferromagnetischen Bereich». Dies ist ein Block aus Materie mit einem Durchmesser von etwa tausend Atomen, in dem alle atomaren Magnete in dieselbe Richtung zeigen. In einem gewöhnlichen Stück Eisen zeigen die Bereichspunkte in zufällige Richtungen, so daß es außerhalb des Eisens kein Magnetfeld gibt, auch wenn in jedem Bereich eines vorhanden ist. Wird ein Stück Eisen magnetisiert, so werden die Bereiche herumgeschoben, bis sie einheitlich ausgerichtet sind. Auf diese Weise verstärken sich die Magnetfelder aller Bereiche einander, und das Material übt eine starke Magnetkraft auf alles in seiner näheren Umgebung befindliche aus. Je mehr Bereiche in einem bestimmten Stück Materie ausgerichtet sind, um so stärker ist das Magnetfeld.

437 Das Vorhandensein von ferromagnetischen Bereichen erklärt, warum ein Magnet entmagnetisiert werden kann.
Ein Stück Eisen oder Legierung ist nur so lange ein Magnet, wie seine Bereiche ausgerichtet bleiben. Wird ein Magnet jedoch erwärmt, so werden die Bereiche herumgeschubst und nehmen wieder ihre ursprünglichen Zufallsausrichtungen ein. Wir sagen dann, daß das Eisen entmagnetisiert wurde. Um es erneut zu magnetisieren, muß es einem starken Magnetfeld ausgesetzt werden, so daß sich seine Bereiche erneut ausrichten.

438 Es gibt nur einige wenige natürlich vorkommende magnetische Materialien.
Das Eisen ist selbstverständlich das gewöhnlichste, doch auch Nickel und Kobalt gehören dazu. Die stärksten Dauermagneten bestehen aus Legierungen aus Eisen, Boron und Neodymium.
Nur diese Materialien und keine anderen werden magnetisiert, weil die Kraft, die benachbarte Atome ausrichtet, weitgehend davon abhängt, wie weit deren Atome voneinander entfernt sind. Nur in diesen Elementen und einigen ihrer Legierungen ist diese Entfernung für die Bildung von Bereichen genau richtig.

439 **Manche Materialien sind paramagnetisch.**

Dabei handelt es sich um Materialien, die kein eigenes Magnetfeld erzeugen, sondern dies erst in der Nähe eines anderen Magneten tun. Ein Paramagnet funktioniert wie folgt: Unter normalen Umständen zeigen die atomaren Magnete in willkürliche Richtungen, und im Zusammenhang mit diesem Material ist kein Magnetfeld vorhanden. Im Umfeld eines anderen Magnetfeldes aber richten sich die atomaren Magnete im Material aus, um das äußere Feld zu verstärken und zu vergrößern. Beispiele für Paramagnete sind flüssiger Sauerstoff und einige Uranione.

440 **Die Erdrotation erzeugt ein Magnetfeld.**

Rotiert die Erde, so dreht sich der flüssige Eisenkern mit. Flüssiges Eisen leitet Elektrizität, obwohl die Tatsache, daß es keine elektrische Ladung besitzt, bedeutet, daß es keinen eigenen Strom in sich und aus sich heraus erzeugt. Es gibt jedoch einen komplizierten Vorgang, bei dem ein solcher rotierender Leiter ein Magnetfeld erzeugt, und man nimmt an, daß dies den grundlegenden Mechanismus für das Magnetfeld der Erde bildet. Wenn Sie also sehen, daß eine Kompaßnadel nach Norden zeigt, so haben Sie es mit einer Kraft zu tun, deren Ursprung im tiefsten Erdinnern zu suchen ist.

441 **Das Magnetfeld der Erde unterliegt gelegentlichen Umkehrungen.**

Gerade zur Zeit befindet sich der «Nordpol» des Erdmagnetfeldes in der kanadischen Arktis. In der Vergangenheit jedoch gab es eine Zeit, in der sich der Nordpol dort befand, wo sich jetzt die Antarktis befindet. Für mehrere der vergangenen hundert Jahrmillionen können wir mindestens dreihundert solcher Umkehrungen belegen. Diese Umkehrungen erfolgen in unregelmäßigen Zeitabständen, und die vollständige Umschaltung der Pole scheint etwa fünftausend Jahre in Anspruch zu nehmen. Es scheint sich eher so zu vollziehen, daß das Feld gegen Null hin tendiert, als daß der Nordpol über die Erdoberfläche wandert.

442 Weshalb kehrt sich das Magnetfeld der Erde um?

Es fällt nicht allzu schwer sich vorzustellen, daß ein Planet ein konstantes Magnetfeld besitzt. Dagegen fällt es äußerst schwer sich vorzustellen, daß der Planet ein konstantes Magnetfeld besitzt, das hin und wieder seine Ausrichtung ändert. Der unregelmäßige Charakter des Magnetfeldes der Erde bleibt den Geophysikern ein großes Rätsel.

443 Das Gestein erinnert sich daran, wo das Magnetfeld der Erde gewesen ist.

Wenn geschmolzenes Gestein an die Erdoberfläche gelangt, so schwimmen winzig kleine Stücke natürlichen Magnetmaterials darin. Diese winzigen Materialstücke richten sich selbst aus, indem sie dorthin zeigen, wo sich zu jener Zeit der Nordpol befindet. Ist das Gestein hart geworden, so ist diese Ausrichtung eingekapselt, und das Gestein behält sozusagen im Gedächtnis, wo sich der Nordpol während seiner Entstehung befand. Wenn man daher solche erstarrten «Magnete» vorfindet, die nach Süden zeigen, so wissen wir, daß der «Nordpol» der Erde, als das Gestein erstarrte, sich dort befand, wo nunmehr der Südpol ist. Die Erforschung alter Magnetfelder wird Paläomagnetismus genannt, und dieses Forschungsgebiet fördert einige der wichtigsten Beweise für die Plattentektonik zutage.

444 Auch die Sonne besitzt ein Magnetfeld.

Der Ursprung des Magnetfeldes der Sonne ist vermutlich dem des Magnetfeldes der Erde ähnlich. Die ganze Sonne rotiert und besteht aus Materie, die elektrisch leitend ist – in diesem Fall aus dem Plasma, das aus freien Elektronen und den Atomen besteht, aus denen diese herausgerissen wurden. Das Magnetfeld der Sonne scheint sich alle elf Jahre umzukehren. Wie im Fall der Erde auch ist der Ursprung des Magnetfeldes der Sonne (und die Gründe für dessen Umkehrungen) nicht hinreichend gut aufgeklärt.

445 Sonnenflecken haben etwas mit dem Magnetfeld der Sonne zu tun.
Die dunklen Flecken, die man auf der Sonne erkennt, scheinen Folgen der Magnetstürme und der magnetischen Erscheinungen unterhalb der Sonnenoberfläche zu sein. Die Flecken durchlaufen einen Zyklus von elf Jahren, zugleich mit dem Magnetfeld zu- und abnehmend. Gegen Ende des Zyklus scheint ihre Zahl am größten, zu Beginn am geringsten zu sein.

446 Sonnenflecken kommen uns dunkel vor, doch in Wirklichkeit sind sie helleuchtend.
Obwohl sie eine Menge Licht ausstrahlen, erscheinen sie dennoch dunkel, weil die Materie in ihrer Umgebung noch mehr Licht abstrahlt. Unser Auge interpretiert diesen geringeren Helligkeitsgrad als dunklen Fleck.

OFFENE FRAGEN

447 Weshalb ist der Sonnenfleckenzyklus in der Vergangenheit abgebrochen?
Obwohl Sonnenflecken einen regelmäßigen Zyklus von elf Jahren zu durchlaufen scheinen, gab es im Verlauf der Geschichtsschreibung mehrere Zeitspannen, in denen sie alle verschwanden. Dies vergrößert verständlicherweise nur noch das Rätsel um das Magnetfeld der Sonne. Wie kann etwas, das so regelmäßig erscheint, wie eine Uhr tickt, verschwinden (manchmal für eine Zeitspanne von Jahrhunderten) und dann wieder auftauchen?

448 Zwischen 1645 und 1715 verschwanden die Sonnenflecken zum letztenmal,
eine Zeitspanne, die etwa mit der Regierungszeit des französischen «Sonnenkönigs» Ludwig XIV. übereintrifft. Vielleicht trauten sich die Sonnenflecken nicht hervor, aus Angst, sie könnten einen Schandfleck auf diese illustre Periode werfen.

Elektrizität

449 Die elektrische Ladung ist eine der grundlegenden Eigenschaften der Materie.

Wie die Zeit, so ist auch die elektrische Ladung eines jener Dinge, die leicht zu benennen, aber schwer zu definieren sind. Wir wissen, daß die elektrische Ladung eine grundlegende Eigenschaft der Materie sein muß, weil sie in der Lage ist, Kräfte zu erzeugen. Wenn Sie sich an einem trockenen Tag mit Ihrem Kamm durchs Haar fahren und den Kamm danach in die Nähe eines Stückchens Papier bringen, so wird sich jenes auf den Kamm zubewegen und an ihm haften. Nach Newtons erstem Prinzip bedeutet dies, daß Sie den Kamm durch Reibung in die Lage versetzt haben, eine Kraft auszuüben. Wir nennen diese Kraft «Elektrizität», und wir definieren eine elektrische Ladung als etwas, das fähig ist, eine elektrische Kraft zu erzeugen.

450 Es gibt zwei Arten elektrischer Ladungen: gleiche Ladungen ziehen sich an, ungleiche Ladungen stoßen sich ab.

Wenn man mit einem Stück Bernstein über ein Katzenfell oder mit einem Stück Glas über Seide reibt, so erhält man, das wußten bereits die alten Griechen, etwas, das fähig ist, eine elektrische Kraft auszuüben. Ebenso wußten sie, daß zwei Stücke Bernstein sich gegenseitig abstoßen, von Glas aber angezogen werden. Dies heißt, daß es nicht nur zwei Arten elektrischer Ladungen gibt, sondern auch zwei Arten elektrischer Kräfte – anziehende und abstoßende. Die erstere tritt auf zwischen ungleichen Ladungen, die letztere zwischen gleichen elektrischen Ladungen.

Für die Bezeichnung der beiden Ladungsarten wurden willkürlich die Wörter positiv und negativ herangezogen.

451 Die Natur der Kraft zwischen elektrischen Ladungen ist im Coulombschen Gesetz enthalten,

das nach dem französischen Physiker und Ingenieurwissenschaftler Charles-Augustin de Coulomb (1736–1806) benannt wurde. Das Gesetz zeigt eine unverkennbare Ähnlichkeit mit dem Newtonschen Prinzip von der universellen Gravitation. Es besagt, daß zwei Ladungen, Q_1 und Q_2, wobei die Entfernung zwischen ihnen r beträgt, sich mit einer Kraft F

$$F = f \frac{Q_1 Q_2}{r^2}$$

anziehen oder abstoßen, wobei f analog zu g, der Newtonschen Gravitationskonstante, eine universelle Konstante darstellt.

452 In normalen Situationen bewegen sich Elektronen nur dann, wenn Gegenstände sich elektrisch aufladen.

In ungeladenen Materialien gibt es ebenso viele negative Elektronen wie positive Ladung in den Kernen. Reibt man ein Material, so kann zweierlei geschehen. Entweder drückt man Elektronen hinein, wodurch das Material einen Elektronenüberschuß erhält, und wir können davon reden, daß es negativ geladen ist. Oder man entzieht ihm Elektronen, wodurch ein Elektronendefizit entsteht, und wir können davon reden, daß dieses Material eine positive elektrische Ladung besitzt.

453 Ein elektrischer Strom besteht aus sich bewegenden elektrischen Ladungen,

gewöhnlich (aber nicht immer) aus Elektronen. Die gewöhnlichsten elektrischen Ströme sind jene in den Hausleitungen, mit denen die Hausbeleuchtung, das Radio oder der Kochherd betrieben werden. Wenn Stromleiter in einer ununterbrochenen Schleife so verlaufen, daß ein Strom ungehindert in ihnen fließen kann, so bilden diese Stromleiter einen elektrischen Stromkreis.

454 Jeder Stromkreis besteht aus drei Komponenten.

Drei Dinge sind vonnöten, damit ein elektrischer Stromkreis funktioniert: 1. eine Energiequelle, damit die elektrischen Ladungen in Bewegung geraten; 2. ein ununterbrochener Pfad, auf dem diese Ladungen sich bewegen können; und 3. eine «Fracht» oder ein Ort, wo diese elektrische Energie benötigt wird. Wenn Sie beispielsweise zu Hause ein Licht einschalten, so stellt das Elektrizitätswerk die Energiequelle dar, der ununterbrochene Stromkreis ist die Kupferleitung in der Lampenschnur und dic Fracht ist dic Glühbirnc selbst.

455 Die Basis der elektrischen Stromeinheit heißt Ampere,
häufig als «amp» abgekürzt oder auch einfach «A» geschrieben. Sie ist nach dem französischen Physiker und Mathematiker André Marie Ampère (1775–1836) benannt, einem der Pioniere auf dem Gebiet der Untersuchung elektrischer Erscheinungen. Versucht man, sich das Messen von Strom bildlich darzustellen, so stellt man sich am besten einen mikroskopisch kleinen Verkehrsingenieur innerhalb einer Leitung vor, der die Menge der Elektronen zählt, die an einem bestimmten Punkt vorbeiziehen. Ein Ampere entspricht dabei 6×10^{18} Elektronen pro Sekunde.
Hier folgen einige gewöhnliche Geräte und die in ihnen fließende Strommenge:

Glühbirne 100 Watt	1 Ampere (A)
Toaster	10 A
Fernsehgerät	3 A
Autobatterie	50 A (beim Motorstart)

Viel größere und viel kleinere Ströme können von den Menschen wie von der Natur erzeugt werden (und sind erzeugt worden).

456 Die Spannung mißt den «Schwung», mit dem elektrische Ladungen durch ein Material gedrückt werden.
Die Einheit der Spannung ist das Volt, benannt nach dem italienischen Physiker Graf Alessandro Volta (1745–1827), der als erster eine Batterie baute. Einige der gewöhnlichen Spannungen betragen:

Taschenlampenbatterie	1,5 Volt (V)
Autobatterie	12 V
Steckdosen im Haus	230 V

457 Ein elektrischer Strom erzeugt Wärme.
Wenn elektrische Ladungen durch ein Material fließen, so stoßen sie mit den bereits dort befindlichen Ladungen zusammen. Bei den Zusammenstößen geben die Elektronen etwas von ihrer Energie ab, und die Atome bewegen sich schließlich etwas schneller als ursprünglich. Wir interpretieren diese schnellere Bewegung der Atome als Wärme. Außer bei den Supraleitern fließt bei jedem Material, das Elektrizität befördert, etwas von der Energie des Stroms ab und wird in Wärme umgewandelt. Diese Wärme kann man fühlen, wenn man die Kabel-

leitung einer elektrischen Säge oder eines Bügeleisens nach Gebrauch anfaßt.
Die Erscheinung, durch die ein Material einiges von der elektrischen Energie in Wärme umwandelt, wird «Widerstand» genannt – je mehr Energie an die Atome übertragen wird, um so höher der Widerstand des Leiters.

Quizfrage

Besitzt der Draht in Ihrem Toaster einen hohen oder einen niedrigen Widerstand?

Antwort: Er muß einen hohen Widerstand besitzen, da der Draht glüht, wenn ein elektrischer Strom in ihm fließt.

458 Der Elektronenfluß in einem Stromkreis ähnelt dem Fluß des Wassers durch ein Rohr.

Wenn Wasser aus einem Wasserturm der Stadt durch eine Leitung in Ihr Haus strömt, so ergeben sich die folgenden elektrischen Entsprechungen.
1. Die Höhe des Wasserturms (die den «Schwung» bestimmt, mit dem das Wasser durch die Leitungen gedrückt wird) entspricht der Spannung. Je höher der Turm, um so höher der Wasserdruck. Auf dieselbe Weise gilt: Je größer die Spannung in einem Stromkreis, um so höher der elektrische Stromfluß.
2. Die Menge, die dem elektrischen Strom entspricht, ist die Durchflußmenge des Wassers. Je mehr Wasser an einem bestimmten Punkt pro Sekunde vorbeiströmt, um so höher der «Wasserstrom».
3. Die Menge, die dem Widerstand entspricht, ist so etwas wie die Rohrgröße. Je kleiner das Rohr, um so schwerer fällt es, hohe Ströme hindurchzudrücken und um so mehr Energie geht bei Turbulenzen und Erwärmung des Wassers verloren. Auf dieselbe Weise behindert eine Leitung mit hohem Widerstand den Stromfluß und führt dazu, daß viel von der Energie der Elektronen in Wärme umgewandelt wird.

459 **Der Stromverbrauch eines Haushaltsgeräts wird in Watt gemessen**
und steht für gewöhnlich auf einem Metallplättchen hinten oder unten am Gerät. Einige typische Verbrauchswerte von Haushaltsgeräten sind:

Hi-Fi-Anlage	200 Watt (W)
Toaster	1 Kilowatt (kW)
Elektrosäge	900 W
Fernsehgerät	300 W

460 **Die Kosten für den Betrieb eines Elektrogeräts hängen vom Gesamtenergieverbrauch ab und werden in Kilowattstunden (kWh) gemessen (und berechnet).**
Ein Fernsehgerät beispielsweise, das sechs Stunden läuft, verbraucht $300 \times 6 = 1800$ Wattstunden oder 1,8 kWh Strom. Eine Kilowattstunde Strom kostet in Deutschland rund 25 Pfennige.

Quizfrage
Wie hoch sind die Betriebskosten einer Hi-Fi-Anlage für fünf Stunden?
Antwort: 200 Watt × 5 Stunden = 1000 Wattstunden = 1 Kilowattstunde (kWh). Die Kosten belaufen sich also auf etwa 25 Pfennige.

461 **Es gibt zwei Stromarten, die gemeinhin verbraucht werden.**
Der größte Anteil des verbrauchten Stroms stammt von Generatoren, die einen Strom erzeugen, bei dem die Elektronen erst in die eine, dann in die andere Richtung fließen. Aus naheliegenden Gründen nennt man diesen Strom Wechselstrom.
Der Strom aus einer Batterie jedoch fließt nur in eine Richtung. Dieser Strom wird Gleichstrom genannt.

462 **Die Tatsache, daß Sie in Ihrem Haushalt Wechselstrom verwenden, bedeutet nicht, daß alle Elektronen fünfzigmal in der Sekunde zwischen dem E-Werk und Ihrer Glühbirne hin und her laufen.**
Wegen der vielen Zusammenstöße der Elektronen (siehe oben)

ist ihre tatsächliche Fortbewegungsgeschwindigkeit durch das Elektrokabel sehr gering – sie beträgt lediglich ein paar Zentimeter pro Sekunde. Sämtliche Elektronen bewegen sich einmütig in eine Richtung, kehren dann um, wobei sie sich nie sehr weit von ihrem ursprünglichen Ausgangspunkt entfernen.

463 Elektrische Geräte müssen geerdet werden.

Jedermann, der Elektrogeräte benutzt (also fast jeder von uns), hat bereits einmal erfahren, daß er unbeabsichtigt Teil eines elektrischen Stromkreises geworden ist – gewöhnlich eines Stromkreises, der über den eigenen Körper in den Erdboden führte. Um dies zu vermeiden, sind Elektrogeräte geerdet – d.h. sie sind so gebaut, daß sofort ein starker Strom durch den Stromkreis über ein besonderes Kabel zurückströmt, wenn ein exponierter Teil des Apparates mit einer Spannung in Kontakt gerät. Dieser Strom löst die Stromkreisunterbrecher aus oder bewirkt, daß die Sicherung durchbrennt, wodurch alles von der Stromleitung abgeschnitten und jegliche Verletzung vermieden wird. Wenn ein Stromkreis wiederholt unterbrochen wird, so ist etwas nicht in Ordnung. Seien Sie in einer solchen Situation nicht leichtsinnig – reparieren Sie das Gerät, bevor Sie es wieder benutzen.

464 Eine Batterie speichert chemische Energie und wandelt sie dann in elektrischen Strom um.

Batterien bestehen aus zwei verschiedenen Metallen, die in ein (festes oder flüssiges) Material getaucht sind, das Elektrolyt heißt. In einer Autobatterie beispielsweise handelt es sich bei den beiden Metallen um Blei und Bleioxid, und der Elektrolyt (Batteriesäure) ist eine verdünnte Lösung aus Schwefelsäure. Wenn die Batterie sich entlädt, so wandeln die chemischen Reaktionen sowohl das Blei wie das Bleioxid in Bleisulfat (das weiße Zeug, das sich manchmal um die Anschlußstellen herum ansammelt) und den Elektrolyten in Wasser um. Eine vollständig entladene Batterie besteht also aus zwei Bleisulfatplatten in Wasser. In einem solchen Augenblick ist keine gespeicherte chemische Energie mehr im System vorhanden. Ein Schritt innerhalb dieser

Reihe chemischer Reaktionen verlangt, daß Elektronen von einer Batterieplatte zur anderen gelangen. Sie tun dies durch die Kabel des Stromkreises, an welche die Batterie angeschlossen ist, und ebendiese Elektronen nehmen wir als elektrischen Strom wahr.
In einer wiederaufladbaren Batterie können die chemischen Reaktionen durch einen Stromfluß umgekehrt werden, der in umgekehrter Richtung durch die Batterie fließt. Eine solche Batterie ist erst dann wirklich «tot», wenn sich so viele Unreinheiten auf den Platten angesammelt haben, daß jegliche chemische Reaktion unterbunden wird.

Zeit

465 Wissenschaftler können nicht sagen, was die Zeit ist, sondern lediglich, wie sie zu messen ist.

Es gibt zwei wesentliche Fragen, die im Zusammenhang mit der Zeit zu stellen sind. Man kann fragen, was sie denn ist, und man kann fragen, wie man sie mißt. Die erste Fragestellung gehört in die Zuständigkeit der Philosophen, der Mystiker und all jener, die sich mit unlösbaren Problemen beschäftigen. Die Physiker beschäftigen sich lediglich damit, die Zeit zu messen.
Der heilige Augustinus sagte in seinen *Confessiones*: «Was ist die Zeit? Wenn niemand mich fragt, so weiß ich, was sie ist. Wenn ich sie demjenigen zu erklären versuche, der mich fragt, so weiß ich es nicht.» Dies ist womöglich eine ebenso gute Antwort wie jene, die Sie auf eine entsprechende Frage erhalten werden.

466 Um die Zeit zu messen, bedarf man eines regelmäßig auftretenden Ereignisses in der Natur.

Die Standardtechnik besteht darin, etwas zu finden, das sich regelmäßig wiederholt, und die Zeiteinheit dann in bezug auf das Wiedererscheinen und das erneute Auftreten der Erscheinung zu definieren. Eine Einheit der Zeit etwa ist der «Tag» – die Zeitspanne zwischen zwei aufeinanderfolgenden Sonnenaufgängen. Alle Systeme der Zeit-

messung hängen letzten Endes von einem wiederholt auftretenden Phänomen ab, das zwecks Definition des grundlegenden Standards ausgewählt wurde.
Während des überwiegenden Teils der Menschheitsgeschichte ist der Ablauf der Zeit in Tagen (jene Zeit, welche die Erde benötigt, um sich einmal um sich selbst zu drehen) und in Jahren (jene Zeit, welche die Erde benötigt, um einmal die Sonne zu umkreisen) gemessen worden.

467 Die Ägypter definierten die Stunde als ein Zwölftel der Zeitspanne zwischen Auf- und Untergang der Sonne.
Dies bedeutet, daß für die Ägypter die Dauer einer Stunde von einem Tag zum nächsten verschieden war und tagsüber nicht mit jener bei Nacht übereinstimmte.

468 Die erste Vorübung zum Messen der Zeit war die Einführung eines Kalenders.
Als die Menschen sich mit dem Ackerbau zu beschäftigen begannen, wurde es für sie notwendig, wichtige Ereignisse wie etwa die Zeit der Aussaat für bestimmte Getreide zu bestimmen. Sie brauchten also einen Kalender. Der Kalender ist tatsächlich eine Uhr, die einmal am Tag «tickt» und daher verfolgt, an welchem Punkt die Erde sich auf ihrer Umlaufbahn um die Sonne befindet. Es ist diese Position, welche die Jahreszeiten bestimmt.
Das Hauptproblem beim Aufstellen eines Kalenders besteht darin, daß die Zahl der Tage in einem Jahr eine ungerade Zahl ist. Die nun folgenden Kalender stellen nacheinander Annäherungen an die tatsächliche Jahresdauer dar:

469 Der ägyptische Kalender.
Dieser Kalender bestand aus zwölf Monaten von jeweils dreißig Tagen mit einem nachfolgenden Fünf-Tage-Abschnitt. Das Problem mit dem ägyptischen Kalender rührte aus der Tatsache, daß ein Jahr ungefähr 365 $^{1}/_{4}$, nicht aber 365 Tage umfaßt. Dies bedeutete, daß dieser Kalender jedes Jahr einen Vierteltag unterschlug. Diese Unterschlagungen summierten sich auf und hätten so man sie fortgesetzt hätte

– dazu geführt, daß man einer ägyptischen Entsprechung von Schnee im «August» begegnet wäre.

470 Unsere modernen Silvesterpartys gehen auf die ägyptischen Jahresschlußfeste zurück.
Es war dies eine Zeit, die nicht eigentlich zu einem Jahr gehörte und auf die es darum auch nicht eigentlich ankam. Alles war möglich. Heutzutage mögen wir über einen moderneren Kalender verfügen, aber es scheint uns gelungen zu sein, die wirklich wichtigen Teile aus diesem alten Kalender zu retten.

471 Der Julianische Kalender.
Der von Julius Caesar eingeführte Kalender sollte im Römischen Reich für Ordnung im Umgang mit der Zeit sorgen. Er löste das Problem des zusätzlichen Vierteltages durch die Einführung eines Schaltjahrs. Jedes vierte Jahr ist um einen Tag länger, und dies fängt den größten Teil der Unterschlagung im ägyptischen Kalender auf. Allerdings nicht alles, denn das Jahr ist um 11 Minuten 14 Sekunden kürzer als 365 $^1/_4$Tage. Diese Abweichung akkumulierte sich (bis zu sieben Tagen in 1000 Jahren), bis sie die Beachtung des Osterfestes beeinträchtigte. Dies führte zum nächsten Kalender.

472 Der Gregorianische Kalender.
Er wurde 1582 von Papst Gregor XIII. angeordnet, um der angewachsenen Abweichung aus dem Julianischen Kalender Herr zu werden. Bei diesem Kalender wurde die Schaltung so geändert, daß von den Säkularjahren 1700, 1800 usw. nur diejenigen Schaltjahre sind, deren beide ersten Ziffern durch 4 teilbar sind. Das Jahr 2000 behält daher sein Schaltjahr, die Jahre 1700, 1800 und 1900 dagegen nicht. Der Gregorianische Kalender ist uns heutzutage vertraut, da wir ihn benutzen.

473 Rußland übernahm den Gregorianischen Kalender erst nach der Oktoberrevolution.

Einige Jahrhunderte lang gab es also zwei gültige Kalender in Europa – den Gregorianischen im Westen und den Julianischen im Osten. Dies erklärt, warum häufig die Daten der russischen Geschichte doppelt angegeben werden – einmal in moderner (Gregorianischer), ein andermal in hergebrachter (Julianischer) Schreibung.

474 Das Jahr 46 v. Chr. war das längste, das Jahr 1582 das kürzeste.

Als Julius Caesar im Jahr 46 v. Chr. seinen Kalender einführte, fügte er zwei zusätzliche Monate zum Jahr hinzu wie auch dem Monat Februar 23 zusätzliche Tage, um den entstandenen Zeitunterschied im ägyptischen Kalender auszugleichen. Daher war das Jahr 46 v. Chr. insgesamt 455 Tage lang, das längste Jahr der Geschichte.

Ähnlich ging Papst Gregor XIII. vor, als er 1582 seinen Kalender einführte. Er dekretierte allerdings, daß aus dem 5. Oktober der 15. werden sollte. Dadurch machte er dieses Jahr zum kürzesten der Geschichte.

475 Die Erdrotation ist nur eine unzulängliche Zeiteinheit.

Nimmt man die Erdrotation etwas genauer unter die Lupe, so stellt man fast, daß sie eigentlich sehr unbeständig ist. Die Anziehung seitens der Schwerkraft des Mondes und der Planeten, die Auswirkungen der Gezeiten wie der Erdbeben und sogar die Windbewegung führen dazu, daß die Rotation willkürlich abgebremst und beschleunigt wird. Diese Veränderungen sind nicht gewaltig, sondern treten in einer Größenordnung von Millisekunden pro Tag auf, aber wenn man die Sekunde als einen bestimmten Teil einer Tageslänge definiert (was tatsächlich geschieht), so ändert sich die Dauer einer Sekunde von einem Jahr zum nächsten.

476 **Die Sekunde wird nunmehr definiert in bezug auf die Bewegung eines Elektrons in einem Atom.**

Seit der 13. Generalkonferenz für Maß und Gewicht von 1967 ist die Sekunde in bezug auf jene Zeit definiert, die ein Elektron benötigt, um sich in einem Cäsiumatom um die eigene Achse zu drehen. Dies ist der heute verwendete Standard.

Die sogenannte Atomuhr kann die Dauer einer Sekunde bis auf dreizehn Dezimalstellen genau messen.

477 **Wir halten unseren Kalender akkurat, indem wir eine Schaltsekunde pro Jahr einfügen.**

Und so funktioniert es: Es gibt eine Anzahl Uhren in verschiedenen nationalen Labors rund um die Welt. Wenn die Mehrzahl dieser Uhren übereinstimmend angeben, daß die Erdrotation um eine halbe Sekunde abweicht, wird an einem bestimmten Tag um Mitternacht eine «Schaltsekunde» eingefügt. Dies kommt alle paar Jahre einmal vor, zuletzt am 31. Dezember 1990.

478 **Die genaueste Uhr ist der Wasserstoffmaser (ein Maser ist ein Molekularverstärker).**

Obwohl die cäsiumbetriebene Atomuhr momentan den besten Zeitstandard liefert, kann eine weitere regelmäßige Bewegung, und zwar die eines Elektrons in einem Wasserstoffmolekül, als Uhr dienen, die bedeutend genauer arbeitet. Die Cäsium-Uhr arbeitet bis auf dreizehn, die Wasserstoffmaser-Uhr bis auf fünfzehn Dezimalstellen genau. Die Wasserstoffmaser-Uhr ist jedoch nicht einmal eine Sekunde lang stabil, so daß sie leider als langfristiger Zeitstandard nicht in Frage kommt.

479 **Die längste Zeit, die jemals gemessen wurde, ist die Lebensdauer eines Protons – mehr als 10^{33} Jahre.**

Die längste Zeitspanne, die je gemessen wurde, ist die Lebensdauer des Universums – etwa 16 Jahrmilliarden.

Die kürzeste Zeitspanne, die (indirekt) gemessen wurde, ist die Zerfallszeit einiger Elementarteilchen – 10^{-24} Sekunden.

Die kürzeste, noch meßbare Zeitspanne sind die Lichtblitze in Speziallasern – 10^{-15} Sekunden.

480 **Die Nanosekunde ist die relevante Zeitskala für schnelle, moderne Elektroniksysteme.**

Das Licht bewegt sich in einer Nanosekunde, also dem milliardstel Teil einer Sekunde, um etwa 30 Zentimeter fort. Signale in einem Stromkreis schaffen es nicht schneller. Dies bedeutet, daß in einem Großrechner, dessen Durchmesser größer als ein Meter ist, die Signale von einer Seite zur anderen nicht in weniger als einer Nanosekunde befördert werden können. Dies wird als die grundsätzliche Begrenzung für die mögliche Geschwindigkeit von Rechnern angesehen.

481 **Die Zeit, die ein Neuron benötigt, um in Ihr Nervensystem zu schießen, beträgt etwa eine Millisekunde, wogegen die schnellste Schaltung in modernen Rechnern nahe bei einer Pikosekunde liegt.**

Die Tatsache, daß Ihr Gehirn viele Fähigkeiten (wie etwa die Verarbeitung von Bildinformationen) schneller erledigt als selbst der größte Rechner, ist eher auf die überlegene Gestaltung der Stromkreise zurückzuführen als auf die Geschwindigkeit der Einzelkomponenten.

Die Bezeichnungen für die verschiedenen kurzen Zeiten lauten:

Name	*Zeit*
Millisekunde	0,001 Sekunde (s)
Mikrosekunde	0,000001 s (millionstel)
Nanosekunde	0,000000001 s (milliardstel)
Pikosekunde	0,000000000001 s (trillionstel)
Femtosekunde	0,000000000000001 s (Million trillionstel)

Schwerkraft

482 Isaac Newton trug die erste moderne Gravitationstheorie vor. Er nannte sie das universelle Gravitationsgesetz. Dieses Gesetz besagt, daß jeder Körper im Universum eine Anziehungskraft auf alle anderen Körper im Universum ausübt und daß diese Kraft von der Masse der Körper und ihrer Entfernung zueinander abhängt. Je mehr Masse, um so größer die Kraft; je größer die Entfernung, um so kleiner ist die Kraft. Als Formel wird dieses Gesetz wie folgt notiert:

$$F = g \frac{M_1 M_2}{D^2}$$

wobei F die Anziehung der Schwerkraft bezeichnet, M_1 und M_2 die Massen der beiden Körper, D ihre Entfernung zueinander und g eine Zahl, die als universelle Newtonsche Gravitationskonstante bekannt ist.

OFFENE FRAGEN

483 Hat Newton den Apfel wirklich gesehen?
Newtons Bericht über seine Entdeckung des universellen Gravitationsgesetzes ist, wie auch George Washingtons Kirschbaum und Benjamin Franklins Drachen, in die Folklore eingegangen. Nach seiner Schilderung trug es sich folgendermaßen zu: Als er eines Tages durch einen Obstgarten spazierte, sah er einen Apfel von einem Baum fallen. Zur selben Zeit sah er den Mond am Himmel. Wenn die Kraft, die den Apfel veranlaßte, zu Boden zu fallen, so wurde ihm klar, sich bis zum Mond hin erstrecken würde, so könnte das erklären, warum der Mond sich auf seiner Umlaufbahn hält.
Historiker werfen die Frage auf, ob Newton tatsächlich den Apfel hat fallen sehen oder ob diese Schilderung später zusammengebraut wurde, um seine Priorität bei der Erklärung der Mondumlaufbahn herauszustreichen.

484 **Newtons Gravitationstheorie war die erste einheitliche Feldtheorie.**

Vor Newtons Zeit nahm man an, daß die Kraft, die bewirkt, daß die Dinge zur Erde fallen, nicht mit der Kraft identisch ist, welche die Sonne, den Mond, die Planeten und die Sterne bewegt. Newton wies nach, daß es nur eine einzige Gravitationsart gibt, und vereinigte dadurch die scheinbar unterschiedlichen Kräfte.

485 **Wenn ein Apfel zur Erde fällt, so übersieht man nur allzu leicht die Tatsache, daß die Erde auch vom Apfel angezogen wird.**

Mit Hilfe von Newtons Gravitationsgesetz kann man berechnen, um wieviel sich die Erde bewegt, während der Apfel fällt – es ergibt sich, daß die Erde sich um eine Strecke zum Apfel hin bewegt, die kleiner als ein einzelner Atomkern ist. Es braucht nicht betont zu werden, daß es aussichtslos ist, eine solche Bewegung unseres Planeten messen zu wollen.

486 **Newton zufolge übt ALLES auf ALLES eine Kraft aus.**

Während Sie dies lesen, zieht die Erde Sie hinab – dies erklärt, warum Sie nicht auf Ihrem Sessel wegschwimmen. Newtons Gesetz besagt tatsächlich, daß alle Körper im Universum in diesem Augenblick eine Kraft auf Sie ausüben. Zusätzlich zur Erde üben das Gebäude, in dem Sie sich befinden, der Baum draußen vor Ihrem Fenster und die fernen Sterne eine Gravitationskraft auf Sie aus, und Sie üben eine Kraft auf diese Körper aus.

Praktisch genommen kann man natürlich all diese Kräfte vernachlässigen, bis auf jene der Erde, da sie so sehr viel größer als alle anderen ist. Für Physiker, die sich mit sehr genauen Messungen beschäftigen, ist es jedoch nichts Ungewöhnliches, die vom Stahlbeton ausgeübte Gravitationskraft im Gebäude, in dem sie arbeiten, zu berücksichtigen.

487 Die Astrologie entbehrt jeder wissenschaftlichen Grundlage.

Astrologen beziehen sich manchmal auf den universellen Aspekt der Gravitation, um zu behaupten, daß Sterne und Planeten – zumindest im Prinzip – bei der Geburt eines neuen Erdenbürgers einen Einfluß ausüben. Es sei jedoch daran erinnert, daß alles eine Gravitationswirkung auf das Neugeborene ausübt, der diensttuende Arzt und die Hebammen im Kreißsaal nicht ausgenommen. Macht man sich an die Berechnung, so stellt sich heraus, daß der diensttuende Arzt eine größere Gravitationswirkung auf das Kind ausübt als der nächste Stern Alpha Centauri.

488 Die Meeresgezeiten werden von der Gravitationskraft verursacht,

aber sie zu erklären ist eine eher knifflige Angelegenheit – dazu gehört mehr als die Mondanziehung auf das Meereswasser. Als Beweis für meine Behauptung bedenken Sie folgendes: Pro Tag gibt es zwei Gezeiten (statt nur einer, wie man sich aufgrund eines einfachen Bildes vorstellen könnte). Zudem tritt die Flut gewöhnlich dann auf, wenn der Mond am Horizont steht, und nicht etwa überkopf (wie man annehmen könnte, wenn man davon ausgeht, daß die Gezeiten von dem Wasser verursacht werden, das vom Mond angezogen wird).
Es gibt zwei Gezeiten, weil der Mond die Erde auf der erdabgewandten Seite vom Wasser wegzieht, während er das Wasser auf der erdzugewandten Seite von der Erde wegzieht. Das Ergebnis für einen Beobachter auf der Erde besteht darin, daß das Wasser an zwei diametral entgegengesetzten Seiten der Erde über die normale Oberfläche hinaus ansteigt. Die Tatsache, daß die Gezeiten auftreten, wenn der Mond sich über dem Horizont und nicht überkopf befindet, steht in Zusammenhang mit der Tatsache, daß die Ozeane relativ seicht sind, so daß die Gezeitenbuchtung sich nicht schnell genug durch das Wasser bewegen kann, um mit der Mondbewegung Schritt zu halten.

489 **So wie es Meeresgezeiten gibt, so gibt es auch Landgezeiten.**
Obwohl die Meeresgezeiten unser anschaulichster Beweis für die Gravitationswirkung ist, gibt es auch Landgezeiten. Normalerweise hebt sich das Niveau der «festen» Erde, wenn der Mond darüber hinwegzieht, um einige Zentimeter und senkt sich danach wieder ab. Da diese Bewegung sich über einen Zeitraum von zwölf Stunden erstreckt, fällt sie weiter nicht auf. Alle festen Körper im Universum – von der Erde bis hin zu den Monden des Saturn und darüber hinaus – weisen Landgezeiten auf, wenn sie sich in der Nähe eines großen Körpers befinden. Meeresgezeiten dagegen gibt es nur auf der Erde.

490 **Die Sonne verhilft den Ozeanen auf der Erde ebenfalls zu Gezeiten,**
die etwa ein Drittel der Höhe jener erreichen, die der Mond verursacht. Aus diesem Grund ist die Flut an manchen Tagen eines Monats höher als an anderen. Während Neu- und Vollmond, wenn die Gezeiten des Mondes und der Sonne einander verstärken, ergibt sich die sogenannte «Springflut». Bei Viertelmond geraten die beiden aus dem Tritt, und es ergeben sich niedrigere Fluten – die sogenannten «Nippfluten».

491 **Durch die Gezeitenwirkung bleibt immer dieselbe Seite des Mondes der Erde zugewandt.**
Das universelle Gravitationsgesetz besagt, daß die Erde auf dem Mond Landgezeiten verursacht. Berechnet man die Wirkungen der Landgezeiten auf den Mond, so ergibt sich, daß nach ein paar hunderttausend Jahren der Satellit (Mond) schließlich seinem größeren Partner eine Seite seines Antlitzes zuwendet. Im Jargon der Astronomen sagen wir, daß der Satellit «entwirbelt» wurde. Alle großen Monde im Sonnensystem sind entwirbelt.

492 **Die allgemeine Relativitätstheorie ist unsere beste moderne Gravitationstheorie.**
Der zentrale Lehrsatz der Theorie besagt, daß die Anwesenheit der Materie das Gewebe des Universums verzerrt. Um sich auf einfache Weise bildhaft vorzustellen, wie die allgemeine Relativität funktioniert, stelle man sich folgendes im Geiste vor: Man spannt einen Müll-

Gezeiten in einer Stadt in Neuschottland. Hier sind die von der Gravitationswirkung des Mondes verursachten drastischen Veränderungen des Wasserstandes deutlich zu erkennen.

sack über die Öffnung eines Papierkorbs, legt dann eine Kugellagerkugel darauf, so daß sie die Oberfläche verspannt. Läßt man dann eine Murmel über die Plastikoberfläche laufen, so weicht sie von ihrem Kurs ab. Wäre einem nun von der Verzerrung der Plastikoberfläche nichts bekannt, so würde man behaupten, daß die Kugellagerkugel eine Kraft auf die Murmel ausübt.

In der Newtonschen Gravitation heißt es, daß ein Körper eine Kraft auf den anderen ausübt. In der allgemeinen Relativität dagegen heißt es, daß ein Körper das Gewebe aus Raum-Zeit verzerrt und aus diesem Grund Veränderungen in der Bewegung anderer Körper verursacht.

493 Einsteins Theorie wirft Newtons Gravitationstheorie nicht über den Haufen.

Betrachtet man die Gleichungen der allgemeinen Relativität und extrapoliert sie bis zu einem Zustand, in dem die Massen klein sind, so ergeben sich genau dieselben Gleichungen, die sich auch aus Newtons universellem Gravitationsgesetz ergeben würden. Mit anderen Worten: Die allgemeine Relativität *enthält* die Newtonsche Gravitation und erweitert sie, macht sie jedoch nicht ungültig in jenem Bereich, in dem sie angewendet werden sollte.

494 Es gibt im Universum nur sehr wenige Orte, an denen die allgemeine Relativität wichtig ist.

Im Alltagsleben, beim Start einer Raumsonde rund um das Sonnensystem und bei jeder anderen Situation, in die man geraten könnte, braucht man sich nicht um die allgemeine Relativität zu scheren. Der Grund: Die Wirkungen der allgemeinen Relativität sind normalerweise so klein, daß man sie vernachlässigen darf, und die gute alte Gravitationstheorie Newtons reicht ebensogut aus. Die allgemeine Relativität muß man nur dann berücksichtigen, wenn die Massen der Körper sehr groß sind (wie z. B. im Fall der schwarzen Löcher), wenn große Entfernungen eine Rolle spielen (wenn man sich beispielsweise mit Kosmologie beschäftigt) oder wenn man sehr genaue Messungen unternimmt. In allen anderen Fällen kann man die Tatsache ignorieren, daß Newtons Gesetz lediglich eine Annäherung an eine bessere Theorie darstellt.

495 Die allgemeine Relativität sagt voraus, daß Licht gebeugt wird, wenn es um die Sonne kommt.

1919 lieferte Arthur (später Sir Arthur) Eddington nach Meinung vieler die anschaulichste und bekannteste Bestätigung der Relativitätstheorie. Als er zur afrikanischen Küste reiste, um eine Sonnenfinsternis zu beobachten, fiel ihm auf, daß sich die scheinbare Position der Sterne in der Nähe des Sonnenrands während der Sonnenfinsternis zu verschieben schien, eine Verschiebung, die nur auftreten konnte, wenn das Licht von den Sternen gebeugt wird, wenn es um die Sonne verläuft.

Sowohl die Newtonsche Gravitation wie auch die allgemeine Relativität sagen voraus, daß eine solche Beugung auftritt, aber sie geben unterschiedliche Zahlenwerte für den Ablenkwinkel an. Als Eddington die Voraussagen von Einsteins Relativität verifizierte, war dies für die Presse eine Sensation und der Beginn für das Bekanntwerden Einsteins in der breiten Öffentlichkeit.

Heutzutage erfolgen Messungen der «Lichtbeugung» mit Hilfe der Funkwellen von fernen Quasaren, aber nicht mehr mit Licht. Sie bestätigen, daß die allgemeine Relativität bis auf ein Prozent genau stimmt.

496 Es gibt zwei weitere Tests, die klassische Überprüfungen der Vorhersage der allgemeinen Relativität sind.

Einer von ihnen hat mit einer sehr kleinen Wirkung auf die Umlaufbahn des Planeten Merkur zu tun – eine Wirkung, die als «Vorrücken des Periheliums (Sonnennähe)» bezeichnet wird. Betrachtet man die elliptische Umlaufbahn der Planeten über lange Zeiträume hinweg, so rotiert die Ellipsenachse langsam. Mit anderen Worten: Der Punkt, an dem der Planet seine nächste Nähe zur Sonne erreicht, bewegt sich stetig über lange Zeiträume hinweg. Das Vorrücken ist gering und beträgt weniger als ein Grad pro Jahrhundert. Der größte Anteil des sogenannten «Vorrückens des Periheliums» ist den Gravitationswirkungen der anderen Planeten, insbesondere Jupiter, zuzuschreiben. Ein kleiner Teil jedoch – etwa zweiundvierzig Bogensekunden pro Jahrhundert – blieb erklärungsbedürftig, bis Einstein nachwies, daß dieser den Wirkungen der allgemeinen Relativität zuzuschreiben ist. Mit Beginn der sechziger Jahre haben die Astronomen Radar eingesetzt, um sehr genaue Beobachtungen der Umlaufbahnen sämtlicher innerer Planeten, vom Merkur bis hin zum Mars, zu machen. Diese Bestimmungen des Vorrückens des Periheliums der Planeten sind vermutlich die überzeugendsten Tests für die allgemeine Relativität, die es derzeit gibt.

497 **Die allgemeine Relativität wurde auf einer nur dünnen experimentellen Grundlage angenommen –**
aufgrund von drei Experimenten nämlich. Ich vermute, dies war der Fall, weil diese Theorie so schön ist, daß die Wissenschaftler an sie glauben wollten. Trotzdem sind viele Wissenschaftler damit beschäftigt, neue Tests für diese Theorie zu ersinnen, indem sie moderne Hochpräzisionsinstrumente einsetzen.

498 **In Zukunft wird es Tests für die allgemeine Relativität geben.**
Irgendwann Mitte der neunziger Jahre wird ein Satellit auf eine Umlaufbahn geschickt, der in seinem Innern eine kleine Kugel beherbergt. Die allgemeine Relativität sagt voraus, daß es wegen der Erdrotation kleine Abweichungen in der Rotation solch einer Kugel geben wird. Durch die Messung der Rotation der Kugel mit einer bislang unbekannten Genauigkeit werden die Wissenschaftler in die Lage versetzt, ihrem Repertoire einen weiteren Test für diese Theorie hinzuzufügen.
Bei einem anderen Test bedienen sich Wissenschaftler auf der Erde einer sehr schnellen Elektronik, um die Zeit zu messen, die Lichtsignale brauchen, um sich nach Osten und nach Westen auszubreiten. Die allgemeine Relativitätstheorie besagt, daß sich wegen der Erdrotation zwischen beiden Meßergebnissen ein kleiner Unterschied ergeben müsse. Eine Überprüfung dieser Vorhersagen steht bevor.
Ich schätze, daß es im Laufe des kommenden Jahrzehnts wegen der Fortschritte im Gerätebau möglich werden wird, viele der von der allgemeinen Relativität vorhergesagten sehr viel kleineren Wirkungen aufzuspüren, wodurch unser Glaube an diese Theorie zum erstenmal auf eine feste experimentelle Grundlage gestellt wird.

499 **Die drehende Quartzkugel, die im Test der allgemeinen Relativität verwendet wird, ist der «rundeste» Gegenstand auf der Welt.**
Würde man diese Kugel mit ihren nur wenigen Zentimetern Durchmesser auf die Größe der Erde aufblasen, so wäre ihr höchster «Berg» nur etwa dreißig Zentimeter hoch.

500 **Die allgemeine Relativität kann nicht die endgültige Gravitationstheorie sein.**

Der Grund dafür ist einfach: Diese Theorie läßt keinen Raum für Quantenwirkungen. Wenn man die Gravitationswirkungen in einem sehr kleinen Maßstab betrachtet (bei Entfernungen, die sehr viel kleiner ausfallen als die Größe eines Protons beispielsweise), so bedeutet dies, daß die Theorie zusammenfällt und durch etwas anderes ersetzt werden muß. Wahrscheinlich wird diese neue Theorie die allgemeine Relativität als einen Sonderfall beinhalten, ebenso wie die allgemeine Relativität die Newtonsche Gravitation beinhaltet.

Der Versuch, die beiden großen Ideen des zwanzigsten Jahrhunderts miteinander zu versöhnen – die Quantenmechanik und die Relativität –, beschäftigt viele der klügsten Köpfe der heutigen Generation von theoretischen Physikern. Ich wünschte, ich könnte davon berichten, daß auf diesem Gebiet große Fortschritte erzielt wurden, doch ich habe den leisen Verdacht, daß wir diese Aufgabe der kommenden Generation überlassen müssen.

501 **Einer der besten modernen «Quantengravitätler» ist Stephen Hawking,**

dessen Buch *Eine kurze Geschichte der Zeit* 1989 zum Bestseller avancierte (1990 ebenfalls in Deutschland, Anm. d. Ü.) und der sich durch seinen Kampf gegen die Krankheit ALS (Lou-Gehrig-Syndrom) zu einer überlebensgroßen Gestalt unserer Gesellschaft entwickelte. Hawking geht das Problem der Quantengravitation an, indem er eine Theorie auf die andere «aufpfropft». Mit anderen Worten: Er fügt die Relativität und die Quantenmechanik per Hand zusammen, statt (wie andere Physiker dies versuchen) ein allgemeines Prinzip zu entwickeln, nach dem sich die Vermählung der beiden Theorien auf natürliche Weise ergeben würde. Eine Folge von Hawkings Arbeiten ist seine Voraussage, daß schwarze Löcher, die in der allgemeinen Relativitätstheorie absolut stabil sind, ihre Masse in Strahlung umwandeln (in die sogenannte Hawking-Strahlung). Die schwarzen Löcher werden dann nach einer langen Zeitperiode verschwinden. Seine Vorstellungen stecken ebenfalls hinter dem neuen Gebiet der «Säuglingsuniversen» (siehe unten).

502 **Die Quantenmechanik und die Gravitation prallen am dramatischsten auf dem Gebiet der Forschungen zum frühen Universum aufeinander.**

Die Erscheinung des Aufblasens beispielsweise ist eine Wirkung, bei der sowohl die Wechselwirkung der Elementarteilchen als auch die Verzerrung des Zeit-Raums durch die Materie beteiligt sind – d.h. es ist eine Hybridform der Quantenmechanik und der allgemeinen Relativität. Zudem sind sowohl Stephen Hawkings «Säuglingsuniversen» als auch Alan Guths «Universum im eigenen Keller» Vorstellungen, die von dem Zusammenfinden der Quantenmechanik und der Gravitation abhängen.

In diesen beiden Theorien kann man sich das Zeit-Raum-Gewebe des Universums wie einen großen Luftballon vorstellen, der in einem kleinen Maßstab Beulen und Unebenheiten aufweist. Diese Beulen und Unebenheiten sind von der Quantenmechanik verursacht. In einigen Theorien kommt es gelegentlich vor, daß eine dieser Unebenheiten wie etwa eine krankhafte Arterienerweiterung anwachsen kann. Ist dies der Fall, so kann sie ihr eigenes kleines Universum bilden, das parallel zu dem unseren besteht (daher der Name «Säuglingsuniversen»).

In Hawkings Sicht vermehren sich solche Universen die ganze Zeit über. Guth jedoch stellt die Frage, ob es jemals, wenn auch nur prinzipiell, möglich sein wird, daß menschliche Lebewesen ein Universum erschaffen, indem sie die krankhaften Arterienerweiterungen erzeugen und manipulieren. Dies nennt er das «Herstellen eines Universums im eigenen Keller». Seine Antwort auf die Frage, ob dies möglich sein wird: Vermutlich, aber nicht irgendwann bald.

Klassische Mechanik

503 Isaac Newton (1642–1727) kann mit Fug und Recht als Vater der modernen Wissenschaft betrachtet werden.

Dank seiner Arbeiten wurden die letzten Spuren der mittelalterlichen Wissenschaft überwunden und nahm das Wagnis der modernen Wissenschaft seinen Anfang.

Das wesentliche Element in der Sicht Newtons auf das Universum ist am besten zu verstehen, wenn man sich eine mechanische Uhr vorstellt, deren Zahnräder sich nach gut definierten Gesetzen drehen. Newton war der Ansicht, daß das Sonnensystem und das übrige Universum entsprechend der Gesetze ticken, welche die Menschen sowohl entdecken wie auch verstehen können. Ebenso wie eine Uhr tickt, nachdem sie aufgezogen worden ist, so stellte man sich vor, daß das Newtonsche Universum einst von Gott aufgezogen worden war und sich gemäß seinem Entwurf verhielt, allerdings ohne seinen direkten Eingriff.

504 Newtons ergiebigste Jahre waren die beiden Jahre 1665 und 1666.

Die Beulenpest (oder der Schwarze Tod) war in England weit verbreitet und für die Universität Cambridge Anlaß, ihre Pforten für eine Periode von anderthalb Jahren zu schließen. Isaac Newton, Student an dieser Universität, kehrte zum Hof seiner Familie zurück und fand während dieser Zeit niemanden, mit dem er sich über die Naturwissenschaft hätte unterhalten können. Nur die eigenen Gedanken im Kopf herumwälzend, erfand er die Infinitesimalrechnung, entdeckte er das Gesetz der universellen Gravitation und machte eine Anzahl weiterer weniger bedeutender Entdeckungen. Man kann sich nur schwer eine produktivere Periode innerhalb der Wissenschaftsgeschichte vorstellen, und die Tatsache, daß sie das Ergebnis der Arbeit eines Mannes allein ist, macht das Ganze nur um so erstaunlicher.

505 **Das Herz der Newtonschen Mechanik sind die Newton-Axiome, die drei Grundgesetze der Mechanik.**
Diese Gesetze können kurz wie folgt umschrieben werden:
1. Nichts geschieht, ohne daß eine Kraft einwirkt.
2. Die auf einen Körper angewandte Kraft ist gleich dem Produkt aus Masse und Beschleunigung (F = mb).
3. Einer jeden Aktion entspricht eine gleiche und entgegengesetzte Reaktion.

Das ist alles! Auf dem Fundament dieser einfachen Gesetze, zusammen mit dem Gesetz der universellen Gravitation, legte Newton den Grundstein zum Gebäude der modernen Wissenschaften.

506 **Newtons Arbeitsfeld wird gewöhnlich als klassische Mechanik bezeichnet.**
Newton beschäftigte sich fast ausschließlich mit der Bewegung materieller Körper. Das typische Newtonsche Problem kristallisiert sich im Zusammenstoß zweier Billardkugeln auf einem Billardtisch. Newton hat aufgezeigt, daß seine Gesetze es einem jeden ermöglichen, die endgültige Position und die Geschwindigkeit materieller Körper vorherzusagen, wenn deren ursprüngliche Position und Geschwindigkeit bekannt sind. Die Gesetze liefern einem also die Möglichkeit, ein System zu verfolgen, wenn man einmal weiß, wo es sich zu irgendeiner bestimmten Zeit befunden hat. «Mechanik» ist eine altmodische Bezeichnung für das Studium der Bewegung, und moderne Physiker fügen das Adjektiv «klassisch» hinzu, um Newtons Werk von der Quantenmechanik zu unterscheiden.

507 **Vielleicht stammt die ehrgeizigste Äußerung der Newtonschen Weltsicht von dem französischen Mathematiker Pierre-Simon Laplace** (1749–1827), der ein Gedankenexperiment vorschlug, bei dem ein «göttlicher Rechner» beteiligt ist. Die grundlegende Behauptung ist einfach: Wenn ich die Position und die Geschwindigkeit eines jeden Teilchens im Universum zu irgendeiner bestimmten Zeit kenne, dann kann ich mit Hilfe von Newtons Gesetzen die Position und die Geschwindigkeit dieser Teilchen zu irgendeinem Zeitpunkt in der Zukunft vorhersagen. Natürlich bedürfe es einer Person mit gottähnlichen Fähigkeiten, um die Berechnungen auszuführen (daher die

Bezeichnung «göttlicher Rechner»), aber im Prinzip ist die Berechnung zu bewältigen. Falls eines dieser Teilchen zum Beispiel ein Atom in Ihrer Hand wäre, darauf wies Laplace alsdann hin, so wäre der göttliche Rechner in der Lage, Ihnen zu sagen, wo sich Ihre Hand zu irgendeinem zukünftigen Zeitpunkt befände. Sehen Sie auch die Verwicklungen mit den Studenten der Anfängersemester voraus, die über den freien Willen und die Vorherbestimmung diskutieren wollen?

508 Newtons erstes Grundgesetz der Mechanik verkörpert das Prinzip der Kausalität.
Es besagt, daß ein Körper seine Bewegung fortsetzt, es sei denn, eine Kraft wird auf ihn ausgeübt – also nichts geschieht ohne eine Ursache. Newtons erstes Gesetz kann man sich als Hilfsmittel zur Diagnose vorstellen. Stellen wir eine Veränderung in der Bewegung fest, so muß eine Kraft eingewirkt haben. Wenn wir daher neuen Situationen begegnen (zum Beispiel der Bewegung eines Magneten neben einem anderen), so liefert uns das Gesetz einen Rahmen, innerhalb dessen wir das Problem angehen können, auch wenn bei diesen Problemen keine Billardkugeln beteiligt sind.

509 Nur weil eine Kraft wirkt, bedeutet dies noch lange nicht, daß es eine Bewegung geben muß.
Sie können zum Beispiel Ihre Hände vor sich aneinanderlegen und drücken. Sie üben Kräfte aus – Sie können sie fühlen –, aber nichts bewegt sich. Dies ist so, weil die von einer Hand ausgeübte Kraft von jener der anderen neutralisiert wird. Das Nichtvorhandensein von Bewegung bedeutet nicht immer, daß keine Kräfte wirken, sondern kann auch auf wirkende Kräfte zurückzuführen sein, die sich gegenseitig neutralisieren.

510 Newtons zweites Grundgesetz der Mechanik setzt Beschleunigung und Kraft miteinander in Beziehung.
Es besagt: Je stärker man etwas drückt, um so schneller bewegt es sich. Je massenreicher es andererseits ist, um so fester muß man drücken. Diese dem gesunden Menschenverstand entsprechenden Äußerungen stehen im Einklang mit unseren Erfahrungen. Das zweite Gesetz

besagt einfach: Je schneller sich etwas bewegen soll, um so fester muß man drücken.

511 **Newtons zweites Grundgesetz der Mechanik ermöglicht die Vorhersage einer resultierenden Bewegung, wenn man die aktuelle Bewegung kennt.**
Dazu sind gewöhnlich mehrere Schritte notwendig. Erstens muß man die wirkenden Kräfte identifizieren. Darauf fügt man sie in die Gleichung von Newtons zweitem Gesetz ein. Schließlich löst man die Gleichung. Jeder Physiker hat einen gut Teil seiner Jugend damit zugebracht, diese Art von Berechnungen für zunehmend kompliziertere Situationen und Probleme der Physik durchzuführen.

512 **Newtons drittes Grundgesetz der Mechanik erklärt, wieso eine Rakete sich im Weltraum fortbewegen kann, obwohl es dort keine Luft gibt, die sie verdrängen kann.**
Stellen Sie sich vor, Sie schießen mit einem Gewehr. Sie ziehen am Hahn, und auf die Kugel wird eine Kraft ausgeübt, die sie aus dem Lauf befördert. Zugleich besagt das dritte Gesetz, daß eine gleich große und entgegengesetzt wirkende Kraft auf das Gewehr ausgeübt wird. Dies ist jene Kraft, die Sie als Rückstoß an Ihrer Schulter verspüren.
Ein Motor in einer Rakete oder einem Düsenflugzeug übt eine Kraft auf die erhitzten Gase aus und stößt sie nach hinten aus. Dann drückt eine gleich große und entgegengesetzt wirkende Kraft das Flugzeug nach vorne, wodurch es seine Antriebskraft erhält.

513 **In der Praxis werden sogar Newtonsche Systeme sehr schnell nicht mehr vorhersehbar.**
Obwohl es im Prinzip möglich ist, mit Hilfe der Newtonschen Gesetze die künftigen Positionen und Geschwindigkeiten von mehreren rollenden Billardkugeln zu berechnen, so ist ein Rechner doch nicht in der Lage, Berechnungen über ein paar Dutzend Karambolagen im vorhinein auszuführen, wenn mehr als nur einige wenige Kugeln beteiligt sind. Danach führen die unvermeidlichen Abrundungsfehler im Rechner und die unvermeidlichen Meßfehler bei der Definition der Ausgangsposition und -geschwindigkeit der Billardkugeln zu sol-

chen Ungenauigkeiten, daß die Vorhersagen nicht mehr zuverlässig sind.

514 **Galilei entdeckte das Gesetz, das die Bewegung eines Körpers in Erdnähe bestimmt.**

Er entdeckte das Gesetz der fallenden Körper und wies nach, daß ein in Erdnähe fallender Körper während seines Falls beschleunigt wird, und berechnete dann die Beschleunigungsgeschwindigkeit. (Zur Information: die Zunahme der Geschwindigkeit eines fallenden Körpers beträgt 9,81 m pro Sekunde während jeder Sekunde eines freien Falls.)

515 **Isaac Newton bescherte den Wissenschaftlern einen Spielplan, den sie bei der Erkundung neuer Gebiete verwenden können – einen Plan, den wir die wissenschaftliche Methode nennen.**

Im wesentlichen besteht die wissenschaftliche Methode aus zwei Etappen. Zuerst beobachten die Wissenschaftler die Natur und fassen die Ergebnisse ihrer Beobachtungen in mathematischen Strukturen zusammen, die Theorien genannt werden. Alsdann werden die Theorien dazu eingesetzt, die Ergebnisse neuer, noch nicht beobachteter Vorgänge vorherzusagen, und diese Vorhersagen werden mit dem verglichen, was sich ereignet, wenn die neuen Experimente ausgeführt werden. Auf diese Weise wird das Wissen auf neue Felder ausgeweitet.

Damit man mich nicht der übergroßen Vereinfachung dessen zeihen kann, was letzten Endes ein Kapitel menschlichen Strebens ist, möchte ich hinzufügen, daß Beobachtung und Theoriebildung keine voneinander unabhängigen Aktivitäten sind, sondern Hand in Hand gehen und sich gegenseitig beeinflussen.

Physikalische Eigenschaften der Materie

516 Die Art und Weise des Verhaltens irgendeines Materials hängt davon ab, wie die Atome in diesem Material miteinander verbunden sind.

Jede Eigenschaft eines Materials hängt mit Atomen zusammen, und um dies zu erläutern, liste ich einige Eigenschaften auf und setze sie zu den Atomen in Beziehung.

517 Druck.

Pumpt man einen Reifen auf, so pumpt man eine Menge Luftmoleküle in ihn hinein. Diese Moleküle zappeln im Innern des Reifens herum, und wenn sie gegen die Reifeninnenwand stoßen, prallen sie zurück. Jeder Abprall übt eine winzige Kraft auf den Reifen aus, und der Druck, den man auf dem Druckmesser abliest, ist die Gesamtsumme aus all diesen winzigen Kräften.

518 Luft- und Wasserdruck.

Sowohl Luft wie Wasser bestehen aus Molekülen, und daher sind beide in der Lage, Druck auszuüben. Moleküle in einem Wasserwürfel in der Mitte des Ozeans beispielsweise üben einen Druck auf alle Seiten des Würfels aus – nach oben, unten und zur Seite. Stellt man sich eine Wassersäule vor, die bis tief in den Ozean hineinragt, so muß die abwärts gerichtete Schwerkraft auf diese Säule mit dem aufwärts gerichteten Druck des Wassers darunter in ein Gleichgewicht gebracht werden. Je tiefer man daher in den Ozean abtaucht (oder in die Atmosphäre aufsteigt), um so mehr steigt der Druck. In Meereshöhe beträgt der Luftdruck im Mittel 1013 Hektopascal (hPa).

519 Auftrieb.

Wird ein Körper ins Wasser geworfen, so wird ein Druck auf ihn ausgeübt, den wir Auftrieb nennen. Der Auftrieb ist gleich dem Gewicht der Wassermenge, die der Körper verdrängt hat. Wenn der Körper daher eine geringere Dichte als Wasser besitzt, wird er schwimmen, ansonsten sinkt er.

Quizfrage

Wieso schwimmt eigentlich ein Ozeandampfer, wo doch Eisen schwerer ist als Wasser?

Antwort: Die von dem Schiff verdrängte Wassermenge ist gleich dem Volumen des Eisens *plus der Luft* im Schiffsrumpf. Wäre das Schiff voller Wasser (oder Eisen), so würde es sinken.

520 Archimedes soll das Gesetz des Auftriebs entdeckt haben, als man ihn zu prüfen bat, ob eine bestimmte Krone aus reinem Gold gefertigt war oder nicht.

Als er eines Tages in seinen Badezuber stieg und bemerkte, daß sich dabei der Wasserstand erhöhte, soll er «Heureka!» («Ich hab's gefunden!») ausgerufen haben und auf die Straße hinausgelaufen sein, um seine Freude über die Entdeckung kundzutun. Diese sah folgendermaßen aus: Indem er die Wassermenge mißt, die von der Krone verdrängt wird, und danach jene Wassermenge, die reines Gold mit dem gleichen Gewicht verdrängt, kann er sagen, ob die Krone aus reinem Gold besteht oder nicht. Die Geschichte gibt keine klare Auskunft darüber, ob die betreffende Krone aus reinem Gold war, noch berichtet sie, wie die Umstehenden die Entdeckung von Archimedes aufgenommen haben.

521 Adhäsion und Kohäsion.

Werden die Moleküle eines Materials von anderen Molekülen desselben Materials angezogen, so nennen wir diese Kraft Kohäsion. Diese Kraft hält die Dinge im Innersten zusammen. Werden dagegen die Moleküle verschiedener Materialien voneinander angezogen, so wird die entsprechende Kraft Adhäsion genannt. Durch diese Kraft haftet ein Gegenstand an einem anderen. In beiden Fällen jedoch ist die Grundlage für die Kraft die Anziehung zwischen Atomen.

522 Oberflächenspannung.

Kohäsive Kräfte innerhalb einer Flüssigkeit wollen die Flüssigkeit zu einem Ball zusammenziehen. Wenn ein Wassertropfen auf einem Regenmantel «perlt», so zieht die Kohäsion ihn zusammen. Physiker stellen sich die Wirkungen der Kohäsion als eine Kraft vor, welche die Oberfläche zusammenzieht und nennen sie daher Oberflächenspannung.

523 Elastizität.

Dies ist die Eigenschaft von festen Körpern, dank derer sie – nachdem sie deformiert worden sind – ihre ursprüngliche Form wieder annehmen. Wenn man ein Metallband biegt, so üben die Atome darin eine dem Biegen entgegengesetzte Kraft aus. Sobald man wieder losläßt, gewinnen die inneren Kräfte die Oberhand, und das Metall schnellt in seine Ausgangsform zurück.

524 Komprimierbarkeit (Verdichtbarkeit).

Da die Kräfte zwischen den Atomen abstoßend reagieren können, wenn die Atome zu dicht aneinandergedrückt werden, widerstehen die Materialien Kräften von außen, die sie zu verdichten suchen. Bestimmte Materialien wie Stahl und Wasser widerstehen in einem sehr starken, einige andere wie die Luft in einem geringeren Maß.

525 Zugfestigkeit.

So wie die Materialien sich dagegen wehren, daß ihre Atome zusammengedrückt werden, so wehren sie sich auch dagegen, auseinandergerissen zu werden. Die Zugfestigkeit ist ein Maß für jene Kraft, die erforderlich ist, um die Anziehungskraft zwischen den Atomen zu überwinden und das Material auseinanderzureißen. Stahl besitzt eine hohe Zugfestigkeit, Papier dagegen nicht. Merkwürdig, daß auch Glas eine hohe Zugfestigkeit besitzt – es fällt schwer, es auseinanderzureißen, obwohl es nicht schwer ist, es zu zerbrechen.

526 Osmose.

Sind zwei Lösungen durch eine Membran voneinander getrennt, so kann Wasser (nicht jedoch die Moleküle in der Lösung) durch die Membran hindurchtreten und die Konzentration der Lösungen auf beiden Seiten verändern. Diese Erscheinung wird Osmose genannt. Wenn die menschliche Haut nach einem längeren Aufenthalt in der Badewanne Runzeln bekommen hat, so deswegen, weil Wasser durch Osmosc in dic Zcllcn gclangt ist.

527 Diffusion.

Wenn Moleküle von zwei verschiedenen Flüssigkeiten oder Gasen zusammenkommen, so führt die normale Molekularbewegung zu zwei Molekülteilen, die sich vermischen. Dieser Vorgang wird Diffusion genannt. Gibt man einen Tropfen Tinte in ein Glas Wasser, so kann man den Vorgang der Diffusion verfolgen, wenn sich die Tinte ausbreitet.

Da die Diffusion nur von der Molekularbewegung abhängt, kann sie an unerwarteten Orten auftreten. Beispielsweise ist Ingenieuren wohlbekannt, daß Gase in (und sogar durch) Metallbehälter diffundieren können. Die Raumfahrtwissenschaftler müssen sich über die Diffusion von Gasen durch die Wände des Raumschiffs hindurch Gedanken machen, besonders bei längeren Raumfahrten.

528 Kapillarität.

Steckt man ein dünnes Rohr in eine Flüssigkeit, so steigt diese Flüssigkeit in dem Rohr hoch. Diese Wirkung wird Kapillarität genannt. Und so funktioniert sie: Der abwärts gerichtete Druck der Schwerkraft auf die Flüssigkeit im Rohr wird von der Adhäsionskraft (siehe weiter oben) zwischen der Flüssigkeit und den Innenwänden des Rohrs überwunden. Dank der Kapillarität steigt das Wasser in den Pflanzen hoch.

Bei einem Rohr bestimmter Größe gibt es eine Obergrenze für die Höhe, bis zu der eine Flüssigkeit hochsteigen kann. Das Gewicht der Flüssigkeitssäule kann die von der Kohäsion bewirkte Aufwärtskraft nicht übersteigen.

Thermodynamik, Energie und Wärme

529 Die Erforschung der Wärme nahm mit der Erfindung der Dampfmaschine zu Beginn der industriellen Revolution ihren Anfang.
Das Bedürfnis, eine bessere Energiequelle zu besitzen als die Konkurrenz, trieb englische, französische und deutsche Wissenschaftler dazu an, das zu entwickeln, was wir heutzutage Thermodynamik nennen. In diesem Fall hat die Verfahrenstechnik die Grundlagenforschung beflügelt statt umgekehrt.
In unserer Zeit ist die Thermodynamik jene Wissenschaft, die etwas über solche Themen wie Energie, Wärmeverluste und die wirkungsvolle Nutzung von Rohstoffen aussagt. Sie hat sich ebenfalls in der Wissenschaft entfaltet, die uns eine der besten Einsichten in den Zusammenhang zwischen der Welt im großen Maßstab und jener des Atoms liefert.

ENERGIE UND KRAFT

530 Der Begriff der Energie ist einer der wichtigsten in der Thermodynamik – doch eigentlich in allen Wissenschaften.
Obwohl der Begriff «Energie» in der Umgangssprache vielerlei Bedeutungen hat, versteht ein Physiker nur eins darunter. Ein System verfügt über Energie, wenn es in der Lage ist, über eine Entfernung hinweg eine Kraft auszuüben (oder im Jargon der Physiker, fähig ist, eine Arbeit zu leisten).
Es gibt unterschiedliche Energiearten. Bewegt sich ein Körper, so ist er in der Lage, auf alles eine Kraft auszuüben, dem er begegnet. Daher besitzt er Energie. Die Energie der Bewegung heißt kinetische Energie.
Auf ähnliche Weise vermag ein Körper dank seiner Position Energie besitzen. Heben Sie dieses Buch in die Höhe, so fällt es auf den Boden, wenn Sie es loslassen. Während seines Falls kann es eine Kraft ausüben und daher eine Arbeit leisten. Die Energie im Verbund mit einer Position heißt potentielle Energie.
Schließlich kann ein Körper dank seiner Masse Energie besitzen.

531 **Es gibt viele verschiedene Formen potentieller Energie.**

Wenn Sie sich daranmachen, dieses Buch hochzuheben, so stellen Sie fest, daß das Buch Energie besitzt, weil die Schwerkraft darauf einwirkt, um es nach unten zu ziehen. Aus diesem Grund nennen wir die Energie eines nach oben beförderten Körpers «potentielle Energie durch Schwerkraft».

Auf dieselbe Weise besitzt ein Elektron in der Nähe eines Atomkerns Energie, da es auf eine niedrigere Umlaufbahn fallen könnte. Weil der Fall von einer elektrischen Kraft verursacht würde, sprechen wir in diesem Zusammenhang von einer «elektrischen potentiellen Energie».

Wenn die Elektronen der Moleküle sich während chemischer Reaktionen neu zusammensetzen, so verändert sich deren elektrische potentielle Energie. Die in der Zusammensetzung von Elektronen gespeicherte Energie der Elektronen wird «chemische potentielle Energie» genannt.

Es gibt ebenfalls eine potentielle Energie im Verband mit dem Magnetismus, und zwar jene Kräfte, die Elastizität in Festkörpern er-

Das Wasser der Niagara-Fälle ist ein Beispiel für die potentielle Energie der Schwerkraft, die in andere Energieformen – wie etwa kinetische Energie, Schall- und Bodenwellen – umgewandelt wird. Steht man nahe am Fuß der Wasserfälle, so spürt man regelrecht an den Bodenerschütterungen, daß Energie vorbeiströmt.

möglichen, wie auch potentielle Energie im Verbund mit anderen Kräften.

532 Was wir «Wärme» nennen, ist eine Form kinetischer Energie auf atomarer Ebene.

Ist ein Körper warm, so bewegen sich die Atome in ihm sehr schnell. Ist er dagegen kalt, so bewegen sie sich langsam. Was wir daher Wärme nennen, ist tatsächlich eine Energieform der Bewegung von Atomen. Die Erkenntnis, daß sich die Wärme auf diese Weise erklären läßt, war eine der tiefgreifenden Einsichten der Physik im vergangenen Jahrhundert.

Sie liefert auch eine Verbindung zwischen der makroskopischen Welt unserer Sinne und der unsichtbaren Welt der Atome. Falls es einem gelingt, die Ansicht eines glühendroten Brenners in einem Ofen und das Gefühl der daraus strömenden Wärme mit der Vision schnell sich bewegender Atome unter einen Hut zu bekommen, so befindet man sich auf dem besten Weg zu einer modernen Sichtweise auf die physikalische Welt.

533 Die Energieformen stehen nicht unveränderlich fest – eine Form kann leicht gegen eine andere ausgetauscht werden.

Reiben Sie etwa Ihre Hände bei kaltem Wetter aneinander, so wird die kinetische Energie Ihrer Hände in Wärme umgewandelt. Wenn Sie umgekehrt über einem Lagerfeuer Wasser zum Sieden bringen, so wird die chemische Energie des Holzes in die Wärme im Wasser umgewandelt und diese Wärme wird ihrerseits in Bewegungsenergie im Dampfstrahl umgewandelt, der aus dem Kessel hochsteigt.

534 Die wichtigste Einzeltatsache über die Energie ist darin zu sehen, daß in einem isolierten System die Gesamtenergiemenge unveränderlich ist.

In der Sprache der Physiker heißt dies, daß die Energie «erhalten» bleibt, und wir sprechen von dem «Energieerhaltungssatz».

Der Energieerhaltungssatz ist lediglich eine Wiederholung eines Stückes Volksweisheit – nämlich jener, die besagt, daß es nichts dergleichen wie ein kostenloses Mittagessen gibt. Will man sein Haus heizen, so muß man die Energie dafür von irgendwoher beziehen – sei es von einem Elektrizitätswerk oder einem Ölofen. Energie kann weder erschaffen noch zerstört werden. Wir können lediglich eine Energieform gegen eine andere austauschen.

535 **Das erste Gesetz der Thermodynamik besagt, daß die Wärme eine Energieform ist und diese Energie erhalten bleibt.**
Dies ist wohl eines der wichtigsten Naturgesetze, die je entdeckt wurden.

536 **«Strom» bezieht sich auf die Geschwindigkeit, mit der Energie verbraucht wird.**
Geht man die Stufen einer Treppe erst langsam hoch und nimmt man sie darauf im Laufschritt, so verbraucht man in beiden Fällen dieselbe Energiemenge. Stürmt man jedoch die Treppe hoch, so ist der Energieausstoß größer, da die Energie schneller verbraucht wird. Aus diesem Grunde gerät man ins Keuchen.

537 **Eigentlich stammt sämtliche auf der Erde verbrauchte Energie von der Sonne.**
Energie in Form von Licht wird durch den Vorgang der Photosynthese in chemische Energie umgewandelt. So kann sie (in Kohle oder Öl beispielsweise) gespeichert, direkt von den Pflanzen oder mittelbar von Tieren verbraucht werden. Die Energie, dank deren Sie dieses Buch in Händen halten und mit den Augen über die Zeilen fahren, gelangt letzten Endes auf diesem Weg von der Sonne zu Ihnen. Schließlich wird die Energie von der Sonne, die wir verbrauchen, in Abwärme (siehe nächste Nummer) umgewandelt und kehrt als Infrarotstrahlung in den Weltraum zurück.
Wir konsumieren also die Energie nicht so sehr, als daß wir sie benutzen, wenn sie durch unsere Umwelt zieht.

538 **Der Strom wird in Kilowatt oder Pferdestärken gemessen.**
Die Stromeinheit im metrischen System ist das Watt. Das Kilowatt, wie der Name besagt, entspricht tausend Watt. Zum Betrieb einer Hi-Fi-Anlage benötigt man mehrere Hundert Watt.

Die Stromeinheit im englischen System ist die Pferdestärke. Der Motor einer elektrischen Kreissäge etwa kann eine Pferdestärke, ein Automotor mehrere hundert Pferdestärken entwickeln.

539 Die uns geläufigste Einheit der Energie ist die Kilowattstunde und taucht in unserer Stromrechnung auf.

Dies ist die Energiemenge, die eine Quelle von 1 kW während einer Stunde verbraucht. Mit einer Kilowattstunde betreibt man:

eine Stunde lang einen elektrischen Heizlüfter,
zehn Stunden lang eine Glühbirne oder
vier Stunden lang ein Fernsehgerät.

540 Der schottische Ingenieur James Watt (1736–1819), der die moderne Dampfmaschine erfand, definierte ebenfalls die Pferdestärke.

Er suchte einen Weg, um den Bergbauingenieuren seine Maschinen zu verkaufen. Zu jener Zeit entfernte man das Wasser in den Bergwerken mit Hilfen von Pumpen, die mit Pferden betrieben wurden. Watt ermittelte nun das Tempo, mit dem ein normales Pferd über ausgedehnte Zeitspannen die Arbeit erledigt und ordnete seine Maschinen entsprechend zu. Er konnte daher einem potentiellen Kunden deutlich machen, daß eine Maschine mit einer Pferdestärke im Bergwerk genau die Arbeit eines Pferdes ersetzte.

WÄRME

541 Obwohl die Energie erhalten bleibt, muß sie nicht die ganze Zeit über am selben Ort verharren.

Dies gilt in besonderem Maße für die Wärme, die ziemlich leicht von einem Ort zu einem anderen wandert. Stellen Sie Ihren Heizungsbrenner zu Hause etwa während des Winters ab, so wird es im Haus ziemlich schnell kalt, da die Wärme nach draußen zieht. Wärme kann bei drei Vorgängen den Ort wechseln – durch Konduktion, Konvektion und Strahlung.

542 Konduktion.

Ist es im Innern Ihres Hauses warm, so bewegen sich die Moleküle im Innern der Wand schneller als die Moleküle draußen. Wenn die Atome aus dem Innern mit denen zusammenstoßen, die sich in der Nähe jener von draußen befinden, so wird Energie übertragen, und die Atome in der Nähe jener von draußen beginnen, sich schneller zu bewegen. Nach einer gewissen Zeitspanne ist die Außenseite der Wand wärmer als ursprünglich. Wir stellen uns diesen Vorgang als einen «Wärmestrom» von drinnen nach draußen vor, in Wirklichkeit jedoch handelt es sich nur um Energie, die entlang einer Kette von Atomen durch gewöhnliche Zusammenstöße übertragen wird.

543 Konvektion.

An einem heißen Sommertag wird die Luft über dem Erdboden erwärmt. Da sie sich erwärmt, dehnt sie sich aus, ihre Dichte nimmt ab und erreicht einen geringeren Wert als jene der kalten Luft über ihr. Schließlich wird die Situation instabil. Die warme Luft bewegt sich nach oben und wird durch kalte Luft ersetzt, die sich nach unten bewegt. Während sich die warme Luft nach oben bewegt, befördert sie in einem Konvektion genannten Vorgang Wärme mit sich.
Die Konvektion ist tatsächlich ein sehr viel wirkungsvolleres Mittel zur Energieübertragung als die Konduktion. Die Konvektion überträgt die Wärme aus dem Sonneninnern an die Sonnenoberfläche und hält auch das Wetter an der Erdoberfläche in Schwung.

Quizfrage

Wenn das Wasser in Ihrem Wassertopf auf dem Herd siedet, geschieht dies dann durch Konduktion oder durch Konvektion?

Antwort: Durch Konvektion – wenn Sie genau hinsehen, können Sie die Stellen deutlich erkennen, an denen Blasen hochsteigen und niedersinken.

544 Strahlung.

Hält man seine Hand übers Feuer, so spürt man die Wärme. Dieses Gefühl ist das Resultat einer Energieübertragung vom Feuer auf die eigene Hand. In einem Feuer wird die Wärme in Infrarotstrahlung verwandelt. Diese Strahlung bewegt sich durch den Raum und wird schließlich von der Hand absorbiert, wo sie in die kinetische Energie von Atomen zurückverwandelt wird. Jeder Körper mit einer höheren Temperatur als der seiner Umgebung gibt Wärme durch Strahlung ab.

DER ZWEITE SATZ DER THERMODYNAMIK

545 Energie ist nicht die ganze Geschichte.
Um dies zu verstehen, denken Sie einmal über die Tatsache nach, daß es sehr leicht fällt, ein Ei zu schlagen, dagegen aber sehr schwer, Eiweiß und Eigelb wieder auseinanderzuklauben. Vom Standpunkt der Energie aus betrachtet unterscheidet sich der eine Vorgang nicht von dem andern. Unsere Intuition sagt uns, daß es schwer ist, in der Welt Ordnung herzustellen und ein leichtes, sie zu zerstören. Selbstverständlich können wir diese Einsicht nicht nur auf das erste Gesetz der Thermodynamik allein beziehen.

546 Das zweite Gesetz der Thermodynamik behandelt das Konzept der Ordnung im Universum.
Dieses Konzept ist schwer zu verstehen, und dennoch beruht es auf einer der einfachsten Beobachtungen. Legt man einen Eiswürfel auf einen Tisch, so strömt die Wärme aus der Luft in den Eiswürfel statt umgekehrt. Dies führt zu einer Aussage des zweiten Gesetzes der Thermodynamik:

1. Wärme fließt nicht spontan von einem kalten zu einem warmen Körper.

Es gibt andere Möglichkeiten, dieses Gesetz zu formulieren. Es sind folgende:

2. Es ist – auch prinzipiell – unmöglich, Wärme zu hundert Prozent in Leistung zu verwandeln.
3. Die Unordnung in einem isolierten System nimmt mit der Zeit zu oder bleibt im besten Fall konstant.

Es ist möglich, mathematisch zu beweisen, daß eine dieser drei Aussagen des zweiten Gesetzes die beiden anderen bedingt. Mit anderen Worten: obwohl es gewiß nicht sofort einleuchtet, handelt es sich um drei gleichwertige Aussagen.

547 Die Welt geht den Bach hinunter,
glaubt man zumindest der letzten Aussage des zweiten Gesetzes. Sie sagt aus, daß die Menge an Unordnung in einem System wachsen muß, *es sei denn,* das System ist in seiner Umgebung nicht isoliert. Im technischen Sprachgebrauch verwendet diese Aussage des zweiten Gesetzes das Konzept der Entropie. Entropie ist ein Maß für die Unordnung in einem System auf atomarem Niveau, und das zweite Gesetz kann folgendermaßen umformuliert werden: «Die Entropie in einem geschlossenen System kann nicht abnehmen.»

548 Das zweite Gesetz bedeutet *nicht*, daß Systeme nicht geordneter werden können.
Fließt Energie zwischen den Teilen eines Systems, so ist es möglich, daß ein Teil dieses Systems geordneter, ein anderer Teil jedoch ungeordneter wird. Nehmen wir die Erde und die Sonne als Beispiel. Eine geringe Anzahl Moleküle in lebenden Systemen auf der Erde wird geordneter, aber zur selben Zeit wird eine sehr viel größere Anzahl Moleküle auf der Sonne ungeordneter. Die Unordnung innerhalb des Systems nimmt insgesamt zu.

549 Das zweite Gesetz besagt, daß wir die Energie sowohl hinsichtlich der Qualität wie auch der Quantität betrachten müssen.
Wenn wir die Wärme nicht hundertprozentig in Leistung umwandeln können, so wird – wann immer wir solch eine Umwandlung unternehmen möchten (in einem Elektrizitätswerk zum Beispiel) – einiges vom ursprünglichen Wärmevorrat in die Erdatmosphäre gelangen, wo die Wärme für uns verloren ist. Hochwertige Energie können wir uns daher als Energie in Verbindung mit einer hohen Temperatur vorstellen und uns ausmalen, daß diese Energie bei jeder Verwendung minderwertiger wird.
Als Beispiel soll die Wärme im Kern eines Atomreaktors oder einem Kohlekraftwerk dienen. Sie wird in geringwertige Energie in Form von Elektrizität umgewandelt, die in die Haushalte befördert und dort in noch geringwertigere Energie zum Betrieb von Haushaltsgeräten umgewandelt wird. Bei jedem Schritt wird einiges von dieser Energie in geringwertige Wärme umgewandelt und an die Umwelt abgegeben. Obwohl im Laufe eines solchen Vorgangs bei keinem Schritt

Energie verlorengeht, stellt dieser Vorgang dennoch eine Einbahnstraße dar, weil bei jeder Umwandlung einiges von der Energie in ihrer geringwertigsten Form abfällt und nicht weiter verwendbar ist.

550 Das zweite Gesetz hat wichtige Auswirkungen auf die Energiepolitik,
weil es eine optimal mögliche Ausbeute für jede wärmebetriebene Maschine vorgibt. Das betrifft sowohl Elektrogeneratoren wie auch Automotoren. Gemäß dem zweiten Gesetz, so stellt sich heraus, besitzen unsere derzeitigen Elektrizitätswerke einen Wirkungsgrad, der kaum mehr als 40 Prozent beträgt. Mit anderen Worten: Verfeuert man eine Tonne Kohle zwecks Stromerzeugung, so verpuffen fast zwei Drittel der Energie in dieser Kohle ungenutzt in die Atmosphäre. Dies ist nicht etwa das Resultat eines fehlerhaften Entwurfs oder eines geringen Wirkungsgrades seitens der Ingenieurzunft, sondern die Folge eines der fundamentalsten Naturgesetze.
In Wirklichkeit arbeitet ein modernes Elektrizitätswerk mit einem Wirkungsgrad von 30 Prozent oder mehr. Die Ingenieure haben die Arbeitsweise eines solchen Werks bis hart an die theoretische Grenze ausgereizt.

551 Der Einsatz von Sonnenenergie zu Heizungszwecken oder das Verbrennen von Heizöl zum selben Zweck unterliegt nicht der Beschränkung des zweiten Gesetzes, da der Ölofen keine Maschine ist.
Ein Ölofen ist nicht dazu da, nutzbringende Leistung zu erzeugen, sondern um Wärme zu liefern. Deshalb erzielt er einen viel höheren Wirkungsgrad als ein Elektrizitätswerk.

552 Das Universum kann nicht wegen des zweiten Gesetzes «herunterkommen»,
trotz der Tatsache, daß die Menschen im Lauf des neunzehnten Jahrhunderts vom «Wärmetod» des Universums sprachen. Dahinter steckte die Vorstellung, daß wegen des zweiten Gesetzes sämtliche verfügbare Energie schließlich als Abwärme verpuffen und alles im Universum dieselbe Temperatur annehmen würde.
Wir glauben längst nicht mehr, daß dies das Schicksal des Universums sein wird. Vielmehr wissen wir inzwischen, daß das Universum sich

ausdehnt und abkühlt. Folglich unterscheidet sich unsere Ansicht vom Ende des Universums völlig von jener des neunzehnten Jahrhunderts.

WÄRME UND MATERIALIEN

553 Die meisten Materialien dehnen sich bei Erwärmung aus, da sich die Atome schneller bewegen, wenn Wärme zugeführt wird. Diese zusätzliche Bewegung kann man sich so vorstellen, daß die Atome ihrerseits mehr «Ellbogenfreiheit» verlangen. Als Folge höherer Temperaturen ergibt sich dann, daß die meisten Materialien sich ausdehnen.

554 Wasser dehnt sich bei Erwärmung nicht immer aus.
Vermutlich weiß jedermann, daß Wasser sich ausdehnt, wenn es gefriert. Aus diesem Grund bersten Wasserleitungen bei Frost. Dagegen ist womöglich nicht so bekannt, daß diese Eigenschaft nicht allein den Wasser-Eis-Übergang kennzeichnet, sondern ebenfalls Wasser bei niedriger Temperatur. Wasser zwischen null und vier Grad Celsius zieht sich beim Erwärmen zusammen. Mit anderen Worten: Wasser besitzt bei vier Grad Celsius seine größte Dichte und bei niedrigeren Temperaturen eine tatsächlich geringere Dichte. Dies bedeutet, daß das Wasser auf dem Meeresgrund eine höhere Temperatur haben kann als das Wasser darüber.

555 Zum Schmelzen und Verdampfen ist Energie vonnöten.
Erwärmt man einen Festkörper, so bewegen sich die Atome immer schneller. Schließlich wird ein Zustand erreicht, bei dem die Atome in ihrer starren Struktur nicht mehr zu halten sind und auseinanderzubrechen beginnen. Geschieht dies, so geht das Material vom festen in einen flüssigen Zustand über. Wir sagen, daß es schmilzt.
Um die Temperatur eines Materials über den Schmelzpunkt hinaus zu erhöhen, ist zusätzliche Energie vonnöten. Über die Erhöhung der kinetischen Energie der Moleküle hinaus müssen nämlich die Bindun-

gen aufgebrochen werden, welche die Atome zusammenhalten. Während die zum Aufbrechen der Bindungen benötigte Energie dem System zugeführt wird, behält das Material eine konstante Temperatur bei (die Schmelztemperatur).
Dasselbe geschieht beim Sieden einer Flüssigkeit. In diesem Fall muß Energie zugeführt werden, damit die Moleküle der Anziehung ihrer Nachbarn in der Flüssigkeit entfliehen und in die Luft entweichen können.

556 Der Siedepunkt einer Flüssigkeit hängt vom Druck ab.

Das Entweichen der Moleküle von der Oberfläche einer erwärmten Flüssigkeit ist einfacher, wenn der Luftdruck geringer ist. Aus diesem Grund siedet Wasser in großen Höhen bei niedrigeren Temperaturen als in Meereshöhe. Falls Sie jemals versucht haben, in den Bergen nach einem vorgegebenen Rezept zu kochen, haben Sie vermutlich mit diesem Phänomen bereits Bekanntschaft gemacht. Ein Drei-Minuten-Ei muß auf dem flachen Land womöglich etwas länger gekocht werden als in den Bergen.

Die Arbeitsweise dieses urtümlichen Destillierapparates beruht auf der Tatsache, daß die Siedetemperatur von Alkohol etwas geringer ist als die von Wasser.

557 Der absolute Nullpunkt der Temperatur ist die tiefstmögliche Temperatur.

In der klassischen Sicht entspricht die tiefstmögliche Temperatur dem Aufhören jeglicher atomarer Bewegung. Der absolute Nullpunkt der Temperatur beträgt – 273,15 °C.

Heutzutage, im Zeitalter der Quantenmechanik, wissen wir, daß die Atome nicht wirklich im eigentlichen Sinn des Wortes in ihrer Bewegung «einhalten» können. Statt dessen definieren wir den absoluten Nullpunkt als jene Temperatur, bei der die Atome den tiefstmöglichen Energiezustand erreichen, den sie entsprechend den Gesetzen der Quantenmechanik erreichen können. Ein Material am absoluten Nullpunkt ist, sowohl nach den Vorstellungen der klassischen wie der Quantenmechanik, ein Material, dem auf keine Weise weitere Energie zu entziehen ist.

558 Die niedrigsten Temperaturen, die man in den Labors zu erzeugen vermag, liegen weniger als ein milliardstel Grad vom absoluten Nullpunkt entfernt,
und routinemäßig ist es möglich, Temperaturen zu erzeugen, die sich bis auf vier Grad dem absoluten Nullpunkt nähern. Man kann sich sogar flüssiges Helium mit dieser Temperatur besorgen, das nicht mehr kostet als eine Flasche billigen Whiskys. Am anderen Ende der Temperaturskala wird bei Fusionsreaktionen, entweder in Waffen oder in Labors, eine Temperatur erreicht, die mit derjenigen im Innern der Sonne vergleichbar ist, von der man annimmt, daß sie bei etwa 150 Millionen Grad Celsius liegt.

5 MODERNE PHYSIK

Das Fermi National Accelerator Laboratory in der Nähe von Chicago – moderne Wissenschaft im großen Maßstab. Der Ring hat einen Durchmesser von fast zwei Kilometern.

Die elektronischen Eigenschaften der Materie

559 Die Reaktion eines Stoffes auf elektrische Kräfte hängt von der Struktur seiner Atome ab.

Sind Atome in Festkörpern, Flüssigkeiten oder Gasen gebunden, so hängt die Struktur ihrer Elektronen von den genauen Details der Kräfte zwischen den Atomen ab. Insbesondere bestimmen diese, ob die Elektronen sich als Folge der Einwirkung äußerer elektrischer Kräfte im Stoff frei bewegen können, d.h. ob ein elektrischer Strom durch den Stoff fließt.

560 Leiter müssen freie elektrische Ladungen enthalten.

Ein Leiter ist ein Stoff, durch den ein elektrischer Strom fließen kann. Damit er als Leiter in Frage kommt, muß er über freie bewegliche Elektronen verfügen. Es gibt viele Arten von Leitern, und sie unterscheiden sich in der Art der freien beweglichen Elektronen und in der Weise, wie diese entstehen.

561 In Stoffen wie Metall sind einige Elektronen nicht an einzelne Atome gebunden,

sondern können sich frei im Stoff umherbewegen – in Wirklichkeit gehören sie nämlich zu sämtlichen Atomen. Die ungebundenen Teilchen heißen «Leitungselektronen». In Metallen wie Kupfer existiert etwa ein Elektron pro Atom dieser Art. Die gebräuchlichsten Leiter sind aus Metall.

562 Ein Stoff muß nicht aus Metall sein, um Elektrizität leiten zu können.

Wenn Sie Ihre Neonleuchte einschalten, so werden einige Gasatome ionisiert und verlieren dadurch Elektronen. Beim Anlegen einer Spannung können diese ungebundenen Elektronen sich bewegen. Löst man gewöhnliches Tafelsalz in Wasser auf, so erhält man geladene Ionen, die im Wasser schwimmen. Diese ungebundenen Ionen können sich frei bewegen und einen elektrischen Strom bilden. Salzwasser und ionisierte Gase sind Beispiele für nichtmetallische Leiter.

563 Ein Stoff, der in großem Umfang als Transportmedium für Elektrizität dienen soll, muß die Elektrizität gut leiten können und zudem ziemlich billig sein.

Kupfer erfüllt diese beiden Voraussetzungen, was erklärt, warum es der am weitesten verbreitete Leiter ist. Höchstwahrscheinlich bestehen die meisten elektrischen Leitungen in den Haushalten aus Kupfer. Gelegentlich wird zu diesem Zweck auch Aluminium verwendet, das allerdings nicht so gut leitet wie Kupfer. In Fällen, in denen Kosten keine Rolle spielen (zum Beispiel bei Weltraumsatelliten), werden Gold und Silber, auch wenn sie sehr viel teurer sind, in elektrischen Schaltkreisen eingesetzt, weil sie noch etwas besser leiten als Kupfer.

564 In einem Isolator sind die Elektronen fest an ihre Atome gebunden.

Ein Isolator ist ein Stoff, der elektrischen Strom nicht leitet. Äußere elektrische Kräfte sind nicht stark genug, um den ursprünglichen Molekülen in diesen Stoffen ihre Elektronen zu entreißen. Daher bewegen sich auch keine Elektronen, wenn eine Spannung angelegt wird, und kein Strom fließt. Holz, Plastik, Gummi und Glas sind Isolatoren oder Nichtleiter.

Quizfrage

Welcher Stoff findet zur Abdeckung Ihrer Schalter zu Hause Verwendung? Weshalb wurde dieser Stoff wohl ausgewählt?

Antwort: Der Stoff, der für diesen Zweck üblicherweise eingesetzt wird, ist Plastik, ein Isolierstoff. Isolierstoffe finden Verwendung, damit man mit dem Strom nicht in Berührung kommt.

565 Jeder Stoff wird zu einem Leiter, wenn die Spannung hoch genug ist,

da es einer hohen Spannung immer gelingt, den Atomen Elektronen zu entreißen. Die Luft zum Beispiel wird als Isolator betrachtet. Wenn sich jedoch eine große elektrische Ladung in einer Gewitterwolke zusammenballt, dann werden im Umfeld der Wolke die Atome in der Luft auseinandergerissen, und die Luft verwandelt sich in ein Plasma. Auf diese Weise entsteht bei der Entladung der Spannung ein Blitz.

566 Es gibt wenige Stoffe – Silizium und Germanium sind die beiden bekanntesten Beispiele –, die weder reine Leiter noch reine Isolierstoffe sind.

Ein normales Stück Silizium befördert vielleicht ein Millionstel des elektrischen Stroms, den ein entsprechendes Kupferstück befördert. Stoffe wie Silizium werden Halbleiter genannt.

Das Geheimnis der Halbleiter beruht darauf, daß einige der Elektronen nur sehr lose mit ihren ursprünglichen Atomen verbunden sind. Wenn sich diese Atome nun bewegen (wie alle Atome dies bei Temperaturen oberhalb des absoluten Nullpunktes tun), so werden einige dieser nominell gebundenen Elektronen losgerissen. Daher gibt es einige wenige Leitungselektronen in dem Stoff. Dies erklärt, weshalb Halbleiter Strom befördern und auch, weshalb sie ihn nicht sehr gut befördern.

567 In Ihrem Computer, Fernseh- und Radiogerät und sogar in dem kleinen Diktiergerät, das ich gerade benutze, gibt es Vorrichtungen, die aus Halbleitern bestehen.

Sie können keine Flugreservierung machen oder ihre Freunde anrufen, ohne sich einer Vorrichtung aus Halbleitern zu bedienen. Für das Funktionieren der modernen Technik stellt sich dieser merkwürdige Stoff also als absolut unverzichtbar heraus.

Wie beruhigend zu wissen, daß es überall auf der Welt Strände mit reichlich Silizium gibt!

568 Sowohl Elektronen wie auch «Löcher» leiten die Elektrizität in Halbleitern.

Wird ein Elektron losgerissen, so befördert es den Strom auf eine normale Weise. Dabei hinterläßt es eine leere Stelle im Atomgitter, die als «Loch» bezeichnet wird. Ein von den anderen Atomen stammendes Elektron kann in dieses Loch fallen, wobei es seinerseits ein neues Loch in seinem ursprünglichen Atom verursacht. Ein weiteres Elektron kann dann in dieses Loch fallen und so weiter. Diese serienmäßige Elektronenbewegung in eine Richtung entspricht der Bewegung eines Lochs in die entgegengesetzte Richtung, und dies wiederum entspricht der Bewegung einer positiven Ladung. Die Bewegung des Lochs ist eine zweite Art des elektrischen Stroms in einem Halbleiter.

569 **Die Technik, mit deren Hilfe ein Halbleiter in einen Computer oder ein anderes nützliches Gerät verwandelt werden kann, heißt «Dotierung».**

Und so wird's gemacht: Wenn das Rohsilizium eingeschmolzen wird, werden der Schmelze geringe Mengen anderer Atomarten beigemischt. Verfestigt sich das Silizium, so werden diese Atome in der Kristallstruktur eingeschlossen, wobei vier äußere Atome kovalente Bindungen eingehen. Falls das unreine Atom mehr als vier Elektronen in seiner äußeren Schale besitzt, so können sich die zusätzlichen Elektronen frei durch den Stoff bewegen. Sie befördern Strom, hinterlassen in ihren ursprünglichen Atomen allerdings keine Löcher. Die unreinen Atome, die Elektronen abgegeben haben, erhalten dadurch eine positive Ladung. Diese Zustandsart wird «n»(für negativ)-Typ-Halbleiter genannt, da die Unreinheit einen Träger mit negativer Ladung ergibt.

Besitzt die Unreinheit dagegen weniger als vier Elektronen auf ihrer äußeren Schale, dann entsteht ein Loch in der Kristallstruktur, und dieses Loch kann sich frei bewegen, ohne ein Elektron zu hinterlassen. Bewegt sich das Loch im unreinen Atom, so erhält dieses Atom ein zusätzliches Elektron und daher eine negative Ladung. Dies wird dann «p»(für positiv)-Typ-Halbleiter genannt.

570 **Das einfachste zu bauende Halbleitergerät ist eine Diode, die ein Halbleiter vom n- und p-Typ ist, die einander gegenübergestellt sind.**

Die vom n-Typ-Halbleiter freigesetzten Elektronen breiten sich über die Grenzen hinaus aus und fallen in die Löcher im p-Typ-Halbleiter, die von ihnen ausgefüllt werden. Auf ähnliche Weise können sich die vom p-Typ-Halbleiter freigesetzten Löcher in die andere Richtung ausbreiten und freigesetzte Elektronen aufnehmen. Im Endergebnis kompensieren sich freigesetzte Teilchen und Löcher gegenseitig, indem sie eine Reihe positiver Ionen auf der n-Seite und eine Reihe negativer Ionen auf der p-Seite hinterlassen.

Durch die Manipulation von Atomen haben wir ein Gebiet geschaffen, das in einem atomaren Maßstab als Batterie wirken kann. Ein Elektron, das auf eine Seite der Grenze gerät, wird von den negativen Ionen abgestoßen und von den positiven angezogen. Beim Passieren der Grenze wird das Elektron daher beschleunigt. Bei diesem Vorgang nimmt es Energie auf, als befände es sich in einer Batterie. Der Unterschied zwischen dieser atomaren und einer Autobatterie besteht darin, daß die atomare Batterie, wenn sie denn einmal funktioniert, sich nicht entladen kann. Solange die Atome an Ort und Stelle bleiben, arbeitet diese «Atombatterie» weiter. Auf eine solche Technik der einfachen Atommanipulation gründet sich der größte Teil der industriellen Mikroelektronik.

571 Das allgegenwärtige Halbleitergerät ist der Transistor.

Ein typischer Transistor besteht einfach aus drei Halbleiterscheiben – entweder aus zwei p-Typ-Halbleitern mit einem n-Typ in der Mitte, ähnlich wie der Belag bei einem Sandwich, oder umgekehrt. Ladungen (Elektronen oder Löcher) fließen von einer Scheibe «Brot» im Sandwich zur anderen. Eine kurze Zeit lang befinden sie sich im kleinen Halbleiter einer anderen Art (dem «Belag» des Sandwichs). Wird die Spannung am Mittelstück des Gerätes leicht verändert, können daher große Veränderungen im Strom bewirkt werden, der zwischen den beiden Endstücken fließt, ebenso wie kleine Veränderungen an einem Ventil zu großen Veränderungen der Wasserströmung in einem großen Rohr führen können. Auf diese Weise vermag man, ein kleines Signal an das Mittelstück des «Transistorsandwichs» in ein großes Signal im Stromfluß durch den Transistor zu übersetzen. Genauso nimmt ein Transistor in der Hi-Fi-Anlage ein kleines Signal auf (das elektrische Signal des Plattenspielersystems) und wandelt es in ein großes Signal um (der Strom, der die Lautsprechermembran in Schwingungen versetzt). Ein Gerät, das ein kleines Signal in ein großes umwandelt, heißt Verstärker.

572 Ein Mikrochip kann bis zu Tausenden von Transistoren enthalten.

Obwohl die ursprünglichen Transistoren ziemlich klobige Geräte waren, vermögen moderne Verfahrenstechniker heutzutage, Tausende von Transistoren auf einer Siliziumscheibe von der Größe einer Briefmarke unterzubringen. Dies geschieht durch ein Verfahren, bei dem Stoffe vom n- und p-Typ schichtweise direkt auf das Silizium aufgetragen werden. Auf eine solche Weise können die Schichten beim

«Sandwich» extrem dünn gemacht werden – im Prinzip so dünn wie der Durchmesser eines Atoms. Halbleitende Geräte, Mikrochips genannt, befinden sich als Bauteile etwa in einem Taschenrechner und einem Personalcomputer.

573 Das wesentliche Arbeitsteil eines Taschenrechners – ein Mikrochip – ist kleiner als eine Briefmarke.

Aus einem einfachen Grund kann ein Taschenrechner nicht über die gegenwärtige Scheckkartengröße hinaus verkleinert werden. Die Tasten müssen so groß sein, daß die Daten noch von einem menschlichen Wesen eingegeben werden können. Die Untergrenze für die Größe eines Taschenrechners wird daher nicht etwa von der Technologie der Halbleiter, sondern vielmehr von der Größe der menschlichen Finger bestimmt!

574 Nur allzu leicht vergißt man, daß unsere Technologie erst vor kurzem durch das Aufkommen der Halbleiter revolutioniert wurde.

Als ich in den frühen sechziger Jahren an der University of Illinois als Student der Physik im höheren Semester studierte, gehörten die Experimente in einem Elektroniklabor, das auf dem neuesten Stand der Technik eingerichtet war, zu meinen Lieblingsübungen. Als Belohnung für diejenigen Studenten, die ihre normalen Übungen absolviert hatten, sorgte der Dozent dafür, daß wir an einem neumodischen Gerät, Transistor genannt, herumspielen konnten. Seit jener Zeit sind elektronische Systeme mit Vakuumröhren (die in der «guten alten Zeit» verwendet wurden) mu seumsreif geworden.

575 Es gibt Stoffe, Supraleiter genannt, die elektrischen Strom ohne Energieverluste befördern.

In Supraleitern gibt es mit anderen Worten keine Erwärmung, und wenn er einmal eingesetzt hat, fließt der elektrische Strom ewig. Bis vor kurzem war ein solches Verhalten nur von jenen Stoffen bekannt, die bei Temperaturen geringfügig oberhalb des absoluten Nullpunkts gehalten wurden. Ein gewöhnlicher kommerzieller Supraleiter muß in flüssiges Helium (bei einer Temperatur von vier Grad oberhalb des absoluten Nullpunkts) eingetaucht sein, damit er sich nicht «normal» verhält.

Und so funktionieren die meisten Supraleiter: Wenn ein einzelnes Elektron in einem nichtsupraleitenden Stoff zwischen zwei positive Ionen gerät, so werden die Ionen von diesem Elektron angezogen und bewegen sich langsam aufeinander zu. Die beiden Ionen besitzen eine positive Ladung, die dann ein weiteres Elektron anziehen kann. Auf diese Weise bilden zwei Elektronen ein Paar, wobei eins das andere nach sich zieht. Ist die Temperatur niedrig genug, so unterbindet die normale Wärmebewegung der Ionen die Paarung nicht, und sämtliche Elektronen im Stoff ordnen sich paarweise in sogenannten Cooper-Paaren an. Die Paare greifen so ineinander und verschränken sich so, daß praktisch sämtliche Elektronen im Metall zu einer einzigen Struktur verbunden sind. In einer solchen Situation kann kein Elektron Energie verlieren und verlangsamt werden, weil es von anderen Elektronen eingebunden ist. Daher bewegt sich der gesamte Komplex der Elektronen durch das Gitter, ohne daß irgendeine Energieübertragung stattfindet.

576 Wenn der gesamte Stromverbrauch der Vereinigten Staaten in einem supraleitenden Kabel befördert werden könnte, so wäre der Durchmesser des Kabels nicht größer als der eines Basketballs.

577 Bisher fanden die Supraleiter vor allem in Magneten Verwendung.

Der Vorteil bei der Verwendung eines supraleitenden Drahtes beim Bau von Elektromagneten liegt auf der Hand: Beginnt der Strom in einer Drahtschleife zu fließen, so fließt er ewig weiter (und erzeugt dabei ständig das Magnetfeld), vorausgesetzt, der Draht wird gekühlt.

578 **Bei Raumtemperaturen funktionierende Supraleiter sind der Heilige Gral der Physik.**

Der große technologische Nachteil beim Einsatz von Supraleitern ist natürlich die Tatsache, daß diese Erscheinung nur bei sehr niedrigen Temperaturen eintritt. Jahrzehntelang haben Physiker an der Herstellung von Stoffen gearbeitet, die bei Normaltemperaturen supraleitend sind. Auch wenn es in nächster Zeit keine erfolgversprechenden Aussichten gibt, auf einen solchen Supraleiter bei «Zimmertemperatur» zu stoßen, so bleibt dies doch ein wichtiger Traum.

1986 wurden Stoffe entdeckt, die bei «hohen Temperaturen» supraleitend bleiben – «hoch» meint hier allerdings «in Relation zur Temperatur des flüssigen Heliums». Es sind Stoffe, die noch bei mehr als 100 Grad Kelvin (oder –170 Grad Celsius) supraleitende Eigenschaften bewahren. Solche Stoffe bleiben immerhin noch supraleitend, wenn sie in flüssigen Stickstoff getaucht werden, ein Material, daß viel billiger und reichlicher als flüssiges Helium vorhanden ist. Bei diesen Stoffen handelt es sich jedoch um spröde Keramik, und deshalb wird es vermutlich noch eine Weile dauern, bis sie in einer kommerziell verwendbaren Form hergestellt werden.

Der Atomkern und die Radioaktivität

579 **Im Atomkern befindet sich der größte Masseanteil des Atoms, dagegen fast kaum etwas von seinem Volumen.**

In einem normalen Atom wiegt der Kern etwa viertausendmal soviel wie die Elektronen. Wenn von der Masse eines Atoms die Rede ist, können wir daher mit einer guten Annäherung die Masse der Elektronen vernachlässigen.

Andererseits besteht ein Atom fast ganz aus freiem Raum. Wäre der Atomkern so groß wie der Basketball vor Ihnen auf dem Boden, so stellten die Elektronen ein paar Dutzend Sandkörner dar, die in Ihrem Landkreis verstreut herumlägen. Für Experten: die lineare Dimension eines Kerns entspricht 10^{-5} mal jener des gesamten Atoms.

580 **Der Atomkern wurde 1911 entdeckt,**
und zwar von Ernest Rutherford in Manchester. Seine Mitarbeiter und er bedienten sich der als Alphateilchen bekannten Strahlungsart (siehe weiter unten) und richteten sie auf eine dünne Goldfolie. Obwohl die meisten Teilchen durchtraten oder leicht abgelenkt wurden, so prallte doch eins von tausend dieser Teilchen von der Folie zurück. Rutherford verglich das Experiment mit dem, was geschieht, wenn man eine Kugel in eine Dampfwolke schießt und gelegentlich beobachtet, daß eine Kugel zurückspringt. In beiden Fällen kann nur die Folgerung getroffen werden, daß sich irgendwo im Innern des Atoms (oder der Dampfwolke) ein kleiner Körper mit hoher Dichte befindet, der in der Lage ist, ein schnell fliegendes Teilchen nicht nur abzulenken, sondern auch dazu zu veranlassen, die Richtung zu ändern. Rutherford nannte diesen kleinen, dichten Körper den Kern.

581 **Rutherford gehört zu jenen ungewöhnlichen Menschen, die ihren wichtigsten Beitrag zur Forschung *nach* Verleihung des Nobelpreises leisteten.**
Den Nobelpreis für Chemie erhielt er 1908 für seine Arbeiten über die Natur der von radioaktiven Stoffen abgegebenen Elementarteilchen (siehe weiter unten), und dann machte er sich auf, den Atomkern zu entdecken.

582 **Ein Atomkern besteht aus Protonen und Neutronen.**
Rutherford nannte den Wasserstoffkern – ein einzelnes Elementarteilchen mit einer positiven Ladung – Proton («der erste»). Die gesamte positive Ladung des Kerns besteht daher aus der Summe der Ladungen seiner Protone, und die Anzahl der umlaufenden Elektronen in einem neutralen Atom und jene der Protonen in einem Kern sind identisch.
Das Neutron («das neutrale») ist fast so massereich wie das Proton, besitzt jedoch – wie der Name schon besagt – keine elektrische Ladung. Es trägt zur Masse, aber nicht zur Ladung des Kerns bei.
Die meisten stabilen Kerne haben annähernd so viele Protonen wie Neutronen. Wird diese Regel gebrochen wie im Fall der schweren Elemente, so haben die Kerne eher mehr Neutronen als Protonen.

583 **Die Anzahl der Protonen in einem Atomkern bestimmt seine chemische Identität.**
Die Anzahl der Protonen in einem Kern (die sogenannte Atomzahl, üblicherweise mit dem Buchstaben Z bezeichnet) bestimmt die chemische Natur eines Atoms, da diese wiederum von den äußeren Elektronen im Atom bestimmt wird. Wenn Sie mir daher sagen, wie viele Protonen ein Kern besitzt, dann sage ich Ihnen, um welche Art von Atom es sich handelt. Sind zum Beispiel sechs Protonen vorhanden, so handelt es sich um ein Atom Kohlenstoff, sind es jedoch acht, so handelt es sich um Wasserstoff, und so weiter.

584 **Überschüssige Neutronen verändern die chemische Natur eines Atoms nicht,**
da sie nicht die Anzahl der Elektronen verändern, die man braucht, um die Ladung des Kerns zu neutralisieren. Aus diesem Grund ist es möglich, viele verschiedene Arten eines bestimmten Atoms vorzufinden, von denen jedes in seinem Innern einen Kern mit derselben Protonenzahl, aber mit einer unterschiedlichen Neutronenzahl besitzt. Zwei Atome, deren Kerne dieselbe Protonenzahl, aber eine unterschiedliche Neutronenzahl besitzen, werden Isotope genannt.

Quizfrage
Ein Deuteriumatom besitzt einen Kern mit einem Proton und einem Neutron. Von welchem Element ist Deuterium ein Isotop?
Antwort: Von Wasserstoff.

585 **Elektronen und Atomkerne kann man in einer ersten Annäherung durchaus als zwei verschiedene Systeme betrachten, die getrennt voneinander funktionieren und sich nicht beeinflussen.**
Dies bedeutet, daß es für einen Atomkern ohne Bedeutung ist, ob sich das Atom selbst im Raum befindet oder ob seine äußeren Elektronen Bestandteile chemischer Bindungen sind. In beiden Fällen verhält sich der Kern auf dieselbe Weise.
Dies bedeutet ebenfalls, daß es für die Elektronen ohne Bedeutung ist, ob im Kern überschüssige Neutronen vorhanden sind oder nicht. Verschiedene Isotope eines bestimmten Elements sind gleichermaßen in der Lage, in Mineralien und anderen Stoffen Plätze zu fin-

den, und sämtliche Isotope eines bestimmten Elements tauchen in jedem Stoff auf, der dieses Element eingliedert.

RADIOAKTIVITÄT

586 Ein Atomkern ist radioaktiv, wenn er spontan Elementarteilchen aussendet.

Gewöhnliche Atomkerne sind stabil – dies heißt, sie wechseln nicht spontan von einer Form zur anderen. Es gibt jedoch Stoffe, deren Atomkerne nicht stabil sind. Das Uran ist vermutlich das bekannteste Beispiel für einen solchen Stoff. Kerne dieses Stoffs senden spontan Elementarteilchen aus, die wir «Strahlung» nennen. Ein Atomkern, der Strahlung abgibt, heißt «radioaktiv», und ein Vorgang, bei dem Strahlung abgegeben wird, heißt «radioaktiver Zerfall».

587 Marie Sklodowska Curie, die aus Polen stammende Naturwissenschaftlerin, die überwiegend in Frankreich lebte, spielte bei den ersten Forschungen über die Radioaktivität eine herausragende Rolle.

Es gibt mehrere beachtliche Dinge über sie zu sagen: sie ist der einzige Mensch, dem je zwei Nobelpreise auf naturwissenschaftlichem Gebiet verliehen wurden; sie hat die Elemente Radium und Polonium entdeckt; und sie hat die Forschungen über die Radioaktivität und daher auch die Atomphysik mitbegründet.

Im 19. Jahrhundert war der Widerstand gegen weibliche Naturwissenschaftler noch so groß, daß man sie – trotz ihrer beiden Nobelpreise – *nie als Mitglied in die Französische Akademie der Wissenschaften gewählt hat!* Man kann sich denken, daß die Jungs nach dem ersten Nobelpreis genau wußten, mit wem sie es zu tun hatten.

588 Es gibt drei Arten von Strahlungen.

Die Physiker jener Zeit hatten keine Ahnung, was diese radioaktive Strahlung war. Daher gaben sie ihnen Namen, die deren geheimnisvolle Natur zum Ausdruck bringen – sie tauften sie Alpha-, Beta- und Gammastrahlung.

Alphateilchen bestehen aus zwei Protonen und zwei Neutronen – es

Marie Curie hat die Atomwissenschaft mitbegründet.

sind in Wirklichkeit die Kerne des gewöhnlichen Heliums. Die Betastrahlung besteht aus Elektronen. Da man diese geheimnisvolle neue Strahlung kurz nach der Entdeckung des Elektrons selbst entdeckte, wurde die Tatsache, daß Betastrahlung und Elektronen identisch sind, einige Jahre lang nicht gewürdigt. Der Zerfall eines Kerns, der zur Abgabe eines Elektrons führt, heißt «Beta-Zerfall». Die Gammastrahlung besteht aus gewöhnlicher Röntgenstrahlung, die abgegeben wird, wenn die Protonen und Neutronen sich im Innern des Kerns neu zusammensetzen.

Alpha- (links), Beta- (Mitte) und Gammastrahlung (rechts).

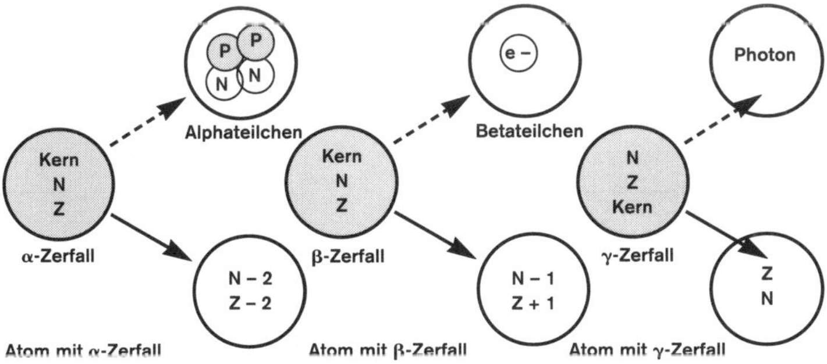

589 **Das Helium, das man zum Aufblasen der Luftballons beim Kindergeburtstag (und in flüssiger Form zur Kühlung von Supraleitern) verwendet, stammt nicht aus der Erdatmosphäre.**
Vielmehr stammt es aus dem radioaktiven Zerfall von Atomkernen im Erdinnern. Dieser Zerfall erzeugt Alphateilchen, die langsamer werden, Elektronen aufnehmen und Helium bilden, das darauf mit Öl und Naturgas eingefangen wird. Werden die Vorkommen an Öl und Naturgas ausgebeutet, so wird das Helium abgetrennt und verkauft.

590 **Das Neutron selbst unterliegt dem Beta-Zerfall.**
Wäre man in der Lage, in Wirklichkeit ein freies Neutron zu beobachten, so sähe man, wie es innerhalb von etwa acht Minuten «zerfällt». Das Endresultat dieses Zerfalls ergibt ein Proton, ein Neutrino und ein Elektron. Aus technischen Gründen kann ein Neutron, das sicher in einem Kern aufgehoben ist, stabil und vor dem Beta-Zerfall geschützt sein, solange es dort verharrt.

591 **Die Energie aus der Radioaktivität stammt aus der Umwandlung der Masse.**
Würde man die Masse der Endprodukte eines radioaktiven Zerfalls wiegen, so ergäbe sich, daß ihre Masse geringer ist als jene im ursprünglichen Kern. Der Unterschied zwischen der Masse vorher und nachher wird nach der Gleichung $E=mc^2$ in Energie umgewandelt, und es ist ebendiese Energie, die wir als die mit der Strahlung verbundene Energie betrachten.

592 **Der radioaktive Zerfall ist der endgültige Stein der Weisen –**
jener Stein, von dem die Alchimisten glaubten, er könnte Blei in Gold verwandeln oder, allgemeiner gesagt, ein chemisches Element in ein anderes. Da sich beim Alpha- wie beim Beta-Zerfall die Protonenzahl in einem Atomkern verändert, verwandelt sich auch die chemische Identität des Atoms, dessen Bestandteil der Kern ist.
Nach dem Alpha-Zerfall ist ein Atomkern fähig, zwei Elektronen weniger als vor dem Zerfall zu führen. Die beiden «freigesetzten» Elektronen wandern schließlich ab und hinterlassen ein Atom, das zwei

Elektronen weniger auf der Bahn hat. Dieses Atom wird natürlich als einer vom ursprünglichen Atom verschiedenen chemischen Spezies zugehörig identifiziert werden.
Den Beta-Zerfall eines Atomkerns kann man sich auf folgende Weise vorstellen: Eines der Neutronen im Kern unterliegt selbst dem Beta-Zerfall, wobei es einen Kern mit einem zusätzlichen Proton und einem fehlenden Neutron erzeugt. Es gibt immer freie Elektronen, die in der Natur umherwandern, und schließlich wird eines davon vom Atom angezogen. Schließlich ist ein neues chemisches Element entstanden – eines mit einem im Vergleich zur ursprünglichen Situation zusätzlichen Elektron auf der Bahn. Und wieder hat ein neues chemisches Element das alte ersetzt.
Da beim Gamma-Zerfall die Protonen und Neutronen nur umgewälzt werden, wird dabei nicht ein Element in ein anderes verwandelt.

593 Uran 238 zerfällt durch Alpha-Emission.
Uran besitzt einen Kern mit 92 Protonen, so daß die Tochterkerne dieses Zerfalls 90 Protonen und eine Gesamtmasse von 234 (238–4) besitzen. Das Zerfallsergebnis nennen die Chemiker Thorium 234 (^{234}Th).

594 Der Zerfall eines einzigen Kerns ist selten die ganze Wahrheit beim radioaktiven Zerfall,
denn in den meisten Fällen sind die Tochterkerne – die Ergebnisse des Zerfalls – selbst radioaktiv. Daher führt der ursprüngliche Zerfall zu einer Tochter, die zerfällt, und *dieser* Kern zerfällt in einen weiteren, und so weiter. Diese Kette von Ereignissen wird Zerfallskette genannt. Die Kette setzt sich so lange fort, bis ein stabiler Kern entstanden ist.
Als Folge der Existenz von Zerfallsketten wird ein reines Muster eines bestimmten Elementes schnell mit anderen Elementen vermischt. U-238 zum Beispiel zerfällt zu Thorium. Das Thorium wiederum zerfällt durch Betastrahlung in ein Protactinium genanntes Element, das ebenfalls durch Betastrahlung zerfällt. Dieser Vorgang des wiederholten Zerfalls setzt sich so lange fort, bis der stabile Bleikern 208 erreicht ist.

595 Die Amerikaner werden sich langsam der Gesundheitsrisiken im Zusammenhang mit der Anhäufung von Radon im Haushalt bewußt.
Das Radon ist eines der Elemente in der Zerfallskette, das vom Uran zum Blei führt. Es entsteht daher immer durch atomaren Zerfall im Erdboden. Ist ein Radonatom erst einmal erzeugt, wird seine zukünftige Bewegung von seiner Chemie bestimmt, die in diesem Fall diktiert, daß es keine Stoffe in seiner Umgebung bindet, sondern statt dessen durch den Erdboden dringt und in die Fundamente der Häuser einsickert.

596 Radioaktive Atomkerne zerfallen nicht mit einem Schlag, sondern scheinen in Zeitabständen zu zerfallen, die vom Zufall bestimmt sind. Beobachtet man den Zerfall dieser Kerne, so ähnelt dieser Vorgang sehr dem Aufplatzen von Puffmais auf einem Backblech, wo die Körner zu verschiedenen Zeiten explodieren.
Die Zahl, die gewöhnlich verwendet wird, um die Geschwindigkeit des Zerfalls radioaktiver Kerne zu beschreiben, heißt Halbwertszeit. Es ist jene Zeitspanne, in der von einem bestimmten Stoff die Hälfte einer beliebigen Anfangszahl von Kernen zerfallen ist. Fängt man also mit tausend Atomkernen an, so ist die Halbwertszeit dann erreicht, wenn nur noch fünfhundert davon übrigbleiben.
Halbwertszeiten radioaktiver Isotope reichen von Jahrmilliarden bis zu Mikrosekunden. Hier ein paar Beispiele:

Uran 238	4,6 Jahrmilliarden
Kohlenstoff 14	5730 Jahre
Radon 222	3,8 Tage
Uran 239	23,5 Minuten
Kohlenstoff 10	19,4 Sekunden

597 Wir wissen nicht, wie wir die Halbwertszeit radioaktiver Kerne vorhersagen sollen.

Obwohl die Halbwertszeiten radioaktiver Kerne ziemlich genau berechnet werden können (und auch werden), steht uns dennoch nicht die Rechnerleistung zur Verfügung, die wir brauchten, um die Halbwertszeit der meisten Kerne vorherzusagen. Dieses Problem ist einfach viel zu kompliziert, als daß es mit den mächtigsten Großrechnern, die uns derzeit zur Verfügung stehen, zu lösen wäre.

598 Radioaktive Stoffe sind in zweierlei Wortsinn «heiß».

Radioaktive Stoffe sind «heiß» in dem Sinn, daß sie eine gefährliche Strahlung abgeben, aber sie sind es auch im wortwörtlichen Sinn. Weshalb dies so ist, kann man dann erkennen, wenn man sich die Frage stellt, was mit einem Alphateilchen geschieht, nachdem es beim radioaktiven Zerfall freigesetzt worden ist. Dieses Alphateilchen gerät in die Stoffe in der Umgebung und hüpft herum wie eine Kugel beim Flippern. Als Resultat dieser Zusammenstöße wird die ursprüngliche Energie des Alphateilchens unter die Atome der umgebenden Stoffe aufgeteilt, die sich im Endeffekt auch schneller bewegen. Selbstverständlich nehmen wir diese schnellere Bewegung als Wärme wahr. Daher gilt: Jeder Stoff mit radioaktiven Elementen wird durch das Vorhandensein dieser Elemente erwärmt.

Es wird angenommen, daß die von der Radioaktivität erzeugte Wärme bedeutend zum Vorgang der Plattentektonik beiträgt. Die Wärmeerzeugung radioaktiver Stoffe spielt ebenfalls eine Rolle, wenn es darum geht, den Atommüll zu entsorgen, da dieser Müll in solchen Stoffen gelagert werden muß, die eine lange Zeit über nicht schmelzen dürfen.

599 Würden Sie einen Würfel aus Granit in der Hand halten und die Wärme nicht entweichen lassen, die im Stein aus dem radioaktiven Zerfall der Kerne herrührt,

so würde in einer Million Jahre genügend Wärme erzeugt, um den Stein vollkommen abzuschmelzen.

600 **Die Radioaktivität ist nicht «unnatürlich».**

Weil sich die Menschen der Gefährlichkeit der Radioaktivität erst seit kurzem bewußt sind und das Phänomen der Radioaktivität eigentlich erst seit dem Zweiten Weltkrieg wahrgenommen haben, neigen viele Leute zu der Annahme, daß die Strahlung in der Umwelt der Menschen eine neue Erscheinung sei. In Wirklichkeit aber hat der Mensch in einer Umwelt gelebt und sich dort entwickelt, die voller Radioaktivität steckt. Uran, das radioaktiv zerfällt, kommt ganz natürlich in der Erdkruste vor, und zwar häufiger als Silber und Quecksilber. Die Zerfallskette, die es anstößt (siehe weiter oben), füllt die Erde mit radioaktiven Kernen. Zudem wird die Erde ständig mit kosmischer Strahlung bombardiert. Diese Teilchen, meistens Protonen, werden in der Sonne und anderen Sternen erzeugt und regnen die ganze Zeit auf unsere Atmosphäre hinab. Bei Zusammenstößen mit den Molekülen in der Luft entstehen dort Regenschauer aus Teilchen. Just jetzt, wo Sie dies lesen, durchqueren Teilchen aus diesen Schauern, und zwar etwa drei pro Minute, Ihren Körper und erhöhen den Pegel der natürlichen Hintergrundstrahlung.

Wenn Sie daher etwas über die Radioaktivität lesen, die man kürzlich irgendwo entdeckt hat, so bedenken Sie, daß die meisten Orte bereits radioaktive Stoffe beherbergen, und die Frage, die Sie stellen, sollte nicht lauten: «Ist das radioaktiv?», sondern: «Ist dies mehr Radioaktivität, als normalerweise vorhanden?»

601 **Sämtliche Atomenergie stammt aus der Umwandlung der Masse.**

Wann immer ein Atomkern seinen Zustand verändert, vollzieht sich eine kleine Veränderung in seiner Masse. Wenn, wie beim Zerfall, die Summe der Massen nach der Veränderung geringer ist als zuvor, dann ist dieser Massenunterschied in Energie umgewandelt worden.

Es gibt zwei unterschiedliche Vorgänge, bei denen kein Zerfall stattfindet, die man gewöhnlich mit dem Begriff «Atomenergie» in Zusammenhang bringt. Die Rede ist von der Kernspaltung und der Kernfusion oder Kernverschmelzung.

602 **Die Kernspaltung ist ein Vorgang, bei dem aus einem größeren Kern zwei oder mehrere kleinere Tochterkerne entstehen.**
Durch die Spaltung einiger Kerne wird Energie freigesetzt, und die Spaltung weiterer Kerne erfordert eine Energiezufuhr. Die bekannteste Spaltung, die Energie liefert, ist jene von Uran 235, das sich nach dem Zusammenstoß mit einem sich langsam bewegenden Elektron aufspaltet und Energie (in Form der Bewegung hochgeschwinder Fragmente) sowie einige Neutronen erzeugt, von denen jedes weiterhin noch mehr Spaltungen erzeugen kann. Das Resultat: eine nicht abreißende Freisetzung von Energie, solange der Nachschub von Uran 235 anhält.

Spaltungsreaktor

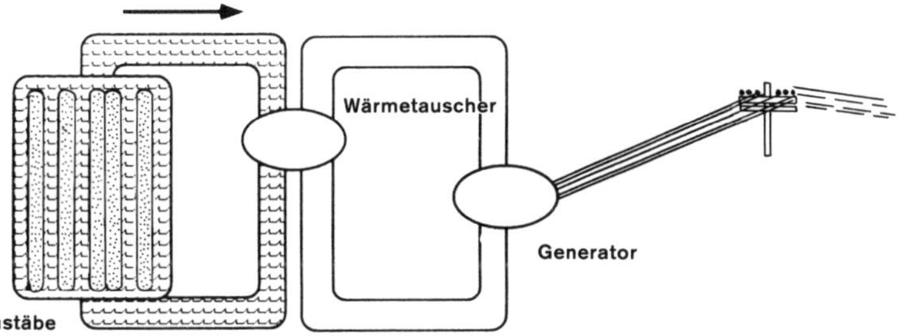

603 **Mit hoher Wahrscheinlichkeit stammt die Elektrizität in Ihrem Haushalt aus dem Reaktor eines Atomkraftwerks (AKW).**
Und so funktioniert ein Reaktor (siehe Schema): Uran 235 ist in den Brennstäben vom Durchmesser eines Bleistifts enthalten. Die bei Spaltreaktionen erzeugten Neutronen verlassen ihren «Heimatbrennstab», werden von Wasser oder einer Flüssigkeit zwischen den Brennstäben abgebremst und zünden eine Spaltreaktion in einem anderen Brennstab. Durch all diese Reaktionen wird Wasser erwärmt, das durch Rohre außerhalb des eigentlichen Reaktors gepumpt und dazu benutzt wird, das Wasser in einem getrennten Rohrleitungssystem zu erwärmen. Der Dampf in diesem Sekundärsystem treibt die Generatoren an, welche eigentlich die Elektrizität erzeugen.

604 **Die Kernfusion ist ein Vorgang, bei dem zwei kleine Atomkerne zu einem einzigen größeren Kern verschmelzen.**
Die wichtigste Fusionsreaktion ist jene, bei der aus Wasserstoff Helium entsteht. Dieser Vorgang versorgt die Sonne und andere Sterne mit Energie. Und diesen Vorgang versuchen wir bislang in unseren Labors herzustellen, damit er uns zur Erzeugung elektrischer Energie dienen kann.

605 **Historisch gesehen wurde bei der Nutzbarmachung der Kernfusion versucht, die Bedingungen zu reproduzieren, unter denen die Fusion im Innern der Sterne stattfindet.**
Dies bedeutet: Man erwärmt Wasserstoffgas auf sehr hohe Temperaturen und verdichtet es in Magnetfeldern, bis die Fusion in Gang gesetzt wird. Diesen Vorgang nennt man «heiße» Fusion. Bisher waren wir noch nicht in der Lage, eine eigenständige, andauernde und gesteuerte Fusionsreaktion zu erzeugen.
1989 behaupteten Naturwissenschaftler, sie hätten die Möglichkeit eines anderen Wegs zur Fusion entdeckt – den sogenannten «kalten» Fusionsprozeß. Der Fehlschlag anderer Naturwissenschaftler bei dem Versuch, die ursprünglichen Ergebnisse zu reproduzieren, führte dazu, daß man diesen Weg zur Kernfusion bald aufgab.

Quantenoptik

606 **Moderne Optik bedeutet Quantenoptik.**
In den fünfziger Jahren galt die Optik in den Augen der Physiker als ein eher zum Aussterben verurteiltes Forschungsgebiet – es schien wenig Aussichten dafür zu geben, daß man auf interessantes neues Wissen stoßen würde. Nach und nach wurde sie aus dem Lehrplan für den Studiengang Physik an den Universitäten gestrichen.
Diese Situation hat sich gewandelt. Mit der Einführung des Lasers hat dieses Forschungsgebiet einen neuen Aufschwung erlebt. Moderne optische Geräte werden vor allem von den Quanteneigenschaften des

Lichtes bestimmt, und um diese Forschungsrichtung von der klassischen Optik zu unterscheiden, die das Licht lediglich wie eine Welle behandelt, bezeichnet man sie gewöhnlich als «Quantenoptik».

607 «Laser» ist die Abkürzung für *light amplification by stimulated emission of radiation* (Lichtverstärkung durch erzwungene Emission von Strahlung).

Und so funktioniert er: Am Anfang befindet sich ein System, in dem viele Atome Elektronen in einem angeregten Zustand besitzen. Ist ein Photon vorhanden, dessen Energie genau dem Energieunterschied zwischen den erlaubten Bahnen in den Atomen entspricht, so regt das Vorhandensein dieses Photons Elektronen in den oberen Bahnen an, auf die nächstniedrigere Bahn überzuwechseln und dabei ein weiteres Photon abzugeben. Das abgegebene Photon besitzt dieselbe Energie wie das erste, und so richten sich beide Kamm an Kamm aus. Das zweite Photon regt seinerseits die Abgabe von Atomen an, wie ihrerseits alle nachfolgenden Photonen auch. Das Resultat: Ein einzelnes Photon erzeugt eine Flut an identischen Photonen im Stoff.

Zu beiden Seiten der Anhäufung von Atomen gibt es einen Satz paralleler Spiegel. Photonen treffen auf diese Spiegel und werden durch den Stoff zurückgespiegelt. Jedes Photon kann daher milliardenmal

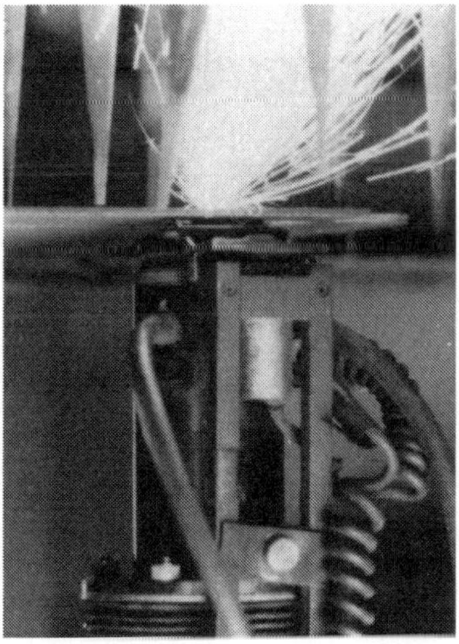

Laser beim Schneiden von Metall in einer Fabrik

hin und her geworfen werden, wobei es sich verstärkt. Der wichtige Aspekt besteht darin, daß nur jene Photonen innerhalb des Lasers bleiben, die sich exakt rechtwinklig zu den beiden Spiegeln bewegen. Jedes Photon, das sich in einem Winkel darauf zubewegt, wird mehrmals abgelenkt und verschwindet über die Enden.

Das Endergebnis dieses Vorgangs besteht darin, daß es Fluten von präzise ausgerichteten Photonen gibt, die innerhalb des Lasers hin und her hüpfen. Bei jedem Sprung treten einige Photonen aus, und diesen «Austritt» nehmen wir als Laserstrahl wahr.

608 Laser müssen «aufgepumpt» werden.

Nachdem die Photonen wie oben beschrieben abgegeben wurden, muß Energie hinzugefügt und müssen die Elektronen in einen angeregten Zustand zurückversetzt werden.

Dies kann auf vielerlei Weise geschehen. Der Laser kann erwärmt werden, so daß die Atome durch Zusammenstöße neue Energie erhalten. Aus einer anderen Quelle kann dem Laser Licht zugeführt werden – bei manchen Lasern geschieht dies durch so etwas wie ein Fotoblitzlicht. Heutzutage ist es nicht einmal ungewöhnlich, einen Laser dazu einzusetzen, einen anderen «aufzupumpen». Welche Methode auch immer man wählt, der Laser bedarf einer ständigen Energiezufuhr, wenn er funktionieren soll.

609 Laser sind vielfältig einzusetzen.

In den sechziger Jahren waren die Laser noch exotische, von Laborwissenschaftlern entwickelte Werkzeuge, mit deren Hilfe sie Grundlagenforschung über die Atomstruktur durchführten. Heutzutage sind sie in unserer Gesellschaft überall im Einsatz – in der Medizin als chirurgisches Werkzeug zum Beispiel, in der Vermessung und in der Produktion, um nur einige Bereiche zu erwähnen. Es gibt sogar banale Verwendungen – man reicht mir häufig einen Laser, damit ich während meiner Vorlesung auf Details in meinen Dias deuten kann. Dies ist ein denkbar gutes Beispiel dafür, welchen tiefgreifenden Einfluß die scheinbar nutzlose Grundlagenforschung auf die Volkswirtschaft haben kann.

610 Der (vielleicht) größte Laser ist der ALPHA,
der von der TRW Corporation betrieben wird. Er schafft eine kontinuierliche Leistung von mehreren hundert Kilowatt, so daß er mit Sicherheit einer der mächtigsten Laser der Welt ist. Da die meisten Hochleistungslaser jedoch im Verteidigungswesen Verwendung finden, werden Informationen über sie als geheim eingestuft. Es gibt vermutlich noch leistungsstärkere Geräte als den ALPHA, aber niemand redet darüber.

611 In optischen Systemen aus Fiberglas kann sich das Licht um Ecken herum bewegen.
Bewegt sich das Licht von einem weniger dichten in ein dichteres Medium (wenn es vom Glas ins Freie tritt), so unterliegt die Lichtbrechung einer eigenartigen Erscheinung. Fällt das Licht in einem flachen Winkel auf die Schnittstelle zwischen den beiden Medien, so wird es nicht in die Luft, sondern ins Medium zurück reflektiert. Diese Erscheinung heißt «Totalreflexion».
Gelangt das Licht gerade unter einem richtigen Winkel in einen Glaszylinder, so kann es nie herausfinden, denn wenn es sich der Oberfläche nähert, so wird es zurückgespiegelt. Das Licht sitzt in der Falle und kann lediglich den Zylinder entlangfahren. Auch wenn der Zylinder aus Fiberglas besteht und um Ecken und in Knoten verläuft, das Licht gelangt nicht hinaus. Eben dank dieses Aspekts im Lichtverhalten konnte die neue Technologie der Fiberoptik aufkommen.

Ein Glasfaserkabel biegt einen Lichtstrahl in Schleifenform.

612 Mit Fiberoptik können Bilder erzeugt werden.

Das Fernsehbild setzt sich aus Millionen schwarzer und weißer (oder farbiger) Punkte zusammen, die das menschliche Auge als zusammenhängendes Bild wahrnimmt. Auf dieselbe Weise funktioniert die Fiberoptik. Eine große Anzahl kleinster Fiberglasleitungen wird zu einem Bündel zusammengefaßt. Ein Gegenstand wirft Licht auf das freie Ende eines Bündels, und das Licht, das in jede Fiberleitung eintritt, wird unverändert ans andere Ende übertragen. An diesem entfernten Ende erhält man daher eine Reihe von Lichtpunkten, die – wie im Fall der Bildröhre im Fernsehgerät – vom menschlichen Auge als zusammenhängendes Einzelbild wahrgenommen werden.

613 In einem Krankenhaus begegnet man unweigerlich der Fiberoptik.

Früher war es üblich, daß die Chirurgen erst einmal den Körper aufschnitten, um nachzusehen, wie es im Innern aussah. Heutzutage reicht es, wenn sie einen so kleinen Einschnitt machen, daß sie ein biegsames Rohr von der Dicke eines Bleistiftes einführen können. Dieses Rohr ist mit einer Beleuchtungseinrichtung bestückt und besteht aus einem optischen System aus feinsten Prismen und Linsen. Das Licht gelangt nach draußen, wie im vorigen Artikel beschrieben, und wird zu einem Fernsehbild. Auf diese Weise kann ein Chirurg etwa ein Kniegelenk untersuchen, ohne es aufschneiden zu müssen. Manchmal sogar wird die Fiberoptik mit miniaturisierten Werkzeugen kombiniert, die durch dieselbe Rohrleitung wie die Fiberoptik eingeführt und von außerhalb des Körpers gehandhabt werden können.

614 Falls Sie einen Artikel über einen Patienten lesen, der an einem beschädigten Knieknorpel leidet und der «arthroskopisch» operiert wird, so haben Sie es mit dem Einsatz der Fiberoptik und miniaturisierter Werkzeuge zu tun.

Das Knie wird operiert, ohne daß der Chirurg es öffnet, und der Patient kann schon (es sei denn, er ist ein Angsthase) am nächsten Tag gehen und häufig innerhalb von ein paar Wochen seine volle Tätigkeit wiederaufnehmen. Gar nicht auszudenken, wie unsere

Profifußballer ohne die Fortschritte der chirurgischen Kunst dastehen würden!

615 Die Fiberglasoptik wird im Kommunikationswesen eingesetzt.
Wenn Sie früher telefonierten, wurde Ihre Stimme in Elektrosignale umgewandelt und in Telefondrähte aus gewöhnlichem Kupfer eingespeist. Solche Kupferdrähte können nur eine geringe Anzahl von Nachrichten gleichzeitig befördern. Nunmehr kann der Klang Ihrer Stimme in Signale umgewandelt werden, die vom Licht in einem System aus Fiberoptik befördert werden. Da die Wellenlänge dieses Lichts, verglichen mit jener der gewöhnlichen Elektrosignale, sehr kurz ist, vermag man sehr viel mehr Nachrichten in einem einzelnen Kabel unterzubringen, als man bis dato auf konventionelle Weise befördern konnte. In den Vereinigten Staaten wird ein Großteil des Fernsprechverkehrs zwischen den Großstädten, besonders an der Ostküste, mit Hilfe der Kabel aus Glasfaser und über Satelliten, nicht mehr aber über Kupferdraht übertragen.

616 1989 wurde das erste transatlantische Fiberglaskabel im Ozean verlegt.
Nunmehr kann Ihr Telefongespräch in die Vereinigten Staaten über diese Fiberglasleitung geschaltet werden.

Elementarteilchen

617 Es gibt Hunderte von Elementarteilchen.
Obwohl wir uns den Atomkern gewöhnlich als eine statische Ansammlung aus Protonen und Neutronen vorstellen, ist er vielmehr etwas Dynamisches. Alle Arten von Elementarteilchen schwirren herum, krachen ineinander, entstehen und zerfallen, während ihre Energie in Masse umgewandelt wird und umgekehrt. Im Innern eines

Atomkerns geht es vermutlich so zu wie inmitten eines Feuerwerks zu Silvester.
Sämtliche Elementarteilchen zu entdecken und zu sichten, die im Innern des Kerns ein flüchtiges Leben führen, ist die Hauptaufgabe der Elementarteilchenphysik. Seit den fünfziger Jahren sind mehr als zweihundert dieser Elementarteilchen entdeckt worden.

618 **«Elementarteilchen» zu untersuchen ist wie Zwiebeln zu schälen.**

In den beiden letzten Jahrhunderten sind wir durch eine «Elementarstruktur» nach der anderen hindurchgegangen und haben erfahren, daß noch eine weitere Struktur darunterliegt. Zuerst lernten wir die Atome kennen. Dann haben wir die Atome aufgespalten und erfahren, daß es Kerne gibt. Dann haben wir die Kerne auseinandergenommen und gelernt, daß es Elementarteilchen gibt. Heutzutage nehmen wir an, daß diese «Elementarteilchen» aus Quarks bestehen. Es stellt sich folgende Frage: Sind wir am Ende der Zwiebelschalen angelangt oder gibt es noch mehr davon?

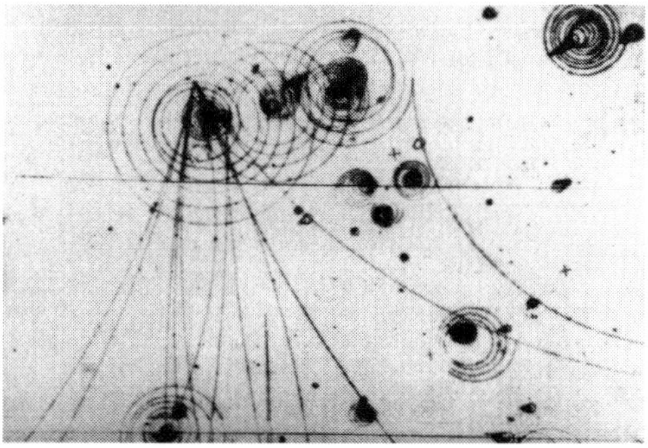

Wechselwirkungen zwischen Elementarteilchen in einem Teilchenbeschleuniger

619 **Elementarteilchenphysik wird mit Teilchenbeschleunigern betrieben,**

auch «Atomzerschmetterer» genannt. Dies sind Maschinen, in welchen Protonen oder Elektronen so lange beschleunigt werden, bis sie sich beinahe mit Lichtgeschwindigkeit fortbewegen. Alsdann läßt man sie auf ein Ziel aufschlagen. Dahinter steckt folgende Vorstellung: Wenn man einen Atomkern so hart gegen etwas prallen läßt, daß er auseinanderbricht, erfährt man, woraus er sich zusammensetzt. Dieser Vorgang ist mit jenem verglichen worden, bei dem man Uhren von einem Wolkenkratzer hinunterwirft, um zu erfahren, woraus Uhren bestehen.

620 Der SSC (Superconducting Supercollider) wird der schnellste Teilchenbeschleuniger, falls man sich zu seinem Bau entschließt.
Heutzutage stehen die größten Teilchenbeschleuniger der Welt im Fermi National Accelerator Laboratory (Fermilab) etwas außerhalb Chicagos und im Europäischen Zentrum für Atomforschung (CERN) in Genf. Es liegen bereits Pläne zum Bau einer monströs großen Maschine mit einem Durchmesser von mehr als achtzig Kilometern südlich von Dallas in der Schublade. Das Projekt trägt die Abkürzung SSC (für Superconducting Supercollider). Falls man sich zum Bau entschließt, dürfte er so etwa in der Größenordnung von acht Milliarden US-Dollar kosten und wäre so groß, daß eine Großstadt innerhalb seines Umfangs Platz fände. Ziel dieser Anlage soll es sein, die Vereinigung der fundamentalen Kräfte zu erkunden (siehe unten).

621 Es gibt zwei Grundarten von Elementarteilchen –
diejenigen, die sich im Innern eines Kerns befinden, und die anderen. Elementarteilchen wie die Protonen und Neutronen im Innern des Kerns werden Hadronen genannt (griech. *hadros* «stark»). Elementarteilchen, die sich außerhalb des Kerns befinden, heißen Leptonen (griech. *leptos* «leicht»). Elektronen auf weit vom atomaren Mahlstrom entfernten Bahnen sind Beispiele für Leptonen.

OFFENE FRAGEN

622 Weshalb gibt es überschüssige Leptonen?
Neben dem Elektron gibt es zwei weitere, den Elektronen zum Verwechseln ähnliche Elementarteilchen mit dem einzigen Unterschied, daß diese schwerer sind. Sie werden mu- und tau-Mesonen genannt. Aus welchem Grund die Natur das Elektron geschaffen hat und sich dann die Mühe macht, es wieder und wieder zu schaffen, bleibt eine der fortdauernden Grundfragen der Physik.

623 Es gibt drei Arten Leptonen, die Neutrinos genannt werden.
Diese Elementarteilchen besitzen keine Masse, keine elektrische Ladung und bewegen sich doch mit Lichtgeschwindigkeit fort. Einer meiner Studenten fragte mich einmal: «Wenn die Leptonen nichts wiegen und nichts tun, woher wollen Sie dann wissen, daß sie vorhanden sind?» Eine gute Frage! In Wirklichkeit setzte man in den dreißiger Jahren die Existenz der Neutrinos voraus, doch Beweise dafür gab es erst in den fünfziger Jahren, als man auf ihre (sehr seltenen) Reaktionen mit der gewöhnlichen Materie stieß.

624 Hadronen bestehen aus Quarks.
1964 wiesen die am Caltech forschenden Naturwissenschaftler Murray Gellmann und Fred Zweig unabhängig voneinander darauf hin, daß die «Elementarteilchen» nicht wirklich elementar seien, sondern sich aus Bestandteilen zusammensetzen, die noch elementarer sind. Zu dieser Zeit nahmen sie an, daß es noch drei dieser elementareren Dinge gebe, und sie nannten sie «Quarks». Der Name stammt aus der Zeile in *Finnegan's Wake* von James Joyce, in der von «three quarks for Muster mark» die Rede ist.
Seither haben wir erfahren, daß es insgesamt sechs statt der vermuteten drei Quarks gibt. Ihre Namen sind phantasievoll – u (up)-, d (down)-, s (strange)-, c (charm)-, b (bottom)- und top-Quarks (es sei denn, Sie haben in Harvard studiert, denn dort werden die beiden letzten beauty- und truth-Quarks genannt).

625 Noch nie hat man ein Quark gesehen,
obwohl man überall danach Ausschau gehalten hat. In den sechziger Jahren betrachtete man diese Tatsache als Beweis gegen die Vorstellungen von den Quarks. Dank ihres wie üblich selbstbewußten Auftretens haben die Theoretiker aus der Not eine Tugend gemacht und Theorien aufgestellt, denen zufolge man sie überhaupt nicht sichten kann. Sie gehen von der Vorstellung aus, daß die Quarks in den Elementarteilchen eingeschlossen sind, und versucht man, sie dort herauszubrechen, so schafft man auf diese Weise lediglich nur noch mehr Elementarteilchen. Es scheint so, als wären die Quarks wie das Ende eines Gummibandes – zieht man daran und reißt es, so hält man zwei kürzere Bänder in der Hand, dagegen nie das Ende eines Bandes.

626 Alles besteht aus Quarks und Leptonen.
Um Elementarteilchen zu erhalten, setzt man zuerst die Quarks zusammen. Um dann die Kerne zu erhalten, setzt man die Elementarteilchen zusammen. Danach hängt man die Elektronen auf ihren Bahnen auf, um die Atome zu vervollständigen. Schließlich verbindet man sämtliche Atome miteinander, um alle Substanzen im Universum zu schaffen.
Die meisten Physiker sind der Meinung, daß wir mit Quarks und Leptonen die Grundstruktur der Materie entdeckt haben. Einige wenige Rebellen jedoch sind davon überzeugt, daß die Quarks ebenfalls nicht «elementar» seien, sondern aus anderen Dingen bestehen, die sie «Preonen» nennen.
Wenn auch die Geschichte der Elementarteilchenphysik jemanden bestimmt nicht dafür anfällig macht, Vertrauen in letzte Antworten zu setzen, so würde ich doch nicht meinen Atem anhalten, während ich auf Leute warte, die an die Preonen glauben.

OFFENE FRAGEN

627 Weshalb gibt es ebenso viele Quarks wie Leptonen?
Es gibt sechs Quarks und sechs Leptonen (das Elektron, das mu- und tau-Meson und die drei Neutrinos). Tatsächlich nehmen die meisten modernen Theorien dies als eine der grundlegenden «Gegebenheiten» des Universums an. Warum es jedoch sechs von jeder Sorte sein sollen und warum es ebenso viele von der einen wie von der anderen Sorte gibt, das weiß immerhin niemand.

628 Viele Begriffe betreffen die über 200 Elementarteilchen.
Einige darunter lauten:
Baryon: ein Elementarteilchen, bei dessen Zerfall ein Proton entsteht. Das Neutron, das in ein Proton, ein Elektron und ein Neutrino zerfällt, ist ein Beispiel für ein Baryon.
Meson: geschichtlich betrachtet ein Elementarteilchen, dessen Masse sich zwischen der eines Elektrons und der eines Protons bewegt. Heutzutage wird der Begriff auf jedes Elementarteilchen angewendet, bei dessen Zerfall kein Proton entsteht.

Fermion: ein Elementarteilchen, dessen Spin halbzahlig ist ($^1/_2$, $^3/_2$, $^5/_2$...). Protonen, Elektronen und Quarks sind sämtlich Fermionen. Fermionen sind die Bausteine der Materie.

Boson: ein Elementarteilchen, dessen Spin ganzzahlig ist (0 oder 1 oder 2...). Das Photon ist ein Boson. Bosonen tragen mit zur Erzeugung von Kräften bei, welche die Materie zusammenhalten.

629 Es gibt vier fundamentale Kräfte.

In der Rangfolge ihrer Größe sind sie:

stark: eine Kraft, die Elementarteilchen im Kern zusammenhält und die, auf einer niedrigeren Ebene, die Quarks in einem Elementarteilchen zusammenhält;

elektromagnetisch: eine Kraft, die zwischen Ladungen und Magneten wirkt;

schwach: die für einige radioaktive Zerfallsprozesse verantwortliche Kraft. Ein Beispiel dafür ist der Beta-Zerfall des Neutrons;

Schwerkraft: die Anziehungskraft, die ein Körper auf einen anderen ausübt.

630 Obwohl diese vier Kräfte sehr verschieden zu sein scheinen, werden sie von den Physikern lediglich als unterschiedliche Aspekte einer einzigen fundamentalen Kraft betrachtet.

Wenn Kräfte wie die Elektrizität und der Magnetismus als einzelne Kraft erscheinen, dann reden wir davon, daß die Kräfte sich vereinigen. Die Theorien, die diese grundlegende Einheit herausstellen, werden «vereinigte Feldtheorien» genannt. Der Teilchenbeschleuniger im CERN (siehe weiter oben) hat bereits bewiesen, daß die schwache und die elektromagnetische Kraft sich bei Energien vereinigen, die wir in unseren Labors erreichen können. Bei den in dieser Maschine zur Verfügung stehenden Energien verschwinden die Unterschiede zwischen der elektromagnetischen und der schwachen Kraft. Wir können davon ausgehen, daß bei noch viel höheren Energien sich die starke Kraft zu den beiden vereinigten Kräften hinzugesellen wird und schließlich sich alle vier Kräfte vereinigen werden.

631 Die gegenwärtig beste Theorie von den Elementarteilchen heißt Standardmodell-Theorie.

Die in den siebziger Jahren entwickelte Theorie beschreibt die Vereinigung der schwachen und der elektromagnetischen Kraft in einer Welt, in der es sechs Quarks und sechs Leptonen gibt. Die vereinigte schwache und elektromagnetische Kraft wird «elektroschwache» Kraft genannt. Die Standardmodell-Theorie ist durch Experimente in Teilchenbeschleunigerlabors sicher bestätigt worden.

632 Die Große Vereinigte Theorie (GVT) und die Theorie über das Alles (TÜA) sind die Grenzgebiete der modernen Elementarteilchenphysik.

GVT ist der Name, mit dem man die Theorien bezeichnet, welche die Vereinigung der starken und der elektroschwachen Kräfte beschreiben. Die verschiedenen Fassungen der GVT hatten bei Experimenten einigen Erfolg, versagten allerdings auf einem wichtigen Gebiet. Sie sagten voraus, das Proton, das bis dahin als stabil galt, zerfalle mit einer Halbwertszeit, die um einige Größenordnungen länger sei als die Lebensdauer des Universums. Einen solchen Zerfall hat man noch nie erlebt. Daher befinden sich die GVTs noch immer in der Phase ihrer Erprobung.

Mit Hintergedanken haben Elementarteilchenphysiker versucht, eine Theorie zu erstellen, in der sich alle vier Kräfte vereinigen. In dieser Theorie über das Alles (TÜA) gibt es nur eine grundlegende Wirkungskraft zwischen den Elementarteilchen. Die Welt wird ganz einfach, einfacher geht's nimmer – eine Art Kraft und eine Art Elementarteilchen.

Chaos

633 Ein chaotisches System ist dadurch definiert, daß sein Endergebnis sehr wesentlich von den Ausgangsbedingungen abhängt.
Ein Wasserwirbel in einem Fluß ist ein gutes Beispiel für ein chaotisches System. Läßt man an einer Stelle ein Stückchen Holz zu Wasser, so wird es an einer bestimmten Stelle auf der anderen Seite einer Stromschnelle zum Vorschein kommen. Läßt man ein zweites Holzschiffchen an einer mit der ersten fast (aber nicht vollkommen) identischen Stelle zu Wasser, so wird das zweite Holz – im allgemeinen – weit entfernt von jener Stelle landen, an der das erste vorbeikam. Das Endergebnis (die Position der Holzschiffchen) hängt also wesentlich von den Anfangsbedingungen ab (und zwar von der Stelle, an der sie zu Wasser gelassen wurden).

634 Praktisch gesehen kann das Verhalten eines chaotischen Systems nicht vorhergesagt werden.
Es ist unmöglich, die Anfangsbedingungen eines Systems perfekt und akkurat zu vermessen. Die Position eines Holzstücks zu Beginn seiner Fahrt kann beispielsweise nur so genau bestimmt werden, wie das beste zur Verfügung stehende Maßband es zuläßt. Da die Endposition des Holzstückchens sehr verschieden ausfällt, wenn das Holzstückchen beim Start um ein geringeres Maß als die Fehlermarge versetzt wird, gibt es keine Möglichkeit vorherzusagen, wo ein Holzstück schließlich landen wird.
Physiker und Schriftsteller drücken diesen Sachverhalt häufig dadurch aus, daß sie sagen, chaotische Systeme seien «unvorhersehbar». Diese Aussage bedeutet nicht, daß wir, wenn wir den Zustand eines Systems kennen, nicht in der Lage wären vorherzusagen, wo es sich irgendwann in Zukunft befinden wird – diese Art Vorhersagen werden ständig in Computersimulationen errechnet. Es bedeutet vielmehr, daß der zukünftige Zustand nicht vorherzusagen ist, weil es nie möglich sein wird, eine perfekte Serie von Messungen zur Feststellung der Anfangsbedingungen eines chaotischen Systems durchzuführen.

635 Edward Lorenz entdeckte als erster ein chaotisches System,

und zwar als der Meteorologe am MIT eine lange Computerberechnung über das Verhaltensmuster des Wetters einmal unterbrechen mußte. Statt seine Berechnungen von Anbeginn an zu wiederholen, speicherte er einige Zwischenresultate der ersten Computerberechnungen ab, gab sie erneut ein und ließ den Computer von da an weiterrechnen, wo er aufgehört hatte. Zu seiner großen Überraschung waren diese Ergebnisse sehr verschieden von den vorherigen Rechendurchgängen, bei denen er die Berechnungen nicht unterbrochen hatte.

Er entdeckte, daß der Unterschied zwischen zwei Rechenserien sich deshalb ergab, weil der Computer die Zahlen abrundete, wenn er sie zwischenspeicherte, und zwar geringfügig, als wenn er in einem Zug durchrechnete. Der Abrundungsfehler führte im Computer bei den relevanten Zahlen zu einem Unterschied in der achten Stelle hinter dem Komma. Dies war unser erster Hinweis darauf, daß wichtige Systeme in der Natur, wie etwa die Atmosphäre, extrem empfindlich auf kleine Veränderungen reagieren.

636 Computer sind das wichtigste Werkzeug beim Studium des Chaos,

und sehr viel von unserem Verständnis chaotischer Systeme stammt von laufenden Computermodellen, die diese Systeme durch die Zeit hindurch verfolgen. Zu einem normalen Forschungsproblem gehört das folgende: Eine Gleichung, die ein System beschreibt, wird notiert und mit Hilfe eines Computers gelöst. Die Startbedingung der Berechnung wird dann leicht abgewandelt und die Berechnung erneut durchgeführt. Weichen die Vorhersagen in beiden Lösungen stark voneinander ab, so ist das System chaotisch, und weitere, detaillierte Untersuchungen werden vorgenommen.

637 Chaotische Systeme sind nichtlinear.

Das Chaos unterscheidet sich von jener Art Physik, an die wir gewöhnt sind, da die Gleichungen, die chaotische Systeme beschreiben, nichtlinear sind. In einer linearen Gleichung – die Art, welche die gewohnte Physik beschreibt – verändert sich ein Faktor im direkten Verhältnis zu einem andern. Dreht man zum Beispiel den Lautstärkeregler an der Hi-Fi-Anlage auf, so ergibt eine doppelt große Drehung auch eine doppelte Lautstärke. In einem nichtlinearen System besteht keine solch einfache Beziehung. Sie entspricht viel eher dem, was die Hi-Fi-Anlage von sich gibt, wenn man sie zu laut aufdreht, und zwar Pfeifen, Verzerrungen und merkwürdige Erscheinungen aller Arten. Aus technischen Gründen ist die Lösung einer nichtlinearen Gleichung ein sehr schwieriges Geschäft, das ohne den Einsatz von Computern schlechterdings undenkbar ist.

638 Fraktale gehören zu den weiteren Erscheinungen, die in nichtlinearen Systemen auftreten.

Das Wort «Fraktale» ist eine Zusammenziehung aus «fraktionale Dimension». Man nehme zum Beispiel einen aufgerollten Gartenschlauch. Aus weiter Entfernung betrachtet besitzt er null Ausdehnung – er ist lediglich ein Punkt. Aus nächster Nähe stellt er sich als ein fester Körper dar, der daher drei Dimensionen besitzt. Aus dem Innern betrachtet schließlich wird der Schlauch eindimensional, da wir irgendeinen Punkt darauf bezeichnen können, indem wir angeben, in welcher Entfernung vom Schlauchende er sich befindet. Abhängig also von unserem Standpunkt schwankt die Dimensionalität des Schlauchs zwischen null und drei und eins. Fraktale liefern eine Möglichkeit des Umgangs mit den Zwischenbereichen.
Fraktale können in nichtlinearen Systemen auftauchen. Ein Beispiel: Man zeichne ein Dreieck und in der Mitte jeder Schenkelseite ein weiteres Dreieck. Darauf fahre man bei jeder weiteren geraden Linie damit fort. Es wird erkennbar, daß sich beim Betrachten irgendeines Teils dieses Systems bei irgendeiner Vergrößerung dasselbe Bild ergibt – das heißt, eine gerade Linie mit Dreiecken darauf. Es wird ebenso erkennbar, daß eine Beziehung zwischen der Erscheinungsweise von Dingen im unterschiedlichen Vergrößerungsmaßstab be-

Generierung eines Fraktals

steht. Denkt man etwas darüber nach, so sieht man ein, daß man durch einfaches Betrachten einer Linie nicht zu sagen vermag, um welchen Vergrößerungsmaßstab es sich dabei tatsächlich handelt.

639 Wie lang ist die Küste Englands?
Mit dieser Fragestellung führte Benoit Mandelbrot die Fraktale in die Gemeinschaft der Physiker ein. Er führte an, daß man vom Standpunkt eines Kartographen aus zu einer bestimmten Länge komme. Sehe man von einem Flugzeug aus auf die Küste hinab, so entdecke man kleine Buchten und Meeresarme, die auf einer Karte nicht verzeichnet seien. Gehe man dagegen an der Küste spazieren, so fielen einem Unregelmäßigkeiten auf, die von einem Flugzeug aus nicht zu erkennen waren. Untersuche man den Küstenverlauf gar mit einem Mikroskop, so würden noch weitere Unregelmäßigkeiten, bis hin zur Ebene einzelner Atome, auffallen. Dennoch fällt es nicht schwer sich vorzustellen, daß die bei jedem dieser Standpunkte sich ergebende Küstenlinie gleich aussehen kann. Daher ist die Küste Englands ein Beispiel für fraktale Geometrie.

MEINE PERSÖNLICHE MEINUNG

Die Chaos-Theorie wird bei weitem überschätzt. Der Öffentlichkeit ist das Chaos und seine Wichtigkeit in den Naturwissenschaften durch James Geicks hervorragendes Buch mit dem Titel *Chaos* bewußt geworden. Ich glaube allerdings, daß dieses Gebiet leider völlig überbewertet wurde. Einige Menschen haben den Eindruck, daß es eine größere Revolution unseres Denkens bewirkt und völlig die Art und Weise verändern wird, in der wir mit der physikalischen Welt umgehen. Nichts jedoch könnte weiter von der Wahrheit entfernt sein. Die Chaos-Theorie liefert vermutlich Einsichten in solche Probleme wie die Turbulenz und das Wachstum lebender Systeme. Doch höchstwahrscheinlich vermag sie über die überwiegende Mehrheit der physikalischen Erscheinungen nicht viel auszusagen, aus dem einfachen Grund, weil diese bereits gut erforschten Erscheinungen sich erfreulicherweise als linear und vorhersehbar entpuppt haben.

Das Atom

640 Ein Atom ist der kleinste Teil eines Grundststoffs, der seine Identität als chemisches Element bewahrt.

Der Name stammt aus dem Griechischen für «unsichtbar», und diese Bezeichnung wurde auch beibehalten, als sich herausstellte, daß sich die Atome aus noch kleineren Elementarteilchen zusammensetzen.

Die moderne Atomtheorie geht auf den englischen Naturphilosophen John Dalton (1766–1844) zurück, der 1808 ein Buch mit dem Titel *New System of Chemical Philosophy* veröffentlichte. Dalton entwickelte eine Theorie, die unserer modernen ähnlich ist. Er führte aus, daß es für jedes chemische Element eine unterschiedliche Atomart gebe und daß verschiedene Materialien (was wir heutzutage chemische Verbindungen nennen) einfach verschiedene Kombinationen dieser Atome sind.

641 Niels Bohr schuf das erste moderne Atommodell.

Dieses von dem jungen dänischen Physiker 1912 entwickelte Modell kennen die Physiker nunmehr unter dem Namen Bohrsches Atommodell. Die wichtigste Aussage des Bohrschen Atommodells liegt darin, daß Elektronen sich nur auf Bahnen mit gewissen, genauer bezeichneten Entfernungen zum Atomkern bewegen können. Die Bahnen mit diesen Entfernungen werden «erlaubte Bahnen» oder «Bohrsche Bahnen» genannt.

Für den Übergang der Elektronen von einer niedrigeren auf eine höhere Bahn ist eine Energiezufuhr erforderlich, da zur Überwindung der Anziehungskraft des Kerns auf die Elektronen Arbeit geleistet werden muß. Daher muß dem Atom Energie zugeführt werden, damit sich seine Elektronen in diese Richtung fortbewegen können. Umgekehrt gilt, daß beim Übergang eines Elektrons von einer höheren auf eine niedrigere Bahn Energie freigesetzt wird, die zu verbrauchen ist.

Anzumerken ist, daß verschiedene Atome verschiedene Bohrsche Bahnen besitzen, da die Energie eines Elektrons von den Kräften abhängt, die vom Kern und anderen Elektronen auf es ausgeübt werden, und diese beiden verändern sich von einem Element zum nächsten.

642 **Die Lichtstrahlung entspricht dem Übergang von einer höheren auf eine niedrigere Bohrsche Bahn.**
Befindet sich ein Elektron aus irgendeinem Grund auf einer höheren Bahn, so kann es spontan auf eine niedrigere Bahn springen. Der Energieunterschied zwischen der ursprünglichen und der letzten Bahn verläßt das Atom in Form eines Photons. Bei diesem Vorgang strahlt ein Atom Licht und andere Formen radioaktiver Strahlung ab.

643 **Absorbiert ein Atom Licht, so gelangen die Elektronen von einer niedrigeren auf eine höhere Bohrsche Bahn.**
Die Energie eines Photons kann vom Atom absorbiert und dazu benutzt werden, ein Elektron von einer niedrigeren auf eine höhere Bahn zu befördern.

644 **Die Existenz Bohrscher Bahnen erklärt, warum verschiedene Atome unterschiedliche Lichtfarben abstrahlen.**
Beim Wechsel eines Elektrons von einer Bahn auf eine andere muß es nur eine bestimmte Energiemenge absorbieren oder abstrahlen. Dies wiederum bedeutet, daß jedes Atom nur diese jeweiligen Energiemengen zu absorbieren und abzustrahlen vermag. Da die Energie eines Photons und von daher auch die Farbe seines Lichtes von der Wellenlänge abhängt, kann jedes Atom nur bestimmte Farben absorbieren und abstrahlen. Aus diesem Grunde leuchten Neonlichter rot und die Straßenbeleuchtung aus Natriumdampflampen gelb.

645 **Was ein Atom abstrahlt, nimmt es auch auf.**
Der Lichtabsorption eines Atoms entspricht die aufwärtsgerichtete Beförderung eines Elektrons zwischen zwei Bahnen, während die Abstrahlung dieser Lichtwellenlänge der Beförderung des Elektrons zwischen denselben Bahnen in umgekehrter Richtung entspricht. Da die Energiedifferenz zwischen den Bahnen nicht von der Richtung des Quantensprungs abhängt, so folgt daraus, daß ein Atom, das eine bestimmte Farbe abzustrahlen vermag, sie ebenfalls absorbieren können muß.

646 Die von einem Atom abgegebenen Farben entsprechen seinem «atomaren Fingerabdruck»,

denn nicht zwei Elemente besitzen dieselben Bohrschen Bahnen. Dieser Sachverhalt ist die Grundlage für einen Wissenschaftszweig, der Spektroskopie heißt.

Die Tatsache, daß jedes Atom eine ihm eigene Serie von Farben abstrahlt und absorbiert, ermöglicht es uns, Spuren dieses Atoms in kleinsten Materialmengen nachzuweisen. Die Abbildung zeigt eine schematische Darstellung eines Gerätetyps, mit dem man Licht aus einer Materialprobe analysieren kann. Die von der Probe abgestrahlten verschiedenen Farben des Lichts werden von einem Prisma abgelenkt, damit wir den «Fingerabdruck» dieser Probe auf einer Fotoplatte oder (meistens) auf einem elektronischen Detektor erfassen können, ein Gerät, das Spektroskop heißt. Ein solcher Fingerabdruck fällt bei jedem Atom und jedem Molekül anders aus.

Der Fingerabdruck eines Atoms wird im abgestrahlten Licht befördert.

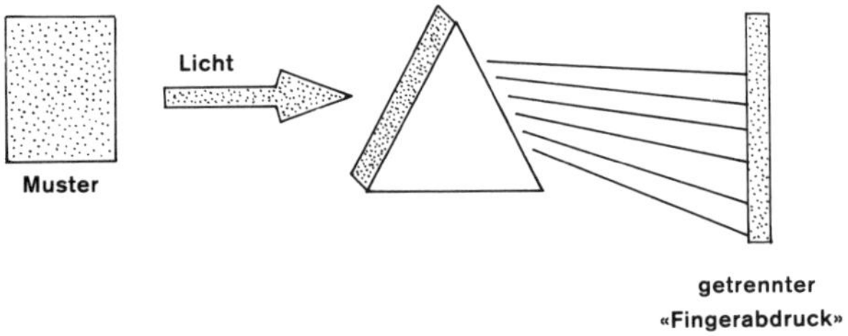

647 Die Spektroskopie hilft den Astronomen.

Zu Anfang des 19. Jahrhunderts veröffentlichte der Begründer der modernen Soziologie Auguste Comte eine Liste mit Dingen, die seiner Meinung nach auf immer unmöglich durchzuführen sein würden. Oben auf der Liste stand die Analyse der chemischen Zusammensetzung der Sterne. In Wirklichkeit ermöglichte uns die Entwicklung der Spektroskopie im 19. Jahrhundert eben genau dies. Indem wir das von den Sternen abgestrahlte Licht untersuchen, können wir die atomaren Fingerabdrücke der vorhandenen Atome ermitteln, auch wenn diese Sterne Millionen von Lichtjahren weit entfernt sein mögen und wir nie ein Stück davon in Händen halten werden.

648 **Moderne Physiker machen sich eine eigenartige Vorstellung vom Atom.**
Weil sie sich Quantenteilchen, wie etwa die Elektronen, eher in Begriffen von Wellenfunktionen denn als klassische Teilchen vorstellen, sind die Elektronen für sie eher wattige Wolken, die den Atomkern umgeben, als eine Entsprechung der Planeten, die um die Sonne kreisen. Die Gebiete, in denen die Wolken am dichtesten sind, sind jene, in denen das Elektron mit größter Wahrscheinlichkeit anzutreffen ist.

Quantenmechanik

649 **In der Welt des Atoms und seiner Bestandteile kommt alles gebündelt vor.**
Quantum ist das lateinische Wort für «wieviel» oder «Menge». Im Innern der Atome kommt alles – Masse, elektrische Ladung, Energie, Bewegung und so weiter – in Mengen vor. Nichts in dieser Welt ist glatt und beständig.
«Mechanik» ist der altmodische Begriff für die Physik der Bewegung. Daher ist die «Quantenmechanik» jener Wissenschaftszweig, der sich der Bewegung der Dinge in der subatomaren Welt widmet.

650 **Das größte Problem, das die Menschen mit der Quantenmechanik haben, rührt von unserer unbewußten Annahme her, daß die Dinge sich in der Quantenwelt auf dieselbe Weise wie in der vertrauten Welt unserer Alltagserfahrung verhalten.**
Unsere Erkenntnis darüber, wie die Dinge sich zu verhalten haben, gründet auf unserer Erfahrung mit großen Körpern, die sich mit normaler Geschwindigkeit bewegen. Es gibt keinen Grund für die Annahme, daß sich sehr kleine Dinge oder solche, die sich mit hoher Geschwindigkeit fortbewegen, auf dieselbe Weise verhalten sollten wie jene Gegenstände, die uns vertraut sind.

651 In der Quantenwelt kann man nichts beobachten, ohne es zu beeinflussen.

Innerhalb der Newtonschen Mechanik gehen wir davon aus, daß wir so etwas wie eine Billardkugel oder die Erde zu beobachten vermögen, ohne sie dabei zu verändern. Dies ist so, weil im Fall des Beobachtens einer Billardkugel die Lichtwellen, die von ihr zurückgeworfen werden und zu unserem Auge zurückkehren, so verschwindend klein sind, daß wir darauf vertrauen können, daß sie die Kugel auf keinen Fall beeinflussen. In der Quantenwelt jedoch besteht die einzige Möglichkeit zur Beobachtung eines Elektrons darin, ein weiteres Elektron (oder etwas Entsprechendes) dagegenprallen zu lassen. Bei diesem Vorgang wird das beobachtete Elektron verändert. In den Worten des Vorsitzenden Mao: «Möchte man erfahren, wie eine Birne schmeckt, so muß man die Birne verändern, indem man sie ißt.»

652 Die Heisenbergsche Unschärferelation ist Teil der Quantenmechanik.

Der deutsche Physiker Werner Heisenberg erkannte als erster, welche Folgerungen aus der Natur der Beobachtungen in der Quantenmechanik zu ziehen waren. Das Prinzip, das seinen Namen trägt, besagt, daß es – selbst im Prinzip – unmöglich ist, gewisse Dinge gleichzeitig zu messen, da ein Quantenkörper nicht beobachtet werden kann, ohne daß man ihn verändert. Zum Beispiel kann man zu einer bestimmten Zeit nicht seine Position und zugleich auch seine Geschwindigkeit genau messen. Je genauer man den Wert der Position kennt, um so weniger sicher ist man über die Geschwindigkeit, und umgekehrt.

Die genaue Aussage der Heisenbergschen Unschärferelation lautet:

$$\Delta X \Delta V \geq h/m$$

wobei ΔX die Unschärfe in unserem Wissen über die Position des Elementarteilchens, ΔV unsere Unschärfe über die Geschwindigkeit des Elementarteilchens, h eine als Plancksche Konstante bekannte Zahl und m die Masse des Elementarteilchens darstellt.

653 **Das Prinzip von der Unschärferelation behauptet nicht, es sei unmöglich, in der Quantenwelt genaue Messungen durchzuführen.**
Es besagt lediglich, man müsse die Entscheidung zugunsten einer genauen Messung auf dem einen Gebiet damit bezahlen, daß man die Hoffnung aufgibt, etwas über das andere zu erfahren. Mit anderen Worten: Möchte ich die genaue Position eines Elementarteilchens herausfinden, so führe ich eine Messung dergestalt durch, daß ΔX (die Unschärfe der Position) gleich null ist. Damit die Unschärferelation in diesem Fall zutrifft, muß ΔV (die Unschärfe der Geschwindigkeit) unendlich sein – die Geschwindigkeit kann irgendeinen Wert annehmen. Man kann also die Position genau messen, man kann die Geschwindigkeit genau messen, oder man kann beide mit einem Genauigkeitsgrad messen, der auf einem Kompromiß beruht. Die Heisenbergsche Unschärferelation besagt allerdings, daß man nicht beide zugleich exakt messen kann.

654 **Wegen des Prinzips der Unschärferelation beschreiben die Physiker das quantenmechanische System mit den Kategorien der Wahrscheinlichkeit.**
Kann man nichts darüber aussagen, ob sich ein Elementarteilchen mit einer Geschwindigkeit von fünf oder zehn Metern pro Sekunde fortbewegt, so ist man nicht in der Lage, mit höher Präzision vorauszusagen, wo es sich in zehn Sekunden befinden wird. Folglich wird man gezwungen, das Verhalten eines Elementarteilchens anhand der Kategorien einer Reihe von Wahrscheinlichkeiten zu beschreiben. In diesem Fall kann man sagen, daß sich das Elementarteilchen in zehn Sekunden höchstwahrscheinlich vierzig Meter weit entfernt befindet, doch kann es ebensogut nur zwanzig Meter weit gekommen sein, und ebenso wahrscheinlich ist es, daß es sechzig Meter weit gekommen ist. In der Quantenmechanik wird daher alles mit Hilfe von Begriffen beschrieben, die Wellenfunktionen genannt werden. Wie der Name schon sagt, ist die Wellenfunktion eine wellenähnliche Beschreibung eines Elektrons oder Photons oder anderer «Elementarteilchen». Der Kamm dieser «Welle» an einem bestimmten Punkt ist jedoch abhängig von der Wahrscheinlichkeit, das Elementarteilchen an jenem Punkt anzutreffen. Hat man es daher mit einer Welle mit einem Buckel in der Mitte zu tun, der am Ende abnimmt, so kann man aus-

sagen, daß das Elementarteilchen sehr wahrscheinlich in der Mitte zu finden und die Wahrscheinlichkeit, daß es sich an einem der beiden Enden befindet, sehr gering ist.

655 Einstein stand der Quantenmechanik kritisch gegenüber. Den meisten Menschen ist bekannt, daß Albert Einstein, obwohl selbst einer der großen Pioniere auf diesem Gebiet, in seinen letzten Lebensjahren ein unnachgiebiger Widersacher der Quantenmechanik war. Seine Einwände gegen die von der Wahrscheinlichkeit bestimmten Aussagen in der Quantenmechanik soll er in dem Satz zusammengefaßt haben: «Gott betreibt mit dem Universum kein Würfelspiel.» Eine Anekdote besagt, daß die ständigen Wiederholungen dieses Satzes Niels Bohr, den lebenslangen Freund und Kollegen Einsteins, einmal derart aufbrachten, daß er fauchend darauf erwiderte: «Albert! Hör endlich auf, Gott vorzuschreiben, was er tun soll!»

656 Quantenteilchen verhalten sich manchmal wie Wellen – man nehme nur zum Beispiel die Elektronen. Gewöhnlich stellen wir sie uns wie einen Basketball vor – als einen örtlich zu bestimmenden Materieklumpen, den wir uns als Elementarteilchen denken. Es gibt viele Situationen bei Experimenten, in denen Elektronen wie kleine Kugeln herumschwirren. Unter gewissen Umständen jedoch können bei Elektronen Interferenzerscheinungen auftreten – ein Verhalten, das wir mit Wellen in Verbindung bringen. Würden beispielsweise Elektronen gegen einen Schirm mit zwei Schlitzen prallen, so würden sich alternierende Bänder mit Ansammlungen aus Elektronen mit hoher und niedriger Intensität einstellen, genauso wie sich alternierende helle und dunkle Bänder einstellen würden, wenn Licht gegen den Schirm prallen würde. In dieser Art von Experimenten verhält sich das Elektron wie eine Welle.

657 Quantenwellen verhalten sich manchmal wie Teilchen. Dies ist ein hinreichender Beweis dafür, daß es sich bei Licht um eine Welle handelt. Andererseits scheint es sich beim photoelektrischen Effekt wie ein Elementarteilchen zu verhalten. Der (zum erstenmal von Albert Einstein 1905 erklärte) Effekt besteht in folgendem: Trifft Licht auf bestimmte Metalle, so löst es Elektronen heraus. Diese Elektronen verlassen das Metall sehr schnell – zu schnell, als daß man sie selbst mit den schnellsten modernen elektronischen Instrumenten messen könnte. Die einzige Möglichkeit einer Erklärung dieser schnellen Abstrahlung von Elektronen besteht darin zu sagen, daß sich das Licht, zumindest in diesem Fall, wie eine Billardkugel verhält, die mit dem Elektron zusammenstößt und es unmittelbar wegstößt, nicht dagegen aber wie eine Welle, die das Elektron aus seinem Atom herauswäscht.

658 Das mit dem gewöhnlichen sichtbaren Licht verbundene Photon ist etwa 90 cm lang.

Sichtbar gemachtes Photon

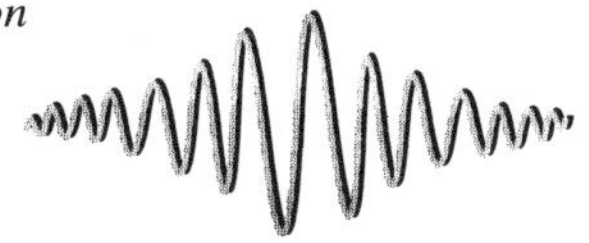

659 Stellt die Dualität von Welle und Teilchen ein Problem dar?

Zu Beginn des neunzehnten Jahrhunderts gingen die Physiker davon aus, daß alles *entweder* ein Elementarteilchen *oder* eine Welle sein mußte. Das Verhalten der Dinge in der Quantenwelt stellte sie daher vor ein Dilemma. Ob ein Elektron sich als Welle oder als Elementarteilchen verhält, hing, so schien es, von der Art des Experimentes ab, das gerade durchgeführt wurde. Sie nannten dies das Problem der «Welle-Elementarteilchen-Dualität».

Ich selbst halte die Dualität von Welle-Elementarteilchen nicht für ein Problem. Die Existenz dieses «Paradoxons» sagt uns einfach, daß wir eine unkorrekte Annahme gemacht haben. Wir wenden die falschen Kategorien auf eine neue Situation an, weil in der Quantenwelt nicht alles entweder ein Elementarteilchen oder eine Welle ist. Elektronen und Photonen sind das, was sie sind – Dinge, die uns manchmal als Elementarteilchen erscheinen und manchmal als Wellen, aber die in Wirklichkeit eine dritte Art von Dingen sind, mit denen wir nie zuvor direkt in Berührung gekommen sind.

Mit der modernen schnellen Elektronik ist es möglich, eine Situation herbeizuführen, in der ein Elementarteilchen auf einen Apparat geschossen wird und, *während das Elementarteilchen sich im Fluge befindet*, in der man wählen kann, ob man ein «wellenähnliches» oder ein «elementarteilchenähnliches» Experiment durchführen möchte, nachdem es für das Elementarteilchen zu spät ist, sein Verhalten zu ändern. Diese Experimente liefern die von der Quantenmechanik vorhergesagten Ergebnisse – wellenähnliches Verhalten beim wellenähnlichen Experiment und elementarteilchenähnliches Verhalten beim elementarteilchenähnlichen Experiment. Die Theorie ist richtig, aber wie hat man sich ein Elektron vorzustellen, das sich so verhält?

660 Die Dualität von Welle und Teilchen erklärt das Bohrsche Atommodell.

Das Vorhandensein erlaubter Bahnen im Bohrschen Atommodell gab Rätsel auf, als das Modell zum erstenmal vorgestellt wurde. Inzwischen wissen wir, daß sie die einzigen Bahnen sind, auf denen die Beschreibungen des Elektrons für Wellen und Elementarteilchen vereinbar sind. Eine «unerlaubte» Bahn wäre demnach eine, auf der das Elektron als Elementarteilchen betrachtet stabil wäre, auf der aber das Elektron als «Welle» nicht ein Vielfaches einer ganzen Zahl mal hineinpassen würde. Umgekehrt würde die Welle hineinpassen, aber das Elementarteilchen würde sich zu schnell fortbewegen, um auf der Bahn zu verbleiben. Nur wenn beide Kriterien vereinbar sind – wenn die Bahn des Elementarteilchens stabil ist und die Welle hineinpaßt –, erhalten wir eine erlaubte Bahn. Die Bohrschen Bahnen sind daher solche, für die es *ohne Belang* ist, ob ein Elektron ein Elementarteilchen oder eine Welle ist.

Das Bohrsche Atom

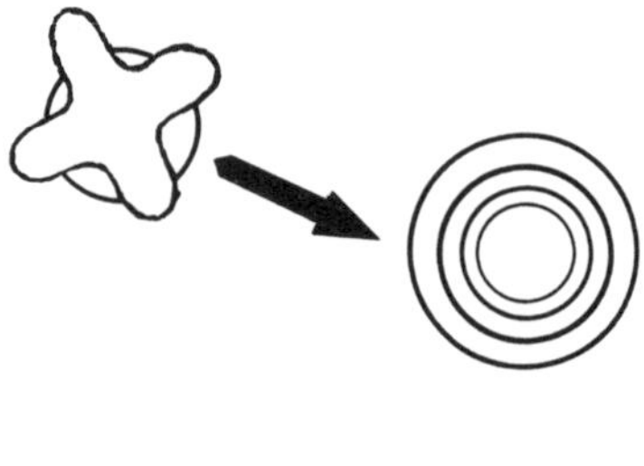

661 **Gegen Ende seiner Laufbahn dachte Albert Einstein sich eine Reihe von Paradoxa aus, mit deren Hilfe er seine Kollegen davon zu überzeugen hoffte, daß sie sich auf dem Holzweg befanden.**
Seinen letzten Abstecher auf dieses Feld machte er 1935, als er mit zwei Kollegen das vorstellte, was heute das EPR-Paradoxon genannt wird (aus den Initialen der Autorennamen zusammengestellt – Einstein, Podolsky und Rosen).
Und so lautet das EPR-Paradoxon: Wenn ein Atomkern in zwei identische Elementarteilchen zerfällt, so müssen diese Elementarteilchen sich Rücken an Rücken lösen. Wenn diese Elementarteilchen sich drehen und wenn sich das nach rechts bewegende Elementarteilchen im Uhrzeigersinn dreht, so muß sich das nach links bewegende Elementarteilchen gegen den Uhrzeigersinn drehen. Was aber geschieht, wenn man die beiden Tochterteilchen eine lange Strecke zurücklegen läßt, ohne sie zu messen, und danach nur eines mißt – das auf der rechten Seite zum Beispiel? Wenn sich dieses Elementarteilchen im Uhrzeigersinn dreht, dann muß das auf der linken Seite sich im Gegenuhrzeigersinn drehen und, so argumentierte Einstein, beide Elementarteilchen müssen den Drall beibehalten haben, ganz gleich, ob er nun gemessen wurde oder nicht. Er behauptete, dies beweise, daß die Quantenteilchen die ganze Zeit über «wirklich» festumrissene Eigenschaften besäßen und die Unschärferelation nur unserer Unfähigkeit, diese zu messen, zuzuschreiben sei. Und falls dies zutreffe, dann benötige die wirkliche Theorie, welche die Quantenwelt beschreibt, natürlich keine Erklärungen, die auf Wahrscheinlichkeiten beruhen.

662 **Das Bellsche Theorem macht aus den Behauptungen über die Wirklichkeit der Quantenmechanik eine experimentelle Frage.**
Im Jahr 1962 hat der schottische Physiker John Bell darauf hingewiesen, daß man die Grundidee hinter dem EPR-Paradoxon im Labor experimentell überprüfen könne, indem man Quantitäten untersuche, die man messen könne (wie die Beziehung zwischen der Richtung, in der sich die Elementarteilchen bewegen, und der Richtung ihrer Umdrehung). Er tat dies, indem er aufzeigte, daß gewisse Beziehungen zwischen diesen Quantitäten gelten würden, wenn das Elementarteilchen tatsächlich über einen wirklichen Drall zwischen dem

Zeitpunkt, an dem es abgestoßen, und jenem, an dem es gemessen werde, verfüge. Jedoch eine Reihe verschiedener Beziehungen gelte, falls das Elementarteilchen mit Hilfe einer Wellenfunktion während dieser Transitperiode beschrieben werden müsse (d.h. falls es, wie von der Quantenmechanik diktiert, über keinen präzisen Drall verfügt, wenn es nicht gemessen würde).
Mitte der siebziger Jahre wurden in einer Anzahl Labors rund um die Welt, vor allem aber in dem von Alain Aspect in Paris, jene Art von Experimenten durchgeführt, die Bell vorgeschlagen hatte. Sie ergaben, daß die Vorhersagen der Quantenmechanik mit ihren Wahrscheinlichkeitsaussagen zu Elektronen und Photonen zutrafen – ein Elektron verfügt tatsächlich nicht über einen präzisen Drall, bis es gemessen wird. Es scheint also, daß die Natur einfach entschieden hat, die Quantenwelt anders zu gestalten als die Welt, an die wir gewöhnt sind. Womöglich mißfällt uns dies, aber es ist nicht zu ändern.

663 In meinen Augen ist das Überraschendste an den Experimenten in der Quantenmechanik nicht so sehr deren Ergebnisse, sondern daß sie überhaupt durchgeführt wurden.
Mir kommt es fast so vor, als würde die alte Frage aus der Fachsimpelei der Studenten höherer Semester – ob nämlich eine Million Affen mit einer Schreibmaschine *Hamlet* schreiben könnten – einfach gelöst, indem jemand tatsächlich eine Million Affen zusammentreibt und sie zum Tippen bringt.

664 Wenn man die Quantenspiele spielen will, dann muß man sich nach den Quantenregeln richten.
Die Vorstellung, die Quantenmechanik fuße auf Wahrscheinlichkeitsaussagen, kann man auf einer intellektuellen Ebene akzeptieren. Wir können dies tun, weil wir tief in unseren Herzen glauben, daß das Elektron *wirklich* wie ein Basketball ist, auch wenn die Physiker in dieser Frage heikel reagieren. Das Bellsche Theorem und sein experimentelles Ergebnis zwingen uns zu dem Eingeständnis, daß sich die Quantenwelt grundlegend und unwiderruflich von der uns vertrauten Welt unterscheidet. Ohne Zweifel fällt dies den Menschen – selbst den hartgesottenen Physikern – sehr schwer.

Allgemeine und spezielle Relativitätstheorie

665 Mehr als nur ein Dutzend Menschen verstehen die Relativitätstheorie,
auch wenn der Volksmund das Gegenteil behauptet. Die spezielle Relativitätstheorie ist Unterrichtsfach für Studenten der ersten und der höheren Semester an amerikanischen Universitäten und Colleges, und die wesentlichen Grundlagen der Relativität werden auch den Studenten in höheren Semestern an den philosophischen Fakultäten unterrichtet. Sogar die allgemeine Relativität, obwohl sehr viel schwieriger, steht normalerweise auf dem Lehrplan der Studenten der Physik und Astronomie in den höheren Semestern. Wie viele andere Gedanken in der Wissenschaft auch, sind die wichtigsten Grundlagen der Relativität einfach, auch wenn die mathematischen Berechnungen hin und wieder etwas schwierig werden.

666 Die Relativität hat nichts mit dem Relativismus gemein,
der vagen Äußerung also, daß «alles auf der Welt relativ» sei. In Wirklichkeit konzentriert sich die Theorie der Relativität, wie ich im folgenden erkläre, auf jene Aspekte der physikalischen Welt, die *nicht* relativ sind, d.h. auf jene Aspekte der physikalischen Welt, die sich nicht verändern, wenn der Beobachter seinen Standpunkt wechselt. Es ist kaum bekannt, daß Albert Einstein es vorzog, von seiner neuen Theorie als der «Theorie der Invarianten» als vielmehr von der «Theorie der Relativität» zu reden. Er war der Meinung, daß diese Bezeichnung seine Gedanken besser widerspiegle. Hätten die Menschen auf ihn gehört, so wäre mancherlei Verwirrung, welche die Relativität von Anfang an begleitete, zu vermeiden gewesen.

667 Das Prinzip der Relativität besagt, daß die Gesetze der Physik in sämtlichen Referenzbezügen dieselben bleiben,
und daß dieselben Naturgesetze gelten, wo immer man sich im Universum aufhalten mag. Dies stimmt auch dann, wenn ein Ereignis für verschiedene Menschen nicht identisch zu sein scheint. Dieses Prinzip besagt, daß die Naturgesetze und nicht die Phänomene selbst als Grundlage für die Weltanschauung der Physiker dienen.

Wenn Sie zum Beispiel irgendwo stehen und ein Passagier in einem vorüberfahrenden Zug läßt einen Ball fallen, so wird ein jeder unterschiedliche Beschreibungen davon geben, was er sieht. Der Zugpassagier sagt aus, der Ball sei senkrecht hinuntergefallen, wogegen Sie meinen, der Ball habe sich während seines Falls in Zugrichtung bewegt. Sie beide werden sich daher über die Beschreibung des Phänomens nicht einigen können, und in diesem Sinn ist die Beschreibung der Bewegung des fallenden Balles in der Tat relativ.
Wenn Sie und der Zugpassagier andererseits genug Experimente durchführen, um daraus das Gesetz abzuleiten, das fallende Körper regiert, so wird jeder allein zu genau demselben Gesetz gelangen. Die Gesetze sind fest, die Phänomene sind relativ – dies ist der Grundgedanke in Einsteins Theorien.

668 Die spezielle und die allgemeine Relativität sind nicht identisch.
Die erste ist eine Theorie, die Einstein 1905 zum erstenmal veröffentlichte. Sie besagt, daß die Naturgesetze für all jene Beobachter dieselben sind, deren Referenzrahmen sich mit konstanter Geschwindigkeit im Verhältnis zueinander bewegen.

669 Die Relativitätstheorie ist Albert Einsteins bekanntestes Werk, aber den Nobelpreis erhielt er für eine andere Arbeit.
Zu Anfang unseres Jahrhunderts war die Gemeinschaft der etablierten Physiker tatsächlich noch so konservativ, daß Einstein den Nobelpreis für seine Arbeiten über den photoelektrischen Effekt erhielt. Offensichtlich haftete zu jener Zeit dem ganzen Gedanken, daß man über die Natur etwas erfahren könnte, indem man über Koordinatensysteme nachdachte, ein Hauch von Ketzerei an.

670 Die Relativität widerspricht nicht der Newtonschen Mechanik.
Beide Theorien machen Vorhersagen über die Ergebnisse von Experimenten. Diese Vorhersagen unterscheiden sich voneinander, jedoch bezeichnenderweise nur bei Körpern, die sich annähernd mit Lichtgeschwindigkeit fortbewegen. Bei Körpern, die sich mit normaler Geschwindigkeit fortbewegen, sind die Vorhersagen der speziellen Rela-

tivität und jene der Newtonschen Mechanik im wesentlichen identisch. Aus diesem Grund sagen wir, daß die spezielle Relativität die Newtonsche Physik eher umfaßt, als daß sie diese ersetzt. Sie bestätigt Newton bei niedriger Geschwindigkeit, beschreibt die Erscheinungen bei höherer Geschwindigkeit dagegen genauer.

671 Der Relativität zufolge ist die Lichtgeschwindigkeit speziell.

Diese Geschwindigkeit, die gewöhnlich mit dem Buchstaben «c» bezeichnet wird, spielt in der Relativität eine besondere Rolle, weil sie in die Maxwellschen Gleichungen eingebaut ist. Es ist die einzige Geschwindigkeit, der diese Auszeichnung widerfährt, und aus diesem Grund die einzige Geschwindigkeit, über die sich alle Beobachter verständigen müssen, wenn das Prinzip der Relativität korrekt sein soll.

672 Die Vorhersagen der Relativität stimmen nicht mit unserer Alltagserfahrung überein.

Nehmen wir einmal an, Sie stünden im Abteil eines Zuges, der mit 50 km/h fährt, und würden einen Ball mit 30 km/h nach vorne werfen. Sie erwarten, daß eine Person draußen auf der Erde den Ball sieht, der sich mit 80 km/h Geschwindigkeit fortbewegt – derjenigen des Balles plus desjenigen des Zugabteils.

Nehmen Sie nun dagegen an, Sie befinden sich im selben Abteil und senden einen Lichtstrahl nach vorne. Falls Sie messen, stellen Sie den Wert von 299 792,458 km/Sek. fest. Jemand auf der Erde jedoch würde – falls das Prinzip der Relativität richtig ist – für die Lichtgeschwindigkeit denselben Wert messen – und *nicht* etwa 299 792,458 km/Sek. plus 50 km/h. Würde die Person auf der Erde eine andere Geschwindigkeit messen als Sie, dann wären die Maxwellschen Gleichungen für beide Beobachter nicht dieselben, und das Prinzip der Relativität wäre falsch.

Nur dank der Tatsache, daß die Relativität experimentell so gut nachgewiesen ist, sind die Physiker nunmehr bereit, sich mit dieser Art von merkwürdiger Behauptung anzufreunden.

673 **Der Relativität zufolge verlangsamen sich die Uhren, die sich bewegen.**

Stellen Sie sich einmal vor, daß sie eine Uhr bauen, die wie in der Darstellung funktioniert. Eine Blitzlichtlampe leuchtet auf, das Licht trifft auf einen Spiegel, wird widergespiegelt und gemessen. Die gesamte Abfolge – Blitzlicht, Widerspiegelung, Klick – entspräche dem «Tick» einer Uhr. Würden Sie eine solche Uhr beobachten, die auf einem Zug vorüberfährt, so würde es Ihnen vorkommen, als bewegte sich das Licht wie in einem Sägezahnmuster (siehe Darstellung unten rechts) – während sich das Licht nämlich von der Lampe zum Spiegel und zurück bewegt, hat sich der gesamte Apparat nach rechts bewegt. Der Licht von der sich bewegenden Uhr zeichnet eine Diagonale, während das Licht von der stabilen Uhr einfach nur hin und her geht. Wenn sich das Licht in beiden Fällen mit derselben Lichtgeschwindigkeit bewegt, so muß das «Tick» der stabilen Uhr kürzer sein als das «Tick» der sich bewegenden Uhr. Dies ist die Grundlage für die Behauptung, daß sich bei der Relativität die sich bewegenden Uhren verlangsamen.

Die «Lichtuhr»

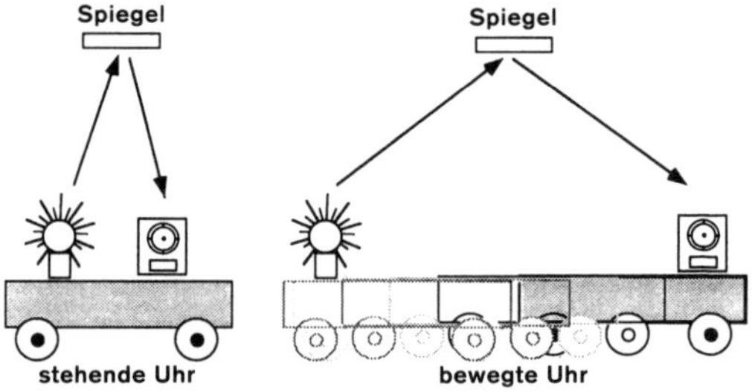

674 **Das Zwillingsparadoxon ist im eigentlich Sinn kein Paradoxon.**

Dieses Paradoxon ergibt sich daraus, daß – der Relativität zufolge – einer von zwei eineiigen Zwillingen, der sein Leben in einem Raumschiff verbringt, das sich fast mit Lichtgeschwindigkeit fortbewegt, jünger als sein Zwillingsgeschwister ist, wenn er auf die Erde zurückkehrt. Heutzutage wissen wir, daß das Zwillingsparadoxon ein wirklicher Effekt ist (siehe weiter unten). Mit anderen Worten: man sollte nicht von einem «Zwillingsparadoxon», sondern von einem «Zwillingseffekt» reden.

675 Das Verlangsamen der sich bewegenden Uhren kann experimentell überprüft werden.

In den sechziger Jahren installierte eine Gruppe von Naturwissenschaftlern an der Universität von Michigan Atomuhren auf Flugzeugen, die rund um die Uhr flogen (es handelte sich um Pan American Flug Nr. 1, falls Sie es unbedingt wissen wollen). Nachdem die Uhren von der Reise zurück waren, verglich man sie mit identischen Uhren, die im Labor verblieben waren. Das Resultat: Die sich bewegenden Uhren hatten tatsächlich weniger oft getickt als die stabilen. Natürlich waren dies keine gewöhnlichen Armbanduhren, sondern Präzisionsgeräte, welche die Zeit mit einer Genauigkeit von dreißig Dezimalstellen messen können. Und diese stützen das Prinzip, daß die Zeit relativ ist.

676 Zusätzlich zum Verlangsamen der sich bewegenden Uhren sagt die spezielle Relativität vorher, daß sich bewegende Stöcke in der Richtung ihrer Bewegung kürzer erscheinen, daß sich bewegende Gegenstände schwerer erscheinen, als wenn sie sich nicht von der Stelle gerührt hätten, und daß Masse und Energie sich entsprechen.

677 Die Behauptung «Die Relativität sagt, daß sich nichts schneller als das Licht fortbewegt» ist nicht eigentlich richtig.

Die Relativität besagt das folgende: Nimmt man einen Körper und beschleunigt ihn, so nimmt seine Masse zu. Je mehr man sich der Lichtgeschwindigkeit annähert, um so massereicher wird er, bis seine Masse – bei Erreichen der Lichtgeschwindigkeit – ins Unendliche wächst. Da es einer unendlichen Kraft bedarf, um eine unendliche Masse zu bewegen, folgt daraus, daß man den Körper nie auf Lichtgeschwindigkeit beschleunigen kann.

Diese Schlußfolgerung beweist allerdings, daß nichts, das sich nun mit einer geringeren als der Lichtgeschwindigkeit bewegt, auf diese Geschwindigkeit beschleunigt werden kann. Da sich die Photonen per Definition mit Lichtgeschwindigkeit fortbewegen, kann es stimmen, daß «nichts» sich so schnell fortbewegen kann.

678 Einige Forscher weisen darauf hin, daß es womöglich eine Klasse von Teilchen gibt, die sich stets schneller als Licht fortbewegen und nicht abgebremst werden können.
Diese Teilchen werden «Tachyonen» genannt (griech. für «schnell»; aus demselben griechischen Wort stammt auch das Wort Tachometer). Die Suche nach diesen Teilchen ist bisher erfolglos geblieben, so daß wir zur Zeit nicht wissen, ob sie existieren oder nicht. Falls sie existieren, so würden sie eine sofortige Kommunikation mit jedem Punkt im Universum ermöglichen.
Tachyonen-Forscher reden übrigens von den normalen Teilchen als «Tardyonen».

679 $E = mc^2$
Dies bedeutet: Die Energie in einem Festkörper ist gleich dem Faktor aus Masse und Lichtgeschwindigkeit im Quadrat.

680 Die Äquivalenz von Energie und Masse ist experimentell überprüft worden.
Höchstwahrscheinlich wurde zum Beispiel die Elektrizität für die Glühlampe, die Ihnen diese Buchseite während des Lesens beleuchtet, irgendwo in einem Atomkraftwerk durch die Umwandlung von Masse in Energie erzeugt. Daher können Sie behaupten, die Tatsache, daß Ihre Lampe leuchtet, wenn Sie den Schalter betätigen, sei in sich selbst nichts anderes als eine experimentelle Überprüfung der Theorie von der Relativität.
In einer ähnlichen Weise werden die Teilchen in den bekannten Beschleunigern auf eine annähernde Lichtgeschwindigkeit gebracht und dann aufeinander losgelassen. Bei diesen provozierten Zusammenstößen wird ein Teil der Energie der beschleunigten Teilchen in Masse umgewandelt, und zahlreiche neue Teilchen entstehen, von denen zuvor keins existierte.

681 Die allgemeine Relativitätstheorie ist gegenwärtig unser bester Vorschlag für eine Theorie der Gravitation.
Die Mathematik bei der allgemeinen Relativität ist sehr viel komplizierter als jene bei der speziellen Relativität. Trotzdem folgen die Re-

sultate der allgemeinen Relativität aus dem Postulat der allgemeinen Relativität mit derselben unbarmherzigen Logik wie die zitierten Resultate aus dem Postulat der speziellen Relativität folgen. Die allgemeine Relativität ist bislang unsere beste Theorie von der Gravitation.

Chemie

682 **Die Chemie ist jener Zweig der Naturwissenschaften, der sich mit der Bildung und den Eigenschaften von Molekülen beschäftigt,** die sich aus zwei oder mehreren Atomen zusammensetzen. Die Chemie ist die zentrale Wissenschaft. Sie berührt fast jedes Gebiet – wir untersuchen die chemischen Wechselwirkungen in Sternen, in Mineralien, in Zellen und in den Molekülen lebender Systeme, um nur einige Beispiele zu erwähnen.

683 **Wenn Atome zusammenkommen, setzen die einen Energie frei, wogegen die anderen Energie benötigen, um sich in Bewegung zu setzen.**
Wenn zum Beispiel Sauerstoff mit Kohlenstoff in einem Holzfeuer reagiert, so wird Wärme freigesetzt. Andererseits kann man keinen Kuchen backen, ohne dem Teig Wärme zuzuführen. Wird bei einer Reaktion Energie in Form von Wärme freigesetzt, so sagen wir, sie sei exothermisch; benötigt sie dagegen Energie, so sagen wir, sie sei endothermisch.

684 **Beinahe jeder Stoff, dem man im Alltag begegnet, besteht aus einer Kombination von Atomen und nicht etwa aus einzelnen Atomen.**
Sogar die Luft, die Sie einatmen, besteht überwiegend aus Sauer- und Stickstoffmolekülen (von denen jedes aus zwei miteinander verbundenen Atomen besteht). Die Kleidung, die Sie tragen, die Lebensmittel, die Sie essen, ja sogar Ihr Körper – alles besteht aus Molekülen.

685 Sämtliche Moleküle setzen sich aus rund hundert chemischen Elementen zusammen.

Als im achtzehnten Jahrhundert zum erstenmal die Chemie in ihrer modernen Form betrieben wurde, fanden die Chemiker schnell heraus, daß sie die normale Materie in ihre Bestandteile zerlegen konnten. Eine so komplizierte Struktur wie Holz konnte durch Verbrennen in Kohle (in Form der Holzkohle) und verschiedene Gase zerlegt werden. Als die Chemiker sich auf eine solche Weise betätigten, erkannten sie, daß die Materie mit den ihnen damals zur Verfügung stehenden Techniken nicht über eine grundlegende Einheit hinaus zu zerlegen war. Diese «unzerlegbaren» Bestandteile der Materie nannten sie Elemente. Heutzutage gibt es mehr als hundert Eintragungen auf dieser Liste der chemischen Elemente.

686 Jedes chemische Element gehört zu einer anderen Atomart.

Unterschiedliche chemische Elemente haben eine unterschiedliche Protonenzahl im Atomkern und eine unterschiedliche Elektronenzahl auf den Bahnen. Also gehört ein Atom zum Element Kohlenstoff, wenn es in seinem Kern sechs Protonen und auf seinen Bahnen sechs Elektronen besitzt, während es zum Element Sauerstoff gehört, wenn es davon jeweils acht besitzt.

687 Die Neigung eines Atoms, mit seinesgleichen zu reagieren, wird davon bestimmt, auf welche Weise seine Elektronen verteilt sind.

Nähern sich zwei Atome, so erkennt jedes Atom zuallererst die Elektronen auf den äußersten Bahnen des anderen. Ob zwei Atome sich miteinander verschränken oder getrennter Wege gehen, hängt davon ab, wie diese Elektronen verteilt sind. Also bestimmen die äußeren Elektronen, ob ein Atom sich an chemischen Reaktionen beteiligt. Die äußeren Elektronen eines Atoms werden Valenzelektronen genannt. Mit anderen Worten kann dieser Sachverhalt folgendermaßen formuliert werden: Die Valenzelektronen bestimmen die chemischen Eigenschaften eines Atoms.

688 **Elemente, die schwerer als Uran sind, werden eigens von Forschern in Labors hergestellt.**
Sie sind radioaktiv und kurzlebig. Die meisten Elemente aus der letzten Reihe des Periodensystems der Elemente (siehe weiter unten) wurden künstlich geschaffen. Im wesentlichen besteht die Technik zur Schaffung eines neuen Elementes darin, einen Kern in einen Beschleuniger zu bringen, ihn zu beschleunigen und mit einem anderen zusammenstoßen zu lassen. In der sich daraus ergebenden Reaktion verschmelzen gelegentlich zwei Kerne zu einem schwereren Kern, der – so hofft man – vor seinem Zerfall identifiziert werden kann.

689 **Den chemischen Elementen sind die unterschiedlichsten Namen verliehen worden.**
Wasserstoff zum Beispiel trägt diesen Namen, weil es der Stoff ist, aus dem Wasser besteht. Vom ästhetischen Standpunkt aus ist der Umstand höchst glücklich zu nennen, daß das deutsche Wort Wasserstoff seinem griechischen Pendant (Hydrogen) vorgezogen wurde.
Andere Elemente sind nach der Farbe des Lichts getauft worden, das sie abstrahlen – Cäsium beispielsweise bedeutet «himmelblau». In jüngster Zeit sind chemische Elemente nach berühmten Naturwissenschaftlern (Einsteinium und Mendelejewium) und Orten (Berkelium für das kalifornische Berkeley, wo dieses besondere Element zuerst gesichtet wurde) benannt worden.

690 **Einer Gruppe aus Darmstadt ist es 1982 gelungen, ein Atom des Elementes 106 herzustellen.**
Dies ist das schwerste Element aller Zeiten, und dieses eine flüchtige Atom bleibt das einzige Inventarstück auf der Welt.

691 Der russische Chemiker Dimitrij Mendelejew (1834–1907) stellte ein Periodensystem der chemischen Elemente auf.
Er erkannte, daß sich eine ziemlich eigenartige Regelmäßigkeit ergibt, wenn man die Elemente nach ansteigendem Gewicht wie folgt auflistet – zwei Elemente in der ersten Reihe, acht in der zweiten und dritten, achtzehn in der nächsten, und so weiter. Liest man die chemischen Elemente einer Spalte in dieser Anordnung, so stellt sich heraus, daß sie alle ähnliche chemische Eigenschaften besitzen. Zum Beispiel sind Wasserstoff, Lithium, Natrium, Kalium und so fort (sämtliche Elemente der ersten Spalte) chemisch extrem reaktionsfreundlich – sie verbinden sich *gerne* mit anderen Atomen. Die Elemente Argon, Neon usw. (die Elemente in der letzen Spalte) sind alle sehr stabil und gehen nur widerstrebend chemische Verbindungen ein.
Als Mendelejew sein Periodensystem zusammenstellte, fielen ihm zwei Löcher auf – Stellen, an denen Elemente hätten sein sollen, jedoch keine vorhanden waren. Diese Löcher entsprechen den Elementen, die wir inzwischen Scandium und Germanium nennen. Als sie entdeckt wurden, war die vorhersagende Kraft des Periodensystems der Elemente unbestritten.

692 Die Struktur des Periodensystems ist ein Nachhall der zugrundeliegenden Gesetze der Quantenmechanik.
Insbesondere scheint sie ein Niederschlag dessen zu sein, was unter dem Namen Pauli-Verbot bekannt ist. Dieses Prinzip besagt, daß sich in einem abgeschlossenen System zwei Elektronen nicht im genau gleichen Zustand befinden können. Stellt man sich vor, daß beim Aufbau des Periodensystems der Elemente den Bahnen um den Atomkern jeweils ein Elektron hinzugefügt wird, so erkennt man, daß nur eine begrenzte Anzahl Plätze auf jeder Bahn zur Verfügung steht.
So gibt es auf den innersten Bahnen beispielsweise nur zwei verfügbare Plätze. Möchte man daher dort ein drittes Elektron unterbringen, so kann es nicht auf die niedrigere Bahn ausweichen, sondern muß sich auf die nächsthöhere Bahn begeben. Auf der nächsten Bahn kann man acht Elektronen unterbringen, wie auch auf der nächsten,

und so weiter. Es besteht tatsächlich eine genaue Entsprechung zwischen der Anzahl Plätze für Elektronen auf einer Bahn und der Anzahl der Elemente in der entsprechenden Reihe des Periodensystems. Man kann sich das Periodensystem so vorstellen, daß man es nacheinander aufbaut, indem man die Bahnen (oder «Schalen», um im Jargon der Chemiker zu bleiben) mit Elektronen füllt und dann mit einer neuen Reihe beginnt, nachdem eine Schale aufgefüllt worden ist.

Atome in derselben Spalte des Periodensystems besitzen dieselbe Elektronenzahl in der äußeren Schale und deshalb auch ähnliche chemische Eigenschaften.

CHEMISCHE BINDUNGEN

693 Atome streben nach aufgefüllten Elektronenschalen – das heißt, ihnen ist eine Situation am liebsten, in der jede ihrer Bahnen mit Elektronen aufgefüllt ist. Ein Atom wie Natrium zum Beispiel, das ein Elektron außerhalb einer gefüllten Schale besitzt, «möchte» dieses Elektron abgeben. Auf dieselbe Weise «möchte» Chlor, das sieben Elektronen besitzt (eins weniger als die erforderliche Anzahl zum Auffüllen einer Bahn), ein Elektron aufnehmen, um eine Bahn komplett zu machen.

694 Bei der ionischen Bindung gibt ein Atom ein Elektron ab und ein anderes nimmt es auf.

Bei der Bildung von Tafelsalz (Natriumchlorid) beispielsweise gibt das Natrium ein Elektron ab und das Chlor nimmt es auf. Wegen dieser ständigen Übertragung einer elektrischen Ladung werden die beiden beteiligten Atome zu Ionen – d.h., jedes besitzt eine eigene elektrische Ladung. Daher entsteht zwischen diesen beiden Atomen eine elektrostatische Anziehung. Diese Anziehung bewirkt ihren Zusammenhalt und schließlich denjenigen der Materie. Diese Anordnung nennt man ionische Bindung.

Im allgemeinen tauchen ionische Bindungen in anorganischer Materie auf und halten Körper wie Gestein und Kristalle zusammen.

695 In der kovalenten Bindung wird ein Elektron flink zwischen zwei Atomen hin und her getauscht.

Tatsächlich teilen sich Atome ein Elektron, und dieser Teilungsvorgang dient dazu, die Atome zusammenzuhalten.

Das am häufigsten vorkommende Atom, das kovalente Bindungen bildet, ist der Kohlenstoff, der über vier Elektronen außerhalb einer gefüllten Schale verfügt. Fast sämtliche Bindungen, die organische Materie zusammenhalten, sind von dieser Art. Das Gewebe im menschlichen Körper wird weitgehend durch kovalente Bindungen zusammengehalten.

696 Eine verkümmerte Art der ionischen Bindung, die Wasserstoffbindung, ist für viele Stoffe wichtig.

Und so funktioniert sie: Wenn Wasserstoff und Sauerstoff zusammenkommen, bilden sie normalerweise eine kovalente Bindung. Der Sauerstoff jedoch zieht die Elektronen dermaßen stark an, daß er sie zu sich selbst hinzieht, wodurch der positive Teil des Wasserstoffatoms etwas unbedeckt bleibt. Diese unbedeckte positive Ladung kann dann eine elektrische Kraft ausüben und weitere Atome anziehen.

Der Effekt der Wasserstoffbindung ist ohne weiteres beim Wasser festzustellen, in dem das Molekül positiv und negativ geladene Enden besitzt. Durch diese Anordnung können Wassermoleküle auf andere Moleküle eine elektrische Kraft ausüben, auch wenn das Wasser insgesamt keine elektrische Ladung besitzt. Aus diesem Grund fällt es dem Wasser nicht schwer, andere Molekülarten anzuziehen, und erweist es sich als universelles Lösungsmittel.

697 In einem Metall haken sich alle Atome in einer einzigartigen gemeinsamen Anstrengung ein,

wobei jedes Atom ein Elektron oder mehrere zum allgemeinen Aufbau beisteuert. Diese Elektronen schweben lose durch die Materie. Deshalb ist ein Metall eine Anordnung schwer positiver Ionen in einem Meer ungebundener Elektronen. Im wesentlichen kann man sich die metallische Bindung als die logische Erweiterung der kovalenten Bindung vorstellen – es handelt sich um eine Bindung, in der alle Atome des Materials sich alle Elektronen teilen, statt daß je zwei Atome sie sich teilen.

698 **Die Van-der-Waalssche-Bindung ist die schwächste Verbindung in der Kette der Moleküle.**

Die nach dem niederländischen Physiker Johannes D. van der Waals (1857–1918) benannte Kraft entsteht auf folgende Weise: Nähern sich zwei Atome einander, so versucht die Elektronenwolke in dem einen Atom diejenige im anderen Atom abzustoßen. Resultat: diese Abstoßung drückt die Elektronenwolke vom jeweiligen Atomkern fort. Diese gegenseitige Verdrehung führt zu einer schwach elektrischen Kraft zwischen beiden Atomen.

699 **Ob ein Stoff hart oder weich, elastisch oder starr ist, hängt von der Art der Bindungen ab, die ihn zusammenhalten.**

Holz zum Beispiel ist ein ziemlich hartes Material, weil es aus langen Zellulosebändern besteht, die von Wasserstoffbindungen zusammengehalten werden. Ein Mensch kann auf einem Felsen stehen und fällt doch nicht hinein, weil das Gestein von ionischen Bindungen zusammengehalten wird, einer der stärksten interatomaren Kräfte. Den Ton können Sie in Ihrer Hand formen, weil die Kraft zwischen benachbarten Molekülschichten von der van der Waalsschen Art ist. Wie auch immer die Eigenschaften eines Materials beschaffen sind, man kann sie sich durch die Art und Weise erklären, in der seine Atome zusammengehalten werden.

700 **Ob ein Stoff fest, flüssig oder gasförmig ist, hängt davon ab, wie seine Moleküle zusammengehalten werden.**

Die soeben erwähnten Typen chemischer Bindungen tauchen vor allem bei Festkörpern auf, wo sie die Atome in eine starre Struktur einzubinden versuchen. Stößt man ein Atom an, so wird die Kraft auf alle anderen übertragen, und der ganze Festkörper bewegt sich.

Nicht so bei einer Flüssigkeit, in der die Moleküle eng auf- und nebeneinander gepackt, jedoch nicht miteinander verschränkt sind – etwa so wie die Murmeln in einem Säckchen. Stößt man ein Molekül an, so werden die anderen nicht zu einer Bewegung gezwungen.

In einem Gas sind die Moleküle größzügig voneinander getrennt und bewegen sich wie die Billardkugeln auf einem Tisch umher – gelegentlich stoßen sie zusammen, doch im allgemeinen ergibt sich eine nur minimale Wechselwirkung.

701 **Plasma kann man sich als vierten Aggregatzustand vorstellen.**
Steigt die Temperatur eines Gases stark genug an, so werden die Zusammenstöße zwischen den Atomen so gewaltig, daß dabei Elektronen von ihren Kernen losgerissen werden. Diese Zusammenstöße ergeben ein Gas, das aus freien, negativ geladenen Elektronen und schweren, positiv geladenen Kernen besteht. Dieser Materiezustand wird Plasma genannt. Ein Plasma tritt (unter anderem) in sogenannten Neonröhren und in Sternen auf.

ORGANISCHE CHEMIE

702 **Ursprünglich beschäftigte sich die organische Chemie mit den Molekülen in lebenden Organismen.**
Früher einmal nahmen die Chemiker an, daß die in lebenden Systemen vorkommenden Moleküle von denen in nichtlebenden Systemen verschieden sind. Als es ihnen im neunzehnten Jahrhundert schließlich gelang, komplizierte Moleküle zu synthetisieren, korrigierten sie jedoch ihre Annahme, und sie erkannten an, daß dieselben Gesetze für die lebende wie für die nichtlebende Materie gelten. Heutzutage versteht man unter dem Begriff «organische Chemie» im allgemeinen das Studium der Zusammensetzungen aus Kohlenstoff und Wasserstoff, gleichgültig ob sie aus lebenden Systemen herrühren oder nicht. Daher wird jemand, der sich mit der Synthetisierung von Benzin beschäftigt, als organischer Chemiker betrachtet, auch wenn er nicht notwendigerweise von lebenden Systemen ausgeht.

703 **Die organische Chemie wird von den einzigartigen Eigenschaften des Kohlenstoffs bestimmt,**
der vier Elektronen in seiner äußeren Bahn führt. Diese Elektronen können den Kohlenstoff mit Hilfe der kovalenten Bindung mit anderen Atomen verbinden. Kohlenstoff ist von besonderer Wichtigkeit dank der Fähigkeit seiner Atome, sich untereinander zu langen Ketten zu verbinden. Diese Kohlenstoffketten bilden die Grundlage für die Moleküle, aus denen sämtliche lebenden Systeme auf der Welt bestehen.
Zwei Kohlenstoffatome können sich verbinden, indem sie ein Elek-

tron austauschen, wobei man von einer Einfachbindung spricht, oder indem sie zwei Elektronen austauschen, wobei man von einer Doppelbindung spricht. Die Anzahl der Bindungen, die irgendein Atom eingehen kann, hängt offensichtlich von der Elektronenzahl auf seiner äußeren Bahn ab.

704 Der wichtigste Aspekt der organischen Chemie ist die dreidimensionale Struktur der Moleküle,
denn diese bestimmt, ob Moleküle im gewöhnlichen geometrischen Sinn «zueinander passen», so daß sich die Bindungen zwischen relevanten Atomen herstellen lassen. Zwei Moleküle, die in der Lage wären, sich miteinander zu verbinden, tun es nicht, wenn sie nicht korrekt ausgerichtet sind. Die Atome kann man sich wie komplizierte Aufbauten vorstellen, die kleine Punkte mit einem Klettverschluß besitzen. Wenn die Ausrichtung der Moleküle ungünstig ist – wenn die Punkte mit dem Klettverschluß nicht aufeinandertreffen –, dann verbinden sich die Moleküle nicht miteinander.

Zwei mögliche Darstellungen des Glukosemoleküls

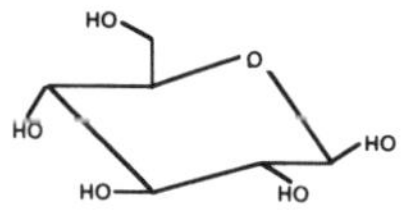

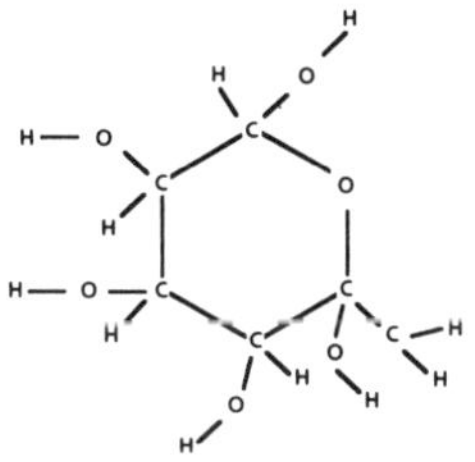

705 Es gibt einen Code, der uns bei der Darstellung organischer Moleküle behilflich ist,
denn da die Atomzahl in einem Molekül zwanzig, dreißig oder mehr betragen kann, könnten wir uns in den Details verlieren. Das von Chemikern verwendete standardisierte Bezeichnungssystem zur Beschreibung von Molekülen funktioniert wie folgt:

1. Eine Bindung wird durch eine gerade Linie zwischen zwei Molekülen dargestellt.
2. Ist das entsprechende Molekül Kohlenstoff, so wird es in der Darstellung nicht gesondert aufgeführt.
3. Wasserstoffmoleküle werden überhaupt nicht verzeichnet.

Bei dieser Art des Bezeichnungssystems wird aus einer ansonsten komplizierten Zeichnung eine einfache. Links beispielsweise wird das Molekül Glukose, eine der grundlegenden Zuckerarten, mit allen beteiligten Atomen formelhaft dargestellt. Rechts dagegen ist dasselbe Molekül entsprechend der soeben angeführten Grundregeln aufgeführt. Im weiteren Verlauf meiner Darstellung bediene ich mich dieser besonderen Darstellungsweise von Molekülen.

Anmerkung für den Leser: Weitere Verweise auf die Chemie sind in den Rubriken «Molekulare Ruhmeshalle», «Felsen und Minerale», «Moleküle des Lebens» und «Der genetische Code» zu finden.

Glossar chemischer Begriffe

Eine der großen Schwierigkeiten, denen Menschen begegnen, die sich mit der Chemie beschäftigen, ist die große Anzahl von Spezialbegriffen, deren sich die Chemiker bedienen. In dieser Rubrik liefere ich kurze Definitionen zu einigen Begriffen, die an anderer Stelle in diesem Buch nicht erwähnt werden.

BEGRIFFE ZU MOLEKÜLEN

706 Säure:
Jedes Molekül, das bei einer chemischen Reaktion einem anderen Molekül ein Proton abgibt. Eine Säure ist das Gegenteil einer Base. Sehr starke Säuren, wie die Flüssigkeit in Ihrer Autobatterie, sind ziemlich ätzend.

707 Base:
Jedes Molekül, das bei einer chemischen Reaktion ein Proton aufnimmt. Eine Base ist das Gegenteil einer Säure. Starke Basen, wie Laugen, sind ebenfalls ziemlich ätzend.

708 Ester und Polyester:

Ein Ester ist ein Molekül, das die charakteristische Struktur wie in der Darstellung aufweist. Es besteht aus einer Gruppe von Atomen, die von dem dargestellten Kohlen-Sauerstoff-Bestandteil miteinander verbunden werden. Verschiedene Ester unterscheiden sich in den Atomarten ihrer Endgruppe. Viele Parfums werden von Ester gelöst – wenn Sie zum Beispiel an einer Rose riechen, so sprechen die Ester Ihren Geruchssinn an.

Ein Ester

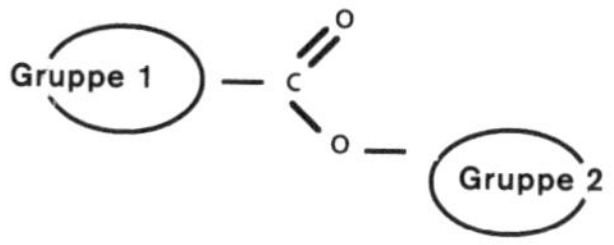

Ein Polyester ist ein Molekül, das aus einer Kette einzelner Ester besteht, die durch dieselbe Kohlen-Sauerstoff-Struktur verbunden werden. Polyester sind gewöhnlich lange, dünne Fasern und werden daher in großem Umfang bei der Herstellung synthetischer Fasern wie Dacron verwendet. Es ist ziemlich wahrscheinlich, daß sie irgendein Kleidungsstück aus Polyester am Leib tragen, während Sie dies lesen.

709 Polymere:

Jedes Molekül, das aus der Verbindung kleinerer Moleküle besteht, entweder in Form einer Kette oder in komplexeren Formen. Proteine, Stärke, Zellulose und PVC sind Beispiele für Polymere.

710 Polypeptid:

Ein Polymer, das durch die Verkettung von Aminosäuren entsteht. Polypeptide gehören zu einer besonderen Sorte von Polymeren. Proteine sind Beispiele für Moleküle, die sowohl Polypeptide als auch Polymere sind.

711 Gesättigte und ungesättigte Bindungen:

Ein bestimmtes Molekül nennen wir ungesättigt, wenn zwischen seinen Kohlenstoffatomen Doppelbindungen bestehen. In diesem Fall teilen sich zwei Kohlenstoffatome zwei Elektronen, und einem Atom von außerhalb fällt es relativ leicht, sich hineinzudrängen und ein Elektron «zu stehlen». Ein Molekül ist polyungesättigt (mehrfach un-

gesättigt), wenn es mehr als eine Doppelbindung in seiner Kohlenstoffkette enthält. Umgekehrt wird ein Molekül gesättigt genannt, wenn all seine Bindungen zwischen Kohlenstoffatomen aus Einzelbindungen bestehen. In diesem Fall ist eine ziemliche Energiemenge vonnöten, um in eine Bindung einzubrechen und eine chemische Reaktion in Gang zu setzen.
Am ehesten stößt man beim Studium von Nahrungsmitteltabellen auf die Begriffe «gesättigt», «ungesättigt» und «polyungesättigt». Ernährungswissenschaftler behaupten, daß ungesättigte oder polyungesättigte Fette der Gesundheit förderlicher seien als gesättigte. Der Begriff «hydriert» oder gehärtet wird oft auf Etiketten zur Beschreibung von Molekülen verwendet, die ursprünglich ungesättigt waren, denen aber Wasserstoff zugefügt wurde, um Doppelbindungen zu ermöglichen. Dies geschieht, um die Lagerfähigkeit dieser Nahrungsmittel zu erhöhen, hat jedoch leider Folgen für die Ernährung.

BEGRIFFE ZU REAKTIONEN

712 Katalysator:

Jedes Molekül, das eine chemische Reaktion zwischen anderen Molekülen oder Atomen erleichtert, an der Reaktion aber selbst unbeteiligt ist oder unverändert bleibt. Ein Katalysator, den Sie vermutlich kennen, ist das Platin im Katalysator Ihres Autos, der die Entfernung von Schadstoffen aus dem unverbrannten Benzin fördert.
Ein Enzym ist ein Katalysator bei Reaktionen, an denen komplizierte organische Moleküle beteiligt sind.

713 Destillation:

Ein Verfahren, bei dem vermischte Flüssigkeiten nach deren jeweiligen Dampfdrücken oder Siedepunkten getrennt werden. Erwärmt man zum Beispiel eine Mischung aus Alkohol und Wasser auf eine Temperatur gerade unterhalb von 100 °C, so siedet der Alkohol, nicht aber das Wasser. Der Dampf aus dieser Flüssigkeitsmischung enthält proportional sehr viel mehr Alkohol als die Ausgangsflüssigkeit. In diesem Fall bedient man sich der Destillation, um den Alkohol zu konzentrieren. «Destillierte Alkohole» wie etwa Whisky werden durch Destillation hergestellt.

Rohöl wird ebenfalls durch Destillation weiterverarbeitet, und verschiedene Sorten von Petroleumerzeugnissen (Kraftstoff, Benzol usw.) werden mit Hilfe einer Reihe von Destillationsprozessen aus Rohöl gewonnen.

714 Oxidation:

Jeder chemische Prozeß, bei dem ein Molekül ein Elektron abgibt. Die gewöhnlichste chemische Reaktion, bei der eine Oxidation auftritt, geschieht in Verbindung mit Sauerstoff. Das Verbrennen von Holz ist ein Beispiel für eine Oxidation.
Heutzutage verwenden die Chemiker den Begriff «Oxidation» in einem allgemeineren Sinn und sogar dann, wenn überhaupt kein Sauerstoff an diesem Prozeß beteiligt sind.

715 Reduktion:

Das Gegenteil der Oxidation, also ein chemischer Prozeß, bei dem ein Molekül Elektronen aufnimmt. Geschichtlich betrachtet verweist dieser Begriff auf Prozesse, bei denen Sauerstoff entfernt und statt dessen Wasserstoff hinzugefügt wird. Wie im Fall der Oxidation wird auch der Begriff «Reduktion» inzwischen in einem weiteren Sinn verwendet und beschreibt Prozesse, bei denen weder Wasserstoff noch Sauerstoff beteiligt sind.

BEGRIFFE ZU MISCHUNGEN

716 Legierung:

Ein Metall, das aus der Mischung von zwei oder mehr Metallen besteht (oder aus einem Metall und einem Nichtmetall). Messing beispielsweise ist eine Legierung aus Zink und Kupfer.

717 Kolloid:

Kleine Materieteilchen (jedoch größer als ein Molekül), die in einer Flüssigkeit schweben. Diese Materie löst sich nicht auf, aber die Teilchen sind so klein, daß sich das ganze System wie eine Flüssigkeit verhält.

718 Emulsion:
Eine Mischung aus zwei oder mehr Flüssigkeiten, in der eine der Flüssigkeiten in der Form winziger Tropfen oder Teilchen in der anderen vorhanden ist. Milch zum Beispiel ist eine Emulsion, wie auch manche Salatöle.

Molekulare Ruhmeshalle

NÜTZLICHE MOLEKÜLE

719 Isooctan:
Dieses besondere Molekül ist typisch für das, was Sie in Ihren Benzintank einfüllen. Es enthält acht Kohlenstoffatome (daher der Wortbestandteil «oct»). Was wir kurz als «Benzin» bezeichnen, ist in Wirklichkeit eine Mischung aus vielen verschiedenen Molekülarten wie etwa Octan. Einige dieser Moleküle (wie etwa gewöhnliches Octan) befinden sich in geraden Kohlenstoffketten. Isooctan ist unterteilt (siehe Darstellung) und wird als begehrter Kraftstoff betrachtet, da es gleichmäßig verbrennt.
In der folgenden formelhaften Darstellung benutze ich das Bezeichnungssystem der Chemiker, das ich bereits in der Rubrik CHEMIE erwähnt habe.

Isooctan

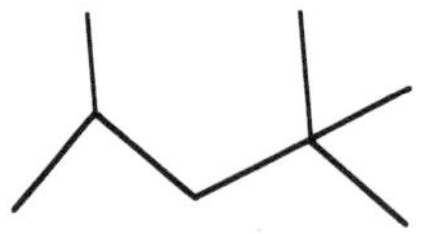

720 Einer vollständig aus Isooctan bestehenden Flüssigkeit wird die willkürliche Oktanzahl 100 zugeordnet,
wogegen eine Flüssigkeit aus einem anderen Kohlenwasserstoff wie Heptan (sieben Kohlenstoffatome in einer geraden Kette) die

Oktanzahl 0 erhält, da er als sehr unerwünschter Kraftstoff gilt (beim Verbrennen verursacht er Motorklopfen). Ein Kraftstoff mit 90 Oktan entspricht einer Mischung aus 90 Prozent Isooctan und 10 Prozent Heptan.

721 Polyvinylchlorid (PVC):

Wie viele andere große Moleküle auch, ist Polyvinylchlorid bausteinartig zusammengesetzt – es ist eine lange, sich wiederholende Kette aus kleineren Untereinheiten. Polyvinylchlorid wird vielfältig verwendet, so zum Beispiel in Form von Wasserrohren und zu anderen Zwecken beim Klempnern.

Polyvinylchlorid

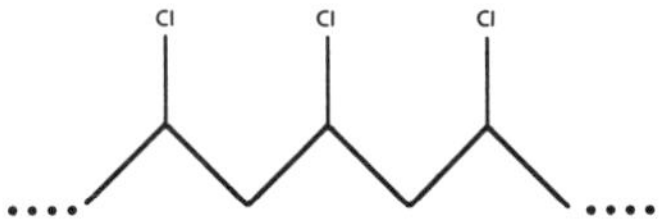

722 Morphium:

Das Morphium paßt an einen Rezeptor in einer Nervenzelle und ist daher ein natürliches Schmerzmittel. Die abhängig machende Droge Heroin ist ein Derivat des Morphiums.

Morphium

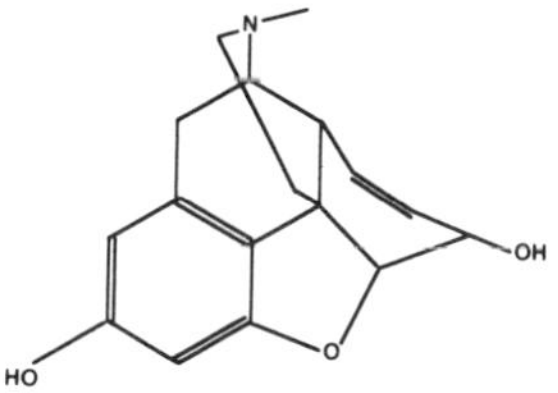

723 Salizylsäure:

Hauptbestandteil des Aspirin. Es befreit ganz offensichtlich von Schmerzen, indem es die Bildung eines Neurotransmitters (an den Nervenenden gebildete und gespeicherte chemische Substanzen, die den Impuls weiterleiten, Anm. d. Übers.) blockiert.

Salizylsäure

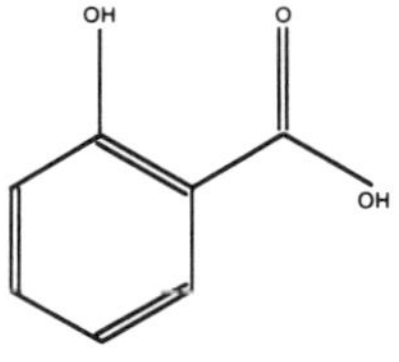

724 Trinitrotoluol (TNT):

Der wichtigste Sprengstoff in herkömmlichen Bomben. Er ist explosiv, weil die Sauerstoffatome in den drei dargestellten Gruppen fast instabil sind. Beim geringsten Anlaß verlassen sie das Atom, indem sie einige der Wasserstoff- und Kohlenstoffatome ins Innere mitnehmen. Tatsächlich verbrennen die Moleküle sich selbst, wobei sie Kohlenstoffdioxide und Wasser erzeugen. Die explosiven Eigenschaften ergeben sich aus der Tatsache, daß das Molekül einen sehr geringen Anteil festen Materials in einen großen Anteil Gas unter hohem Druck umwandelt, ein Prozeß, durch den es zu einer schnellen Ausdehnung kommt.

TNT

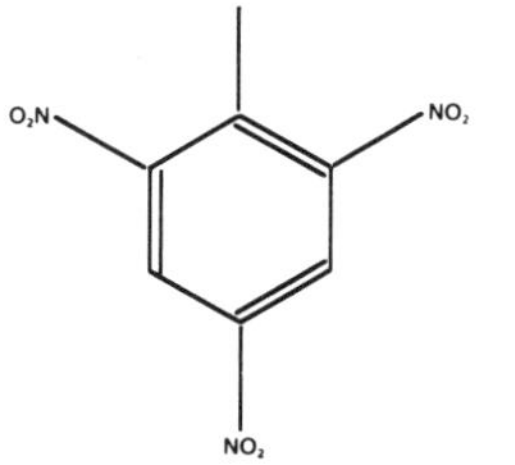

725 Cholesterin:

Obwohl das Cholesterin in jüngster Zeit eine schlechte Presse hatte, entsteht es in unserem Körper und findet bei der Erzeugung von Zellmembranen Verwendung. Leider fördert es zugleich die Bildung von Ablagerungen in den Arterien und die Arteriosklerose.

Cholesterin

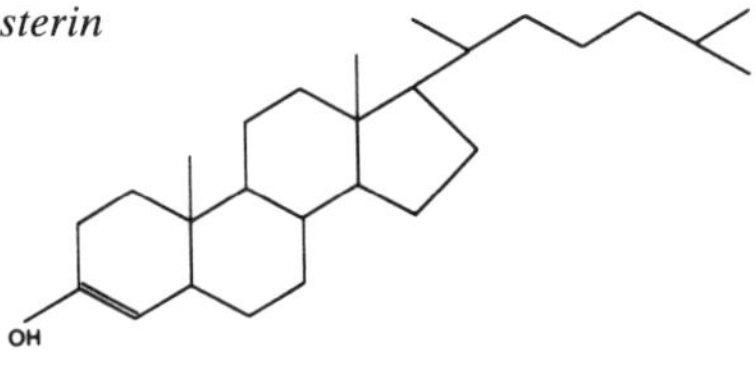

726 Äthanol:
Der aktive Bestandteil alkoholischer Getränke. Seine Primärwirkung rührt von der Tatsache her, daß es eine geeignete Form besitzt, damit die Rezeptoren der Nervenzellen es erkennen können. Wenn der Alkohol sich mit diesen Rezeptoren verbindet, so verändert es die Form der Kanäle, welche die Chemikalien in die Zellen hineinlassen, und aus diesem Grunde befällt es die Nerven.
Eine Anzahl von Beruhigungsmitteln wirkt auf dieselbe Weise. Aus diesem Grunde ist es oft sehr gefährlich, Beruhigungsmittel in Verbindung mit Alkohol zu sich zu nehmen.

Äthanol

727 Saccharin:
Einer von zahlreichen künstlichen Süßstoffen. Saccharin schmeckt süß, weil es sich mit den Protein-Rezeptoren in den Geschmacksknospen der Zunge fast auf dieselbe Weise verbindet wie der Zucker. Es wird vom menschlichen Körper nicht umgewandelt und hat daher keine Kalorien. Das Saccharin wurde 1879 entdeckt und wird seit Anfang unseres Jahrhunderts produziert.

Saccharin

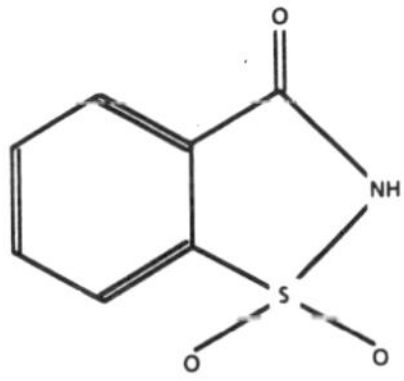

728 Koffein:
Dies ist die anregende Substanz in Kaffee und Tee. Seine Wirkung im menschlichen Körper verläuft auf Umwegen. Es gibt sich selbst als ATP (Adenosintriphosphat) aus, der universelle Energiestrom in Zellen, wodurch es die Produktion von Enzymen blockiert, welche die ATP-Erzeugung hemmen. Die Wirkung des Koffeins besteht also darin, die ATP-Erzeugung zu erhöhen. Ein enger Verwandter des

Koffeins, Theobromin genannt, ist die stimulierende Substanz in der Schokolade.

Koffein

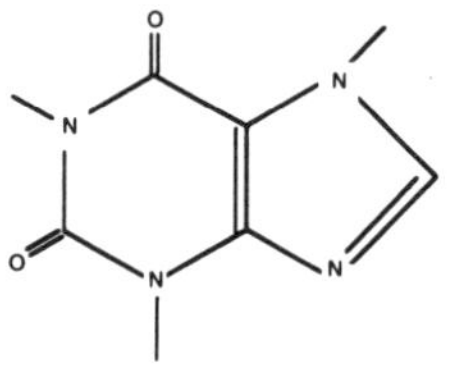

WICHTIGE MOLEKÜLE IN BIOLOGISCHEN PROZESSEN

729 Glukose:

Der natürliche Zucker, der in den meisten biologischen Systemen die Energie befördert, kommt in zwei Formen vor – als gerade Kette und als Ring. Auffallend ist die Ähnlichkeit der Struktur von Glukose mit jener des Isooctans, dem Hauptbestandteil des Kraftstoffs. Beides sind Kraftstoffe, und beide sind wichtig für uns wegen der Energie, die sie befördern.

730 Chlorophyll:

Das zentrale Molekül bei der Photosynthese. Es ist natürlich das Chlorophyll, das die Blätter grün macht.

731 Adenosintriphosphat (ATP):

ATP ist die universell gültige Energiewährung beim Funktionieren der Zellen. Es kann Energie speichern, da Energie vonnöten ist, um die letzte Phosphor-Sauerstoff-Gruppe an den Schwanz des Moleküls anzuhängen. Verfügt man daher über Energie, so kann man eine dieser Gruppen verschieben und erhält das ATP-Molekül. Das Molekül bewegt sich dann zu anderen Zellteilen, welche diese Gruppe aufnehmen können, wobei die bei diesem Prozeß gespeicherte Energie freigesetzt wird.

ATP

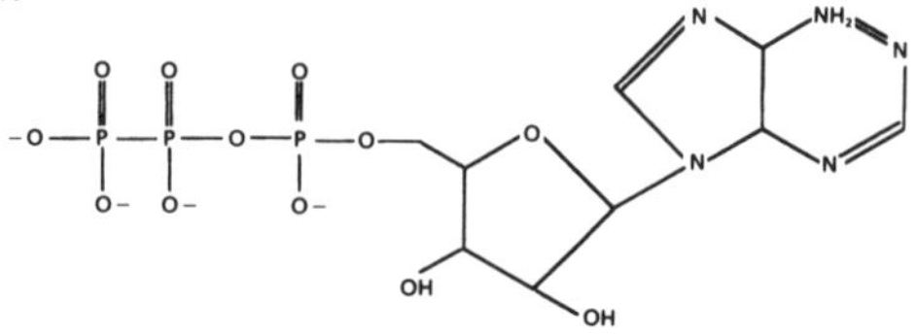

732 Stirbt ein Tier, so wird ATP nicht mehr in den Zellen synthetisiert. Da die Muskeln nicht mehr in der Lage sind, Energie zu verbrauchen, werden sie steif.
Dies erklärt auch, warum bei jemandem, der nach einem Kampf oder nach einem extremen Erschrecken (Vorgänge, bei denen die Versorgung mit ATP abrupt unterbrochen wird) stirbt, die Leichenstarre früher einsetzt. Diese banale Weisheit ist jedem Liebhaber von Kriminalromanen bestens bekannt.

EIN FEINER, ABER GEWICHTIGER UNTERSCHIED

733 Testosteron und Estradiol:
Die Darstellungen dieser beiden Moleküle sehen sich zum Verwechseln ähnlich. Sie unterscheiden sich nur im Aufbau des linken Rings und dem damit verbundenen Wasserstoff (oder OH). Dennoch macht dieser kleine Unterschied in den Molekülen den größten erdenklichen Unterschied auf der Welt aus. Das linke Molekül ist das Testosteron, das wichtigste männliche Hormon. Die Absonderung von Testosteron beginnt in der Pubertät und steuert sämtliche sekundären männlichen Geschlechtsmerkmale.
Das rechte Molekül ist das Estradiol, das wichtigste weibliche Geschlechtshormon. Die Absonderung von Estradiol beginnt in der Pubertät und versiegt allmählich in der Menopause. Es steuert die sekundären weiblichen Geschlechtsmerkmale.
Dieses Beispiel macht überdeutlich, daß man in einem Molekül nur eine kleine Veränderung vorzunehmen braucht, um eine große Veränderung in den Organismen vorzufinden, in denen dieses Molekül anzutreffen ist.

Testosteron (links) und Estradiol (rechts)

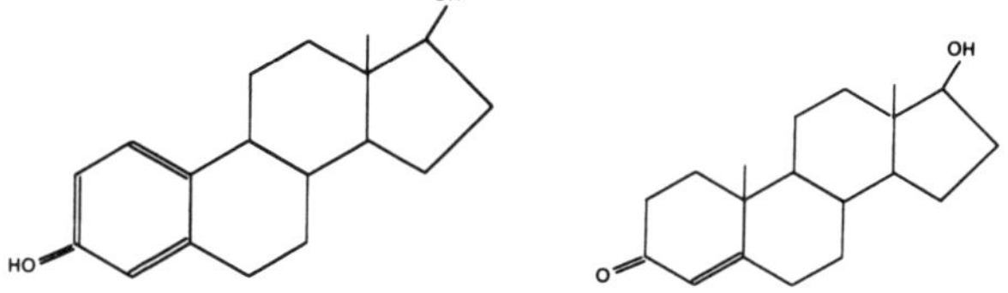

6 GEOLOGIE

Die Erde

Die Entstehung der Erde

734 Sonne und Erde entstanden zur selben Zeit.

Als sich die Sonne aus einer Wolke interstellaren Gases heraus kondensierte, verblieb eine geringe Materiemenge in einer rotierenden Scheibe außerhalb ihres Hauptkörpers. Unsere derzeit gültige Theorie besagt, daß die Schwerkraft auf diese Scheibe wirkte und jene Materie zusammenführte, welche die Astronomen kleine meteorähnliche Körper nennen – Gesteinsüberreste und gefrorene Flüssigkeiten, deren Durchmesser zwischen einem Meter und ein paar Kilometern mißt. Diese kleinen meteorähnlichen Körper bildeten die Planeten, unter anderem die Erde.

735 Während ihrer Entstehung erwärmte sich die Erde und gliederte sich auf.

Jedesmal wenn ein kleiner meteorähnlicher Körper die sich gerade bildende Erde vergrößerte, wurde seine kinetische Energie in Wärme umgewandelt. Diese wiederholten Einschläge führten dazu, daß die sich gerade bildende Erde schmolz. Während dieser Erwärmungsphase sank schwere Materie (wie etwa Eisen) zum Erdmittelpunkt, wogegen leichtere Materie (wie etwa Minerale aus Silizium) nach oben an die Oberfläche gelangten. Wie die Zutaten für eine Salatsauce, die sich eine zu lange Zeit über absetzen dürfen, so schieden sich die unterschiedlichen Materialien voneinander. Geologen sagen, daß die Erde sich während dieser ersten Phase ihrer Entstehung «aufgliederte».

736 Die Radioaktivität erzeugte in der neuen Erde Wärme.

Das Gas, aus dem das Sonnensystem entstand, enthielt eine gewisse Menge radioaktiver Kerne. Als diese Kerne von der Erde aufgenommen wurden, ging der Prozeß radioaktiven Zerfalls weiter, wobei Wärme entstand. Der Unterschied zwischen der Erwärmung durch Radioaktivität und jener durch Einschlag besteht darin, daß die Bombardierung weitestgehend zu Ende war, nachdem das meiste des frei herumfliegenden Materials in der Umgebung der Erde von ihr aufgenommen worden war. Andererseits geht die Erwärmung durch Radioaktivität auch heute noch weiter und dauert so lange fort, bis sämtliche instabilen Atomkerne zerfallen sein werden.

737 Die Erde ist in Schichten aufgebaut.

In ihrem Mittelpunkt, dem Erdkern, befinden sich die schwersten Materialien, zumeist Nickel und Eisen. Um diesen festen Kern herum gibt es eine ebenfalls feste Übergangszone mit einem Durchmesser von 1300 km, die von einem flüssigen Mantel umgeben ist, der sich bis zu einem Durchmesser von 2100 km erstreckt. Über dieser etwa 3000 km dicken Übergangszone, die sich beinahe bis zur Oberfläche erstreckt, befindet sich der flüssige Mantel – ein Teil der Erde, der überwiegend aus festem Gestein besteht. Schließlich kommt der etwa 50 km dicke obere Mantel der Erde, der aus leichtem Gestein besteht und Erdkruste genannt wird. Sowohl die Kontinente wie auch der Meeresboden sind Teile dieser Erdkruste. Die Materialien der Erde haben sich entsprechend ihrer Dichte geschieden, wobei die schwersten Materialien sich im Zentrum und die leichtesten an der Oberfläche befinden.

Innerer Aufbau der Erde

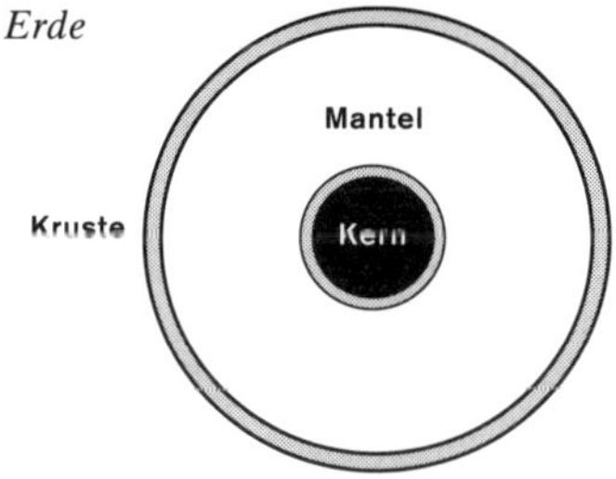

738 Der Erdkern besteht aus einem festen und einem flüssigen Teil, da sowohl Temperatur wie auch Druck zunehmen, je tiefer man ins Erdinnere vordringt,

so daß bei niedrigem Druck in der Umgebung des unteren Mantels das Material aus Eisen und Nickel sich in einem noch flüssigen Zustand befinden kann, wogegen es zum Zentrum hin zu einem Festkörper zusammengepreßt ist.

739 Hätte die Erde sich vollständig aufgegliedert, so wären weder Eisen noch Schwermetalle in der Erdkruste vorhanden.
In Wirklichkeit ist der Vorgang der Aufgliederung nicht vollständig abgelaufen, so daß an der Erdoberfläche Spuren von Schwermetallen anzutreffen sind. Ebendiese Spuren bauen wir ab, wenn wir Metallerze schürfen.

740 Je tiefer man ins Erdinnere vordringt, um so wärmer wird es.
Obwohl es im Detail Abweichungen von der allgemeinen Regel geben mag, besagt diese, daß ab einer bestimmten Tiefe von ein paar Dutzend Metern sich das Gestein nach je 300 Meter zusätzlicher Tiefe um mehrere Grad Celsius erwärmt. Aus diesem Grund sind tiefe Minen (wie etwa die Goldminen) so unwirtliche Orte zum Arbeiten – es ist nicht ungewöhnlich, daß beim Absteifen eines neuen Stollens die Gesteinstemperatur 72 °C übersteigt.

741 Wärme strömt aus der Erde,
weil das Erdinnere sehr warm ist. Dieser Energiezufluß beträgt nur zwei Prozent desjenigen der Sonne, so daß er nur eine geringe Einwirkung auf lebende Systeme besitzt. Für geologische Vorgänge jedoch ist er äußerst wichtig. Die Energiemenge, die ein Quadratmeter Erdoberfläche (durchschnittlich) abgibt, würde ausreichen, um ständig zwei Fernsehgeräte zu betreiben.

OFFENE FRAGEN

742 Woher kommt die Wärme?
Im Erdinnern gibt es zwei Energiequellen. Die eine ist die ursprüngliche Wärme, die bei der Entstehung des Planeten erzeugt wurde, die andere ist die Radioaktivität. Geophysiker sind unterschiedlicher Meinung darüber, wieviel Wärme im Erdinnern aus diesen Quellen stammt. Rührt der Wärmeüberschuß hauptsächlich aus der frühen Erwärmung her oder ist er im wesentlichen ein Resultat des radioaktiven Zerfalls? Erst wenn wir mehr Detailwissen über das Material im Erdinnern besitzen, können wir diese Frage beantworten.

743 **Mit Hilfe von Geräten wie der Diamantenamboßpresse können Forscher Temperaturen und Drücke erzeugen, die jene im Erdinnern übersteigen.**

Bei diesem technischen Verfahren wird eine Materialprobe zwischen zwei Diamantstücke gelegt und zusammengepreßt. Da Diamanten lichtdurchlässig sind, können Laserstrahlen auf das zusammengepreßte Material gerichtet werden, um dessen Temperatur zu erhöhen. In den späten achtziger Jahren waren die Forscher schließlich in der Lage, Materialproben bei Temperaturen und Drücken zu untersuchen, die im Erdinnern anzutreffen sind.

744 **Die tiefste jemals auf der Erde durchgeführte Versuchsbohrung wurde auf der Kolyma-Halbinsel in Sibirien unternommen,**

wo die damalige Sowjetunion ein Testgelände unterhielt. Beim letzten Stand war das Bohrloch tiefer als zehn Kilometer, was beinahe dem Maximum des heute technisch Möglichen entspricht.

745 **Den überwiegenden Teil unseres Wissens über das Erdinnere verdanken wir den Aufzeichnungen von Erdbebenwellen.**

Während eines Erdbebens durchqueren Wellen das Gestein im Erdbebengebiet. Wellen dieser Art heißen seismische Wellen. Einige dieser Wellen gelangen ins Erdinnere und können von entsprechend ausgerüsteten Labors auf der ganzen Welt aufgespürt werden. Anhand der Aufzeichnungen über den Ort ihres Auftauchens an der Erdoberfläche und der dazu benötigten Zeit erhalten die Forscher eine ziemlich genaue Vorstellung von den Eigenschaften des Materials, das die seismischen Wellen durchquert haben. Das meiste Wissen über den allgemeinen Aufbau der Erde wurde von derart gewonnenen Daten abgeleitet.

746 Die Erde entstand ohne Atmosphäre und ohne Ozeane.
Falls es Wasserdampf und atmosphärische Gase auf der ursprünglichen Erde gegeben hat, so haben starke Sonnenwinde der frühen Sonne sie weggeblasen. Daher war die Erde zu Beginn eine feste Kugel aus geschmolzenem Gestein ohne Atmosphäre.

747 Die Erde kam durch «Ausgasen» zu ihrer Atmosphäre.
Bei jedem Vulkanausbruch oder jeder Entstehung einer heißen Quelle wurden Gase aus der Erdkruste und dem oberen Mantel an die Erdoberfläche befördert. Aus dieser Ansammlung von Gasen entstand die erste Atmosphäre der Erde. Als die Temperaturen unter den Siedepunkt des Wassers fielen, kondensierte das Wasser aus dieser Atmosphäre. Auf diese Weise entstanden auf der Erde die ersten Ozeane.

748 Die Zusammensetzung der frühen Erdatmosphäre ist von jener der gegenwärtigen völlig verschieden.
Die herkömmliche Theorie besagt, daß die frühe Atmosphäre aus Methan, Ammoniak, Kohlendioxid und Wasser bestand – nicht aus Sauer- oder Stickstoff. Die ersten lebenden Systeme entstanden aus den Molekülen dieser Atmosphäre.

749 Die ersten lebenden Systeme auf der Erde waren vermutlich blaugrüne Algen.
Mit Hilfe des Kohlendioxids aus der Atmosphäre und unter Einwirkung des Sonnenlichts führten die Algen die Photosynthese durch. Dabei gaben sie Sauerstoff als Abfallprodukt aus diesem chemischen Prozeß an die Umgebung ab. Zugleich brach das Sonnenlicht Wassermoleküle in der oberen Atmosphäre auf, wodurch Sauerstoff freigesetzt wurde. Aus dieser Zufuhr an Sauerstoff zur Atmosphäre ergab sich eine Verlagerung in ihrer Zusammensetzung, die man «den großen Umschwung» nannte und der vor zwei Jahrmilliarden stattfand. Zu jener Zeit veränderte sich die Erdatmosphäre von ihrem primitiven Zustand in fast genau jenen, den wir heutzutage vorfinden – in den einer sauerstoffreichen Erdatmosphäre.

750 **Seit den Ursprüngen hat sich die Gesamtwassermenge an der Erdoberfläche kaum verändert.**
Der größte Teil des Wassers in den Weltmeeren von heute stammt aus dem ersten Regenschauer, der aus der Atmosphäre auf die Erde niederprasselte. Heutzutage gibt die Erde pro Jahr etwa ein Schwimmbecken voll Wasser an den Weltraum ab, und durch die hydrothermischen Öffnungen im Meeresgrund wird ihr dieselbe Wassermenge zugeführt. Daher ist das Wasser, das Sie heutzutage verwenden, dasselbe Wasser, das von jedem anderen Lebewesen in der Geschichte unseres Planeten verwendet wurde.

751 **Der Mond besteht aus Stoffen, deren Dichte annähernd derjenigen des Erdmantels entsprechen.**
Dagegen enthält der Mond fast kaum Eisen, wie etwa die Erde in ihrem festen Kern. Dieser grundlegende Unterschied stellt jene Forscher vor enorme Probleme, die herauszufinden versuchen, wie der Mond entstanden ist.

752 **In der Zeit, als die Abspaltungstheorie hoch im Kurs stand, galt das pazifische Becken als Loch, aus dem der Mond herausgerissen worden war –**
als seine «Geburtsnarbe» sozusagen. Dank der Entdeckung der Plattentektonik wissen wir heutzutage, daß das pazifische Becken selbstverständlich nur eine Erscheinung vorübergehender Natur an der Erdoberfläche ist.

OFFENE FRAGEN

753 **Woher kommt der Mond?**
Über die Entstehung des Mondes gibt es erstens die Theorie von der Abspaltung, die besagt, daß sich der Mond irgendwann in der geologischen Vergangenheit von der Erde losgerissen hat. Dies würde erklären, weshalb der Mond anders als die Erde zusammengesetzt ist – der Mond wäre demnach aus Materie vom Erdmantel gebildet worden, nachdem der Aufgliederungsvorgang abgeschlossen war.

Da gibt es zweitens Vorstellungen, nach denen der Mond anderswo im Sonnensystem entstanden und dann von der Erde eingefangen worden ist. Diese Theorien vom «Einfangen» erklären, warum die Zusammensetzung dieser beiden Körper verschieden ist, tun sich aber schwer damit, sich über die Details dieses Einfangens auszulassen. Das Einfangen eines Körpers durch einen anderen erweist sich nämlich als sehr schwierig.
Eine Erweiterung des Repertoires an Erklärungsvorschlägen über das Vorhandensein des Mondes aus jüngster Zeit wird die große «Platsch»-Theorie genannt. Laut diesem Drehbuch traf ein riesiger Meteorit kurz nach Entstehung der Erde auf ihr auf, allerdings nachdem bereits das meiste der schweren Materie zum Zentrum hinabgesunken war. Dabei spritzte eine Menge an Materie aus den oberen Erdschichten in das Universum hoch, und aus dieser Materie bildete sich jener Körper, den wir Mond nennen.
Würde man mich bitten, jetzt eine Wette auf einer dieser Theorien abzuschließen, so würde ich wahrscheinlich auf die Platsch-Theorie setzen. Einen großen Einsatz würde ich allerdings nicht riskieren.

ALTERSBESTIMMUNG DER ERDE

754 Jegliche Altersbestimmung ist schwierig –
denn Felsgestein trägt keine Plakette mit der Inschrift «Vor zehn Jahrmillionen entstanden». Es gibt zwei wesentliche Techniken zur Altersbestimmung für geologische Bedürfnisse: Es gibt erstens die Altersbestimmung durch die Lage (die zu einer relativen Zeitskala führt) und zweitens die radiometrische Altersbestimmung (die zu einer absoluten Zeitskala führt).

755 Liegen keine Beweise für eine Unterbrechung vor, so gilt: Je tiefer sich das Gestein im Erdinnern befindet, um so älter ist es.
Die unteren Schichten im Grand Canyon zum Beispiel sind früher entstanden als die oberen. Dieses einfache Prinzip führt zu einer Zeitskala, welche die Geologen eine relative Skala nennen. Man kann eine Aussage darüber machen, welche der Schichten zuerst da war und welche danach kam, nicht aber darüber, um wieviel später diese

entstand und auch nicht darüber, wie viele Jahre eine solch einzelne Schicht bis zu ihrer vollen Entstehung benötigte.

756 Fossilien werden als Markierungen beim Erstellen einer relativen Zeitskala benutzt.

Manchmal ist es wichtig, das Gestein senkrechter Felsschichten mit anderen vergleichen zu können – beispielsweise um solche Fragen beantworten zu können wie: «Ist diese Schicht im Grand Canyon vor jener anderen in Kalifornien entstanden?» Ein Zusammenhang zwischen verschiedenen senkrechten Felsschichten wird anhand von fossilen Markierungen hergestellt. Die dahinterstehende Idee ist simpel: Falls eine Tierspezies gelebt hat, die über viele geographische Regionen hinweg verbreitet war, jedoch nur eine kurze Zeit lang existierte, und falls diese sogenannte «fossile Markierung» in zwei voneinander entfernten Felsschichten angetroffen wird, so darf man mutmaßen, daß die beiden betreffenden Schichten zur selben Zeit entstanden sind.

757 Der *Homo sapiens* als Fossil wird eine absolut hervorragende Markierung abgeben.

Vor einigen hunderttausend Jahren gab es noch keine Vertreter unserer Spezies auf der Erde, und innerhalb dieser kurzen Zeitspanne haben wir Menschen uns über den ganzen Globus verbreitet. Falls unsere schlimmsten Befürchtungen eintreffen und wir Menschen uns erfolgreich selbst ausrotten sollten, so empfinden wir wenigstens Genugtuung darüber, daß künftige Generationen von Paläontologen, wenn sie dereinst auf unsere fossilen Überreste stoßen, keinerlei Probleme mit deren Datierung haben werden.

758 Die radiometrische Datierung gründet auf den atomaren Halbwertszeiten.

Zur Altersbestimmung eines Gegenstands benötigt man die folgenden Angaben: man muß die Atomzahl eines bestimmten radioaktiven Isotops bei der Entstehung eines Gegenstands kennen, die Halbwertszeit dieser Atome sowie die Anzahl der noch vorhandenen

Atome. Wenn es zum Beispiel zur Zeit der Entstehung 1000 Atome gab und davon inzwischen nur noch 500 übriggeblieben sind, dann ist dieser Gegenstand vor einer Halbwertszeit entstanden.
Diese Technik der Altersbestimmung ist unter der Bezeichnung radiometrische Datierung bekannt, und verschiedene Variationen desselben Themas liefern den Forschern sämtliche gesicherten Daten aus der Vergangenheit.

759 Die C14-Datierung oder Radiokarbonmethode ist die bekannteste aller radiometrischen Methoden.
Dieser Methode liegt die Voraussetzung zugrunde, daß der Atmosphäre ständig Kohlenstoff entnommen und in lebendes Gewebe eingebunden wird. Dieser Kohlenstoff enthält einen bekannten Prozentanteil des radioaktiven Kohlenstoffisotops C14. Wenn die lebenden Dinge sterben, beginnt der Zerfall des Kohlenstoffs C14. Er besitzt eine Halbwertszeit von 5730 Jahren und erweist sich aus diesem Grunde als ideales Isotop, um den Zeitpunkt des Absterbens von Dingen zu bestimmen, die in den letzten Jahrzehntausenden lebten. Diese Methode ist für Archäologen deshalb besonders wichtig, weil der Zeitpunkt des Absterbens eines Baumstammes zum Beispiel eine zutreffende Schätzung über das Alter eines Werkzeugs erlaubt, das aus dem Holz ebendieses bestimmten Baumstammes gefertigt wurde.

760 Verwandte Techniken dienen dazu, die Entstehungszeit von Gestein zu bestimmen.
Eine geläufige Methode geht vom Atom Kalium-40 aus (Halbwertszeit 1,3 Jahrmilliarden), das zu Argon-40 zerfällt. Da Argon-40 nicht in Mineralien eingebunden wird, müssen sämtliche Atome des Argon-40 aus dem Zerfall des Kaliums herrühren, das ursprünglich im Gestein enthalten war. Mißt man das Argon, so ergibt sich die Entstehungszeit des Gesteins. Zu dieser Technik griff man, um das Alter des von den Apollo-Astronauten mitgebrachten Mondgesteins zu bestimmen.

761 **Die Erde ist etwa 4,6 Jahrmilliarden alt.**
Das älteste Erdgestein ist etwa 3,9 Jahrmilliarden alt, und die Erde selbst muß älter sein als dieses Gestein. Mondgestein und Mondmeteoriten (die zur selben Zeit wie die Erde entstanden sind) sind 4,6 Jahrmilliarden alt. Dieses Alter wird gewöhnlich als das Alter der Erde angenommen.

762 **Das älteste Gestein auf der Erde ist fast 4 Jahrmilliarden alt –**
3,96 Jahrmilliarden, um genau zu sein. Es ist ein Korn Zirkon, das in viel jüngerem Gestein in Kanada gefunden wurde. Die älteste Gesteinsformation befindet sich in West-Grönland und ist 3,8 Jahrmilliarden alt.

Plattentektonik

763 **Die Erdoberfläche verändert sich ständig.**
Gebirgsketten werden durch Erosion aufgeworfen und abgetragen, Ozeane kommen und gehen, das alles innerhalb eines Zeitraums von ein paar hundert Jahrmillionen. Nichts währt ewig. Als einziger Planet im Sonnensystem ist die Erde noch im Entstehungsprozeß begriffen.

764 **Geologen verstehen unter «Plattentektonik» eine Theorie, der zufolge sich die Erdoberfläche aus Platten zusammensetzt, die ständig in Bewegung sind.**
Das Wort «Tektonik» stammt aus dem Griechischen und bedeutet «bauen» – dieselbe Wurzel findet sich in dem Wort «Architekt». Platten sind Strukturen, welche die Erdoberfläche bedecken, sind ungefähr fünfzig Kilometer dick und besitzen einen Durchmesser zwischen ein paar hundert und ein paar tausend Kilometer.
Eine Kraft im Erdinnern, die vielleicht aus der Konvektion stammt, hält die Platten in einer Bewegung, die Grundlage für die ständigen Veränderungen an der Erdoberfläche ist.

765 Die Plattentektonik ist nicht dasselbe wie die Kontinentalverschiebung,

eine Theorie, die der deutsche Meteorologe Alfred Wegener erstmals 1915 vortrug. Er legte die Beweise für eine Theorie vor, der zufolge die Kontinente sich in ständiger Bewegung befinden, doch seine Theorie ist nicht mit der Plattentektonik zu verwechseln. In Wegeners Theorie (um nur ein Beispiel zu nennen) bewegen sich die Kontinente nicht nur, sondern sie nehmen sogar an Höhe zu. Die wirklichen Kontinente werden während ihrer Bewegung nicht höher.

766 Die Platten bestehen aus schwerem Gestein wie etwa Basalt.

Das leichtere kontinentale Gestein (wie etwa Granit) schwimmt auf einer Lage Basalt wie die Passagiere auf einem Floß. Manche Platten befördern kontinentale «Passagiere», andere wiederum nicht.

Die nordamerikanische Platte zum Beispiel dehnt sich von der Mitte des Atlantiks bis zur Westküste der Vereinigten Staaten aus, wo sie im kalifornischen Sankt-Andreas-Graben endet. Die pazifische Platte dagegen hat keinerlei kontinentale Lasten zu tragen – diese Platte besteht ausschließlich aus Meeresgrund.

767 Die treibende Kraft, welche die Platten in Bewegung hält, ist vermutlich die Konvektion im Erdmantel.

Im Erdinnern herrscht eine zu große Wärme vor, als daß sie durch den Mechanismus der Wärmeleitung nach außen gelangen könnte, so daß das Gestein im Erdmantel der Konvektion unterliegen muß. Über einen Zeitraum von mehreren hundert Jahrmillionen steigt das Gestein vom Erdzentrum an die Oberfläche, gibt dabei Wärme ab und sinkt erneut zum Zentrum zurück.

Die Platten bewegen sich oben auf diesen Konvektionszellen, und ein Kontinent – das trockene Land – hockt seinerseits auf einer solchen Platte und bewegt sich mit ihr. Betrachtet man daher die Erdoberfläche, so ist dies, als würde man eine Ölschicht auf der Oberfläche siedenden Wassers beobachten. Alles befindet sich wegen der Geschehnisse in der Tiefe des Erdinnern in einer ständigen Bewegung.

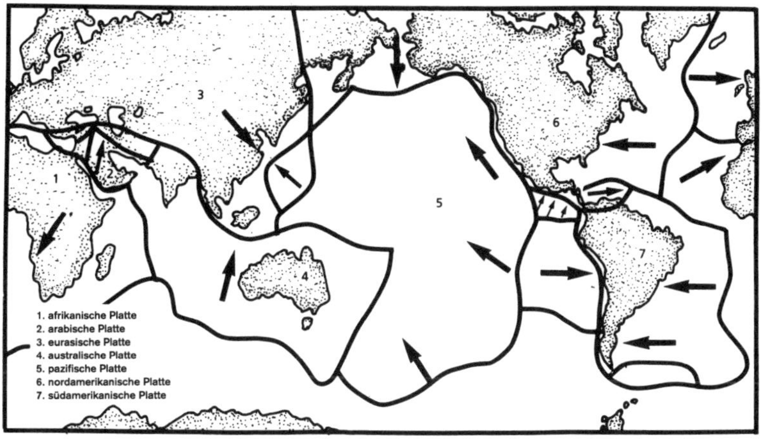

768 Plattenränder sind dort, wo die Aktivitäten sind.

Da die Platten nichts anderes als dicke Schichten aus starrem Gestein sind, geschieht eigentlich wenig, außer an jenen Stellen, an denen die Platten sich berühren – diese Gebiete nennen wir Ränder. Erdbeben, Vulkanausbrüche und andere geologische Ereignisse konzentrieren sich am ehesten auf diese Randgebiete. Es gibt drei Hauptkategorien von Rändern zwischen zwei Platten – neutrale, auseinander- und zueinanderstrebende (siehe Darstellung).

769 Neue Erdkruste bildet sich an auseinanderstrebenden Plattenrändern

dort, wo heißes Gestein aus dem Erdmantel an die Erdoberfläche aufsteigt und zwei Platten auseinanderdrückt. Falls ein auseinanderstrebender Rand unter dem Meeresgrund auftaucht, so entsteht unter Wasser eine Gebirgskette. Der mittelatlantische Rücken, die längste Gebirgskette auf der Erde, steht als Beispiel dafür. Sie erstreckt sich von Island bis ganz hinunter zur Antarktis. Die nordamerikanische und die europäische Platte werden entlang ihres Kamms geschoben, und der Atlantische Ozean wird Jahr für Jahr ein paar Zentimeter breiter.

Falls ein auseinanderstrebender Rand unter dem Gestein eines Kontinents auftaucht, so wird der Kontinent im wahrsten Sinn des Wortes auseinandergerissen, wenn die zwei Platten sich trennen. Dies geschieht nun im Großen Senkungsgraben im Nahen Osten und in Ostafrika.

Plattenränder:
neutral (links), auseinanderstrebend (Mitte), zueinanderstrebend (rechts)

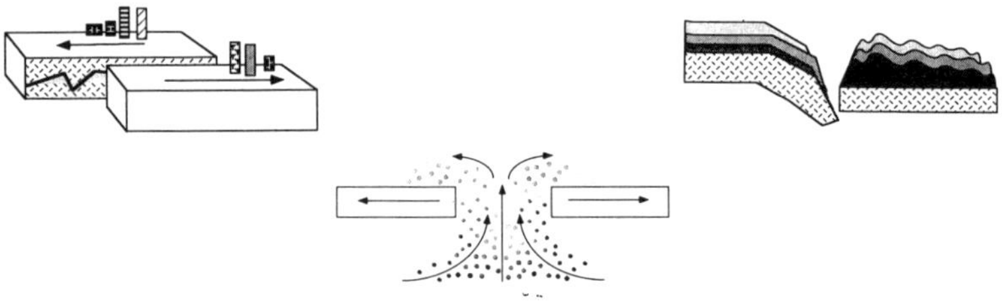

770 An zueinanderstrebenden Plattenrändern wird die Erdoberfläche zerstört,

da die eine Platte unter die andere geschoben wird. In diesem Fall sprechen wir von einer Unterschiebung (Subduktion); wir sagen ferner, daß die Platte, die nach unten gedrückt wird, untergeschoben wird und nennen die entsprechende Gegend, in der dies vor sich geht, Unterschiebungszone. Schließlich ist die Materie in der untergeschobenen Platte geschmolzen, und ihr Vorrat an Atomen kehrt zum allgemeinen Nachschublager im Erdinnern zurück.
Es gibt mehrere Arten von Unterschiebungszonen. Falls die beiden entsprechenden Platten keine kontinentalen Passagiere befördern, so entsteht nach dem Unterschiebungsvorgang ein tiefer Ozeangraben. Der in Mikronesien gelegene Marianengraben entstand auf eine solche Weise. Besitzt eine der Platten kontinentale Passagiere, so wird die kontinentale Materie während ihrer Bewegung über die Unterschiebungszone zerknittert und eine lange Gebirgskette entsteht, eventuell mit einem benachbarten Ozeangraben. Die südamerikanischen Anden sind ein Beispiel für diesen Vorgang, der zur Zeit gerade abläuft. Falls beide Platten kontinentale Passagiere befördern, so werden die beiden Kontinente «zusammengeschweißt» und bilden eine Gebirgskette. Der Ural markiert die Stelle, an der Asien und Europa zueinanderfanden, und der Himalaya jene, an welcher der subindische Kontinent zu Asien stieß.

771 Neutrale Grenzen sind durch Erdbeben gekennzeichnet,
da die Platten aneinander vorbeigleiten. Dies geschieht heutzutage im Sankt-Andreas-Graben in Kalifornien und erklärt die zahlreichen Erdbeben in der Gegend um San Francisco und Los Angeles.

772 Die Plattentektonik stellt ein vereintes Bild der Vorgänge auf unserem Planeten dar,
denn sie weist nach, daß alle langzeitigen geologischen Vorgänge mit der Plattenbewegung in Zusammenhang stehen, und daß diese Bewegung ihrerseits von der Bewegung des Gesteins im Mantel entsprechend der Wärme im Erdinnern abhängt. Der Planet ähnelt einer wunderbaren Maschine, in der alle Teile zusammenpassen und ihre Energie aus derselben Quelle beziehen.

773 Vor zweihundert Jahrmillionen war das gesamte Land der Erde zu einer Masse zusammengefaßt, die wir Pangäa («Urkontinent») nennen.
Danach brach diese eine Masse in zwei kleinere Massen auf, in Gondwanaland und Laurasia. Durch ein weiteres Aufbrechen gelangten die Kontinente an ihre heutige Stellung. In Zukunft werden sie sich auch weiterhin bewegen, und die Form des Landes wird sich – wie in der Vergangenheit – verändern.

774 Wegen der ständigen Bewegung sind weder die Polkappen noch der Regenwald (zwei Erscheinungen, die unsere gegenwärtige Erde charakterisieren) ständig auf unserem Planeten vorhanden gewesen.
Größere Eiskappen gibt es nur, wenn sich ein Kontinent über dem Nord- oder dem Südpol befindet. Regenwälder gibt es nur, wenn die Kontinente sich in einer allgemeinen Nord-Süd-Linie ausrichten. Den überwiegenden Teil ihrer Geschichte über kannte die Erde weder Eiskappen noch Regenwälder, und das Klima war sehr viel anders, als es heutzutage ist.

775 **Für die Plattentektonik liegen direkte Beweise vor.**
Mitte der achtziger Jahre richteten Astronomen Radioteleskope in Europa und den Vereinigten Staaten auf denselben Pulsar und maßen den Unterschied in der Ankunftszeit der Radiowellen. Auf diese Weise erhielt man extrem genaue Messungen der Entfernung zwischen zwei Teleskopen, und es ergab sich, daß im Verlauf eines Jahres sich diese Entfernung um einige Zentimeter veränderte. Dies lieferte einen direkten Beweis dafür, daß Europa sich schneller von den Vereinigten Staaten entfernt, als die Theoretiker der Plattentektonik schon immer behauptet hatten.

776 **Von allen Planeten besitzt nur die Erde eine tektonische Aktivität,**
vor allem weil sie der größte aller terrestrischen Planeten ist und in ihrem Innern, im Verhältnis zu ihrer Oberfläche, mehr Wärme erzeugt als alle anderen Planeten. Merkur, der Mond und Mars sind alle so klein, daß die gesamte erzeugte Wärme durch Wärmeleitung an deren Oberfläche gelangt. Venus, beinahe so groß wie die Erde, mag zu einer bestimmten Zeit eine tektonische Aktivität besessen und derzeit sogar aktive Vulkane auf ihrer Oberfläche haben, doch im Augenblick gibt es wenig Anzeichen für eine Plattenbewegung.

777 **Innerhalb der heutigen Geophysik ist das Studium der Hot Spots heiß umkämpft**
(Bitte um Nachsicht für den Kalauer). Dies sind Stellen in der Erdkruste, an denen Blasen oder Rauchwolken mit heißer Materie hochsteigen, und zwar unabhängig von jeglicher Konvektionszelle. Die Hot Spots kann man sich ähnlich der gelegentlichen Luftblasen vorstellen, die im Wasserkessel kurz vor dem Erreichen der Siedetemperatur des Wassers aufsteigen. Wenn die Materie, die den Hot Spot entstehen läßt, die Erdkruste erreicht, drückt sie diese hoch. Dabei gilt die Vorstellung, daß die Hot Spots sich nicht vom Fleck rühren, durch die tektonische Bewegung die Platten jedoch darüber hinweggezogen werden. Ein Ergebnis: Ketten vulkanischer Inseln. Die Marianen-Inseln und die Hawaii-Inseln gelten als derartige Ketten.

Geologische Merkmale der Erde

BERGE

778 Berge währen nicht ewig –
sie überleben nicht länger als ein paar hundert Jahrmillionen. Die Appalachen an der Ostseite der Vereinigten Staaten sind niedrige, abgerundete Berge, die beinahe das Ende ihrer normalen Lebensspanne erreicht haben. Die Rocky Mountains andererseits entstanden vor etwa 65 Jahrmillionen und tragen noch immer das zerfurchte Aussehen neugeborener Gebirge. Es gibt keinen ausschließlichen Mechanismus der «Gebirgsentstehung» auf dem Antlitz der Erde, und jedes Gebirge oder jede Gebirgskette hat eine andere Entstehungsgeschichte zu erzählen.

779 Tafelgebirge.
Teile der Appalachen entstanden, als die tektonische Aktivität dazu führte, daß das heutige Europa mit dem nordamerikanischen Kontinent zusammenstieß. Dies bewirkte, daß die kontinentalen Berge sich wie ein Tischtuch falteten und eine Reihe langer, paralleler Kämme bildeten, die mit Tälern durchsetzt sind.

780 Bassins und Bergketten.
In Nevada und Utah entstanden Gebirgsketten, als einige große Felsbrocken im Boden versanken und andere Felsbrocken stehenblieben. Daraus ergab sich ein Muster aus Bassins und Bergketten, deren Ränder durch die Erosion abgeschliffen wurden. Dieser sogenannte «Störblock»-Vorgang wird in Gang gesetzt, wenn tektonische Kräfte die Erdoberfläche unter Spannung setzen. Die Sierra Nevada in Kalifornien ist ein weiteres Beispiel für diesen Gebirgstyp.

781 Berggipfel.
Manchmal wird einfach Gestein von unterhalb der Erdoberfläche etwa wie ein Motorkolben hochgedrückt. Dies kann geschehen, falls sich in diesem betreffenden Gebiet ein Hot Spot befindet. Dieser

Auftrieb führt zu Bergketten, die eine fast runde Form haben und mit irgendwelchen Bergketten in der Umgebung nicht verbunden sind. Die Black Hills in Süd-Dakota sind ein Beispiel für ein auf diese Weise entstandenes Gebirge.

782 Bei den Rocky Mountains handelt es sich um eine sehr komplexe geologische Erscheinung, die nicht einem einzigen Grund für die Entstehung von Gebirgsketten allein zuzuschreiben ist.
Ein Teil von ihnen entstand eindeutig, als tektonische Aktivität dazu führte, daß kleine Stücke kontinentaler Materie an den Westteil der Vereinigten Staaten «andockte». Andere Teile sind womöglich die Überreste einer vom Andocken unabhängigen tektonischen Aktivität des Faltenwerfens oder Hochtreibens. Die genaue geologische Herkunft der Rocky Mountains zu eruieren ist nach wie vor eine Aufgabe, mit der sich viele Geologen beschäftigen.

VULKANE

783 Vulkane befördern heißes Magma von der unteren Erdkruste und dem oberen Erdmantel an die Oberfläche
und tauchen dort auf, wo die Erdkruste unter Spannung gerät. Tatsächlich fördert eine Karte von den aktivsten Vulkanen der Erde eine frappierende Ähnlichkeit mit einer Karte von den Plattenrändern zutage. Der «Rand aus Feuer», eine Ansammlung von Vulkanen, die den Pazifischen Ozean umgeben, ist das beste Beispiel für dieses Phänomen.
Als gewöhnliche Antriebskraft für Vulkane an Plattenrändern gelten die Unterschiebungszonen, in denen Wärme – durch Reibung erzeugt, wenn eine Platte sich unter die andere schiebt (ebenso wie jene durch die Radioaktivität in den Platten selbst) – an die Oberfläche steigt und zu einer Kette von Vulkanen führt. Die Inselkette im westlichen Pazifik von den Aleuten über Japan bis zu den Philippinen ist ein gutes Beispiel für diese Art des Vulkanismus.

784 **Zentrale Ausbrüche führen zu der bekannten Erscheinung eines kegelförmigen Vulkans.**

Bei diesem Vorgang steigt Magma unter dem Vulkan durch einen einzigen Spalt hoch und wird herausgespien. Der Kegel entsteht aus der Asche, die zur Erde zurückfällt, und aus dem Magma, das abkühlt und sich verfestigt.

Der durch eine vulkanische Explosion gebildete Krater wird Caldera (spanisch für «Kessel») genannt. Der Crater Lake in Oregon ist ein Beispiel für eine Caldera, wie auch das gesamte Gebiet des Yellowstone Nationalparks.

Der Berg Fuji in Japan ist ein bekannter Vulkan (zur Zeit inaktiv).

785 **Ausbrüche werden durch Spalten ermöglicht.**

In ihrer extremsten Gestalt führt diese Art der Eruption zu großen Basaltebenen wie jener an der Grenze zu den Bundesstaaten Washington, Idaho und Oregon. Solche sogenannten Flutbasalte sind die Primärquelle für magmatisches Gestein auf der Erdoberfläche.

786 **Die Legende vom untergegangenen Kontinent Atlantis beruht vermutlich auf dem Schicksal der Insel Thera**

im Mittelmeer vor der Küste Kretas. Im Jahr 1628 v. Chr. zerstörte ein großer Vulkanausbruch den größten Teil dieser Insel und hinterließ einen kleinen Gesteinsrand auf einer Seite der wassergefüllten Caldera. Diese Eruption, zugleich mit der nachfolgenden Flutwelle, wurde für den Untergang der minoischen Kultur verantwortlich gemacht.

787 Der größte Ausbruch in jüngster Zeit war jener auf der Insel Krakatau im heutigen Indonesien.
Bei diesem Ereignis im Jahr 1883 wurden mehrere Kubikkilometer Materie in die Luft geblasen und eine ganze Insel auf etwa ein Viertel ihrer ursprünglichen Größe reduziert. Die Schockwelle dieser Explosion umkreiste mehrfach die Erde und wurde in Labors in ganz Europa und den Vereinigten Staaten aufgezeichnet. Der jüngste Ausbruch in Nordamerika war 1980 jener des Mount Saint Helens. Obwohl diese Eruption in der näheren Umgebung erhebliche Schäden anrichtete, beeinträchtigte er den übrigen Landkreis kaum.

GLETSCHER

788 Gletscher sind große Ansammlungen von Eis in Bewegung.
Es wird geschätzt, daß die Gletscher zehn Prozent der Land- und fünf Prozent der Wasseroberfläche bedecken. Gletscher sind häufig in hohen Bergen anzutreffen, aber die größten Eisdecken auf der Erde befinden sich in Grönland und in der Antarktis. Die Eiskappe über der Antarktis ist an bestimmten Punkten mehrere Kilometer dick.
Wenn der erste Schnee fällt, lagert er sich sehr lose ab, aber wenn er sich festsetzt, brechen die Flocken auf, und das sich daraus ergebende Eis ist sehr dicht gepackt. Dieser sogenannte «Firn» ist der Hauptbestandteil von Gletschern. Ein Gletscher schmilzt an seiner Vorderseite in dem Augenblick ab, da sich aus dem Schneefall in den höheren Regionen der Berge Eis ablagert. Ob ein Gletscher sich weiterschiebt oder zurückzieht, hängt davon ab, ob seine Schneemenge in einem Jahr zu- oder abnimmt.

789 Gletscher fließen sozusagen wie Flüsse.

Das Eis fließt in der Mitte schneller und am langsamsten an der Seite – nicht anders als das Wasser in einem Fluß.

Gelegentlich kommt es vor, daß ein Gletscher, der mit einer Geschwindigkeit von mehreren Metern pro Jahr vorwärts kriecht, plötzlich mehrere hundert Meter in einem Tag zurücklegt. Dieses Phänomen der Bewegung wird Wogen genannt, und Forscher nehmen an, daß es durch einen Schmelzvorgang einer Eisschicht zwischen Gletscher und Erdboden verursacht wird.

790 Bewegt sich ein Gletscher durch ein Tal, so verändert er die (nach dem Durchgang eines Flusses charakteristische) «V»-Form dieses Tals in eine «U»-Form.

Viele berühmte Täler, wie etwa das im Yosemite Nationalpark, lassen den Abdruck durch Gletscherbildung erkennen.

791 Die Stelle, bis zu der sich ein Gletscher vorgewagt hat, ist durch eine Moräne gekennzeichnet.

Ein Gletscher ist einem riesigen Bulldozer ähnlich, der Gestein und Geröll vor sich her schiebt. Wenn die Vorwärtsbewegung eines Gletschers einhält und er sich zurückzieht, so bleibt ein Geröllhaufen, Moräne genannt, übrig.

792 In der jüngsten Vergangenheit haben große Gletscher die Nordhalbkugel bedeckt.

Vor zwanzig- bis zehntausend Jahren bedeckte ein großer Gletscher den größten Teil Nordamerikas, indem er sich bis in das heutige Illinois und Wisconsin hinein erstreckte. Dies ist nur die jüngste Episode unter vielen anderen Beispielen der weltweiten Vergletscherung.

793 Wachsen die Gletscher an, so sinkt die Meereshöhe.

Da der gesamte Wasserhaushalt auf der Erde stabil bleibt, so folgt daraus: Wenn mehr Wasser zu Eis gefriert, so bleibt weniger für die Ozeanbecken übrig. Folglich sinkt die Meereshöhe während der Perioden der Vergletscherung. Während der letzten Eiszeit befand sich die Ostküste der Vereinigten Staaten etwa 240 km weiter östlich.

794 Erdbeben sind Erschütterungen des Erdbodens, bei denen die im Gestein der Erdkruste aufgestaute Energie ausgeglichen wird – nämlich jene Energie, die sich aufgebaut hat, wenn das Gestein unter Kompression oder Spannung gerät und durch leichtere Verwerfungen darauf reagiert. Schließlich wird der Punkt erreicht, wo es aufbricht und unter Freisetzung der gespeicherten Energie entzweibricht.
Da sich Gestein in der Nähe von Plattenrändern relativ zueinander bewegt, treten Erdbeben häufig an den Plattenrändern auf. Daher ist der Sankt-Andreas-Graben, die neutrale Grenze zwischen der pazifischen und der nordamerikanischen Platte, ein wohlbekanntes Erdbebengebiet. Dasselbe gilt für das Gebiet der nördlichen Türkei und der südlichen GUS an den Rändern der anatolischen und eurasischen Platten.

Der Sankt-Andreas-Graben in Kalifornien ist Verursacher der am meisten gefürchteten Erdbeben in Nordamerika

795 Erdbeben erzeugen seismische Wellen.
Es gibt viele verschiedene Wellenarten, darunter die wichtigen «P- und S-Wellen» (die Buchstaben stehen für Primär und Sekundär). Die P-Welle ist eine längs verlaufende Welle, darin einer Schallwelle sehr ähnlich. Die S-Welle ist eine quer verlaufende Welle, in der das Gestein sich auf und ab bewegt, während die Welle sich fortbewegt. Diese beiden Wellen breiten sich im Erdinnern aus und sind eine wichtige Informationsquelle über den Aufbau unseres Planeten.

796 **Seismische Wellen spielen bei der Aufdeckung kleiner unterirdischer Atombombenexplosionen eine wichtige Rolle.** Die grundlegende wissenschaftliche Strategie dabei besteht in folgendem: Eine Explosion drückt das Gestein in der näheren Umgebung in sämtliche Richtungen weg und ruft somit überwiegend P-Wellen hervor. Ein Erdbeben dagegen drückt das Gestein zumeist zur Seite weg und erzeugt mehr S-Wellen. Es stellt sich die folgende Frage: Wie klein muß eine Explosion sein, damit man sie noch von einem Naturereignis unterscheiden kann?

797 **Die Stärke von Erdbeben wird auf der Richter-Skala gemessen** – technisch genau heißt sie Richter-Magnitudenskala. Sie mißt die bei einem Erdbeben freigesetzte Energiemenge und gibt indirekt den Umfang des Schadens an der Erdoberfläche an. Die Skala ist so eingeteilt, daß jede Zunahme um eine Einheit dem Zehnfachen der freigesetzten Energiemenge entspricht. Ein Erdbeben mit einer Magnitude von 7 auf der nach oben offenen Richter-Skala ist also 100mal gewaltiger als eins mit der Magnitude 5.
Ein Erdbeben der Magnitude 2 wird vermutlich nur von Wissenschaftlern gemessen und wahrgenommen. Ein Erdbeben der Magnitude 5 beschädigt solide errichtete Gebäude nicht, wohl aber leichtere Konstruktionen. Das Erdbeben in San Francisco am 17. Oktober 1989 maß 7,1 auf der Richter-Skala. Einige Geologen befürchten, daß ein Erdbeben mit Magnitude 8 irgendwann in der Zukunft in der Umgebung des Sankt-Andreas-Grabens stattfinden könnte. Falls dieser Fall eintreten sollte, so wäre dies ein großes Desaster. Geologen schätzen, daß ein Erdbeben nicht mehr als Magnitude 9 erreichen kann – weil Gestein einfach nicht mehr Energie speichern kann.

WÜSTEN

798 **Wüsten leben nicht ewig.**
Als Wüste gilt jedes Gebiet der Erde mit weniger als 100 mm Niederschlag jährlich, wogegen ein Gebiet mit bis zu 200 mm Niederschlag als semiarid gilt. Große Wüstengegenden auf der Erde waren in der

Vergangenheit nicht immer Wüste und werden in Zukunft nicht ständig Wüste sein. Im allgemeinen treten Wüsten in Gebieten mit konstant hohem atmosphärischem Druck auf oder im «Regenschatten» großer Gebirgszüge. Die Mojave-Wüste in Kalifornien ist ein Beispiel für den letztgenannten Wüstentyp, die Sahara in Afrika für den erstgenannten.
Sowohl die Existenz der Berge wie auch die Lage der Kontinente verändern sich mit der tektonischen Bewegung. Wüsten kommen und gehen aus diesem Grund. Zum Beispiel liegen ausreichend Beweise dafür vor, daß die Wüste Sahara vor mehreren hundert Jahrmillionen von einem Gletscher bedeckt war!

799 Die ursprüngliche Form der Erosion in der Wüste geschieht durch den Wind,
der den Boden verweht, und die unregelmäßigen Regenfälle, die den Boden wegspülen. In einer Wüste gibt es also keinen Wettervorgang, den es in dieser Form nicht auch anderswo gäbe. Und was die Erosion betrifft, so nehmen die Wüsten keine Sonderstellung ein.

800 Wüsten sind mehr als nur Sanddünen,
obwohl es in vielen Wüsten weite, mit Sand bedeckte Flächen gibt, die Erg genannt werden. Die bei weitem gewöhnlichste Topographie einer Wüste besteht aus kleinen Flecken mit Vegetation, die von Flächen mit bloßer Erde unterbrochen werden.
Sanddünen entstehen durch einen Saltation genannten Vorgang. Ist das Gefälle einer Düne gering, so werden die Sandkörner vom Wind aufgewirbelt, die Düne emporgetragen und dann abgelagert. Dadurch erhöht sich das Gefälle der Düne. Ist andererseits das Gefälle zu steil, so rutscht der Sand an der Düne herunter und verringert es.

STRÄNDE UND KÜSTEN

801 Strände leben nicht ewig.
Durch die tektonische Bewegung wird die Lage der Ozeanbecken verändert, und durch die Eiszeiten verursachte Wechsel in der Meereshöhe sind üblich. Was also heutzutage die Küstenlinie ausmacht,

kann morgen unter Wasser liegen oder Festland sein. Zusätzlich zu diesen langfristigen Vorgängen sind viele Naturkräfte am Werk, durch deren Einwirkung der Küstenverlauf im Laufe von Jahrzehnten verändert wird. Strände und Küsten sind also vorübergehende Erscheinungen – erfreuen Sie sich an ihnen, solange es sie gibt.

802 Das «Küstenförderband» transportiert Sand die Strände entlang.

Wenn die Wellen an den Strand schlagen, so nähern sie sich ihm gewöhnlich in einem Winkel. Nachdem sie an den Strand gespült worden sind, fließen sie jedoch unter Einwirkung der Schwerkraft wieder parallel zum Strand ins Meer zurück. Die sich ergebende Bewegung des Wassers (und des Sandes, der mitgespült wird) verläuft in einem Sägezahnmuster – «einwärts» ist die Richtung der Welle und «auswärts» die Richtung der Schwerkraft. Über eine Periode von Tagen oder Wochen hinweg werden einzelne Sandkörner langsam den Strand auf- und abwärts bewegt, da jeder Sägezahn sie um eine kleine Strecke seitwärts befördert. Diese Bewegung des Sandes stellt das «Küstenförderband» dar.

803 Stürme spielen bei der Formgebung eines Strandes eine große Rolle.

Im allgemeinen ruft stürmisches Wetter große Wellen hervor, die den Sand vom Strand wegtragen. Ruhige Wetterlagen erzeugen kleinere Wellen, die den Sand wieder zurückbefördern. Im Verlauf eines Jahres bewegt sich der Strand tatsächlich – während des Winters mit seinen Stürmen in Richtung Ozean, während des Sommers zurück an Land.

804 Die «Erhaltung» eines Strandes kann zu einem sehr kostspieligen und letztendlich erfolglosen Unternehmen werden.

Es gibt einen enormen politischen Druck, die Strände zu erhalten und die Erosion aufzuhalten. Dies führt zum Bau von Deichen und Dämmen, welche die Wellen abwehren, und von Molen, welche die Sandbewegung stoppen sollen. Solche baulichen Maßnahmen tragen wenig zur Erhaltung von Stränden bei. Dämme verhindern lediglich, daß die kleinen Wellen wieder Sand an den Strand zurückspülen, obwohl

sie die großen Wellen nicht daran hindern, den Sand zu entfernen. Das Resultat ist, daß der Strand vor dem Damm schließlich verschwindet. Wir beobachten also die paradoxe Situation, daß jemand ein Haus baut, um die Schönheit des Strandes zu genießen, zum Schutz des Hauses einen Damm errichtet und feststellen muß, daß der Strand – der eigentliche Anlaß zum Bau dieses Hauses – verschwunden ist.
Auf dieselbe Weise verhindert der Bau von Buhnen, daß der Sand den Strand entlang befördert wird und führt dazu, daß das eigene Strandstück auf Kosten jener der Nachbarn erhalten bleibt. Die Assateague National Seashore in Virginia zum Beispiel, ein vierzig Kilometer langer Streifen aus Naturstrand und Dünen, ist durch den Bau von Buhnen, die den Sand im benachbarten Seebad Ocean City in Maryland zurückhalten sollen, ernsthaft erodiert.

Felsen und Minerale

805 Gestein währt nicht ewig.

Obwohl ein großer Fels wie ein robuster und stabiler Gegenstand erscheinen mag, so ist er in den Augen eines Geologen doch nur vorübergehender Natur. Felsen, über lange Zeiträume betrachtet, entstehen, verwittern und werden durch neu entstandene ersetzt.
Es gibt viele Weisen, auf die Felsen auseinanderbrechen und erodieren. Strömendes Wasser, Abrieb durch Sand- oder Staubverwehungen, Auswaschung durch Chemikalien und die Folgen von Pflanzenwuchs sind sämtlich Beispiele für den Verwitterungsvorgang.

806 Als die Erde entstand, gab es keinen Erdboden.

Als Felsen wegen des oben beschriebenen Vorgangs zu verwittern begannen, brachen kleine Steine ab. Heutzutage sind jene Felskörner natürlich mit organischen Stoffen von Pflanzen und Tieren, wie auch mit verschiedenen Bakterienarten vermischt, so daß sich Erdboden ergibt.

807 Die Ansammlung von Sandkörnern am Strand kann man sich annähernd als den allerersten Erdboden vorstellen –
denn die Sandkörner sind nur mit wenig organischer Materie vermischt. Wenn Sie nächstes Mal an einem Strand spazierengehen, so nehmen Sie den Sand ruhig näher in Augenschein. Sie werden erkennen, daß sich in einer Handvoll Sand viele unterschiedlich gefärbte Körner befinden. Jedes dieser Sandkörner löste sich durch Verwitterung von einem der verschiedenartigen Felsen, die sich im Hochland in der Nähe des Strands befinden.

808 Gestein wird nach der Art seiner Entstehung eingeordnet
und nicht etwa nach seiner Erscheinungsform oder Struktur. Es gibt drei grundlegende Gesteinsarten – Sedimentgestein, magmatisches und metamorphes Gestein.

809 Etwa 75 Prozent des Landes der kontinentalen Erdoberflächen bestehen aus Sedimentgestein.
Der größte Teil des übrigen Gesteins besteht aus magmatischem Gestein und nur wenige Prozentanteile aus metamorphem Gestein.

810 Sedimentgestein entsteht, wenn die im Wasser schwimmenden Stoffe sich auf dem Grund von Wassermassen ablagern.
Im Laufe der Zeit lagern sich Abfallschichten aufeinander ab und werden schließlich tief unter neuen Schichten begraben. Der resultierende Druck preßt die Materiekörner zusammen, und Chemikalien im tiefen Meereswasser bilden eine Art Leim, der aus der ursprünglichen Materie ein Gestein entstehen läßt. Das auf diese Weise gebildete Gestein wird Sedimentgestein genannt. Sandstein (aus Sand entstanden, wie der Name schon sagt), Kalkstein (aus den angehäuften Skeletten kleiner Meeresorganismen gebildet) und Schiefer (aus Schlamm- und Tonschichten gebildet) sind übliche Beispiele für Sedimentgestein.

811 Sedimentgestein kann man häufig vom Auto aus erkennen.
Sind Sie jemals über eine Straße zwischen Gesteinswänden gefahren, wo das Betrachten des Gesteins wie das Lesen in einem unendlichen Buch erscheint? Falls ja, so erblickten Sie Sedimentgestein. In seiner Erscheinungsform behält es die Erinnerung an seinen Ursprung bei als eine Reihe flacher, auf dem Grund einer Wassermasse abgelagerter Schichten.

812 Die Existenz des Sedimentgesteins auf Berggipfeln ist ein Beweis für die Plattentektonik.
Sedimentgestein begegnet man ohne weiteres in dreitausend Meter Höhe. Da der Ursprung dieses Gesteins auf dem Meeresgrund liegt, müssen in der Erde Kräfte vorhanden sein, die es bis auf seine derzeitige Höhe befördert haben.

813 Magmatisches Gestein entsteht beim Abkühlen des geschmolzenen Magmas im Erdinnern –
etwa von Vulkanen oder Lavaströmen. Magma bedeutet geknetete Masse, und Granit, Obsidian und Bimsstein sind Beispiele für magmatisches Gestein.

814 Metamorphes Gestein verändert seine ursprüngliche Gestalt durch geologische Vorgänge.
Wenn ein Felsen verschüttet wird, so unterliegt er hohen Temperaturen und Drücken oder einer chemischen Wirkung. Diese Einwirkungen können dazu führen, daß die Atome im Felsgestein sich neu zusammensetzen oder ersetzt werden (siehe folgende Nummer), und dadurch verändert sich die Natur des Felsgesteins. Marmor etwa ist zu Beginn feinkörniger Kalkstein, verwandelt sich jedoch unter der Wirkung von Wärme und Druck in seine derzeitige Form.

Quizfrage
Aus welcher Gesteinsart besteht der Meeresgrund?
Antwort: Der Meeresgrund setzt sich aus dem Materieausfluß an auseinanderstrebenden Plattenrändern zusammen. Der Meeresboden besteht also aus magmatischem Gestein.

815 Minerale sind die Grundbestandteile des Gesteins.
Ein Mineral ist jeder anorganische Festkörper mit einem geordneten inneren Aufbau und einer stabilen atomaren Zusammensetzung. Minerale kann man sich vorstellen als eine Konstruktion aus Lego-Steinen, die aus verschiedenen Atomen bestehen. Es gibt mehr als dreitausend bekannte Mineralien, jedes davon mit einem eigenen Namen.

816 Die Struktur der Mineralien wird vor allem von der Größe der Atome bestimmt.
Der kubische Aufbau des Natriumchlorids (gewöhnliches Tafelsalz) rührt aus der Tatsache her, daß das Natriumion sehr viel kleiner als das Chloridion ist und von daher in die Löcher paßt, welche die Packung der Chloridionen offenläßt.

Kristall des gewöhnlichen Tafelsalzes. Die großen weißen Atome sind Chlor, die kleinen dunklen sind Natrium.

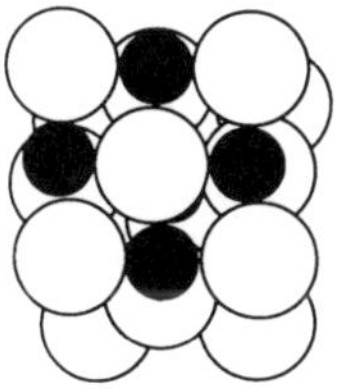

817 Kristalle sind alltägliche Mineralien –
sowohl regelmäßig in der Form als auch sehr schön. Wie bei anderen Mineralien auch wird ihre Geometrie von der Art und Weise bestimmt, in der sich ihre atomaren Bestandteile zusammensetzen. Die Symmetrieebenen der Kristalle spiegeln die zugrundeliegende Zusammensetzung der Atome wider. Daher besitzt ein Korn Tafelsalz eine kubische Form, weil seine Atome wie in der Darstellung zusammengesetzt sind. Kompliziertere Kristallformen können sich aus der etwas anderen Neuzusammensetzung der Atome ergeben, die auf Unterschiede in der Temperatur oder im Druck bei der Verfestigung des Kristalls zurückzuführen ist.

818 **Die Struktur eines Minerals kann sich unter dem Einfluß von Temperatur oder Druck verändern.**
Werden die Atome durch hohen Druck zusammengepreßt, so können sie sich selbst neu zu einem Mineral zusammensetzen, ohne ihre atomare Zusammenstellung insgesamt zu verändern. Dabei behalten sie ihre neuen Ausrichtungen auch dann bei, wenn Druck oder Temperatur erneut ihre ursprünglichen Werte annehmen. Daher können Mineralien als Indikatoren für ein zeitweiliges Vorhandensein hoher Temperaturen oder hoher Drücke in der Vergangenheit dienen.

819 **Mineralkörner bestehen aus Atomen, und diese Körner ihrerseits bilden das Gestein.**
Häufig bestehen Felsen aus mehr als nur einer Mineralienart. Dies trifft in besonderem Maße auf Sedimentgestein zu, in dem Körner vieler verschiedener Mineralien sich zusammenfinden und das Gestein selbst bilden. Sandstein, der ein Ergebnis der Zementierung vieler verschiedener Körnerarten ist, besitzt dieselbe Art von Struktur.

Das Wasser auf der Erde

820 **Das Wasser auf der Erde bewegt sich in Zyklen –**
die Wassermoleküle folgen einem unendlichen Weg durch die Erdatmosphäre, die Ozeane und die Biosphäre. Sie verdampfen an der Erdoberfläche und gelangen in die Atmosphäre, wo sie sich eventuell zu Wolken zusammenschließen. Danach kehren sie als Regen, Schnee oder Eis zur Erdoberfläche zurück. Das Wasser gelangt gelegentlich vorübergehend in lebendes Gewebe oder wird in Wasserreservoirs wie Seen und Ozeanen gespeichert, doch früher oder später beginnt der Kreislauf erneut.
Wissenschaftler bezeichnen manchmal den gesamten Wasserkreislauf durch die verschiedenen Systeme auf der Erdoberfläche als «Hydrosphäre».

821 **Frischwasser ist ein Rohstoff,**
da das meiste Wasser auf der Erde in den salzhaltigen Ozeanen gespeichert ist. In den Vereinigten Staaten verwerten wir nur etwa 7 Prozent des Regenwassers, das als Niederschlag auf die Erde fällt. Ungefähr 71 Prozent kehrt durch Verdampfung in die Atmosphäre zurück, und 22 Prozent befindet sich in Seen und Flüssen, die deshalb ein wichtiges Frischwasserreservoir darstellen. Fast alles Wasser, auf das man stößt, ist entweder Grundwasser oder kommt aus einem Reservoir von irgendwoher und enthält aus diesem Grund sowohl organische als auch anorganische Materieteilchen. Wenn zuviel organische Materie im Wasser aufgelöst ist, so neigt es zur Geruchsbildung und bietet schädlichen Bakterien Unterschlupf.

OZEANE

822 **Ozeane bedecken drei Viertel der Erdoberfläche –**
vom Weltraum aus gesehen scheint unser Planet tatsächlich aus Wasser zu bestehen. Für die überwiegende Dauer der Menschheitsgeschichte waren die Ozeane Terra incognita – Regionen, die man so zügig wie möglich durchquerte. Inzwischen sind sie in zunehmendem Maße zu einer Herausforderung für die Wissenschaft geworden.
Die Ozeanographie oder Meereskunde, jener Zweig der Wissenschaften, der sich mit dem Studium der Ozeane beschäftigt, kombiniert sämtliche Wissenschaftsgebiete miteinander. Sie untersucht Energiegleichgewichte und chemische Reaktionen in Ozeanen (Physik und Chemie) wie auch die lebenden Wesen in ihnen (Biologie). Die physikalischen und biologischen Teile der Ozeane reagieren aufeinander, bewirken etwas und werden beeinflußt, und nichts davon darf man übersehen.

823 **Das Wasser in den Ozeanen zirkuliert.**
Die hauptsächliche Bewegung des Oberflächenwassers in den Ozeanen stammt aus großen kreisförmigen Strömungen, die man «Stromwirbel» nennt. Auf der Nordhalbkugel bewegt sich das Wasser in den Stromwirbeln im Uhrzeigersinn und auf der südlichen gegen den Uhrzeigersinn. Die bekanntesten Erscheinungen der Stromwirbel sind

die großen Ozeanströmungen, die deren äußere Ränder darstellen. Der Golfstrom zum Beispiel, der sich von Florida quer über den Nordatlantik bis hin nach Europa erstreckt, ist ein Teilstück des nordatlantischen subtropischen Stromwirbels.

824 Je tiefer man unter die Meeresoberfläche taucht, um so kälter und salzhaltiger wird es.

Das Sonnenlicht kann lediglich bis einige hundert Meter tief unter die Meeresoberfläche eindringen, so daß dies der einzige Teil des Ozeans mit einer eigenen Wärmeversorgung ist. Erreicht man eine Tiefe von tausend Meter, so fällt die Wassertemperatur auf vier Grad Celsius oder weniger. Das Übergangsgebiet zwischen dem warmen Oberflächenwasser und dem kalten Meeresgrund wird «Thermoableitung» genannt, und die oberen, wärmeren Gebiete heißen «gemischte Schicht».

825 Fast die gesamte Produktivität im Ozean liegt in der gemischten Schicht.

Das Licht liefert die Energie für die Photosynthese der Pflanzen, und Pflanzen dienen als Grundlage für die Nahrungskette der Tiere. Dies führt dazu, daß die Fähigkeit des Wassers, Leben zu unterhalten, mit zunehmender Wassertiefe drastisch abnimmt. Aus diesem Grund sind Wassermassen wie die der Chesapeake Bay, die an keiner Stelle mehr als zweihundert Meter tief ist, so produktiv.

826 Das Wasser im tiefen Ozean zirkuliert nicht sehr schnell.

Wasser erreicht seine größte Dichte bei einer Temperatur von 4 °C. Dies bedeutet, daß das Wasser am Meeresgrund diese Temperatur hat und in geringerer Tiefe eine leicht niedrigere Temperatur. Praktisch genommen bildet dieses tiefe Meereswasser ein weites Reservoir, das nur wenig mit dem übrigen Rest des Erdsystems reagiert.

827 Kaltes Wasser von der antarktischen Eisdecke sinkt und bildet einen langsamen Strom auf den Meeresgrund.

Fast alles Wasser am Meeresgrund beginnt als Schmelzwasser in der Arktis und Antarktis und arbeitet sich bis zum Äquator vor.

828 **Die Muster der Ozeanzirkulation währen nicht ewig,**
weil die Ozeanbecken selbst sich im Laufe der geologischen Zeiträume verändern. Vor 50 Jahrmillionen zum Beispiel löste Australien sich von der Antarktis und öffnete die heute als Drakestraße bekannte Passage um den Pol herum. Dieses Ereignis ermöglichte sowohl den Ozeanen als auch der Atmosphäre, polumkreisende Strömungen auf der Südhalbkugel in Gang zu setzen, und diese Strömungen üben eine tiefgreifende Wirkung auf das Wetter am Südpol aus. Einige Forscher behaupten sogar, daß es ohne diese Strömungen nicht einmal Eiskappen gäbe.

829 **Den tiefen Meeresgrund kann man sich annähernd als eine Ebene etwa 4,5 km tief unter der Meeresoberfläche vorstellen.**
Keine Regel ohne Ausnahme – tiefe Meeresgräben, Erhebungen, Gebirgsketten unter Wasser und so weiter gibt es auch. Doch stellt man sich den Ozean als weite Ebene vor, so liegt man nicht einmal so falsch.

830 **Jeder Kontinent ist von einem kontinentalen Schelfgebiet umgeben.**
Dieses Gebiet gehört eigentlich zu einem Kontinent und befindet sich lediglich zur Zeit unterhalb der Meeresoberfläche. Das kontinentale Schelfgebiet dehnt sich bezeichnenderweise einige Dutzend (oder vielleicht auch Hunderte) Kilometer weit ins Meer hinein aus. Da das Wasser über einem Schelfgebiet relativ seicht ist, gehören diese Ozeangebiete zu den produktivsten.

831 **Wenn sich große Mengen Sediment auf dem Kontinentalschelf ablagern, dann «rutschen sie gelegentlich ab» und gleiten den Abhang hinunter ins tiefe Meer hinein.**
Wenn dies geschieht, so schneiden sie riesige Unterwassertäler und -gräben aus. Während der Flut hält das Wasser dermaßen viel Materie in der Schwebe, daß eine Art Schlammbrühe entsteht – weder Flüssigkeit noch Festkörper. Eine solche Flut wird Trübheitsströmung genannt.

832 Die Meeresoberfläche ist nicht ganz flach –
jedenfalls handelt es sich nicht um eine geometrisch ebene Fläche. Wo sich unübliche Massenanhäufungen am Meeresboden vorfinden, kann die Schwerkraft die Oberfläche nach unten ziehen (muß sie aber nicht). Es gibt beispielsweise ein etwa 300 m tiefes «Loch» mitten im Indischen Ozean. Da es jedoch einen Durchmesser von mehr als 1500 km besitzt, würde kaum jemand den Höhenunterschied bemerken, wenn er sich mittendrin befände.

CHEMIE DES OZEANS

833 Meerwasser ist zwar salzig, wird jedoch nicht salziger.
Der charakteristische Geschmack von Meereswasser rührt von der Tatsache her, daß große Mengen Natriumchlorid (gewöhnliches Tafelsalz) darin aufgelöst sind, neben vielen weiteren Mineralien. Würde es einem gelingen, nur einen kleinen Teil all des Goldes, das im Meereswasser aufgelöst ist, als festen Klumpen herauszufischen, so wäre man ein sehr reicher Mann.
Lange Zeit hat man gedacht, daß ein Meer ein passiver Kessel ist, in dem die Flüsse die Mineralien vom Land abladen und diese sich konzentrieren, je mehr Wasser im Lauf der Zeit verdampft. Dies trifft jedoch nicht zu. Beweise aus alten Salzstöcken haben die Forscher davon überzeugt, daß die Meere vor Jahrmillionen nicht weniger salzig waren als heutzutage.

834 Atome gelangen ins Meer, verharren dort eine Weile und werden dann von der einen oder anderen chemischen Reaktion entfernt.
Wenn zum Beispiel Kalzium aus der Verwitterung von Kalkstein zugeführt wird, so wird es in die Skelette von Meereslebewesen aufgenommen. Sterben diese Lebewesen, so lagern sich ihre Skelette auf dem Meeresboden ab und beginnen, neuen Kalkstein zu bilden, der schließlich nach oben gelangt und erneut zu verwittern beginnt. Kein Atom verweilt auf immer und ewig im Meer.
Die durchschnittliche Zeitspanne für den Aufenthalt eines Atoms im Ozean nennt man Verweildauer. Die für Kalzium beispielsweise beträgt 850 000 Jahre, während die für Natrium 48 Jahrmillionen beträgt.

835 Chlor hat angeblich eine unendlich lange Verweildauer,
aber diese Aussage ist etwas irreführend. Denn Chlor gerät in Form von Sprühnebeln aus Salz in die Atmosphäre und regnet dann auf die Erde zurück. Obwohl die Gesamtmenge an Chlor im Ozean konstant bleibt, muß ein bestimmtes Chloratom nicht notwendigerweise seine ganze Zeit dort verbringen.

836 Der Salzgehalt des Ozeans hat die Forscher einst genarrt.
Da sie von der Voraussetzung ausgingen, daß Meerwasser immer salziger würde, versuchten im 18. und 19. Jahrhundert Forscher, das Alter der Erde zu schätzen, indem sie die Salzmenge maßen, die dem Ozean zugeführt wurde, und daraus errechneten, wie lange der Ozean bei der gemessenen Salzzufuhr brauchte, um seinen aktuellen Salzgehalt zu erreichen. Sie errechneten irgendwie ein Erdalter von rund 100 Jahrmillionen. Heutzutage wissen wir, daß sie damals nicht etwa das Alter der Erde, sondern den Zeitkreislauf der Materie gemessen haben.

Atmosphäre, Wetter und Klima

DIE ATMOSPHÄRE

837 Die Erdatmosphäre erstreckt sich ein paar hundert Kilometer tief in den Weltraum hinein,
obwohl der größte Hauptteil an Gasen sich innerhalb weniger Kilometer von der Erdoberfläche entfernt befindet. Es sind ungefähr 78 Volumenprozent Stickstoff und 21 Volumenprozent Sauerstoff. Der größte Teil der übrigen Gase setzt sich aus Argon (0,9 Prozent), Kohlendioxid (0,03 Prozent) und unterschiedlichen Mengen Wasserdampf zusammen sowie Staub und anderen kleinen Materieteilchen. Der untere Teil der Atmosphäre, in der wir fast unsere gesamte Zeit

verbringen, wird Troposphäre genannt und ist im Durchschnitt 11 Kilometer mächtig. Darüber befindet sich eine Schicht aus noch dünnerer Luft, die Stratosphäre, die sich bis auf etwa 30 Kilometer Höhe erstreckt. Die Lufttemperatur fällt stetig mit zunehmender Höhe in der Troposphäre, dann bleibt sie konstant und nimmt schließlich zu, wenn man in der Stratosphäre hochsteigt.
Jenseits der oberen Schichten der Stratosphäre erstreckt sich eine zunehmend dünnere Ansammlung von Molekülen in den Weltraum hinein und geht schließlich in der dünnen Struktur des interplanetarischen Raums auf. Etwa 80 Kilometer über der Erdoberfläche gibt es ein Gebiet, in der das Sonnenlicht Ionen erzeugt. Dies ist die Ionosphäre, ein Gebiet, in dem Radiowellen widergespiegelt werden und das in der Kommunikation über weite Entfernungen eine wichtige Rolle spielt.

838 Die allgemeine Zirkulation der Atmosphäre wird durch die Tatsache verursacht, daß die Tropen wärmer sind als die Pole,
was zu einer klassischen Konvektionszelle führt. Die warme Luft am Äquator steigt hoch und bewegt sich auf den Pol zu, wogegen kalte Polarluft sinkt und sich zum Äquator bewegt.
Würde sich die Erde nicht drehen, so würden sich die vorherrschenden Winde an der Oberfläche auf der Nordhalbkugel nach Süden, kalte Luftmassen dagegen sich von den Polen zum Äquator hin bewegen.

839 Die vorherrschenden West- und Passatwinde sind ein Resultat der Erdrotation,
die drei Konvektionszellen auf dem Planeten (statt nur einer) erzeugt – eine in den Tropen, eine zweite in den gemäßigten Zonen und eine dritte an den Polen. Die Erdrotation «dehnt» diese Zellen aus, so daß die Winde an der Oberfläche aus West und Ost wehen. In der Nähe der Tropen wehen die Winde an der Oberfläche in Richtung Ost. Dies ist die Gegend der Passatwinde. In den mittleren Breitengraden der Nordhalbkugel sind die vorherrschenden Winde Westwinde. Will man etwa wissen, was für ein Wetter an der Ostküste der Vereinigten Staaten in einigen Tagen vorherrscht, so liegt man nicht falsch, wenn man sich ansieht, wie das Wetter im Mittleren Westen gerade ist. Die

dritte Konvektionszelle in der nördlichen Arktis kennt ebenfalls Ostwinde.
Rotiert ein Planet sehr schnell, so kann er viele solcher Konvektionszellen entwickeln. Jupiter zum Beispiel hat allein elf.

840 Die Gebiete an den Rändern der Konvektionszellen in der Erdatmosphäre kennen kaum Winde an der Oberfläche –
die ganze Bewegung geht auf und ab. In den Tagen der Segelschiffahrt mußten solche Gegenden umsegelt werden. Die Gegend der Flauten in der Nähe des Äquators wird Kalmengürtel genannt, und Segelschiffe, die in dieses Gebiet verschlagen wurden, konnten eine lange Zeit über blind liegen. Die Gegend der Flauten zwischen den Tropen und den gemäßigten Zonen wird Roßbreite genannt. Es ist so manches Seemannsgarn über die Entstehung dieses Begriffs gesponnen worden. Die Erklärung, die ich hörte (aber meine Hand lege ich dafür nicht ins Feuer), lautete wie folgt: Als die Mannschaften der Segelschiffe auf ihrer Fahrt in die Neue Welt in diese Breitengrade und in die Flaute gerieten, mußten sie, als die Nahrungsmittel knapp zu werden begannen, ihre Ladung Rösser angreifen. Deshalb war es in diesen Breitengraden kein ungewöhnlicher Anblick, ein Pferdeskelett im Wasser schwimmen zu sehen.
Da es in diesen Gewässern – ehrlich gesagt – von Haien nur so wimmelt, gebe ich diese Geschichte hier mit allem Vorbehalt wieder.

841 Der Strahlstrom trennt warm und kalt.
Der Strahlstrom, ein Feld hoher Windgeschwindigkeit in der oberen Atmosphäre in der Gestalt eines abgeflachten Rohrs von mehreren tausend Kilometern Länge, ist zweihundert und mehr Kilometer breit und etwa 1,5 km mächtig. Grob gesprochen grenzt er die arktischen Luftmassen von der wärmeren Luft der mittleren Breitengrade ab. In der Nordhalbkugel umkreist der Strahlstrom den Pol.
Normale Windgeschwindigkeiten von über 120 km/h sind keine Seltenheit, und Störungen des Strahlstroms sind die Ursache launischer Wetterverhältnisse. Plötzlich eintretende und lang anhaltende Peri-

oden bitterkalten Wetters während eines nordamerikanischen Winters werden zum Beispiel häufig von einer Verlagerung des Strahlstroms verursacht.

842 Der Strahlstrom wurde während des Zweiten Weltkriegs entdeckt,
als die Piloten von Militärflugzeugen mit Höchstgeschwindigkeiten von 500 km/h und mehr sogar bei Vollgas den Eindruck gewannen, daß sie im Verhältnis zu ihrer Erdposition nicht vorwärts kamen. Unwissentlich waren sie in den Strahlstrom geraten und gerade dabei, gegen die Strömung, also «stromaufwärts» zu fliegen.

843 Der allgemeine Kreislauf der Atmosphäre ist für die langfristigen Witterungsmuster auf der Erde verantwortlich,
da dieser Kreislauf die Bewölkung, die Niederschläge und die Temperatur an der Erdoberfläche bestimmt. Ich wünschte, ich könnte behaupten, daß die Wissenschaftler heutzutage den Kreislauf der Erdatmosphäre gut verstehen, doch leider ist dies nicht der Fall. Wir verfügen zwar über Computermodelle, die AKM (allgemeine Kreislaufmodelle) heißen und in ausreichendem Maße die großen durchschnittlichen Trends weltweit vorhersagen können. Wenn es jedoch darauf ankommt, regionale Erscheinungen (wie etwa eine Dürreperiode im Mittleren Westen) zu beschreiben, so sind diese Modelle einfach noch nicht ausgereift genug, als daß man sich darauf verlassen könnte.

WETTER UND KLIMA

844 Das Wetter ist eine kurzfristige, das Klima eine langfristige Erscheinung –
das Wetter betrifft Erscheinungen wie Tagestemperatur, Luftfeuchtigkeit und Niederschlag, das Klima langfristige Entwicklungen genau derselben Variablen.

845 Eine Wetterfront ist die Trennungslinie zwischen warmen und kalten Luftmassen.

Wenn eine Wetterfront vorüberzieht, gibt es im allgemeinen einen deutlichen Wetterumschlag. Sich nahende kalte Luftmassen beispielsweise gleiten unter wärmere Luftmassen, heben diese hoch und verursachen die Bildung von Wolken, die womöglich zu Regen oder Schnee führen. Durch das Vorüberziehen warmer Luftmassen in einem zuvor von einer kalten Luftmasse beherrschten Gebiet kann die warme Luft über das Ende der kalten Luftmasse hinausgeschoben werden und einen oder mehrere Tage Nieselregen nach sich ziehen.

846 Auf dem Gebiet eines Kontinents wird die Luftbewegung von der Existenz von Hoch- und Tiefdruckgebieten beherrscht.

Eine Luftmasse bewegt sich aus einem Hochdruckgebiet fort und unter der Einwirkung des Drucks auf ein Tiefdruckgebiet zu. Die Wetterveränderung wird von der Bewegung dieser Gebiete bestimmt.

847 Der Luftdruck wird mit einem Barometer gemessen.

Das Gefäßbarometer ist eine teilweise gefüllte Glassäule, an einer Seite offen und an der anderen mit einem Vakuum versehen. Der Luftdruck auf die Flüssigkeitsoberfläche (gewöhnlich Quecksilber) hält dem Gewicht der Flüssigkeitssäule die Waage. Die Höhe der Flüssigkeitssäule ist ein Maß für den Luftdruck. Fällt das Barometer, so entspricht dies einem fallenden Luftdruck. Dies deutet im allgemeinen auf einen nahenden Sturm. Steigt das Barometer, so entspricht dies einem steigenden Luftdruck. Dies deutet darauf hin, daß ein Hochdruckgebiet und schönes Wetter im Anzug sind.

Barometer

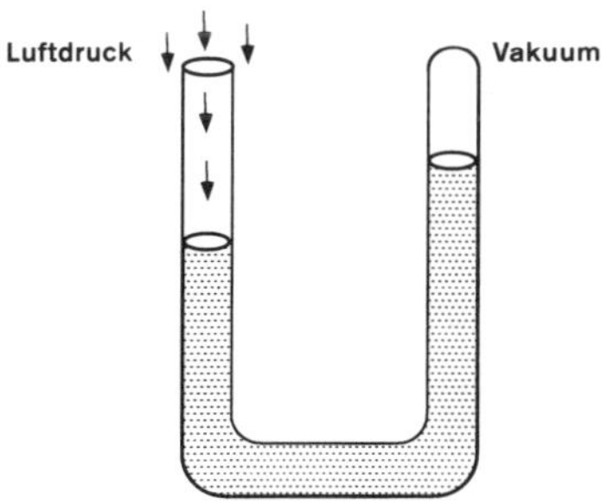

848 Die Bewegung von Wasserdampf in die Luft hinein oder aus ihr heraus ist ein wichtiges Element bei der Bestimmung des Wetters.
Wenn aus irgendeinem Grund das Wasser in der Luft kondensiert (z. B. wenn die Luft abkühlt), so wird Energie an die Atmosphäre abgegeben. Wenn andererseits Wasser in flüssiger Form verdampft, so wird der Luft Wärme entzogen. Die Bewegung des Wassers vom flüssigen in den gasförmigen Aggregatzustand und umgekehrt entspricht daher einer Bewegung von Energie. Dieser Vorgang spielt sowohl beim normalen Wetter wie auch bei Stürmen eine wichtige Rolle.

849 Das Muster des örtlichen Strömens von Wind und Regen kann durch geologische Erscheinungen gestört werden.
Ein bekanntes Beispiel ist der sogenannte «Regenschatten» eines Berges. Nähert sich eine Luftmasse dem Berg von Westen her, so wird sie nach oben gezwungen, um über die Bergmasse hinwegzukommen. Die ansteigende Luft wird abgekühlt, und ihre Feuchtigkeit kondensiert in Form von Regentropfen. Auf der anderen Seite des Berges ist keine Feuchtigkeit mehr in der Luft enthalten, und folglich sind die Niederschläge dort eher spärlich. Viele Dürregebiete im Westen der Vereinigten Staaten haben sich herausgebildet, weil sie sich im Regenschatten der unterschiedlichen Bergketten der Rocky Mountains und der Sierra Nevada befinden.

850 Die Luft strömt auf einer gekrümmten Bahn von einem Hoch- in ein Tiefdruckgebiet,
und zwar wegen der Erdrotation. Warum ist dies so? Nehmen wir einmal an, über Miami befindet sich ein Tiefdruckgebiet, so daß die Luft über New York City sich südwärts bewegt. Während diese Luftmasse unterwegs ist, hat sich Miami aufgrund der Erdrotation weiter nach Osten bewegt. Die Luftmasse, die sich zum Tiefdruckgebiet hinbewegt, muß nun «Nachlaufen» spielen und folgen, und dieses Spiel geht immer weiter, da Miami sich ja weiterhin nach Osten bewegt. Die Luftmasse bewegt sich daher während ihrer Aufholjagd auf einer gekrümmten Bahn gegen den Uhrzeigersinn.
Obwohl die Abweichung von einer geradlinigen Bewegung nur der Erdrotation zuzuschreiben ist, stellten sich die frühen Physiker vor, es müsse eine Kraft geben, die dies bewirke. Diese sogenannte Coriolis-

kraft erhielt ihren Namen nach dem französischen Physiker Gaspard de Coriolis (1792–1843).

Quizfrage

In welche Richtung strömt die Luft, die in ein Tiefdruckgebiet auf der Südhalbkugel gerät?

Antwort: Im Uhrzeigersinn.

851 Hurrikane resultieren aus dem Vorhandensein von Tiefdruckgebieten über dem Ozean.

Warme, feuchtschwangere Luft von der Ozeanoberfläche strömt in ein Tiefdruckgebiet und wird von nachfolgender Luft aufwärtsgetrieben. Während ihres Auftriebs kühlt die Luft ab, und Wasserdampf kondensiert aus. Die Energie im Zusammenhang mit dieser Umwandlung steht dann für den Unterhalt des Hurrikans zur Verfügung. Hurrikane «ernähren sich» tatsächlich von warmem Wasser und können sich zu ziemlich beeindruckenden Stürmen auswachsen.

Quizfrage

Weshalb gibt es in Kansas nie einen Hurrikan?

Antwort: Ein Hurrikan kann nur über kurze Entfernungen über Land stürmen, dann geht ihm die Energie aus. Kansas liegt zu tief im Landesinnern.

852 Beim militärmeteorologischen Dienst taufte man zum erstenmal während des Zweiten Weltkriegs einen Hurrikan.

Ursprünglich erhielten Hurrikane Frauennamen – sie hießen also Abigail, Betty, Claudia und so weiter. Im Interesse der Gerechtigkeit zwischen den Geschlechtern erhalten Hurrikane inzwischen abwechselnd Frauen- und Männernamen.

Der Tatsache, daß nie ein Hurrikan mit dem Namen Zelda oder Zeke vorkommt, kann man entnehmen, daß im Atlantik innerhalb eines Jahres selten mehr als ein Dutzend ernsthafter Stürme entsteht.

853 **Ein Hurrikan, ein Taifun und ein Monsun sind nicht ein und dasselbe –**
ein Sturm der eben beschriebenen Art wird im Atlantik Hurrikan und im Pazifik Taifun genannt. Beide Sturmarten gehören den «tropischen Zyklonen» an. Der Monsun ist, trotz einer Namensähnlichkeit mit dem Taifun, kein einzelner Sturm, sondern der Name für die Winde, die auf dem indischen Subkontinent die Regenzeit einleiten.

854 **Tornados hängen ebenfalls mit der schnellen Rotation der Luft zusammen,**
obwohl sie viel geringere Ausmaße als ein Hurrikan erreichen. Sie treten auf, wenn warme und kalte Luftmassen aufeinandertreffen. Ergibt sich eine Situation, in der sich die kalte Luftmasse über dem Erdboden befindet und die warme Luftmasse unter ihr, so setzen heftige Windbewegungen ein, wenn die beiden Luftmassen ihre Position zu wechseln versuchen. Kennzeichnenderweise bildet sich eine Gewitterlinie, und der charakteristische Trichter des Tornados kommt aus dem unteren Rand dunkler Wolken herunter. In den Vereinigten Staaten treten Tornados am häufigsten im Mittleren Westen auf, und zwar während der «Tornadosaison» im Frühling.

Tornado

855 **Trotz ihrer unterschiedlichen Erscheinungsformen bestehen sämtliche Wolken aus nichts anderem als Wasserdampf (oder in einigen Fällen aus Eis).**
Das Wasser ist in den Wolken sehr dünn verteilt. Die typische weiße Wolke, die wie ein Wattebausch aussieht und man an einem Sommernachmittag erblicken mag, enthält vielleicht nicht mehr als hundert oder hundertfünfzig Liter Wasser – kaum genug, um damit eine Badewanne zu füllen, selbst wenn die Wolke einen Durchmesser von vielen Kilometern besitzen sollte.
Wolken entstehen durch aufsteigende Luftströme. Steigt warme Luft hoch, so erreicht sie eine Höhe, in der die Temperatur so niedrig ist, daß die Luft nicht mehr ihr ganzes Wasser zu halten vermag. An diesem Punkt beginnt sich aus der Ansammlung von Wassertröpfchen eine Wolke zu bilden. Die warme Luft steigt weiter und verliert ihre Feuchtigkeit, bis sie sich mit der umgebenden Luft in einem Zustand des Gleichgewichts befindet.

Quizfrage
Weshalb scheinen sich die unteren Ränder sämtlicher Wolken an einem bestimmten Tag auf derselben Höhe zu befinden?
Antwort: Weil alle aufsteigenden Luftströme auf dieselbe Temperatur abgekühlt werden und aus diesem Grund auf derselben Höhe Wasser leichtern, wodurch sich der «Boden» der Wolkenschicht ergibt.

856 **Es gibt viele Wolkenarten. Jede entspricht unterschiedlichen Wetterbedingungen.**
Die bauschigen weißen Wolken, die man an einem Sommertag erblickt, werden Cumuluswolken genannt (nach dem Lateinischen für «Haufen») und setzen sich aus Blasen warmer, aufsteigender Luft zusammen. Wolken, die man an einem bedeckten Tag sieht, heißen Stratuswolken (nach dem Lateinischen für «ausgedehnt») und bilden sich durch das Hochsteigen breiter Luftausdehnungen. Wolken hoch am Himmel mit faserigem Aussehen heißen Cirruswolken (nach dem Lateinischen für «Faser»). Im allgemeinen sind sie die Vorboten eines Wetterumschwungs und bestehen oft vollständig aus Eiskristallen. In der Regel befinden sie sich zehn Kilometer über der Erdoberfläche.

Schließlich tritt der schwarzgraue Gewitterkopf oder die Cumulonimbuswolke während eines Sturms selbst auf (siehe Darstellung). Bemerkenswert ist, daß die typische Gewitterwolke sehr groß ist, wobei ihr unterer Rand sich in der Regel etwa anderthalb Kilometer über der Erdoberfläche und ihr oberer Rand mehr als ein Dutzend Kilometer höher befindet. Dies bedeutet, daß Gewitterwolken sich bis an den oberen Rand der Troposphäre ausdehnen können.
Unterschiedliche Wolken haben gewöhnlich eine unterschiedliche Höhe, wie die Darstellung zeigt.

857 Obwohl man erst im achtzehnten Jahrhundert damit begann, den Wolken Namen zu geben (weil sie womöglich eine zu alltägliche Erscheinung waren, als daß man sich ernsthaft mit ihnen beschäftigt hätte), so sind inzwischen Tausende von Variationen der gezeigten Grundformen bekannt.
Tatsächlich gibt es eine zweibändige Veröffentlichung mit dem Titel *International Cloud Atlas* (Internationaler Wolken-Atlas), der sämtliche Varianten mit qualvoller Akribie katalogisiert.

Wolken

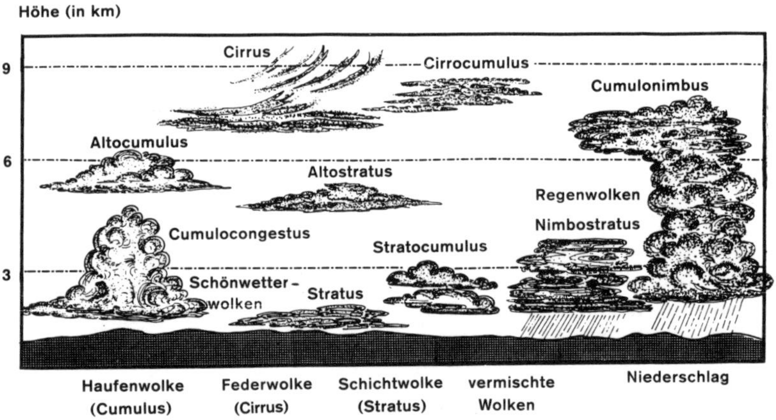

858 Wie werden die Spannungen in einer Gewitterwolke getrennt?
Seitdem Benjamin Franklin als erster die elektrische Natur des Blitzes entdeckte, haben Forscher (allerdings ohne allzu großen Erfolg) zu bestimmen versucht, wie der Aufbau einer Gewitterwolke entsteht. Es gibt zwei wesentliche Standpunkte. Die sogenannten Niederschlagstheorien bringen vor, daß die schweren Wasser- oder Eisteilchen unter Einwirkung der Schwerkraft durch die Wolke fallen. Bei den Zusammenstößen zwischen diesen Teilchen und ihren leichteren Landsleuten (die lieber im Schwebezustand verharren) werden vermutlich elektrische Ladungen auf dieselbe Weise übertragen wie im Fall der Reibung. Daher erhalten fallende Gegenstände eine negative Ladung, die höheren dagegen eine positive. In den Konvektionstheorien andererseits wird angenommen, daß leichte, positiv geladene Teilchen mit Hilfe der Konvektionsströmungen innerhalb einer Wolke nach oben befördert werden, wogegen schwere, negativ geladene Teilchen durch Fallströme nach unten gelangen. Keine dieser beiden Theorien vermag vollständig die komplexe Struktur der wirklichen Regenwolke zu erklären.
Die meisten Forschungen über Gewitterstürme konzentrieren sich auf die Untersuchung der Zusammenstöße zwischen unterschiedlich großen Eisteilchen innerhalb einer Wolke und die damit verbundene Ladungsübertragung.

Anatomie eines Gewitters

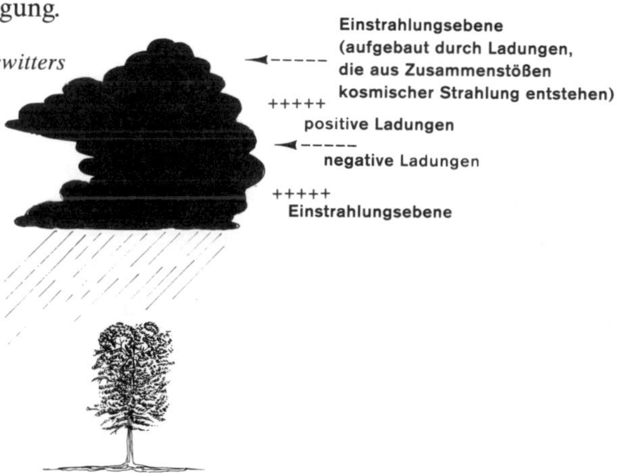

859 Die Trennung der Ladungen in einer Gewitterwolke erzeugt den Blitz.
Die große negative Ladung am unteren Rand der Wolken (im Augenblick unter Vernachlässigung der kleineren abgeschirmten Ladungen) stößt Elektronen von Körpern am darunter befindlichen Erdboden ab. Daraus resultiert ein «Schatten» der Wolke am Erdboden – also ein positiv geladenes Gebiet. Diese Ladungen folgen der Wolke am unteren Rand und kriechen dabei Bäume und Gebäude herauf und herunter.
Ein Blitz ergibt sich, wenn die Ladung in der Wolke so anwächst, daß die Luft in ihrer unmittelbaren Umgebung ionisiert wird. Sie öffnet einen Durchgang ionisierter Luft von mehreren hundert Metern Länge, genannt «Führung». Da ionisierte Luft ein guter Leiter ist, rennt die negative Ladung die Führung hinunter. Dieser Vorgang wiederholt sich – eine weitere Führung wird geschaffen –, und die Kette der Führungen reicht fast bis zum Erdboden. Etwa 30 Meter oberhalb der Erdoberfläche trifft sie auf eine von der positiven Ladung gebildete Führung, die ihr entgegenkommt. Aus dieser gesamten Aktivität entsteht ein gewundener Weg zur Ableitung von Material zwischen der negativen Ladung in den Wolken und der positiven Ladung am Erdboden. Da die positive Ladung durch nichts abgebremst wird, steigt sie bis zur Wolke empor, wo sie die negativen Ladungen dort neutralisiert. Diese Bewegung von Ladung nehmen wir als Blitz wahr. Die von dem Widerstand im ionisierten Weg vergeudete Energie erwärmt die Luft und drückt sie weg. Die Luft kehrt dann in ihr teilweises Vakuum zurück und erzeugt einen Donnerknall.

860 Die Ladungsmenge in einem Blitz ist nicht wirklich groß – etwa nur soviel, wie innerhalb irgendeiner Sekunde in Ihren Toaster hineinströmt. Da der Blitz jedoch nur den Bruchteil einer Sekunde andauert, ist der erzeugte Strom enorm groß. Ein normaler Blitz erzeugt ein paar hundert Megawatt Strom – etwa soviel wie ein mittelgroßer Atomreaktor.

861 **Blitze schlagen wiederholt in hohe Bäume oder Gebäude ein.**
Ein Blitz kann nur dann auftauchen, wenn ein ionisierter Weg zwischen einer Wolke und der Erdoberfläche entstanden ist. Und es ist leichter, diesen ionisierten Weg über eine kurze Entfernung in der Luft zu erzeugen als über einen langen. Das Empire State Building in New York City ist Hunderte Male von einem Blitz getroffen worden.

862 **Der von Benjamin Franklin erfundene Blitzableiter besteht aus einer Metallspitze auf einem Gebäude und einem mit der Erdoberfläche verbundenen Weg.**
Er stellt sicher, daß bei einem Blitzeinschlag in ein Gebäude der Strom durch ebendiesen Metalleiter hindurchgeht statt durch das Gebäude selbst.

KLIMA

863 **Über geologische Zeiträume betrachtet, hat sich das Klima radikal verändert.**
Über lange Zeitperioden hinweg gesehen ist die Bewegung der Kontinente selbst der beherrschende Faktor bei der Bestimmung des Klimas. Bei einer etwas kürzeren Zeitskala kann das Klima auf entscheidende Weise von geologischen Faktoren wie der Überschwemmung seichter Meere abhängen. Diese Erscheinung tritt auf, da Wasser im allgemeinen die Sonnenwärme absorbiert, wogegen die Erdoberfläche sie reflektiert. Vor 65 Jahrmillionen, als sich im Westen der Vereinigten Staaten ein enormes Binnenmeer befand, war das Klima in Nordamerika sehr viel wärmer als heutzutage.

864 **Veränderungen in der Sonne sind auch für das Klima maßgeblich.**
Forscher vermuten, daß Veränderungen in der Helligkeit der Sonne – von vielleicht weniger als einem Prozent – regelmäßig auftreten. Sogar Veränderungen dieses geringen Ausmaßes könnten Auswirkun-

gen auf das Erdklima haben, obwohl wir im Augenblick noch nicht zu sagen vermögen, auf welche Weise.

865 **Mehrfach im Lauf ihrer Geschichte scheint die Erde eine schnelle Abfolge von Eiszeiten durchlaufen zu haben –**
und tatsächlich leben wir zur Zeit in einer solchen Periode. Die herrschende Theorie besagt, daß eine Eiszeit von kleinen (aber regelmäßigen) Veränderungen in der Form der Erdumlaufbahn und der Ausrichtung der Erdachse verursacht wird. Wenn all diese kleinen Wirkungen sich gegenseitig verstärken, so sammelt sich während eines Winters mehr Schnee an, als während eines Sommers schmilzt. Das Ergebnis: im Sommer bleibt mehr Schnee auf der Erdoberfläche liegen, und dieser Schnee strahlt mehr Wärme zurück, was wiederum dazu führt, daß im folgenden Sommer mehr Schnee liegenbleibt, und so weiter. Tritt dieses Ergebnis ein, so bewegen sich die Gletscher von den Polen und hohen Gebirgsketten herunter, um weite Teile der Kontinente zu bedecken. Dieser Vorgang ist als Milankovitch-Zyklus bekannt, benannt nach jenem serbischen Ingenieur, der diese Erscheinung als erster begriff.

866 **El Niño-Ereignisse geschehen regelmäßig alle zwei bis sieben Jahre und führen zu ungewöhnlichem Wetter.**
Der Name kommt aus dem Spanischen und bedeutet «Christkind», weil dieses Wetter um Weihnachten herum beginnt. Ein El Niño-Ereignis fängt mit der Erwärmung der Gewässer vor der Westküste Südamerikas an und zieht ungewöhnliche Wetterverhältnisse in der ganzen westlichen Halbkugel nach sich. 1982/83 beispielsweise gab es in Südamerika erhebliche Überschwemmungen, und die kalifornische Küste wurde von einer Serie heftiger Stürme heimgesucht. Einige Forscher schreiben die erhebliche Dürre von 1988 einer El Niño-Erscheinung zu.
Die herrschende Theorie über El Niño besagt, daß diese Erscheinung von den Gewässern im Pazifischen Ozean hervorgerufen wird, die etwa wie das Wasser in einer Badewanne schwappen. Wenn das warme Wasser an der Oberfläche dann nach Südamerika schwappt, so setzen Winde ein, die dieses Wasser nach Westen treiben, wobei sie einige Zeit lang das warme Wasser an Ort und Stelle halten. Wenn das Was-

ser zurückschwappt, gelangt kaltes Wasser in Küstennähe, was zur Entstehung anderer Winde führt, die für normales Wetterverhalten charakteristisch sind. Dieser Zyklus wiederholt sich seit geraumer Zeit und scheint eine relativ stetige Erscheinung im Erdklima zu sein.

KLIMAFRAGEN

867 Die Menge an Kohlendioxid und weiterer sogenannter «Treibhausgase» in der Atmosphäre wirkt sich ebenfalls auf das Klima aus. Diese Gase lassen das sichtbare Licht zwar durch, absorbieren aber das infrarote. Energie also, welche die Erde normalerweise in den Weltraum zurückstrahlen würde, bleibt unter diesen Umständen in der Erdatmosphäre gefangen und erwärmt sie. Man geht davon aus, daß sich der Planet Venus wegen des Treibhauseffektes dermaßen aufgewärmt hat.

868 Der Treibhauseffekt wirft akute politische Probleme auf. Jedesmal wenn Sie mit Ihrem Auto fahren oder zu Hause heizen, fügen Sie der Erdatmosphäre Kohlendioxid zu. Die große Befürchtung greift Raum, daß die Menschen wegen der Verbrennung fossiler Brennstoffe im Begriff sind, eine plötzliche Erwärmung der Erdatmosphäre hervorzurufen. Ob diese Erwärmung bereits eingesetzt hat, ist derzeit unter den Wissenschaftlern zwar noch umstritten, doch scheint die Annahme, daß der Treibhauseffekt die Oberhand gewinnen wird, wenn wir Menschen der Atmosphäre weiterhin Kohlenstoffdioxid und andere Gase zuführen, nicht von der Hand zu weisen. Zum gegenwärtigen Zeitpunkt schätzt man, daß die durchschnittliche Temperatur durch den Treibhauseffekt um ein paar Grad Celsius ansteigen dürfte, um fast genausoviel wie nach der letzten Eiszeit. Mittel und Wege zu finden, um diesen Effekt zu reduzieren, ist eine Frage von höchster Priorität für alle Politiker auf der ganzen Welt. An der Thermodynamik der Erdatmosphäre können wir Menschen nun einmal wenig verändern. Deshalb müssen wir uns darauf konzentrieren, die Emission von Kohlendioxiden zu reduzieren und die Regenwälder zu erhalten, deren Bäume den Kohlenstoff aus dem Kohlendioxid in ihr Gewebe einbauen.

869 **Hoch oben in der Stratosphäre gibt es eine dünne Schicht aus Ozon,**
einem Molekül, das aus drei Sauerstoffatomen besteht. Die Ozonschicht ist vor allem für die Absorption der Ultraviolettstrahlung im Sonnenlicht verantwortlich. Aus diesem Grund ist ihr Vorhandensein für das Leben auf der Erde so wichtig. In jüngster Zeit haben die Emissionen von Chemikalien, die unter dem Namen Fluorkohlenwasserstoffe (FCKW) bekannt sind, zu katalytischen Reaktionen in der Stratosphäre geführt, die eine Ausdünnung der Ozonschicht zur Folge hatten.
1984 stellten Wissenschaftler eine bedrohliche Ausdünnung der Ozonschicht über der Antarktis während der Frühjahrsmonate in der Südhalbkugel fest. Dieses «Ozonloch» wird verursacht durch eine Vielzahl von Ereignissen, die für die Südpolgegend eigentümlich sind und mit Reaktionen auf Eiskristalle in Wolken im Zusammenhang stehen, die sich während der dunklen Winterperiode bilden.
1986 wurde auf einem internationalen Kongreß in Montreal ein Protokoll verabschiedet, das zur Reduzierung von FCKWs um fünfzig Prozent aufforderte und eine weitere Beschäftigung mit diesem Problem für das Jahr 1990 anberaumte. Irgendwann in der näheren Zukunft wird es wahrscheinlich zu einem totalen Verbot von FCKW kommen. Anders als im Fall des Treibhauseffektes kann das Ozonproblem mit relativ geringen Kosten gelöst werden.

870 **Bei der Kohleverfeuerung gelangen zugleich mit Kohlendioxid noch Schwefel- und Stickstoffverbindungen durch die Schornsteine in die Atmosphäre.**
Ähnliche Abgase kommen aus den Auspufftöpfen der Automobile. In der Luft unterliegen diese Schwefel- und Stickstoffverbindungen chemischen Reaktionen, die zur Bildung von Salpeter- und Schwefelsäuren führen, die dann vom Regen ausgefällt werden. Dieser sogenannte saure Regen gilt als Hauptverursacher für zahlreiche Umweltschäden. Dazu gehören das Waldsterben im Nordosten der Vereinigten Staaten, in Kanada (obwohl die Rolle des sauren Regens in diesen Landstrichen umstritten ist) und in Westeuropa wie auch der Umweltfraß an Gebäuden und Denkmälern auf der ganzen Welt.

7 ASTRONOMIE

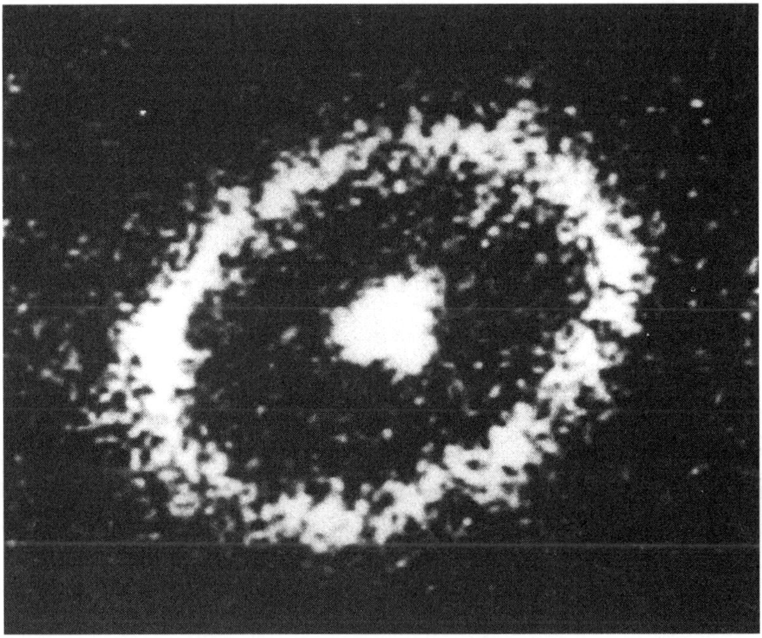

Die Supernova von 1987 (siehe Nummer 885). Der helle Ring ist Stoff, der vom Stern abgestoßen wurde und an den Weltraum zurückgegeben wird. Vorgänge dieser Art sind der Ursprung sämtlicher schwerer Elemente auf der Erde.

Sterne

871 Auch Sterne werden geboren, leben ihr Leben und sterben.
Erst kürzlich in der Geschichte der Menschheit – genauer gesagt im 19. Jahrhundert – erkannten die Menschen, daß die Sterne nicht ewig dauern. Sterne geben ständig Energie ans Weltall ab, und die muß irgendwoher kommen. Heutzutage wissen wir, daß die Sonne wie die meisten Sterne Wasserstoff verbrennt, um diese Energie zu erzeugen. Doch selbst für solch einen Riesenkörper wie die Sonne reicht der Vorrat nicht ewig. Eines Tages hört die Sonne auf zu scheinen und erlischt wie ein Lagerfeuer am Ende des Abends.
Es gab einige interessante Erläuterungsversuche für den Energieausstoß der Sonne. Im vergangenen Jahrhundert rechneten Wissenschaftler aus, daß die Sonne, bestünde sie aus reinem Anthrazit (dem damals bekanntesten Brennstoff) und gäbe sie weiterhin soviel Energie ab wie bisher, lediglich noch einen Vorrat für 10000 Jahre hätte.

872 Die Energiequelle der Sterne ist die Kernfusion.
Tief im Innern der Sonne treffen Wasserstoffkerne in einer Reihe von Reaktionen aufeinander, an deren Ende Helium und überschüssige Energie entstehen. Die Sonne verbraucht 700 Millionen Tonnen pro Sekunde, und zwar seit kurz nach ihrem Entstehen. Die meisten anderen Sterne erzeugen während der überwiegenden Zeit ihres Bestehens auf dieselbe Weise Energie, nur verwandeln sie sich in andere Objekte, nachdem ihr Wasserstoffvorrat verbraucht ist.

873 Die Energie des Sonnenlichts, das durch Ihr Wohnzimmerfenster fällt, entstand im Kern der Sonne vor 30000 Jahren – kurz nachdem der letzte Neandertaler von der Szene verschwand.
Die meiste Zeit benötigt es, um sich durch das Gedränge der vielen Atome in der Sonne zu winden, dann legt es einen kurzen Sprint von acht Minuten durch den leeren Weltall bis zur Erde hin.

874 **Das Leben eines Sterns besteht aus einem Kampf zwischen dem atomaren Feuer und der Gravitation.**
Die Gravitationskraft zieht den Stern ständig in sich zusammen. Eine Zeitlang – solange der Brennstoffvorrat reicht – kann der Stern ein empfindliches Gleichgewicht aufrechterhalten, indem er die Energie aus der Kernfusion einsetzt, um den Zug nach einwärts auszugleichen. Das Leben eines Sterns besteht aus einem ständigen Kampf zwischen diesen beiden konkurrierenden Kräften. Aber einmal geht der Vorrat doch zur Neige, und die Gravitation siegt. Den Sieg der Gravitation bezeichnen wir als den Tod des Sterns.

875 **Nicht alle Sterne sind wie die Sonne.**
Stellt man sich vor, die Sonne wäre so groß wie ein Basketball, so reicht die Größe der anderen Sterne von einem Sandkorn bis zu einem großen Gebäude. Es gibt Sterne in jeder Helligkeit, Farbe und vielen exotischen Formen.
Inmitten all dieser Vielfalt ist die Sonne ein sehr ungewöhnlicher Stern. Sie ist durchschnittlich, was ihre Lebensdauer, ihre chemische Zusammensetzung und ihre Helligkeit betrifft. Es gibt absolut nichts, was sie von ihren Geschwistern in der Milchstraße unterscheidet.

DAS H-R-DIAGRAMM

Das 1905 von dem amerikanischen Astronomen Henry Russell und seinem dänischen Kollegen Ejnar Hertzsprung entwickelte Hertzsprung-Russell-(H-R-)Diagramm vermittelt uns eine gute Übersicht über die gewaltige Vielfalt der Sterne. In der senkrechten Achse des Diagramms wird die Helligkeit des Sterns und in seiner waagerechten Achse seine Farbe oder Temperatur aufgetragen. Jeder Stern erscheint als Punkt in dieser Grafik – der Pfeil etwa deutet auf die ungefähre Position der Sonne.
Die meisten Sterne liegen auf einer Diagonalen von links oben nach rechts unten, die Hauptast oder Hauptreihe genannt wird. Die Sterne darauf (wie die Sonne) heißen Hauptreihensterne. Die Sterne rechts oben im H-R-Diagramm sind kühl, geben jedoch viel Licht ab. Dies sind die sogenannten «roten Riesensterne». Die Sterne links unten im H-R-Diagramm sind fahl, aber warm. Sie heißen «weiße Zwerge».

Hertzsprung-Russell-Diagramm. Die Temperatur nimmt ab, wenn man sich auf der waagerechten Achse nach rechts bewegt.

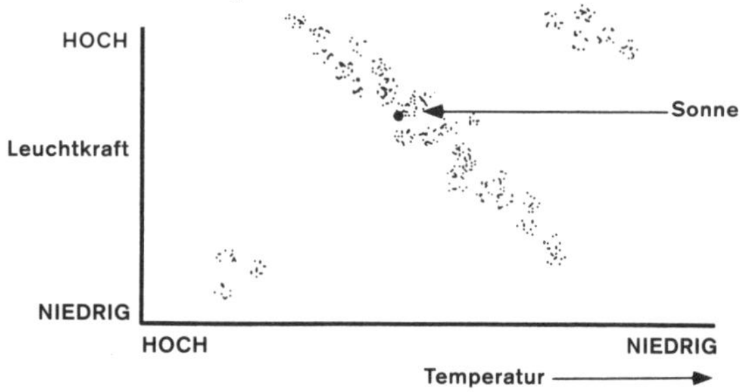

876 Die Sonne ist mittleren Alters.
Sie begann vor 4,6 Jahrmilliarden Wasserstoff zu verbrauchen und hat inzwischen die Hälfte ihrer Lebenserwartung hinter sich. Darin, wie auch in den meisten anderen Gesichtspunkten, ist die Sonne ein typischer Stern.

877 Ein Stern kommt selten allein.
Etwa zwei Drittel aller sichtbaren Sterne sind Doppelsterne – d.h., zwei Sterne laufen um den gemeinsamen Schwerpunkt. Darüber hinaus gibt es in der Galaxis viele große Sternhaufen, zu denen jeweils zwischen hundert bis zu einer Million Sterne zählen.

878 Die Helligkeit eines Sterns wird mit einer Maßeinheit seiner «Leuchtkraft» beschrieben.
Vor Erfindung des Fernrohrs wurden die Sterne nach ihrer scheinbaren Helligkeit – d.h. ihrer Helligkeit von der Erde aus gesehen – in Größenklassen eingeteilt. Die hellsten Sterne sind Sterne 1. Größe, die nächsthellen 2. Größe und die schwächsten, noch mit freiem Auge sichtbaren Sterne, 6. Größe. Die Astronomen behielten diese Einteilung sogar nach Erfindung des Fernrohrs bei.
Ein Stern 2. Größe ist, von der Erde aus betrachtet, zweieinhalbmal schwächer als ein Stern 1. Größe. Daher ist die Helligkeit eines Sterns 6. Größe fast hundertmal schwächer als die eines Sterns 1. Größe. Für die Astronomen von heute ist es mit Hilfe der modernsten Teleskope noch möglich, Objekte der 24. Größe am Himmel aufzuspüren.
Die scheinbare Helligkeit eines Sterns hängt von seiner Entfernung

und von seinem Energieausstoß (seiner «Leuchtkraft») ab. Um jedes Mißverständnis im Zusammenhang mit der Entfernung der Sterne auszuschließen, definieren die Astronomen die in einer Entfernung von 33 Lichtjahren gemessene Helligkeit eines Sterns als «absolute Größe». Diese absolute Größe hängt nicht von der Entfernung zu einem Stern ab, sondern ist ein Maß für den Stern an sich.

LEBENSGESCHICHTE EINES STERNS

879 Sterne entstehen aus interstellaren Staubwolken.
Wegen der Gravitation stürzt eine solche Wolke in sich zusammen. Verdichtet sich die Staubwolke, so wärmt sie sich auf. Schließlich steigt die Temperatur in ihrem Innern dermaßen an, daß eine Kernfusion gezündet und ein Stern geboren wird.
Astrophysiker diskutieren immer noch über die Details der Geburt eines Sterns. So scheint es etwa eine Art «Stottern» mit Fehlzündungen beim neugeborenen Stern zu geben, ähnlich denen eines Automotors an einem kalten Morgen. Dabei werden große Mengen an Materie ans Weltall abgegeben. Schließlich findet der Stern jedoch zu einem stabilen Gleichgewicht, das diesen in seinem reifen Leben kennzeichnet.

880 Große Sterne leben schnell, sterben jung und geben spektakuläre Leichen ab.
Es erscheint paradox, daß große Sterne mit ihrem großen Brennstoffvorrat in Wirklichkeit nicht so lang leben wie ihre kleineren Zeitgenossen. Je größer ein Stern, um so stärker die Gravitationswirkung, die ihn zum Zusammenstürzen bringt. Je größer die Gravitationswirkung, um so mehr Brennstoff muß im atomaren Feuer verbrannt werden, um das Gleichgewicht im Stern stabil zu halten. Es ergibt sich: Ein zehnmal größerer Stern als die Sonne lebt nur 20 oder 30 Jahrmillionen, während ein kleinerer Stern als die Sonne vielleicht sogar 100 Jahrmillionen lebt.

881 **Ist der Wasserstoffvorrat der Sonne aufgebraucht, so beginnt sie mit dem Verbrennen der Asche ihres atomaren Feuers.**

Der Primärbrennstoff der Sterne ist Wasserstoff. Die «Asche» aus der atomaren Verbrennung von Wasserstoff ist Helium. Wenn in fünf Jahrmilliarden der Wasserstoffvorrat der Sonne zur Neige geht, ist sie nicht mehr in der Lage, die Gravitationswirkung auszugleichen. Daher beginnt sie sich zu verdichten, dabei erwärmt sich ihr Inneres. Die höheren Temperaturen führen ihrerseits zur Zündung atomarer Reaktionen, bei denen Helium verbrannt wird. Auf diese Weise wird bei jedem atomaren Brennvorgang die Asche aus dem vorigen Feuer verbraucht.

882 **Die Sonne wird erst ein roter Riesenstern, dann ein weißer Zwerg.**

Gegen Ende ihres Lebens dehnen sich die äußeren Schichten der Sonne langsam aus. Bei ihrer größten Ausdehnung verschlingt sie Mars und Venus und nimmt, von der Erde aus gesehen, den halben Himmel ein. Zu diesem Zeitpunkt erlischt alles Leben auf der Erde. In dieser Lebensphase ist die Sonne zu einem Stern geworden, der roter Riesenstern genannt wird. Schließlich kühlt der Stern langsam ab und zieht sich wiederum zusammen. Doch die Temperatur steigt nie mehr so stark an, daß das nächste Feuer gezündet wird. Ergebnis dieses Schrumpfvorgangs ist ein Stern mit ein paar tausend Kilometern Durchmesser, der als weißer Zwerg bekannt ist. Die Gravitationskraft versucht, den Stern noch mehr zu verdichten, vermag jedoch die Elektronen im Stern nicht noch näher zusammenzubringen. Ein ewiges Gleichgewicht ist erreicht.

883 **Große Sterne sterben als Supernovae.**

Hat ein großer Stern seinen Wasserstoff und sein Helium verbraucht, so schrumpft er weiter und erwärmt sich dabei. Die erhöhte Temperatur führt zur Verbrennung von Helium, dann von Kohle, danach von Silizium, und schließlich entsteht Eisen. Eisen ist die letzte atomare Asche. Durch Aufbrechen von Eisen erhält man keine Energie, und auch nicht durch die Fusion mit anderen Kernen. Es brennt einfach nicht. In einem großen Stern ballt sich dann die Eisenasche im Kern zusammen.

Kommt die Kernreaktion im Innern eines großen Sterns zum Erliegen, so stürzt das Zentrum des Sterns wegen der Gravitationswirkung zusammen. Den äußeren Schichten des Sterns wird «der Teppich unter den Füßen weggezogen», und sie beginnen nach innen zusammenzustürzen. Auf ihrem Weg treffen sie den Kern, der zurückprallt, und die Hölle ist los. Daraus resultiert eine Explosion, bei welcher der Stern sich wortwörtlich zerreißt, wobei er Energie ans Weltall abgibt. Eine kurze Zeit lang können Supernovae mehr Energie ausstoßen als eine ganze Galaxis.

884 Wie ein Stern stirbt, hängt von seiner Masse ab.

Will man voraussagen, wie das letzte Lebensstadium eines Sterns aussieht, so kommt es nur auf dessen Größe an. Ist der Stern so groß wie die Sonne oder bis zu fünfmal größer, so durchläuft er die für die Sonne beschriebene Phase: erst roter Riesenstern, dann weißer Zwerg. Ist er mehr als achtmal größer als die Sonne, so wird er zu einer Supernova. Ist er fünf- bis achtmal so groß wie die Sonne, so wissen wir zu wenig, um vorhersagen zu können, was geschieht, obwohl wir wissen, daß es das eine oder das andere sein wird.

885 Die Supernova 1987A ist die jüngste Supernova in unserer Nachbarschaft.

Supernovae kommen nicht selten vor – in den meisten Galaxien gibt es in jedem Jahrhundert mehrere davon. Im Februar 1987 ging in der Magellanschen Wolke in der Nähe der Milchstraße eine Supernova ab. Es war die erste, die so nah war, daß sie mit den Techniken moderner Astronomie beobachtet werden konnte.

Die größte Neuigkeit über 1987A (unter dieser Bezeichnung ist sie bekannt) war die, daß es keine Neuigkeiten gab. Mehr oder weniger verhielt sie sich so, wie die Theorien es vorhersagten. Dies war für die moderne Astrophysik ein triumphaler Erfolg.

886 Ein Neutronenstern ist eins der möglichen Endprodukte einer Supernova.

Während des Zusammenbruchs einer Supernova werden die Elektronen im Kern in die Protonen hineingezwängt. Diese Reaktion macht aus jedem Proton im Stern ein Neutron. Die Folge ist ein Neutronenstern – ein Stern mit etwa zwanzig Kilometer Durchmesser, aber so massereich wie die Sonne. Der Neutronenstern ist stabil, weil die Gravitationswirkung nicht so stark ist, daß sie die Neutronen noch näher bringen kann, als sie es bereits sind. Wir glauben, daß es Beweise für die Existenz vieler Neutronensterne am Himmel gibt.

887 Ein Pulsar ist ein rotierender Neutronenstern.

Auf der Oberfläche eines Neutronensterns gibt es womöglich heiße Stellen, die Radiofrequenzstrahlung abgeben. Rotiert ein Stern schnell, so überstreicht diese Radiofrequenzstrahlung das Weltall wie der Lichtkegel eines Leuchtturms das Meer. Auf der Erde können wir diese Radiowellen als Pulse aufspüren, einen Strahlungspuls bei jeder Rotation des Strahls. Da wir die Strahlung dieser Sterne als Pulse wahrnehmen, reden wir von ihnen als Pulsare.

888 Die periodischen Signale eines Pulsars sehen sehr danach aus, als wollten Außerirdische mit uns in Verbindung treten.

Als Astronomen sie zum erstenmal in den später sechziger Jahren aufspürten, bezeichneten sie sie im Observatorium als die Signale von KGM («kleinen grünen Männchen»).

889 Einige Pulsare sind womöglich Kannibalen.

Am Himmel gibt es etwa 500 Pulsare, von denen etwa ein Dutzend mit kaum glaublicher Geschwindigkeit von nahezu tausendmal in der Sekunde rotiert. Astrophysiker nehmen an, daß diese schnellen Pulsare einst gewöhnliche Pulsare waren, die etwa dreihundertmal pro Sekunde rotierten und zu einem Doppelsternsystem gehörten. Das intensive Gravitationsfeld des Neutronensterns zog Masse von normalen Partnern an. Diese kannibalisierte Masse bewegte sich dann spiralförmig in die Oberfläche des Pulsars und beschleunigte die Rotation bis auf den aktuellen Stand.

890 Ein schwarzes Loch ist ein anderes mögliches Endprodukt einer Supernova.

Ist die Masse des Innern einer zusammenstürzenden Supernova groß genug, so kann die Gravitationswirkung die Neutronen zusammenzwingen, und der Stern entwickelt sich zu einem schwarzen Loch, ein so massereiches und so kleines Objekt, daß nichts – nicht einmal Licht – seiner Oberfläche entkommen kann. Ein schwarzes Loch ist so massereich wie eine Sonne wäre, wenn sie einen Durchmesser von nur zwei Kilometern besäße. Das schwarze Loch ist der endgültige Sieg der Gravitationswirkung über die Materie eines Sterns.

891 Es gibt keinen unumstößlichen Beweis dafür, daß es im Weltall schwarze Löcher gibt.

Dies überrascht die meisten Leute, da schwarze Löcher in der wissenschaftlichen wie in der Science-fiction-Literatur ein prominentes Thema sind. Sie sind äußerst schwierig aufzuspüren, da per Definition von ihnen nichts zu uns auf die Erde gelangt. Nur die Gravitationswirkung läßt darauf schließen, daß es sie gibt, und dies bedeutet, daß wir ein Doppelsternsystem finden müssen, von denen einer der beiden Bestandteile ein schwarzes Loch ist. Astronomen kennen ein halbes Dutzend Kandidaten für Doppelsternsysteme, zu denen möglicherweise ein schwarzes Loch gehört, doch ist es klug, sich der Worte des Physikers Philip Morrison vom MIT zu erinnern, der sich über die Beweise für schwarze Löcher wie folgt äußerte: «Ich glaube es erst, wenn ich eins sehe.»

892 Eine Nova (im Gegensatz zu einer Supernova) bezeichnet einen Stern, der am Himmel plötzlich hell aufleuchtet.

Was wir heutzutage Nova nennen, ist in Wirklichkeit ein Doppelsternsystem, bei dem einer der Sterne ein weißer Zwerg ist. Vom größeren Stern fällt Masse auf die Oberfläche eines weißen Zwergs, bis sie sich zu wenigen Metern anhäuft. Wegen des enormen Drucks und der Wärme entzündet sich diese Masse und verbrennt in einem atomaren Feuer. Wir nehmen diese Zündung als Aufleuchten des Sterns am Himmel wahr. Dieselbe Nova kann mehrmals hintereinander zünden, und die typische Zeitspanne von einem Aufleuchten bis zum nächsten beträgt 10000 Jahre.

893 Der Sternenhimmel ist lediglich eine Übergangsphase in der Entwicklung des Universums.

Im Innern weißer Zwerge brennt kein atomares Feuer, dennoch leuchten sie am Himmel hell auf, weil sie gespeicherte Wärme abstrahlen. Nachdem diese Wärme ans Weltall abgegeben worden ist, erlischt der weiße Zwerg schließlich und wird zu einem braunen oder schwarzen Zwerg – eine Schlacke am Himmel. Auf ähnliche Weise strahlt ein Pulsar seine Energie ins Weltall ab, stellt die Rotation ein und wird zu einer anderen Art Asche. Schließlich wird es überhaupt keine Sterne mehr am Himmel geben.

STERNE UND CHEMIE

894 Sterne sind Fabriken, in denen schwere Elemente hergestellt werden.

Beim Urknall wurde im wesentlichen Wasserstoff und Helium erzeugt, der Rohbrennstoff der Sterne. Die Kernfusion in den Sternen erzeugt sämtliche anderen chemischen Elemente. Im wahren Sinn des Wortes sind die Sterne die Kessel, in denen die Materie des Weltalls gekocht wird.

Wenn die ersten entstandenen Sterne so waren wie jene, die wir heute sehen, dann müssen einige frühe Sterne sehr groß gewesen sein. Diese Sterne waren sehr schnell ausgebrannt, wobei sie die Kerne schwerer Elemente erzeugten. Als diese Sterne starben, wurden sie zu Supernovae, und die Elemente wurden an das interstellare Medium abgegeben, wo sie zum Ausgangspunkt für die Entstehung der Sterne zweiter und dritter Generation wurden. Als die Galaxis älter wurde, nahm daher die Zahl der schweren Elemente zu. Die Sonne und das Sonnensystem, die ziemlich spät in der Galaxis entstanden sind, nehmen diese von den Sternen erzeugten Elemente in ihre Struktur auf.

895 Fast alle schweren Elemente in unserem Körper entstanden irgendwo in einer Supernovae.

Alle Elemente, die schwerer als Eisen sind, und die meisten der Atome jener Elemente, die schwerer als Helium sind, entstehen in Supernovae und kehren bei der Explosion der Supernova zum interstellaren Medium zurück. Dort verbleiben sie, bis sie bei der Entstehung eines neuen Sterns und (vielleicht) Planeten aufgenommen werden. Vor 4,6 Jahrmilliarden entstanden Sonne und Erde aus dieser Art angereicherten Gases. Das Kalzium in unseren Knochen, das Eisen in unserem Blut und der Kohlenstoff in unserem Gewebe haben sämtlich ihren Ursprung in einem Stern irgendwo, und am wahrscheinlichsten in einer Supernova.

Galaxien

896 Im Weltall gibt es keine vagabundierenden Sterne.

Blicken wir zum Himmel hinauf, so sehen wir Sterne in großen Gruppen zusammen, die Galaxien heißen. Dies muß nicht unbedingt so sein. Die Sterne könnten auch gleichmäßig verteilt oder in einer einzigen gigantischen Galaxis zusammengedrängt sein oder beinahe jegliche Verteilungsform dazwischen einnehmen. Weshalb sind sie also in Sternenhaufen gruppiert und nicht anderswie? Dies ist eine Frage, auf die Wissenschaftler wirklich keine Antwort geben können.

897 Die Sonne ist Bestandteil der Milchstraßengalaxis.

Unsere Galaxis ist eine sehr gewöhnliche Galaxis. Sie umfaßt etwa 10 Milliarden Sterne, und ihr hervorstechendstes Merkmal ist die Zusammenballung ihrer hellen Sterne in Spiralarmen. Aus der Entfernung betrachtet sieht unsere Galaxis aus wie eine diskusförmige Scheibe mit etwa 80000 Lichtjahren Durchmesser und vier Spiralarmen, die über die Scheibe laufen. Im galaktischen Mittelpunkt gibt es eine große sphärische Konzentration von Sternen, die Zentrum genannt wird. Unsere Sonne befindet sich auf zwei Drittel der Strecke nach außen auf einem dieser Spiralarme.

898 Die Sterne im Zentrum einer Galaxis sind dicht gepackt.

Im Umkreis der Sonne sind die Sterne viele Lichtjahre voneinander entfernt. Im galaktischen Zentrum werden die Entfernungen dagegen

Künstlerische Darstellung der Milchstraße aus der Sicht eines Astronomen von einer anderen Galaxis aus.

kürzer – vielleicht nur ein paarmal so groß wie das Sonnensystem. Befänden Sie sich auf einem Planeten, der diese Sterne umkreist, so gäbe es keine Nacht. Selbst wenn Ihre Seite des Planeten sich von der besonderen Sonne wegdrehte, so wäre noch reichlich Licht von den anderen benachbarten Sternen vorhanden.

899 Die im Sommer sichtbare Milchstraße erblickt man durch die Scheibe der Galaxis hindurch.

Der Name unserer Galaxis stammt vom Milchstraßensystem, einem schwach leuchtenden Band, das den Himmel fast in einem Großkreis überspannt. Stellt man sich die Galaxis als flachen Pfannkuchen mit der Sonne in seiner Mitte vor, so ist die Milchstraße das, was man sieht, wenn man zum Teig emporschaut.

Quizfrage

Weshalb sieht man außerhalb der Milchstraße nicht viele Sterne?

Antwort: Blickt man von der Milchstraße weg, so sieht man nicht mehr durch den Pfannkuchen, sondern daneben.

900 **Das Wort Galaxis stammt aus dem griechischen Wort für Milch, *galaktikos*.**
Der Anblick der Milchstraße muß die Griechen wohl an vergossene Milch erinnert haben.

901 **Die Milchstraße ist, wie alle anderen Galaxien auch, zu einem großen Teil strukturiert.**
Nähert man sich einer Galaxis wie der Milchstraße aus großer Entfernung, so trifft man zuerst auf kleine «vorstädtische» Galaxien wie die Magellanschen Wolken. Geht man weiter, so stößt man auf ein kugelförmiges Vorkommen von Kugelsternhaufen, von denen jeder zwischen hunderttausend bis eine Million Einzelsterne enthält. Gelangt man ins Innere der Sternhaufen, so erblickt man den bekannten Pfannkuchen und Spiralarme, welche die meisten von uns mit Galaxien in Verbindung bringen, und schließlich die zentralen Sternhaufen im Innersten der Galaxis. Berücksichtigt man noch, daß diese ganze komplizierte Struktur von einer unsichtbaren schwarzen Materie eingehüllt ist, so erkennt man unschwer, daß eine Galaxis – trotz des gegenteiligen Anscheins – alles andere als ein einfaches Objekt ist.
Höchstwahrscheinlich befindet sich im galaktischen Zentrum ein schwarzes Loch. Astronomen, welche die aus dem Zentrum unserer Galaxis (im Sternbild Schütze) kommende Strahlung untersuchen, sind zu der Schlußfolgerung gelangt, daß dort etwas Merkwürdiges vor sich geht. Sie bemerken einen großen leeren Raum ohne Gase im Zentrum, den aber wirbelnde, chaotische Materiefäden umgeben. Aus der Bewegung dieser Materie schließen sie, daß im galaktischen Zentrum ein massereiches Objekt vorhanden sein muß – mehrere millionenmal größer als die Sonne. Der wahrscheinlichste Kandidat für ein solches Objekt wäre ein schwarzes Loch.

902 **Die Spiralarme, die wir normalerweise mit einer Galaxis in Verbindung bringen, machen in Wirklichkeit nur einen kleinen Teil ihrer Gesamtstruktur aus.**
Wir glauben, daß mindestens 90 Prozent (oder vielleicht mehr) der Masse einer Galaxis wie der Milchstraße in Form dunkler Materie

vorhanden ist. Diese dunkle Materie füllt eine Kugel aus, die vollständig die Spiralarme der Galaxis einschließt und sich weit über sie hinaus ausdehnt.

903 **Wir wissen, daß es dunkle Materie gibt, weil wir ihre Gravitationswirkung sehen, auch wenn wir sie selbst nicht sehen können.**
Im Fall der Galaxien gibt es einzelne Wasserstoffatome, die über die Spiralarme hinausfliegen und wie mikroskopische Satelliten die sichtbare Galaxis umkreisen. Von diesen Atomen können wir Radiowellen aufspüren, und aus der Analyse dieser Wellen erfahren wir, daß ihre Umlaufbahnen von Gravitationswirkungen verformt werden, die über die von der sichtbaren Materie ausgeübten hinausgehen. Die Quelle jener zusätzlichen Kräfte nennen wir dunkle Materie.

GALAXIEN

904 **Das Vorhandensein anderer Galaxien wurde erst in den zwanziger Jahren bestätigt.**
Galaxien gehören zu einem so wesentlichen Teil zu unserem Bild vom Weltall, daß wir uns nur schwer vorzustellen vermögen, daß die Wissenschaftler vor gar nicht langer Zeit eine bedeutende Diskussion darüber führten, ob es überhaupt Galaxien gebe. Dabei ging es um die Debatte, ob es sich bei den wolkigen Lichtflecken am Himmel um weitere «Inseluniversen» wie die Milchstraße handle oder um einfache Gaswolken innerhalb der Milchstraße selbst. Die Frage wurde schließlich von dem amerikanischen Astronomen Edwin Hubble am 254-cm-Teleskop auf dem Mount Wilson (Kalifornien) gelöst. Mit seinem Teleskop war er in der Lage, einzelne Sterne in der Andromeda-Galaxis, unserem nächsten Nachbarn, zu sichten und zu beweisen, daß sie mehr als zwei Millionen Lichtjahre entfernt ist.

905 Der berühmte deutsche Philosoph Immanuel Kant spekulierte als erster über die Vorstellung, daß es im Universum noch weitere Galaxien geben könne.
Bereits 1755 sprach er von der Möglichkeit, daß es noch andere «Weltgebäude» geben könne.

906 Die meisten Galaxien sind wie die Milchstraße spiralförmig – in Wirklichkeit drei Viertel davon. Spiralgalaxien sind annähernd so flach wie Pfannkuchen und besitzen zwei oder vier (gelegentlich mehr) gebogene Spiralarme. Bilder anderer Spiralgalaxien sehen mehr oder weniger wie das Blatt einer Kreissäge aus.
Neben den spiralförmigen Galaxien gibt es noch andere. Unter den von Natur aus nicht spiralförmigen Galaxien sind die Mehrzahl sogenannte elliptische Galaxien. Wie der Name schon sagt, sind dies große elliptisch geformte Ansammlungen von Sternen, die keine andere besondere Struktur besitzen.
Wie man bei jeder Klassifizierung erwarten kann, sind einige Galaxien weder spiralförmig noch elliptisch, sondern «gemischt». Dazu gehören Objekte, die «Zwerge» und «ungleichförmige» Galaxien genannt werden. Ich stelle sie mir ähnlich wie die Überbleibsel eines ausgerollten Teigs vor, nachdem man zuvor mit einer Ausstechform so viele Kekse wie möglich daraus ausgestochen hat.

907 Galaxien entstehen bei der Verdichtung von Gaswolken – und zwar bei einem mit der Entstehung der Sonne und des Sonnensystems vergleichbaren Vorgang. In einer großen Gaswolke gab es einige Bereiche, in denen sich (zufällig) mehr Substanzen konzentrierten als in anderen. Diese hochverdichteten Bereiche zogen benachbarte Materie an, wurden dadurch noch massereicher und um so fähiger, weitere Materie anzuziehen. Schließlich führte dieser Vorgang dazu, daß eine große Wolke in mehrere Galaxien auseinanderfiel, und innerhalb jeder Galaxis lief der Vorgang weiter ab, so daß getrennte Sterne entstanden.
Während die Materie in der Galaxis von der Gravitationswirkung nach innen gezogen wurde, erhöhte sich, unabhängig von ihrer Ausgangsgeschwindigkeit, die Rotationsgeschwindigkeit der Galaxis.

Dieser Effekt ist ähnlich dem eines Eiskunstläufers bei einer Pirouette. Legt er die Arme an seinen Körper an, so dreht er sich schneller. Streckt er seine Arme vom Körper weg, so wird er langsamer. Wenn eine Galaxis sich verdichtet und zusammenzieht, so «legt sie die Arme an» und erhöht ihre Rotation. Heutzutage dreht sich die Milchstraße alle 250 Jahrmillionen einmal um ihre eigene Achse.
Die Rotation der Galaxien erklärt auch ihre allgemeine «Pfannkuchenstruktur» – durch die Umdrehungen wird die Materie, aus der die Sterne bestehen, nach außen befördert, genauso wie der Ton auf einer Töpferscheibe.

908 Die spiralförmigen Arme in einer Galaxis sind anders, als sie scheinen.
Die Vorstellung, daß die Spiralarme in einer Galaxis wegen deren Rotation auftauchen, ist verlockend. Irgendwie sind sie vergleichbar mit jenem Muster, das beim Kaffee mit Sahne nach dem Umrühren entsteht. Dies kann jedoch nicht zutreffen. Die Milchstraße hat sich seit Bestehen viele Male um sich selbst gedreht. Wären die Spiralarme mit der Sahne im Kaffee vergleichbar, so müßten sie sich längst ineinander «verwickelt» haben.
Gegenwärtig nimmt man an, daß es sich bei den Spiralarmen nicht wirklich um Bereiche handelt, an denen mehr Sterne vorhanden sind, sondern einfach um Bereiche mit helleren (d. h. jüngeren) Sternen in der Galaxis. Blickt man auf eine Galaxis, so ähnelt dies ein wenig dem Eindruck bei einem Nachtflug über eine Stadt. Die Hauptstraßen sind sehr hell erleuchtet, doch bedeutet dies noch lange nicht, daß sich dort die meisten Menschen aufhalten.

OFFENE FRAGEN

909 Weshalb haben Galaxien spiralförmige Arme?
Es wird angenommen, daß Druckwellen gleichsam wie Speichen eines Rades im Weltall zirkulieren, wobei sie die Entstehung von Sternen auslösen. Deshalb sollte man sich die hellen Spiralarme von Galaxien einfach als Orte vorstellen, an denen Sterne entstehen.
Eine wie faszinierende Erscheinung auch immer Spiralarme sein mö-

gen, so verstehen wir nicht, was die Druckwellen dazu veranlaßt, die Sterne hervorzurufen. Woher stammt die Energie, die sie in Bewegung hält?

RADIOGALAXIEN

910 Radiogalaxien sind Orte galaktischer Gewalt.
Galaxien wie die Milchstraße neigen dazu, den größten Strahlungsanteil – wie im Fall unserer Sonne – in Form von sichtbarem Licht abzugeben. Es gibt allerdings eine Anzahl von Galaxien, die sehr merkwürdige Radiosignale abgeben. Daher sind sie als Radiogalaxien bekannt. Galaxien, die für das Auge hell erscheinen (d.h. Galaxien, die eine Menge sichtbares Licht abgeben), erscheinen am Radiohimmel eher schwach, und umgekehrt.
Betrachten wir die Radiogalaxien mit einem gewöhnlichen Teleskop, so sehen wir wahrscheinlich Galaxien, in denen große Unordnung herrscht – Explosionen und andere Erscheinungen, die wir nicht mit so relativ ruhigen Orten wie der Milchstraße in Zusammenhang bringen. In Wirklichkeit scheint es zwei Arten Galaxien im Weltall zu geben – heftige Galaxien wie die Radiogalaxien sowie gesetzte, behagliche und so häusliche Orte wie unsere Milchstraße.
Die Heftigkeit in manchen Radiogalaxien ist dermaßen groß, daß man gewaltige Strahlen mit Materie beobachten kann, die vom galaktischen Zentrum ausgestoßen werden. Diese Strahlen sind häufig um ein Vielfaches größer als die gesamte Galaxis selbst – es handelt sich um die beeindruckendsten Erscheinungen am Radiohimmel.

911 Quasare sind Beispiele für Radiogalaxien.
Das Wort Quasar ist eine Abkürzung für «quasistellare Radioquellen» und verweist auf die Tatsache, daß diese astronomischen Objekte bei ihrer erstmaligen Sichtung durch ein Teleskop als einzelne Lichtpunkte auftauchten, genauso wie die Sterne. Inzwischen wissen wir, daß es sich bei den Quasaren um sehr ferne Galaxien handelt, die eine extrem starke Radiofrequenzstrahlung abgeben. Mehr als tausend Quasare sind bekannt.

912 Die entferntesten (und ältesten) Objekte sind Quasare.

Astronomen messen die Entfernung zu Quasaren mit Hilfe der Rotverschiebung. Der am weitesten entfernte Quasar, unter der Bezeichnung 0051-229 bekannt, befindet sich etwa 16 Milliarden Lichtjahre von der Erde entfernt und beinahe an der Grenze des noch zu beobachtenden Weltalls.

Weil Quasare so weit entfernt sind, ist das Licht, das von ihnen stammt, zur Erde eine sehr lange Zeit unterwegs. Daher hat womöglich der Quasar, den wir sehen, wenn wir zum Himmel emporblicken, überhaupt nichts mehr mit dem Objekt gemein, das zu diesem Zeitpunkt besteht. Manche Astronomen sind der Meinung, daß Quasare einen frühen, heftigen Punkt in der Entwicklung aller Galaxien kennzeichnen. Wäre dies der Fall, so würden Sie als Astronom, der von einem Planeten aus, den wir «Quasar 0051-229» nennen, auf das Milchstraßensystem blickt, uns als Quasar und sich selbst als völlig normale und durchschnittliche Galaxis wahrnehmen.

OFFENE FRAGEN

913 Weshalb gibt es überhaupt Galaxien?

Obwohl wir seit mehr als einem halben Jahrhundert von anderen Galaxien wissen, so haben wir immer noch keine Erklärung dafür, weshalb sie existieren. Die meisten Theorien nämlich scheinen vorauszusagen, daß sie nicht existieren dürften.

Das grundlegende Problem ist das folgende: Galaxien können sich erst unter dem Einfluß der Gravitationswirkung zusammenschließen, wenn das Weltall etwa fünfhunderttausend Jahre alt ist. Vorher ist der Druck in dem sich ausdehnenden Urknall einfach zu groß. Andererseits hat die Ausdehnung innerhalb eines nur kurzen Zeitraums nach der Zeitmarke von fünfhunderttausend Jahren zu einer dermaßen dünnen Verteilung der Materie geführt, daß Galaxien jener Größe, wie wir sie kennen, sich nicht bilden können. Nie hat jemand darüber nachgedacht, wie dieser lang andauernde Vorgang der Galaxienbildung in dieses winzige Zeitfenster paßt. Natürlich werden die Bemühungen fortgesetzt, doch bleibt dies das größte ungelöste Problem in der modernen Kosmologie.

Kosmologie

914 Das Weltall dehnt sich aus.

Die Galaxien entfernen sich im allgemeinen voneinander. Diese Tatsache wurde 1923 von dem amerikanischen Astronomen Edwin Hubble entdeckt. Er führte folgende Messung durch: Er untersuchte das von fernen Galaxien abgegebene Licht und verglich es mit dem Licht, das dieselben Atome in den Labors auf der Erde abgaben. Er stellte fest, daß die Wellenlänge des Lichts von fernen Galaxien länger war als erwartet – es verschob sich zum roten Ende des Lichtspektrums hin. Er interpretierte dies als Doppler-Effekt und folgerte daraus, daß alle Galaxien im Weltall sich von uns fortbewegen, und je weiter entfernt eine Galaxis ist, um so schneller entfernt sie sich.

Darstellung der gesamten Ausdehnung des Universums. Galaxien bilden sich aus örtlichen Gerinnungen innerhalb der gesamten Ausdehnung.

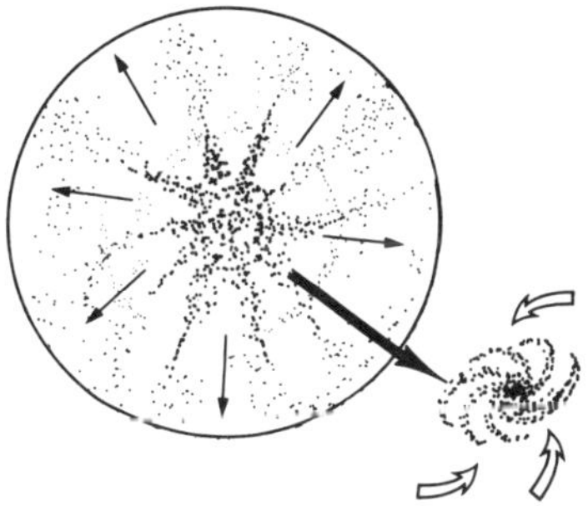

915 Die Ausdehnung des Weltalls setzt voraus, daß es einen Anfang in der Zeit hatte.

Man stelle sich vor, es gäbe einen Film von der Ausdehnung des Weltalls und man ließe ihn «rückwärts» ablaufen. Je mehr man in der Zeit zurückginge, so würde man dabei feststellen, um so kleiner würde das Weltall. Schließlich wäre es zu einem einzigen geometrischen Punkt zusammengeschrumpft. Sicher, dies bedeutet irgendwie einen Anfang, und die auf diese Weise definierte Zeitspanne heißt das «Hubble-Alter» des Weltalls. Die wahrscheinlichste Schätzung für das Hubble-Alter liegt irgendwo zwischen 10 und 20 Jahrmilliarden.

916 Die Vorstellung von einem Weltall, in dem alles in einem heißen, verdichteten Zustand begann und sich dann ausdehnte, wird Urknall genannt.

Dieser Begriff bezeichnet sowohl die allgemeine Entwicklung des Weltalls als auch das Ereignis, mit dem alles anfing.

Die beste Vorstellung des Urknalls macht man sich, wenn man sich ein Stück Hefebrotteig vorstellt, das «aufgeht» und sich ausdehnt. Sind in diesem Teig wahllos Rosinen verteilt, so entspräche jede Rosine einer Galaxis. Befände man sich auf einer Rosine, so würde man sich selbst als Fixpunkt wahrnehmen, dagegen beobachten, wie die anderen Rosinen sich wegen des «Aufgehens» des Teigs von einem selbst fortbewegen. Je weiter entfernt sich eine Rosine befand, um so schneller bewegt sie sich fort, einfach weil die Teigmenge größer ist. Dies entspricht natürlich genau dem, was Hubble beobachtete, als er in das Weltall hineinsah.

917 Der Begriff «Urknall» diente ursprünglich dazu, Kritiker mundtot zu machen.

In den vierziger Jahren gab es viele wettstreitende Theorien über die Natur des Weltalls. Der britische Astrophysiker Fred Hoyle prägte den Begriff «Urknall» als abfällige Bezeichnung für die Theorie seiner Konkurrenten. Der Begriff ging jedoch als Beschreibung der korrekten Theorie ins allgemeine Bewußtsein ein.

918 Der Urknall ist nicht wie eine Explosion zu verstehen.

Es liegt allzu nahe, sich den Urknall als etwas Ähnliches wie die Explosion einer Granate vorzustellen. Wie der Vergleich mit den Rosinen im Hefeteig vergegenwärtigt, ist dies jedoch nicht die Entsprechung. Es ist das Gewebe des Raums selbst, das sich ausdehnt, und die Galaxien werden davon einfach mit fortgetragen. Dies mag einem Laien wie ein unwesentlicher Unterschied erscheinen, doch nur wenn man dies versteht, kann man sich allerlei Eselsbrücken für den Urknall ausdenken.

919 **Galaxien dehnen sich nicht aus, jedenfalls nicht sehr stark.**
Obwohl sich die Entfernung zwischen zwei Galaxien vergrößert, bleibt die Größe einzelner Galaxien ziemlich unverändert. Auf unseren Vergleich bezogen heißt das: die Rosinen dehnen sich nicht aus – die Ausdehnung ist ausschließlich eine Eigenschaft des Teigs.

«Wohin dehnt sich das Weltall aus?»
Müßte ich die mir unangenehmsten Fragen auflisten, so stünde diese obenan. Ich mag diese Frage nicht, nicht etwa weil sie dumm wäre – sie ist im Gegenteil sehr tiefschürfend. Ich mag sie vielmehr nicht, weil ich keine befriedigende Antwort darauf weiß. Erklärt man ein wissenschaftliches Problem in der Alltagssprache, so besteht der Vorgang im wesentlichen in der Übersetzung von einer Sprache in die andere. Die Sprache der Wissenschaft ist die Mathematik, und die Sprache des Alltags ist die Umgangssprache. Fragt man mich etwas, so übersetze ich unter normalen Umständen von der Umgangssprache in die Mathematik, suche nach der Antwort in der mathematischen Sprache und übersetze alsdann wieder zurück in die Umgangssprache. Das Problem bei der obigen Frage besteht darin, daß man sie nicht in die Mathematik übersetzen kann, darin vergleichbar der Frage: «Was befindet sich nördlich des Nordpols?» Denkt man darüber nach, so stellt man fest, daß das Problem nicht darin liegt, daß es nördlich des Nordpols «nichts» gibt, sondern daß es *sogar* nördlich des Nordpols nichts gibt. Die Frustration, die sich beim Fragenden nach dieser Antwort einstellt, ist zum Verwechseln jener ähnlich, die sich bei mir einstellt, wenn ich gefragt werde, wohin sich das Weltall denn ausdehne.

EVOLUTION DES UNIVERSUMS

920 **In seinen jüngeren Jahren war das Weltall wärmer.**
Im allgemeinen erwärmt sich die Materie, wenn sie verdichtet wird. Das Weltall bildet keine Ausnahme von dieser Regel. In seinen jüngeren Jahren war das Weltall wärmer, und daher waren die Zusam-

menstöße zwischen den Bestandteilen heftiger. Je weiter man in der Zeit zurückgeht, um so höher die Temperatur des Weltalls und um so heftiger die Zusammenstöße. Diese Vorstellung ist der Schlüssel zum Verständnis von der Entwicklung des Weltalls.

921 **Das Weltall entwickelte sich durch eine Reihe von «Vereisungen» hindurch.**

Wird Dampf mit hoher Temperatur und hohem Druck plötzlich freigesetzt, so dehnt er sich aus und kühlt dabei ab. Erreicht er eine Temperatur von 100 °C, tritt eine wichtige Veränderung ein – der Dampf verdichtet sich zu Wasser. Das System dehnt sich weiter aus und kühlt ab, bis ein kritischer Zustand erreicht ist, an dem das Wasser zu Eis gefriert. Daher können wir die Entwicklung von Dampf als eine gleichförmige Ausdehnung beschreiben, die von plötzlichen Zustandsveränderungen der Materie durchsetzt ist.
Auf eine ähnliche Weise läßt sich die Entwicklung des Weltalls beschreiben, und zwar als Perioden gleichförmiger Ausdehnung und Abkühlung, die mit kurzen Zeitspannen durchsetzt ist, in denen sich fundamentale Veränderungen vollziehen. In Wirklichkeit kann ich sechs solch plötzlicher Ereignisse identifizieren, die ich «Gefrierungen» nennen möchte.

922 **Die Bildung der Atome fünfhunderttausend Jahre nach dem Urknall war die jüngste Gefrierung.**

Versuchte ein Elektron vor diesem Zeitpunkt an einem Kern festzumachen, so waren die nachfolgenden Zusammenstöße energiereich genug, um es zu vertreiben. Bis zu dem Zeiteinschnitt von fünfhunderttausend Jahren existierte die Materie daher in Form von Plasma und erst später in Form von Atomen.
Licht und andere elektromagnetische Strahlung kann nicht sehr weit in das Plasma hineingelangen, ohne mit der Materie in eine Wechselwirkung zu treten. Vor der Bildung der Atome war das Weltall also undurchlässig. Enthielt ein Teil des Weltalls einen Materieklumpen, so ist er undurchlässiger, und die umgebende Strahlung im Innern des Plasmas wirkt darauf stark ein, so daß der Materieklumpen auseinanderfliegt.
Nach der Bildung der Atome wurde das Weltall plötzlich transparent,

und das Licht wurde freigesetzt. Seit jener Zeit übte Licht eine sehr geringe Kraft auf die Materie aus. Dies bedeutet, daß Galaxien sich erst gebildet haben können, nachdem das Weltall «gefror», um Atome zu bilden.

923 Die Kerne bildeten sich, als das Weltall ca. drei Minuten alt war.
Zu diesem Zeitpunkt war die Temperatur im Weltall bis auf einen Punkt gesunken, an dem Atomkerne existieren konnten. Vor jenem Zeitpunkt wären ein Proton und ein Neutron, die sich zu einem elementaren Kern zusammenschließen wollten, in nachfolgenden Zusammenstößen zertrümmert worden. Nach diesem Zeitpunkt konnten die Kerne leichter in Atomen zusammenbleiben. Deshalb kennzeichnen die drei Minuten (genau gesagt drei Minuten fünfundvierzig Sekunden) eine weitere wichtige «Gefrierung» in der Geschichte des Weltalls.

924 Als sich die Kerne im frühen Weltall bildeten, arbeiteten die Partikel gegen die Zeit.
Die Kerne konnten sich erst bilden, als die Temperatur gesunken war, aber wenn sie zu lange warteten, so war durch den Hubble-Effekt die Materie so dünn verteilt, daß nicht ausreichend Zusammenstöße von einer kritischen Anzahl unter ihnen stattfinden konnten. Wegen dieser Doppelbindung wurde die Zeitspanne zur Bildung der Kerne ziemlich kurz. Tatsächlich entstanden im Urknall nur die Wasserstoff- und Heliumisotope, zugleich mit sehr geringen Mangen von Lithium 7 (deren Kerne drei Protonen und vier Neutronen besitzen). Alle anderen Elemente im Weltall entstanden später.

925 Nach zehn Mikrosekunden gefroren die Quarks.
Von einem Zeitpunkt von drei Minuten bis hin zurück auf jenen von zehn Mikrosekunden existierte die Materie vor allem in Form von Elementarteilchen. Zum Zeitpunkt von zehn Mikrosekunden hatte die Temperatur des Weltalls einen Punkt erreicht, an dem die Quarks zu Elementarteilchen «gefroren». Vor diesem Zeitpunkt existierte die Materie in Form von Quarks und Leptonen; danach in der bekannteren Form der Elementarteilchen (Elektronen, Neutronen, Protonen und anderen).

926 Der Zeitpunkt von 10^{-10} Sekunden kennzeichnet die erste Gefrierung einer Kraft.

Von jenem Zeitpunkt bis hin zurück zum Urknall betraf die Gefrierung die Kräfte und nicht die Materie. Zehn Milliardstelsekunden nach dem Urknall (10^{-10} Sekunden) kennzeichnet den Zeitpunkt, an dem die schwache Kraft sich mit der elektromagnetischen Kraft vereint. Vor dieser Zeit herrschten nur drei Kräfte im Weltall vor – die starke, die der Schwerkraft und die vereinte Kraft, welche die Physiker die elektroschwache Kraft nennen. Nach diesem Zeitpunkt verfügte das Weltall über die volle Serie von vier Kräften.

927 Den Zustand des Weltalls 10^{-10} Sekunden nach dem Urknall können wir in unseren Labors reproduzieren.

In einem halben Dutzend Labors auf der Welt gibt es Maschinen, die Protonen oder Elektronen beinahe auf Lichtgeschwindigkeit beschleunigen können. Diese beschleunigten Teilchen stoßen dann frontal mit anderen zusammen. Das Ergebnis dieser Zusammenstöße: Einen flüchtigen Sekundenbruchteil lang wird ein Raumvolumen von der Größe fast eines Protons auf eine Temperatur gebracht, die das ganze Weltall kennzeichnete, als es 10^{-10} Sekunden alt war. Obwohl unsere Diskussionen über den Urknall uns in jene Zeiten zurückführen, die für Märchen geeigneter erscheinen als für eine nüchterne Physik, können wir doch einigermaßen überzeugend darüber reden, was während dieser besonderen Gefrierung geschah, weil wir die Bedingungen, unter denen sie sich vollzog, in unseren Labors reproduzieren können. Dies kann von den folgenden Theorien nicht behauptet werden.

928 Die großen vereinten Theorien beschreiben das Weltall, wie es 10^{-10} Sekunden nach dem Urknall war.

An jenem Zeitpunkt, so besagen diese Theorien, vereinte sich die starke mit der elektroschwachen Kraft. Vor diesem Zeitpunkt hatte es zwei vorherrschende Kräfte im Weltall gegeben; danach gab es deren drei. Die Theorien, die diesen Übergang beschreiben, sind die sogenannten großen vereinten Theorien oder GVT. Zur Zeit sind wir noch nicht in der Lage, den Zustand während dieser Gefrierung in unseren

Labors zu reproduzieren. Daher sind wir für die Periode ab diesem Zeitpunkt rückwärts in der Zeit mehr auf die Theorie als auf das Experiment angewiesen.

929 Die GVT erklären die Abwesenheit von Antimaterie im Weltall.
Und dies funktioniert auf die folgende Weise: Die großen vereinigten Theorien werden verwendet, um die Reaktionen zu beschreiben, die auf dem relativ niedrigen Energieniveau in unseren Labors nicht zu verwirklichen sind. Durch Vergleich der theoretischen Beschreibung mit den experimentellen Ergebnissen gelangen wir zur Feststellung einiger Zahlen, die in den Theorien auftauchen. Darauf wenden wir die Theorien mit den experimentell bestimmten Parametern auf das frühe Weltall an. Sie sagen voraus, daß auf jeweils 100 Milliarden der im frühen Weltall erzeugten Antiprotonen genau 100 Milliarden und eins Protonen kamen. Im Laufe der Zeit trafen Protonen und Antiprotonen zusammen und zerstörten sich. Die gesamten Festkörper im Weltall, der menschliche Körper eingeschlossen, besteht aus dem winzigen Etwas an überschüssiger Materie, das keine Möglichkeit hatte, zerstört zu werden.

930 Die Aufblähung ist ein Hauptpunkt der GVT.
Dieser Begriff wird verwendet, um eine Periode zu beschreiben, in der die Ausdehnung sehr schnell vor sich ging. Genauso wie Wasser sich ausdehnt, wenn es zu Eis gefriert, so dehnte sich das Weltall aus, als die starke Kraft «gefror» – aber das Weltall dehnte sich weit stärker aus als das Wasser, das in einer Winternacht in einer Flasche steht. Schätzungen besagen, daß diese Ausdehnung bis zum Faktor 10^{50} geht – mehr als ausreichend, um das Weltall von etwas Kleinerem als dem kleinsten Teilchen bis auf die Größe einer Pampelmuse zu bringen. Würde sich ein Mensch um den Faktor 10^{50} ausdehnen, so wäre er größer als das gesamte Universum!

931 Beim Zeitpunkt 10^{-10} Sekunden geschah die endgültige Vereinigung.

Wie man annimmt, führt die ursprüngliche Gefrierung des Weltalls zur Vereinigung der Gravitationswirkung mit allen anderen Kräften. Dies geschah bei 10^{-43} Sekunden, dem sogenannten Planck-Zeitpunkt (benannt nach dem deutschen Physiker Max Planck, einem der Begründer der Quantenmechanik). Vor jenem Zeitpunkt war das Weltall denkbar einfach – es gab nur eine Kräfteart, und die Materie war in ihre letzten Bestandteile zerfallen. Nach jenem Zeitpunkt gab es zwei Kräfte statt einer. Ich erzähle meinen Studenten gerne, nach dem Planck-Zeitpunkt sei es nur noch bergab gegangen.

Zeiten einer Veränderung im Weltall

Zeitspanne nach dem Urknall	*Ereignis*
10^{-43} Sekunden	Schwerkraft trennt sich von anderen Kräften
10^{-33} Sekunden	starke Kräfte trennen sich
10^{-10} Sekunden	schwache und elektromagnetische Kräfte trennen sich
10 Mikrosekunden	Quarks schließen sich zu Teilchen zusammen
3 Minuten	Kerne der leichten Atome entstehen
500 000 Jahre	Atome entstehen

BEWEISE FÜR DEN URKNALL

932 Der erste zwingende Beweis (außer der universalen Ausdehnung selbst) für den Urknall war die Entdeckung des kosmischen Mikrowellen-Hintergrundstrahlung.

Sie wurde 1964 von den beiden Wissenschaftlern Arno Penzias und Robert Wilson in den Bell Laboratories entdeckt. Mit einem frühen Mikrowellenempfänger schickten sie sich an, die vom Weltall auf die Erde auftreffende Mikrowellen-Hintergrundstrahlung zu messen, um

eine Datengrundlage für die damals im Entstehen begriffene Kommunikationsindustrie zu erhalten. Wie auch immer sie die Erscheinung betrachteten, fanden sie, daß die Erde mit Mikrowellen aus dem Weltall bestrahlt wird (die sie als zischende atmosphärische Störungen in ihrem Apparat hörten).
Heutzutage interpretieren wir diese sogenannte kosmische Mikrowellen-Hintergrundstrahlung als ein «Echo» des Urknalls. Es ist jene Strahlung, die im Augenblick der Entstehung der Atome abgegeben wurde. Hiernach ist die Strahlung abgekühlt. Sie ist nun für ein Objekt kennzeichnend, dessen Temperatur etwa drei Grad über dem absoluten Nullpunkt liegt. Eine solche Strahlung ist charakteristisch für ein sich ausdehnendes, abkühlendes Weltall und gilt daher als ein starker Beweis für den Urknall.
Die kosmische Mikrowellen-Hintergrundstrahlung ist erstaunlich gleichförmig. In welche Richtung auch immer man ins Weltall hineinblickt, so bleibt die Strahlung mit einer Genauigkeit von 0,1 Prozent dieselbe. Aus *welchem Grund* diese Strahlung so ausgeglichen ist, bleibt eine der großen Fragen der Kosmologie.

933 Die Kernsynthese ist ein weiteres Beweisstück für den Urknall.
Dieser Beweis stammt aus Berechnungen über die Entstehung leichter Kerne bei der Drei-Minuten-Marke (siehe Vorhergehendes). Die Überlegung lautet wie folgt: Aus Laborexperimenten kennen wir die Wahrscheinlichkeit, mit der ein bestimmtes Produkt beim Zusammenstoß von zwei leichten Kernen erzeugt wird. Finden etwa zwei Protonen mit einer bestimmten Geschwindigkeit zueinander, so können wir die Wahrscheinlichkeit messen, mit der sie einen Deuteriumkern (ein stabiles Wasserstoffisotop) erzeugen werden. Indem wir diese gemessenen Mengen gemeinsam mit den Geschwindigkeiten betrachten, die wir den Kernen zuschreiben, als die Temperatur des Weltalls jene des Drei-Minuten-Zeitpunktes war, so können wir daraus die Anzahl der Kerne verschiedener Atome berechnen, die damals entstanden sind.
Alsdann können wir die Anzahl eines jeden Kerns aus dem Urknall im gegenwärtigen Weltall messen (abzüglich der in den Sternen erzeugten Kerne) und diese gemessene Anzahl mit der vorhergesagten vergleichen. In den meisten Fällen sind die Vorhersagen bemerkens-

wert übereinstimmend. Die große Anzahl etwa des ursprünglichen Heliums im Universum beträgt 25 Prozent, was genau mit den Vorhersagen übereinstimmt. Ergäbe dagegen diese Zahl einen höheren Wert von 28 oder einen niedrigeren von 22 Prozent, so wäre die Theorie einfach falsch, und es gäbe keine Möglichkeit, uns herauszureden. Daher ist die Anzahl der Kerne ein guter Testfall für den Urknall.

934 Die Verwendung der Kernsynthese als Test für den Urknall ermöglicht es uns, die Untersuchungen geradewegs hier auf der Erde durchzuführen.

Deuterium etwa ist ein Wasserstoffisotop mit einem Proton und einem Neutron im Kern. Die Sterne geben es nicht ab, und daher entstand sämtliches Deuterium auf der Erde während des Urknalls. Die große Menge an Deuterium kann man etwa im Ozeanwasser oder in einem Felsgestein messen und Informationen über den Ursprung des Weltalls erhalten. Arno Penzias nannte dies «Kosmologie mit einer Schaufel betreiben».

STRUKTUR DES UNIVERSUMS IM GROSSEN MASSSTAB

935 Die Materie im Weltall befindet sich fast ganz in den Superhaufen.

Galaxien haben sich zu Haufen zusammengeschlossen, und Galaxienhaufen wiederum sind zu Superhaufen gebündelt. Die Milchstraße beispielsweise ist Teil dessen, was Astronomen die lokale Gruppe nennen. Dieser Haufen besteht aus uns, der Andromeda-Galaxis, einer weiteren großen Galaxis, von der Sie noch nie etwas gehört haben (Triangulum), und etwa zwanzig kleineren Galaxien,

Aufbau des Universums, im großen Maßstab betrachtet. Jeder Punkt stellt eine Galaxis oder einen Galaxienhaufen dar. Die Erde befindet sich am Scheitelpunkt des tortenstückförmigen Keils.

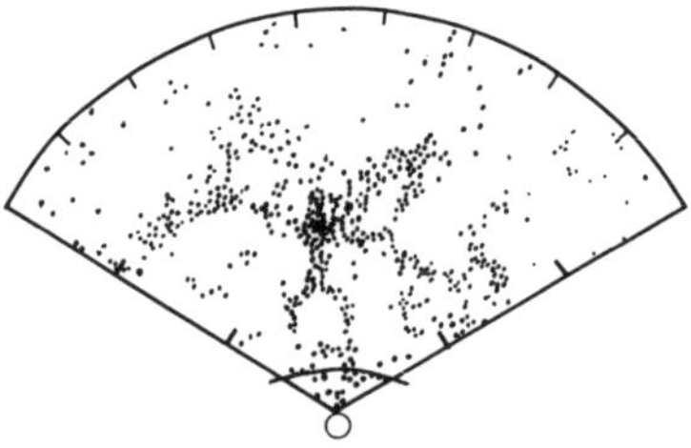

die von den Gravitationsfeldern ihrer größeren Nachbarn eingeschlossen sind. Die Mehrzahl der Galaxien ist in solchen Gruppen anzutreffen, obwohl viele sich in Haufen befinden, die vielleicht tausend Galaxien und mehr enthalten.
Gruppen und Haufen von Galaxien ihrerseits sind in Superhaufen gebündelt. Die lokale Gruppe zum Beispiel ist eine von vielen solcher Gruppen in der Nachbarschaft des Jungfrauenhaufens. Der Jungfrauenhaufen und sämtliche Gruppen wie unsere eigene bilden den lokalen Superhaufen.
Superhaufen sind gewöhnlich lang und dünn; ihre Galaxienhaufen sind wie die Perlen auf einer Kette aufgefädelt.

936 Lücken gibt es überall im Universum.

1981 entdeckten Astronomen die ersten der Strukturen, die inzwischen Lücken genannt werden – riesige Raumvolumen ohne (oder nahezu ohne) Materie. Es dauerte lange, die Lücken aufzuspüren, weil es notwendig ist, das Licht, das durch den leeren Raum schien, von jener Dunkelheit zu trennen, die mit diesem Gebiet in Verbindung gebracht wird. Diese erste Lücke im Sternbild Bootes (der Ochsentreiber) mißt etwa 250 Millionen Lichtjahre im Durchmesser. Bei nachfolgenden Suchaktionen sind viele solcher leeren Räume am Himmel entdeckt worden.
In Wirklichkeit sollte die Existenz von Lücken nicht allzusehr überraschen. Wenn die meiste Materie sich in den Superhaufen zusammenballt, so gibt es einigen Grund zu der Annahme, daß es irgendwo dazwischen freie Räume gibt.

937 Lücken und Superhaufen zusammen vermitteln uns ein modernes Bild vom Weltall.

Astronomen beginnen erst damit, das komplizierte Muster von Superhaufen und Lücken zu erkunden, die das ausmachen, was die Struktur des Universums im großen Maßstab genannt wird. Das sich daraus ergebende Bild scheint einfacher Natur zu sein: Man stelle sich vor, man nimmt ein Messer und schneidet damit scheibchenweise durch einen Haufen von Seifenblasen. Es ergeben sich daraus eine Reihe leerer Seifenblasen, die alle von einem dünnen Film aus Seifenlauge umgeben sind. Man halte nun den Film aus Seifenlauge für die Superhaufen und die Seifenblasen für die Lücken, und *voilà* – das ist das Universum.

938 Das Universum besteht hauptsächlich aus dunkler Materie.
In den allerletzten Jahren sind Astronomen zu der Anschauung gelangt, daß 90 Prozent oder mehr der Materie im Weltall in einer Form existiert, die nicht zu sehen ist. Eine normale Galaxis ist von dunkler Materie umgeben, die mehr als 90 Prozent ihrer Masse ausmacht. Zudem gibt es Beweise dafür, daß zusätzliche dunkle Materie in großen Galaxienhaufen vorhanden ist. Dunkle Materie ist im üblichen Sinn nicht zu «sehen», sondern ihr Vorhandensein kann anhand ihrer Gravitationswirkung ermittelt werden.

939 Weltrekorde.
Der große Superhaufen der Galaxien im Sternbild Perseus und Pegasus ist mehr als eine Milliarde Lichtjahre lang und der größte bekannte Superhaufen. 1989 entdeckten Astronomen am Harvard-Smithsonian-Zentrum für Astrophysik eine weitere Struktur, die sie «Große Mauer» tauften. Dabei handelt es sich um eine Galaxiensammlung, die etwa 500 Millionen Lichtjahre lang, 200 Millionen Lichtjahre breit und 15 Millionen Lichtjahre hoch ist. Es gibt gewiß noch eigenartigere Dinge, die ihrer Entdeckung harren – bleiben Sie daher am Ball!

OFFENE FRAGEN

940 Wie begann das Weltall?
In der theoretischen Kosmologie wie auch in den Köpfen der Menschen bleibt dies eine der wichtigsten Fragen. Die Theorien, die bisher von den Kosmologen vorgebracht worden sind, gehen ausnahmslos davon aus, daß irgendwann in der Vergangenheit sich die Zusammensetzung des Universums geändert hat. Wenn wir bei unserem früheren Vergleich mit dem Hefeteig bleiben, so wissen Sie, daß Sie das Schrumpfen des Teigs beobachten, wenn Sie in der Zeit zurückgehen. Allerdings wird er nie bis auf einen geometrischen

Punkt zusammenschrumpfen. Statt dessen führt der Schrumpfvorgang vielmehr bis zu jenem Zeitpunkt zurück, an dem die Zutaten für den Teig zusammengestellt wurden. Auf dieselbe Weise gehen Kosmologen davon aus, daß der Zeitpunkt, den wir mit «null» bezeichnen, kein wirkliches physikalisches Ereignis, sondern lediglich eine rückwärtsgewandte Projektion der gegenwärtigen Ausdehnung darstellt. Die Theoretiker vertreten verschiedene Auffassungen, wenn sie davon sprechen, was vor dem Anfang da war.

Die geläufigsten Theorien nehmen an, daß das Universum vor Beginn der Ausdehnung instabil war und irgendein Ereignis wie die Schöpfung der Masse die Ausdehnung in Gang setzte.

Um diese Theorien einzuschätzen, muß man sich vergegenwärtigen: 1. Masse und Energie sind gleichwertig, daher kann die Masse wie jede andere Energieform behandelt werden; und 2. die potentielle Gravitationsenergie kann negativ oder positiv sein. Diese Tatsachen bedeuten, daß die für eine Schaffung von Materie benötigte positive Energie von der negativen Energie der potentiellen Gravitation ausgeglichen wird. Die Schaffung von Materie bei der Entstehung des Universums erfordert nicht notwendigerweise, daß «etwas» aus dem «Nichts» geschaffen wird. Es ist wie beim Graben einer Grube – hat man sie fertiggegraben, so hat man einen Haufen Erde und ein Loch, aber es besteht kein Geheimnis darüber, woher der Haufen stammt. Könnte man dagegen nur den Erdhaufen sehen, so käme einem das Graben des Lochs wie ein Wunder vor – der Haufen tauchte plötzlich aus dem Nichts auf.

In genau derselben Weise erscheint uns die Entstehung des Universums wie ein Wunder, da für uns die Masse plötzlich wie aus dem Nichts auftaucht. Tatsächlich entspricht die Materie dem «Haufen» aus dem Universum, der vom «Loch» in Form von Gravitationsfeldern im Gleichgewicht gehalten wird.

OFFENE FRAGEN

941 Wie wird das Weltall zu Ende gehen?

Die Frage, ob diese Ausdehnung jemals enden wird, erscheint jedem vollkommen natürlich, der sich mit dem sich ausdehnenden Universum beschäftigt. In der Sprache der Astronomen lautet sie: «Ist das Universum offen oder geschlossen?» Ein offenes Universum wäre jenes, das sich ewig ausdehnt. In einem geschlossenen Universum läuft die Ausdehnung eine Zeitlang ab, verlangsamt sich dann und kehrt sich um.

Die Frage, ob das Universum offen oder geschlossen ist, ist im Grund genommen eine der Beobachtung. Ist im Universum genügend Materie vorhanden, so wird die von ihr ausgehende Gravitationswirkung alle sich nach außen bewegenden Galaxien verlangsamen, zum Stoppen bringen und sie dann darin zurückziehen, was die Astronomen halb scherzend als das «Große Knirschen» bezeichnen. Reicht die Materie im Universum nicht aus, um dies zu bewirken, so dauert die Ausdehnung fort, und das Universum ist offen. Ein Universum, das sich an der Grenzlinie zwischen offen und geschlossen befindet, wird als «flaches» Universum bezeichnet.

Berücksichtigt man nur die leuchtende Materie – Materie, die scheint und zu sehen ist –, so enthält das Universum weniger als ein Prozent jener Materie, die erforderlich ist, um die Ausdehnung zu stoppen. Daher, so scheint es, ist das Universum offen.

Astronomen glauben jedoch, daß die Menge dunkler Materie im Universum wenigstens 30 Prozent der erforderlichen Menge ausmacht, um die Hubble-Ausdehnung zu einem Halt zu bringen. Viele von ihnen glauben, daß in Zukunft noch weitere dunkle Materie entdeckt werden wird und das Universum in Wirklichkeit flach ist.

OFFENE FRAGEN

942 Weshalb ist die Materie im Weltall so klumpig, wo doch die Mikrowellen-Hintergrundstrahlung so gleichförmig ist?

Dies ist nicht etwa *irgendeine*, sondern *die* Frage der modernen Kosmologie. Die Gleichförmigkeit der Mikrowellen-Hintergrundstrahlung weist darauf hin, daß irgendwann das Universum gleichförmig war; heutzutage jedoch ist es weit davon entfernt. Materie sammelt sich in Superhaufen und wird aus Lücken ausgeschlossen. Das Problem: Wie gelangt man von der ursprünglichen Gleichförmigkeit zur schließlichen Körnigkeit, ohne eine neue Mikrowellen-Hintergrundstrahlung zu erzeugen, welche die beobachtete Gleichförmigkeit stören würde?

Das Sonnensystem

EINFÜHRUNG

Dank jahrhundertelanger Beobachtungen und jahrzehntelangem Einsatz von Raumsonden ist eine Menge an Informationen über unser Planetensystem zusammengetragen worden. Nach einigen Bemerkungen über die allgemeine Struktur dieses Systems beginnen wir eine Rundreise von der Sonnenoberfläche aus bis hin zu den Planeten der fernsten Kometen in der Kälte des Weltraums.

943 Die Planeten entstanden zur selben Zeit wie die Sonne und auch aus derselben Materie.

Die Sonne und die Planeten entstanden vor etwa 4,6 Jahrmilliarden aus derselben Wolke interstellaren Staubs. Volle 99 Prozent der gesamten Materie der interstellaren Wolke schlugen sich in der Sonne nieder. Im großen Maßstab betrachtet stellt die Ansammlung der Planeten und anderen Objekte im System außerhalb der Sonne nicht viel mehr als einen nachträglichen Einfall dar.

Die Rotation der Staubwolke, aus dem das Sonnensystem entstanden ist, wirbelte schließlich sämtliche Materie, die nicht in die Sonne einging, zu einer Ekliptik genannten flachen Scheibe zusammen. Die Planeten und der Rest des Sonnensystems entstanden in dieser Ebene. Dies erklärt, warum alle Planeten (außer Pluto) auf Bahnen in dieser Ebene umlaufen und alle sich in derselben Richtung fortbewegen (und zwar vom Nordpol aus betrachtet im Uhrzeigersinn).

Tatsächlich ähnelt das Sonnensystem in etwa einem flachen Pfannkuchen (die Ekliptik) mit einer dicken Kirsche (die Sonne) in der Mitte. Die Anziehungskraft der Gravitation brach die Scheibe der Ekliptik in einzelne Planeten auf. Materieklumpen in der Scheibe zogen weitere Materie aus der Nachbarschaft an und wurden dadurch größer. Dies wiederum führte dazu, daß sie noch mehr Materie anzogen und noch größer wurden. Schließlich fanden diese Klumpenansammlungen sich zusammen, um die Planeten zu bilden.

944 Der größte Planet im Sonnensystem ähnelt der Erde am wenigsten.

Als das Sonnensystem entstand und die Sonne sich erwärmte, herrschte zwischen dem inneren und dem äußeren Sonnensystem ein entscheidender Temperaturunterschied. In der Nähe der Sonne, wo es warm war, befanden sich Teile der Materie (wie Methan und Ammoniak) in Gasform, während sie weiter entfernt ihre Eisform beibehielten. Als das atomare Feuer in der Sonne zündete, blies die Strahlung die flüchtige Materie vom inneren Sonnensystem weg, während weiter entfernt diese Materie, zusammen mit dem gasförmigen Wasserstoff und Helium, vielmehr davon unberührt blieb und in die Planeten eingegliedert wurde. Daher sind die Planeten in der Nähe der Sonne eher klein und felsig, während die von der Sonne weiter entfernten Planeten eher groß und gasförmig sind.

Die inneren, felsigen Körper – Merkur, Venus, Erde und Mars – heißen die «irdischen» Planeten, und der Erdenmond wird gewöhnlich dazugerechnet, obwohl er im eigentlichen Sinn kein Planet ist.

Die äußeren Planeten (Jupiter, Saturn, Uranus und Neptun) heißen «Gasriesen» oder «Jupiter-Planeten». Diese Planeten besitzen zwar einen kleinen felsigen Kern (etwas größer als derjenige eines irdischen Planeten), sind jedoch von tiefen Schichten aus Flüssigkeit und Gas umgeben.

945 Die Jupiter-Planeten haben vermutlich eine Schichtenstruktur.

Auch wenn wir nicht in das Innere dieser Planeten gelangen können, so ist es uns dennoch möglich, mehr als bloße Vermutungen darüber anzustellen, wie es dort drinnen aussieht. Einer Theorie zufolge besitzt jedes Innere einen zentralen Kern aus Metall und Gestein, der von einer Flüssigkeitsschicht aus Wasser, Methan und Ammoniak umgeben ist. Dieser flüssige Kern seinerseits ist von einer äußeren Schicht aus verdichtetem Gas eingehüllt, die sich hauptsächlich aus Wasserstoff und Helium zusammensetzt.

946 Alle Jupiter-Planeten besitzen Ringe.

Die Ringe des Saturn gehören natürlich zu den bekanntesten Erscheinungen im Sonnensystem, doch im vergangenen Jahrzehnt haben die Astronomen entdeckt, daß die anderen dem Jupiter ähnlichen Planeten auch welche besitzen. Einige dieser Ringsysteme wurden zuerst von der Erde aus entdeckt, doch unser Wissen über deren Struktur im Detail stammt von den Voyager-Raumsonden (siehe unten).

947 Pluto tanzt irgendwie aus der Reihe.

Eins ist gewiß: Der Planet Pluto ist sehr klein – lediglich etwa zwei Prozent der Erdmasse –, obwohl er sich in einem Gebiet des Sonnensystems befindet, in dem man mit der Bildung von Gasriesen rechnet. Einige Astronomen haben vorgeschlagen, Pluto als einen gefangenen Planeten zu betrachten. Meiner Meinung nach scheint die Tatsache, daß dieser Planet seine eigenen Monde besitzt, gegen diese These zu sprechen. Wie könnte man einen Planeten und einen Mond zugleich einfangen? Wie auch immer Pluto zu betrachten ist, er ist anders als jeder andere Planet im Sonnensystem.

948 Pluto ist während eines Teils seines «Jahres» nicht der von der Sonne am weitesten entfernte Planet.

Die Umlaufbahn von Pluto befördert ihn während eines Teils seines «Jahres» ins Innere der Umlaufbahn Neptuns. Bis zum Jahr 1999 befindet sich Pluto tatsächlich der Sonne näher als Neptun.

949 Das jetzige Aussehen eines irdischen Planeten hängt hauptsächlich von seiner Größe ab.

Als die Planeten sich in der ursprünglichen Staubwolke verdichteten, nahmen sie große Mengen radioaktiver Materie auf. Diese Materie ist ziemlich gleichmäßig über den Planetenkörper verteilt. Als sie zerfiel, erzeugte sie Wärme, die – nimmt man sie zu der Wärme bei der Entstehung des Planeten hinzu – an die Planetenoberfläche befördert und in den Weltraum abgestrahlt werden mußte. Ist der entsprechende Planet klein, so besitzt er relativ geringe Mengen radioaktiver Materie und erzeugt daher nur eine geringe Wärmemenge. Diese Wärme kann durch Konduktion an die Oberfläche gelangen und von dort abstrahlen. Merkur, der Mond der Erde, und Mars sind solche Planeten. Wenn die kleinen Planeten sich verfestigen, entsteht eine starre, unveränderliche äußere Kruste. Bei einem größeren Planeten gibt es zuviel Wärme, als daß sie durch Konduktion an die Oberfläche gelangen könnte. Daher setzt Konvektion ein (siehe den Abschnitt über die Plattentektonik). Unter den irdischen Planeten ist nur die Erde groß genug, um soviel an Wärme zu erzeugen, daß daraus eine tektonische Aktivität folgt.

950 Wäre die Erde nur ein wenig kleiner, so gäbe es uns Menschen nicht.

Wenn die durch die Plattentektonik beförderte Veränderlichkeit im Klima für den Entwicklungsprozeß von Bedeutung ist, so ist es sehr wahrscheinlich, daß intelligentes Leben auf der Erde nur dank eines Zufalls existiert – und zwar durch den Zufall, der bewirkte, daß die Erde etwas größer als die Venus ist. Falls dies stimmt, dann sind die Aussichten, irgendwo im Universum auf außerirdische Lebewesen zu stoßen, bedeutend geringer, als die meisten Menschen annehmen.

DIE ÄUSSEREN REGIONEN DER SONNE

951 Sieht man in die Sonne hinein, so gleicht dies in etwa dem Blick in einen schmutzigen Teich.

Man kann etwa 300 Kilometer weit hineinsehen, aber nicht tiefer. Die äußere Schicht des Hauptkörpers der Sonne – der, wäre er in einem festen Aggregatzustand, ihrer Oberfläche entspräche – wird Photosphäre genannt (= Sphäre des Lichts). Über der Photosphäre liegen zwei weitere Schichten – die Chromosphäre (= Sphäre der Farbe), die sich ein paar tausend Kilometer über die Photosphäre hinaus erstreckt, und die Korona (oder Krone). Die meisten Erscheinungen, die wir mit der Sonne in Verbindung bringen – Sonnenflecken, Protuberanzen und Sonnenfackeln –, werden in der Photosphäre und der Chromosphäre beobachtet. Die Chromosphäre bezieht ihren Namen aus der Tatsache, daß sie Wasserstoffgas enthält, das ein rotes Licht abgibt, welches im neunzehnten Jahrhundert von Solarteleskopen eingefangen wurde.

OFFENE FRAGEN

952 Wieso ist die Korona so warm?

Entgegen aller Vermutungen ist die Korona sehr warm – viel wärmer als die Photosphäre. Und nicht nur das: sie wird wärmer, je mehr man sich von der Oberfläche entfernt, und erreicht maximale Temperaturen von einigen Millionen Grad. Eine überraschende Tatsache – etwa so verblüffend, als wäre die Temperatur auf der Spitze des Mount Everest wärmer als jene auf Meereshöhe.

Eine mögliche Lösung dieses Rätsels ist eine Theorie, die besagt, daß Konvektionszellen an der Sonnenoberfläche aufwirbeln und Schallwellen erzeugen, die in die Chromosphäre gelangen und diese erwärmen. Man kann sie sich als etwas vorstellen, das einem Überschallknall ähnelt. Eine andere Theorie besagt, daß die Erwärmung vom Abladen der Energie aus Magnetfeldern stamme.

953 Obgleich die Korona eine extrem hohe Temperatur besitzt, könnte man seine Hand hineinstecken und nichts dabei spüren.

Die Atome in der Korona sind sehr energiereich, und zwar so sehr, daß die Mehrzahl unter ihnen die meisten Elektronen abgegeben haben. Die Atome sind so spärlich anzutreffen, daß relativ wenige auf einer hineingesteckten Hand auftreffen würden. Die Gesamtwärmemenge, die man dabei aufnähme, wäre sehr gering.

954 Die Oberfläche der Sonne wird von Protuberanzen und Sonnenfackeln gekennzeichnet.

Auf Großaufnahmen von der Sonne sind vermutlich die großen Bögen und Schleifen aus flammender Materie, die erst aufsteigen und dann auf die Oberfläche zurückfallen, das Überraschendste. Diese sogenannten Protuberanzen kommen normalerweise in Gebieten vor, wo es Sonnenflecken gibt, und stehen in einem Zusammenhang mit der Aktivität im Magnetfeld der Sonne. Gewöhnlich dauern sie ein paar Tage an.

Gelegentlich explodiert eine Protuberanz und schleudert dabei große Mengen an Materie in den Weltraum. Dies wird eine Sonnenfackel genannt. Wenn Partikel aus einer größeren Sonnenfackel in die Erdatmosphäre eintreten, kann dies zu einer mehrtägigen Störung im Funkverkehr führen.

955 Sonnenfackeln waren für die Astronauten eine große Umweltgefahr.

Eine der größten Sorgen während des Apollo-Unternehmens etwa bestand in der Gefahr, daß eine größere Sonnenfackel auf der Sonne ausbrechen würde, als die Astronauten gerade auf eine Umlaufbahn um den Mond einschwenkten. Die Strahlendosis für die Astronauten im nicht abgeschirmten Raumschiff wäre tödlich gewesen.

956 Das Magnetfeld der Sonne ist nichts Außergewöhnliches.

In Wirklichkeit ist es durchschnittlich nur ein paarmal stärker als jenes an der Erdoberfläche, obwohl es sich an der Sonnenoberfläche sprunghaft verändert.

Das Interessanteste am Magnetfeld der Sonne ist seine weite Aus-

Das Magnetfeld der Erde wird durch den Sonnenwind verzerrt.

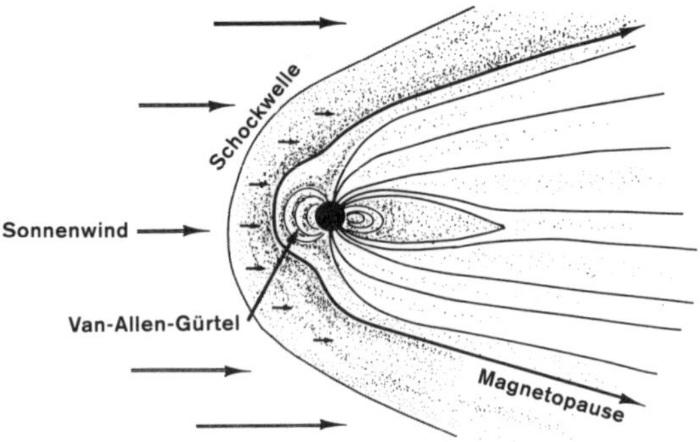

dehnung in den Weltraum hinein. Tatsächlich kann man sich das Magnetfeld der Sonne als ein Gewebe vorstellen, welches das gesamte Sonnensystem zusammenhält. In dieses allumfassende Magnetfeld (und kontinuierlich damit verbunden) sind die Magnetfelder eines jeden Planeten eingebettet.

957 Die Sonne gibt ständig Teilchen ab, die durchs Sonnensystem fliegen.

Diesen Strom nennen wir «Solarwind». Die Teilchen des Solarwinds kann man sich als Perlen vorstellen, die auf den Linien des Magnetfeldes der Sonne wie auf einer Schnur entlanggleiten.

Wenn der Solarwind an jedem Planeten vorbeiweht, so verzerrt er das Magnetfeld des Planeten so, daß er es zu einer «stromaufwärts» befindlichen Seite zusammendrückt und zu einer «stromabwärts» befindlichen Seite auseinanderzieht. Unten ist eine Darstellung des Erdmagnetfeldes (auch Magnetosphäre genannt) zu sehen, so wie es vom Solarwind verzerrt wird.

Astronomen beschreiben Magnetfelder oft in Begriffen, die man selbst verwenden würde, wenn man einen Wasserfluß im Sonnensystem beschreiben müßte. Beispielsweise wird das Aufstauchen des Magnetfeldes um den Planeten herum als «Bugwelle» bezeichnet, eine Analogie zu jenem Wasser, das sich an der Spitze eines fahrenden Bootes bildet.

DIE EINZELNEN PLANETEN

958 Merkur.

Als nächster Planet zur Sonne umläuft der Merkur alle 88 Tage einmal seine Bahn. Von der Erde aus ist der Planet als Morgen- und Abendstern sichtbar. Lange Zeit wurde angenommen, daß der Merkur der Sonne – etwa so wie der Mond der Erde – stets dieselbe Phase zeigt. Zu diesem Thema sind viele wunderbare Science-fiction-Geschichten geschrieben worden. Zum Pech für die Autoren rotiert der Merkur jedoch – jeder Teil von ihm bekommt etwas Sonnenlicht ab.

Merkur besitzt keine Atmosphäre. Seine Oberfläche ist mit Kratern gespickt und ähnelt sehr der Oberfläche des Erdmondes. Sein innerer

Aufbau ähnelt dem der Erde: ein großer Eisenkern ist von einer eisenhaltigen Silikatkruste umgeben. Im Gegensatz zur Erde jedoch ist das gesamte Innere festgefroren und bewegt sich nicht.

959 **Venus.**

Die Venus ist der erdähnlichste Planet. Seine Oberflächentemperatur ist hoch – sie beträgt etwa +460 °C. Der Grund für diese hohe Temperatur, so wird angenommen, ist in einem Treibhauseffekt zu suchen, der von den großen Mengen Wasserdampf und Kohlendioxid in der Venus-Atmosphäre herrührt. Der Planet ist in mehrfache Wolkendecken eingehüllt, so daß detaillierte Informationen über seine Oberflächenbeschaffenheit traditionell nur schwer zu beschaffen waren.
Seinerzeit gab es wunderbare Science-fiction-Geschichten über die Sümpfe auf der Venus – eine gewisse Zeit lang glaubte man, die Venus sei etwas in der Art der Everglades, jenem Sumpfgebiet an der Südspitze Floridas, nur eben noch sumpfiger. Bei der inzwischen bekannten Oberflächentemperatur ist dies jedoch nunmehr ausgeschlossen. Über das Oberflächenrelief auf der Venus wissen wir inzwischen mehr dank der sowjetischen Raumsonden, die dort gelandet sind und sowohl Bilder als auch Daten von dort gefunkt haben.
Heutzutage verfügen wir dank der umlaufenden Satelliten über Radarkarten von der Venus-Oberfläche. Obwohl es Vulkane auf der Oberfläche gibt, scheint es wenig tektonische Aktivitäten zu geben.

960 **Das Erde-Mond-System.**

Die Erde ist der einzige Planet im Sonnensystem mit einer tektonischen Aktivität, der einzige auch, der flüssiges Wasser an der Oberfläche führt, und der einzige Planet, auf dem Leben zu finden ist.
Der Erdmond ist der einzige Körper im Sonnensystem, dessen Eigenschaften wir mit freiem Auge sichten können. Der «Mann im Mond» ist uns allen aus der Kindheit vertraut. Die dunklen Gebiete auf dem Mond, *Mare* genannt (nach dem lateinischen Wort für «See»), sind in Wirklichkeit alte Basaltströme. Es wird angenommen, daß sie entstanden, als der Mond so sehr abkühlte, daß er eine Kruste bekam, unter der er aber immer noch im geschmolzenen Zustand verharrte. Der Einschlag eines großen Meteoriten konnte die Kruste zertrümmern, eindringen und einen gewaltigen Lavastrom verursachen. Es ist

diese verfestigte Lava, die wir heutzutage in diesen Mares erkennen. Außerdem besitzt der Mond Hochebenen, die aus Kraterringen bestehen. Dagegen besitzt er keine solchen Gebirgsketten, wie wir sie auf der Erde antreffen. Die von den Apollo-Astronauten nach der Mondlandung dort zurückgelassenen Instrumente ermöglichten es uns, «Erdbeben» (Mondbeben?) zu messen und uns ein ziemlich zutreffendes Bild vom Aufbau des Mondinnern zu machen.
Auch wenn wir nichts Genaues über die Entstehung des Mondes wissen, so wissen wir doch, daß der Mond zur selben Zeit wie die Erde entstanden sein muß. Deshalb gibt die Altersbestimmung des Mondgesteins, das die Apollo-Astronauten zur Erde mitbrachten, einen gewichtigen Aufschluß nicht nur über das Alter des Mondes, sondern auch über das unseres Planeten und des gesamten Sonnensystems. Dieses Alter wird inzwischen mit 4,6 Jahrmilliarden angegeben.

961 Mars.

Der am weitesten entfernte alle irdischen Planeten. Der Mars ist nur etwa halb so groß wie die Erde. Sein «Jahr» ist zweieinhalb Erdenjahre lang, und wir wissen, daß er Jahreszeiten hat, da wir seine Polkappen anwachsen und schwinden sehen. Diese bestehen nicht etwa aus Wasser, sondern aus gefrorenem Kohlendioxid (Trockeneis). Auch Wetter in Form heftiger Staubstürme können wir auf dem Mars erkennen. Es wird angenommen, daß auf seiner Oberfläche einst Wasser vorhanden gewesen sein könnte, obgleich jetzt dort kein Wasser zu finden ist. (Als Beweis dafür gelten die Erosionserscheinungen, die den durch strömendes Wasser entstandenen Flußbetten sehr ähnlich sehen.)

Marsoberfläche (vom Viking-Landegerät aus gesehen)

962 **Die Viking-Raumsonden lieferten uns die besten Informationen über die Beschaffenheit des Mars.**

Am 20. Juli 1976 landete die amerikanische Raumsonde Viking I auf dem Mars, das erste von Menschen hergestellte Objekt, das einen anderen Planeten besuchte. Kurz darauf folgte Viking II. Neben den unvergeßlichen Fotos vom rosafarbenen Himmel über dem Mars suchten die Raumsonden mit Hilfe chemischer Experimente herauszufinden, ob es Beweise für Leben auf unserem Schwesterplaneten gibt. Bisher liegen keine Ergebnisse aus diesen Experimenten vor, die nicht anhand einfacher chemischer Reaktionen zwischen anorganischen Substanzen erklärt werden könnten.

963 **Der höchste Berg im Sonnensystem befindet sich auf dem Mars.**

Olympus Mons, ein erloschener (?) Vulkan, ist etwa 27000 m hoch und hat einen Durchmesser von mehr als 595 km an der Basis – eine Strecke von Boston bis Baltimore. Ein solch gewaltig großer Vulkan auf der Erde würde unter seinem Eigengewicht zusammenstürzen, doch dank der auf dem Mars geringeren Schwerkraft steht er noch aufrecht.

964 **Die Kanäle auf dem Mars gibt es eigentlich nicht.**

In den achtziger Jahren des neunzehnten Jahrhunderts hat der italienische Astronom Giovanni Schiaparelli von einer Erscheinung auf der Marsoberfläche berichtet, die er «canali» nannte. Das Wort bedeutet im Italienischen «Tunnel», wurde aber als «canal» ins Englische übersetzt, ein Wort, das unglücklicherweise die Vorstellung von einer intelligenten Konstruktion beinhaltet. Zu Beginn unseres Jahrhunderts unternahm der amerikanische Astronom Percival Lowell (1855–1916) ausführliche Untersuchungen, nach denen er berichtete, daß die Marsoberfläche kreuz und quer von Kanälen durchzogen sei. Überdies beobachtete er, wie die Farbe dieser Kanäle im Verlauf der Jahreszeiten auf dem Mars fortschritt und berechnete die Geschwindigkeit, mit der die Vegetation sich längs dieser Kanäle nach Süden ausbreitete – auf nicht weniger als zwei Dezimalstellen genau! All dies trotz der folgenden Tatsache.

965 Gesichter gibt es auf der Marsoberfläche ebenfalls nicht.
Vor kurzem tönten die Schlagzeilen der Supermarktpostillen, daß es auf dem Mars ein «Gesicht» gebe – ein paar niedrige Hügel, die in einem bestimmten Licht betrachtet den Eindruck eines menschlichen Gesichtes vermittelten. Wie wenig ernsthaft eine solche Behauptung ist, kann man daran erkennen, daß die neueste Schlagzeile besagte, dieses Gesicht trage die Züge von Elvis Presley.

966 Was sah Lowell?
Neulich erhielt ich einen Brief von Clyde Tombaugh, einem der großen alten Männer in der Gemeinschaft der Astronomen und dem Entdecker des Planeten Pluto (siehe unten). Tombaugh erklärte darin, daß Lowell Kanäle gesehen habe, weil er sein Teleskop auf eine bestimmte Weise eingesetzt habe – und zwar stellte es unverbundene Punkte als zusammenhängende Linien dar. Er hat also nicht notwendigerweise Dinge phantasiert, die nicht vorhanden waren, sondern ist womöglich Opfer einer nachlässigen Justierung seines Instrumentes geworden.

967 Es gibt keinen Beweis für ein Leben auf Mars oder auf einem anderen Objekt im Sonnensystem.
Auf der Venus, dem Mond und dem Mars, den drei Himmelskörpern, die wir (in Person oder per Raumsonde) besucht haben, gibt es keinerlei Beweise für das Vorhandensein von Leben. Dies wäre den Wissenschaftlern in den fünfziger Jahren noch als ziemliche Überraschung vorgekommen, als man noch davon ausging, daß wenigstens auf den beiden Planeten Leben existierte. Heutzutage verlangen jene, die glauben möchten, daß im Weltraum Leben existiert, daß man Expeditionen durchführt und nach Fossilien sucht. Die Vorstellung geht dahin, daß dort einst Leben vorhanden war (wie auch flüssiges Wasser), heutzutage jedoch nicht mehr.

968 Der Asteroidengürtel.
Der Asteroidengürtel ist eine große Ansammlung ungebundener Materie – von der Größe eines Kieselsteins bis hin zu Festkörpern mit mehreren hundert Kilometern Durchmesser –, die im Raum zwischen

den Umlaufbahnen von Mars und Jupiter existiert. Im Gegensatz zu dem, was die *Superman*-Comics uns vorgaukeln, war der Asteroidengürtel kein Planet, der auseinandergebrochen ist. Vielmehr ist es ein Planet, der es nie dazu gebracht hat. Wissenschaftler glauben, daß der Einfluß der Gravitationswirkung von Jupiter den Asteroidengürtel davon abhielt, zu einem Planeten zu werden.

969 Jupiter.

Als massereichster Planet rotiert Jupiter schnell – sein «Tag» dauert nur zehn Stunden. Soweit uns bekannt ist, nimmt die Dichte zu, je tiefer man in den Planetenkörper eindringt. Doch wollte man auf ihm stehen, so wäre dies, als wollte man auf einem Milchmixgetränk stehen – keiner der jupiterähnlichen Planeten besitzt eine «Oberfläche» im Sinne eines «festen Bodens».
Wegen seiner schnellen Rotation ist die Jupiter-Atmosphäre in verschiedenfarbige Bänder aufgespalten. Tief im Innern des Planeten existiert womöglich ein kleiner, erdgroßer Kern aus Felsgestein.

Jupiter mit dem «Großen Roten Fleck» unten rechts

970 Die Jupiter-Monde.

Jupiter besitzt viele Monde, die sämtlich den riesigen Planeten umkreisen wie die Planeten die Sonne. Die fünf hellsten dieser Monde werden «Galileische Monde» genannt, weil sie zuerst von Galilei gesichtet wurden, als er sein Fernrohr auf den Himmel richtete. Die Zahl der bekannten Jupiter-Monde hat parallel zu den verbesserten Beobachtungsmöglichkeiten stetig zugenommen – derzeit sind insgesamt sechzehn nachgewiesen.
Viele der Jupiter-Monde sind ziemlich groß und ähneln in ihrer Aus-

stattung den irdischen Planeten. Einige hervorstechende Eigenschaften: Kallisto und Ganymed sind vermutlich überwiegend aus Wassereis, und die Oberfläche Kallistos ist das Objekt mit den meisten Kratern im Weltraum. Der Mond Io besitzt aktive Vulkane und ist daher ein bevorzugtes Untersuchungsobjekt der Geologen.
Wenn das Hubble-Weltraumteleskop gut funktioniert, werden wir über Fotos von den Jupiter-Monden verfügen, die ebensogut sein werden wie jene der Voyager-Raumsonden, als sie 1979 daran vorbeiflogen.

971 Blickt man durch ein Teleskop auf Jupiter, so sieht man etwas in der Art eines großen, roten Auges, das mit dem Planeten rotiert.
Bei diesem sogenannten «Großen Roten Fleck» handelt es sich um einen gigantischen Hurrikan, der bereits schon so lange besteht, wie man den Planeten beobachtet hat. Es ist eindeutig das zerstörerischste Wetter (falls dies das richtige Wort dafür ist), das es gibt – man könnte die gesamten Vereinigten Staaten hineinfallen lassen, ohne ein Kräuseln zu verursachen.

972 Die zum erstenmal von der Raumsonde Voyager gesichteten Vulkane auf Io spucken Schwefel aus, der sich ständig auf der Mondoberfläche ablagert.
Jeder Quadratmeter auf Ios Oberfläche ist nicht einmal tausend Jahre alt!

973 Jupiter wäre fast ein Stern geworden.
Damit sich die Temperatur im Innern Jupiters bis auf den für die Zündung einer Kernfusion notwendigen Punkt erhöht, müßte die Masse des Planeten nur achtmal größer sein. Beinahe hätte das Sonnensystem also zwei Sterne gehabt. Hätte Jupiter gezündet, so hätte sich auf der Erde wahrscheinlich kein Leben entwickelt, da die überschüssige Strahlung das empfindliche Gleichgewicht gestört hätte, das Leben auf unserem Planeten erst ermöglichte.

974 Saturn.

Saturn mit seinen Ringen ist ohne weiteres der auffallendste aller Planeten. Ein Gasriese wie Jupiter, ist Saturn auch der letzte Planet, der von der Erde aus mit freiem Auge zu sichten ist. Er besitzt 21 Monde, und einer davon, nämlich Titan, ist der größte Satellit im Sonnensystem, der zudem als einziger Satellit eine Atmosphäre besitzt (und zwar aus Stickstoff, Methan und Argon). Wegen dieser Kombination gleicht Titan irgendwie der Erde, bevor sich das Leben auf ihr entwickelte, und an der Oberfläche gibt es wahrscheinlich alle Arten organischer Moleküle im flüssigen Methan.
Die Saturn-Ringe ziehen vermutlich mehr Aufmerksamkeit auf sich, als alle anderen Eigenschaften des Planeten. Es existieren schmale Bänder aus Trümmern, meistens in Form von Gestein und Eis. Es sieht so aus, als gäbe es zur Zeit unter den Astronomen Auseinandersetzungen darüber, ob es sich dabei um die Überreste eines Satelliten handelt, der von der Gravitationswirkung des Saturn auseinan-

Saturn und seine Ringe

dergerissen wurde, oder ob es sich, wie im Fall des Asteroidengürtels, um Materie eines Satelliten handelt, der es nie bis dahin geschafft hat.

975 Die Saturn-Ringe sind sehr dünn.
Manche Astronomen nehmen an, daß die Saturn-Ringe vielleicht nur etwa ein paar hundert Meter dick sind, obwohl sie eine Menge Licht reflektieren. Dieser gesamte Aufbau am Himmel nimmt also mit anderen Worten in der Höhe nicht viel mehr Raum in Anspruch als ein bescheidener Wolkenkratzer.

976 Uranus.
Am 13. März 1781 sah der Astronom Friedrich Wilhelm Herschel, der in Bath (England) lebte, etwas durch sein Fernrohr, das er «entweder für einen Sternennebel oder einen Kometen» hielt. Dieses Etwas stellte sich als der Planet Uranus heraus, und Herschel fiel der Ruhm zu, als erster Mensch einen neuen Planeten entdeckt zu haben. Wie die anderen Jupiter-Planeten auch besitzt Uranus vermutlich eine Struktur aus drei Schichten. Der Planet ist womöglich nicht groß genug, um die innere Schicht zu einem Festkörper zu verdichten. Manche Astronomen nehmen an, daß der Kern von Uranus womöglich nichts anderes als eine dicke, klebrige Flüssigkeit ist.
Uranus hat fünf Monde und eine Reihe sehr enger, dunkler Ringe darum, in etwa den Saturn-Ringen ähnlich. Diese wurden 1977 entdeckt, als der Planet sich vor einen Stern schob und die Verringerung des Lichts wegen der Absorption in den Ringen zu sehen war.

977 Uranus rotiert auf seiner «Seite».
Die meisten Planeten im Sonnensystem rotieren um eine Achse, so daß im Verlauf eines Tages beide Seiten zur Sonne ausgerichtet werden. Im Gegensatz dazu ist die Äquatorebene des Uranus gegen die Bahnebene geneigt, so daß seine Rotationsachse fast in der Bahnebene liegt. Daher erhält der Südpol ein halbes «Jahr» lang Licht und der Nordpol in der anderen Jahreshälfte.

Quizfrage
Wo würden Sie die Sonne aufgehen sehen, wenn Sie auf dem Uranus am Nordpol wohnen würden? – Antwort: Im Süden.

978 Das interplanetare Magnetfeld hatte nichts mit Manna zu tun.

Eine der Freuden des Unterrichtens besteht darin, daß die Studenten einen häufig auf Gedanken bringen, die einem von selbst nie gekommen wären. Nachdem man mich mehrfach gefragt hatte, was ich von den Büchern Immanuel Welikowskijs hielte, las ich zu meiner Selbstverteidigung sein *Welten im Zusammenstoß*. Dies ist eine merkwürdige Theorie über die jüngste Geschichte des Sonnensystems, in der die Venus aus Jupiter herausgerissen wird und auf die Kinder Israels Manna herabregnen läßt, als Venus auf dem Weg zu ihrer jetzigen Umlaufbahn an der Erde vorbeikam. Das alles steht irgendwie in einem Zusammenhang mit magnetischen Kräften, und das Bild von einem magnetischen Geflecht, das ich soeben vorgestellt habe, wird häufig als Beweis dafür herangezogen, daß es sich auf diese Weise ereignet haben könnte. Unglücklicherweise sind allerdings die mit dem interplanetarischen Magnetfeld verbundenen Kräfte milliardenmal zu klein, um Planeten in Bewegung zu versetzen.
Woher wußte die Venus übrigens, daß sie nicht an einem Sabbat Manna regnen lassen durfte, wie die Geschichte in der Bibel dies besagt?

979 Neptun.

Der Vorbeiflug am 25. August 1989 an Neptun lüftete zwar einen Großteil des Schleiers, der diesen Planeten verhüllte, schuf dafür aber neue Probleme. Wie die andern Jupiter-Planeten auch besitzt Neptun acht eigene Monde und sein eigenes Ringsystem aus Einzelringen. Die Winde an seiner Oberfläche sind die schnellsten im Sonnensystem und bringen es auf bis zu 2400 km/h. Neptun kennt einen eigenen, lang andauernden Sturm, vergleichbar mit Jupiters Großem Roten Fleck, welcher Großer Dunkler Fleck genannt wird.

980 Neptun war der erste Planet, der als Ergebnis einer Vorhersage entdeckt wurde.

Unregelmäßigkeiten der vorausberechneten Uranusbahn führten dazu, daß sich Mitte des neunzehnten Jahrhunderts Astronomen fragten, wie groß ein Planet sein und wo er sich befinden müsse, um solche Unregelmäßigkeiten verursachen zu können. Sie richteten ihre Fernrohre auf den berechneten Punkt und entdeckten den Planeten am 23. September 1845.

981 Die Voyager-Raumsonden haben uns mehr Wissen über die äußeren Planeten vermittelt als jedes wissenschaftliche Projekt zuvor.

Mit den im August und September 1977 auf eine Umlaufbahn beförderten Raumsonden Voyager I und II wollte man eine besondere Konstellation ausnutzen – eine Konstellation, dank deren sämtliche Jupiter-Planeten (bis auf einen) von einem Raumschiff während ein und derselben Reise besucht werden können. Voyager I, die Jupiter und Saturn einige Monate vor ihrer schwer mit Instrumenten beladenen Schwester besuchte, arbeitete nicht einwandfrei, bereitete jedoch die Wissenschaftler darauf vor, was sie erwartete. Die beiden Sonden flogen 1979 an Jupiter, 1980/81 an Saturn vorbei, und Voyager II flog zum Neptun weiter, den sie im August 1989 passierte. Hier die Liste der Ergebnisse der Mission: Die Voyager-Raumsonden besuchten drei Gasplaneten, zwölf große Monde, drei Ringsysteme (mit Tausenden von Einzelringen) und schickten 5 Billionen Funkdaten (darunter 100000 Funkbilder) zur Erde. In etwa zwanzig Jahren wird Voyager II das Einflußgebiet der magnetischen Wirkung unserer Sonne verlassen. Im Jahr 8571 fliegt sie an Barnards Stern und im Jahr 296036 an Sirius vorbei, dem hellsten Stern an unserem Himmel.

982 Pluto.

In vielerlei Hinsicht ist Pluto der merkwürdigste aller Planeten. Er besitzt einen relativ kleinen Durchmesser, der Pluto-Mond Charon ist ebenfalls klein. Seine Bahn hat unter den Planetenbahnen die größte Exzentrizität. Vermutlich daher gibt es auf ihm Jahreszeiten: bei geringem Abstand von der Sonne erreicht das flüssige Methan auf seiner Oberfläche Siedetemperatur, so daß sich eine Art atmosphärischer Dunstschleier bildet; entfernt sich der Planet dann von der Sonne, so schneit es bald festes Methan.

983 Pluto ist nicht dunkel.
Trotz seines großen Abstands von der Sonne ist die Oberfläche Plutos vermutlich so hell wie eine mondbeschienene Nacht auf der Erde. Verantwortlich dafür ist das viele Methan, das so weiß ist wie frisch gefallener Schnee.

984 Die Entdeckung Plutos ist mehr dem Zufall als einem Plan zu verdanken.
Der amerikanische Astronom Percival Lowell hatte die Existenz eines neunten Planeten (den er den Planeten X nannte) anhand der (von ihm dafür gehaltenen) Unregelmäßigkeiten im Bahnverlauf Neptuns vorhergesagt. Moderne Astronomen behaupten, diese «Unregelmäßigkeiten» seien nicht wirklicher Natur, sondern vielmehr das Ergebnis von Ableseirrtümern an den Instrumenten gewesen. Jedenfalls sagte Lowell voraus, an welchem Ort Pluto zu finden sei (wenn er auch, um ehrlich zu sein, seine Voraussagen gelegentlich abänderte, wenn er die Planetenkoordinaten erneut berechnete). Allerdings entdeckte Clyde Tombaugh 1930 den Planeten, den wir Pluto nennen, bei einer systematischen Himmelsbeobachtung, die ihn zwangsweise zu dem Planeten, wo auch immer, geführt hätte. Zufällig fand er ihn ziemlich nahe an jener Stelle, an der er laut Lowells letzter Vorhersage sein sollte. War die Entdeckung Plutos einfach nur Glück? Wir werden es nie erfahren.

985 Bei der Entdeckung Plutos wurde angenommen, daß seine Masse etwa derjenigen der Erde entspreche. Seitdem nimmt in den Schätzungen der Wissenschaftler seine Masse ständig ab.
In einem wissenschaftlichen Vortrag, den ich vor kurzem hörte, stellte ein Astronom eine Grafik vor, auf der die geschätzte Masse des Planeten Pluto als Funktion der Zeit aufgetragen war. Wenn man die Daten zu einer Linie verband, so war seine These, tendiere die von den Menschen geschätzte Masse irgendwann in den 1980er Jahren gegen Null. Daher fertigte er einen Aufsatz an mit dem Titel «Über das bevorstehende Verschwinden des Planeten Pluto».

Entfernungen

Wäre die Erde ein etwa fünf Kilo schwerer Basketball und dreihundert Meter von der Sonne entfernt, dann wäre:
Merkur ein 225 g schwerer Ball und 12,20 m von der Sonne entfernt,
Venus ein 3,5 kg schwerer Ball und 21 m von der Sonne entfernt,
Mars eine 28 g leichte Melone und 45 m von der Sonne entfernt,
Jupiter ein 6 m langer Laster und 152 m von der Sonne entfernt,
Saturn ein kleines Kompaktauto und 304 m von der Sonne entfernt,
Uranus ein 45 kg schweres Sofa und 608 m von der Sonne entfernt,
Neptun ein wenig schwerer als Uranus, dafür jedoch mehr als 800 m von der Sonne entfernt,
Pluto ein etwa 7 g leichter Ball und 1220 m von der Sonne entfernt,
und ihre «Tage» und «Jahre» betrügen in etwa

Planet	*«Tag»*	*«Jahr»*
Merkur	59 Erdtage	3 Erdmonate
Venus	243 Erdtage	7 Erdmonate
Mars	1 Erdtag	1 Erdjahr, 10,5 Erdmonate
Jupiter	10 Stunden	12 Erdjahre
Saturn	10 Stunden	29,5 Erdjahre
Uranus	1 Erdtag	84 Erdjahre
Neptun	1 Erdtag	165 Erdjahre
Pluto	6 Erdtage	248 Erdjahre

Anzumerken ist, daß Pluto seit seiner Entdeckung lediglich 20 Prozent seiner Umlaufbahn hinter sich gebracht hat, und seine gegenwärtige Position hatte er zum letzten Mal zur Zeit des amerikanischen Unabhängigkeitskriegs inne.

986 Die Oortsche Wolke.

Weit außerhalb von Plutos Umlaufbahn umkreist eine große Ansammlung schmutziger Schneebälle (potentielle Kometen) das Sonnensystem. Sie bilden eine nach dem niederländischen Astronomen Jan Oort benannte Wolke, der als erster auf deren Existenz hinwies. Hin und wieder reißt sich einer dieser Schneebälle los und gelangt als

Komet in das innere Sonnensystem. Oort schloß auf die Existenz der Wolke, indem er die Bahnen der eintreffenden Kometen bis zu ihrem Ursprung zurückverfolgte. In einigen Theorien über die Massenvernichtung auf der Erde nimmt die Oortsche Wolke einen hervorragenden Rang ein.

Meteore und Meteoriten

987 Aus dem Weltall fiel immer schon Materie auf die Erde.
Gestein jeglicher Größe – von Sandkörnern bis hin zu Gebirgen – ist stets auf die Erde gefallen und fällt auch weiterhin darauf. Wegen dieses Materieregens nimmt die Erde um etwa zwanzig Tonnen täglich an Gewicht zu.
Die gewöhnliche «Sternschnuppe» oder ein Meteor ist eine Leuchtspur am Himmel, die auftritt, wenn ein Stück Raumstaub von der Größe eines Sandkorns im Weltraum verglüht. Ist der Gegenstand dermaßen klein, so verglüht er vollständig, bevor er tief in die Erdatmosphäre hineingelangt. Größere Gegenstände hinterlassen größere Spuren und können sogar den Fall überleben und auf der Erdoberfläche aufschlagen.

988 Gelangt ein stürzender Festkörper bis auf den Erdboden, so nennt man ihn Meteorit.
Bei einem größeren Gegenstand kann die äußere Schicht zwar verglühen und dennoch genug Material übrigbleiben, so daß er auf dem Erdboden aufschlägt. Solche Meteoriten kann man in den Museen betrachten, wo sie leicht an ihrer schwarzen, verbrannten Außenschicht zu erkennen sind. Man hat Meteoriten von der Größe eines Kieselsteins bis hin zu tonnenschweren Felsbrocken gefunden.

989 **Historisch gesehen widerstrebte Wissenschaftlern immer schon die Vorstellung, daß Objekte vom Himmel fallen können.**
Edmund Halley zum Beispiel behauptete 1718, daß es sich bei einer spektakulären Sternschnuppe, die in weiten Teilen Europas zu sichten war, um einen Großbrand «entzündlicher Schwefeldämpfe» in der oberen Atmosphäre handle. Als man Thomas Jefferson informierte, daß zwei Professoren aus Yale den Einschlag eines Meteoriten in Neuengland bestätigt hatten, soll sogar er gesagt haben: «Eher glaube ich, daß zwei Yankee-Professoren gelogen haben, als daß Steine vom Himmel fallen.»

990 **Der Meteorkrater in Arizona stammt vom Einschlag eines großen Festkörpers.**
Der Krater in der Nähe von Flagstaff (Arizona) ist wahrscheinlich der beste Beweis für den Einschlag eines großen Gegenstandes auf der Erde. Vor etwa 25 000 Jahren schlug ein etwa 10 000 Tonnen wiegender Felsbrocken mit hohem Eisengehalt auf der Ebene von Arizona auf und verursachte einen Krater mit einem Durchmesser von mehr als 2 km. Verglichen mit den weiteren Einschlägen handelte es sich hierbei um ein relativ mildes Ereignis.

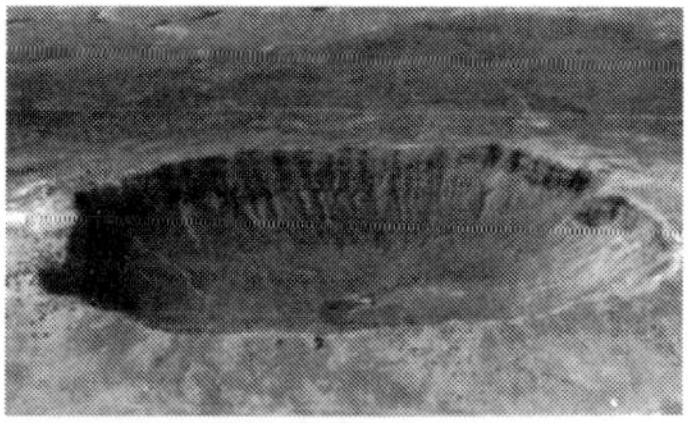

Meteorkrater in Arizona

991 **Den Tunguska-Zwischenfall in Sibirien veranlaßte ein Meteorit.**
1908 trat ein Meteorit über Sibirien in die Erdatmosphäre ein, brach auseinander und schlug in der Nähe des Flusses Tunguska ein. Durch den Einschlag wurde der Wald über Hunderte Kilometer eingeebnet und wurden Schockwellen durch die Luft in alle Welt ausgesandt. Nachfolgende Untersuchungen haben Stücke geschmolzenen Gesteins aus dem Meteoriten zutage gefördert.
Der Tunguska-Zwischenfall lebt separat in der Folklore weiter, wo

ihm allerlei zugeschrieben wird, vom Vulkanausbruch bis hin zu dem Einschlag eines schwarzen Lochs. Sein Ursprung ist leider viel prosaischer.

992 Auf der Erde sind mehr als 120 Meteorkrater bekannt.

Geologen haben mehr als 120 Orte auf der Erde ausfindig gemacht, an denen Meteoriten eingeschlagen sind. Diese Krater messen im Durchmesser zwischen Hunderten Kilometer bis hin zu einem Loch von ein paar Dutzend Metern, wo der Originalmeteorit noch vorhanden ist.

In Wirklichkeit kann als gesichert gelten, daß die meisten Krater noch gar nicht entdeckt worden sind. Zum einen beträgt die Wahrscheinlichkeit, daß ein Meteorit in den Ozean fällt, 75 Prozent. Der Meeresgrund ist noch nicht gut erforscht, und man kann nur darüber spekulieren, was uns dort noch erwartet. Sogar am Erdboden sind alte Meteoritenkrater – besonders die großen – eher ziemlich schwer zu erkennen. Kurz nach dem Einschlag waren die Krater womöglich noch groß, doch wie alle großen Löcher im Erdboden liefen sie nach und nach mit Wasser voll und wurden zu Seen, die langsam verschlammten. Heutzutage sind diese Krater lediglich noch eine runde Gebirgskette mit dreißig oder vierzig Kilometern Durchmesser, die eine Ebene umschließen. Der Manacougan-Krater in Quebec beispielsweise ist nur von einem Seenring mit etwa 100 Kilometern Durchmesser gekennzeichnet und läßt sich nur anhand von Satellitenfotos als solcher ausmachen.

Mit dem Verstand haben wir begriffen, daß die Erde ein Teil des Sonnensystems ist – daß unser Planet ein integraler Bestandteil eines Gesamtzusammenhangs ist. Ein Gedankengebilde zu begreifen ist jedoch nicht dasselbe, wie an die Tatsache erinnert zu werden, daß alle paar hundert Jahrmillionen einem ein ganzes Gebirge auf den Kopf fallen kann. Das Vorhandensein großer Krater erinnert uns daran, daß die Erde im Weltraum nicht isoliert existiert.

993 Genauso wie es Wissenschaftlern widerstrebte, sich mit dem Gedanken anzufreunden, daß Objekte vom Himmel fallen können, so sehr widerstrebte ihnen die Vorstellung, daß jene Objekte auf der Erde Narben hinterlassen können.

Bis in die fünfziger Jahre zum Beispiel wurde der Meteoritenkrater in Arizona einer «Gasblase» zugeschrieben, die aus dem Erdinnern hochgestiegen sei. Ein Meteoriteneinschlag in Argentinien, der ein Loch mit dem Meteoriten drin hinterließ, war der Auskunft eines Geologen zufolge auf «prähistorische Indianer zurückzuführen, die das Loch aushoben und dann den heiligen Gegenstand aus Eisen dort vergruben».

994 Während der Frühgeschichte des Sonnensystems war der Meteoritenregen sehr viel stärker als heutzutage.

Kurz nach der Entstehung der Planeten gab es eine Menge Trümmer im Weltall, die um die Sonne kreisten. Während dieser Periode gingen folglich viel mehr Gegenstände auf die Planeten (die Erde eingeschlossen) nieder als heutzutage. Astronomen benutzen manchmal den Begriff «Große Bombardierung», wenn sie von jener Periode sprechen. Wir schätzen, daß während der ersten Jahrmilliarde im Leben der Planeten sowohl große wie kleine Meteoriten in großem Tempo auf sie niedergingen. Die von dieser Bombardierung stammenden Krater können wir auf dem Mond, Merkur und anderen Objekten im Sonnensystem noch erkennen.

995 Obwohl die Krater auf dem Mond noch immer existieren, sind jene auf der Erde verwittert.

Vermutlich entstanden in der Frühgeschichte der Erde sehr große Krater. Seitdem jedoch haben die Erosions- und die Witterungskräfte fast sämtliche dieser frühen Krater auf der Erdoberfläche zerstört. Folglich scheint unser Planet (zugleich mit dem Mars und der Venus, die ebenfalls eine Witterung kennen) in großem Maße frei von Kratern zu sein, wogegen luftlose (und daher witterungslose) Festkörper wie der Mond und der Merkur sie im Überfluß besitzen.

996 **Meteoriten tragen wichtige Fingerzeige über die Ursprünge des Sonnensystems.**

Weil die Meteoriten während der Entstehung des Sonnensystems nicht von den Planeten eingeschlossen wurden, sind sie in Wirklichkeit wahre Museen, die Auskunft über die Materie geben, aus der die Sonne und die Planeten bestehen. Seit Jahrmilliarden sind sie unverändert durchs Weltall geflogen, und wenn sie auf die Erde fallen, so führen sie Informationen über die Anfänge mit sich. Deshalb werden sie so begierig von Chemikern und Astronomen untersucht. Dahinter steht folgende Überlegung: Wenn wir wissen, wie die Erde heutzutage aussieht und wissen, wie sie ihren Anfang nahm, so müßten wir in der Lage sein herauszufinden, was in der Zwischenzeit geschah.

997 **Manche Meteoriten stammen aus dem Asteroidengürtel, andere sind ausgebrannte Kometen.**

Hin und wieder stoßen kleine Felsbrocken im Asteroidengürtel zusammen und lenken einen oder mehrere Asteroiden auf einen Weg, der sie ins Innere der Erdumlaufbahn führt. Ein Felsbrocken auf einer solchen Umlaufbahn heißt Apollo-Asteroid. Gelegentlich führt das Gesetz des Zufalls dazu, daß einige dieser Gegenstände auf der Erde aufschlagen.

Eine weitere Quelle für Meteoriten sind die Kometen innerhalb der Oortschen Wolke. Gerät ein Komet zum erstenmal ins Sonnensystem, so führt die Sonnenwärme dazu, daß alle Materie verdampft, die den Siedepunkt erreicht. Nach mehreren Vorbeiflügen ist ein Komet dann ausgebrannt, und nur sein Inneres aus Gestein ist übriggeblieben. Astronomen schätzen, daß es sich bei ungefähr der Hälfte aller großen Objekte, deren Umlaufbahn mit der Erde zusammenstoßen kann, um ausgebrannte Kometen handelt.

998 **Eine der überraschendsten Entdeckungen der letzten Jahre ist die, daß es gelegentlich Meteoriten gibt, die ihr Leben auf dem Mars oder auf dem Mond begonnen haben.**

Dahinter steckt die Vorstellung, daß es einen großen Einschlag auf einen anderen Festkörper gab, der seinerseits Materie in den Weltraum zurückstieß. Wie jedes andere Trümmerstück im Welt-

raum gelangte diese Materie dann auf eine Umlaufbahn und fiel schließlich auf die Erde. Zur Zeit gibt es weniger als ein halbes Dutzend echter Felsstücke dieser Art.
In anderen Meteoriten sind Naturwissenschaftler auf kleine Materiekörner (meistens Diamanten) gestoßen, die verschieden von dem Stoff zu sein scheinen, aus dem das Sonnensystem besteht. Die Erklärung dafür: diese Körner entstanden in einer Supernova lange vor der Geburt der Sonne, trieben durch den Weltraum und wurden dann in den Stoff eingegliedert, aus dem die Planeten sind.

999 Eines der besten Gebiete für die Suche nach Meteoriten ist die Antarktis.

Meteoriten explodieren gewöhnlich beim Einschlag oder graben sich tief in die Erde hinein und verweilen am Einschlagsort. Gelegentlich jedoch stürzt einer auf eine der großen Eisdecken in der Antarktis. Ist er erst einmal im Eis begraben, so wird er von der Bewegung des Gletschers mitgetragen. In der Antarktis gibt es mehrere Orte, wo das Eis einen Berg hinaufgeschoben wird. Gelangt das Eis nach ganz oben, so wird das Eis vom Wind «verdampft». Ist das Eis verschwunden, bleiben die Meteoriten übrig, und die Forscher können über die Kämme spazieren und sie einsammeln. In Wirklichkeit benutzten sie sämtliche Eisdecken der Antarktis als Sammel- und Förderbänder, die ihnen zu den Meteoriten verhelfen. Viele der ungewöhnlichen Meteoriten wie diejenigen vom Mars oder vom Mond wurden in solchen Gebieten entdeckt.

1000 Meteoriten sind die allerletzten mineralischen Rohstoffreserven für die Menschen.

Bei ihrer Entstehung durchlief die Erde eine Periode in geschmolzenem Zustand, während deren viele Schwermetalle (wie Eisen) zum Zentrum sanken. Was an der Oberfläche zurückblieb – das, was wir abbauen und ausbeuten –, ist mehr oder weniger das dünne Ende dieser großen Rohstoffreserven. Da Asteroiden nie in einen Planeten eingegliedert wurden, fand bei ihnen kein vergleichbarer Vorgang statt. Daher verfügen Asteroide über reichhaltige Vorkommen an

Materialien, die an der Erdoberfläche als kostbar gelten. Eisen, Nickel, Kobalt, Gold und weitere Schwermetalle sind reichlich vorhanden. Eine Anzahl von Phantasten haben darauf hingewiesen, daß in einem einzelnen Asteroid genügend Material vorhanden ist, um die Menschheit – selbst beim gegenwärtigen Konsumtempo – jahrhundertelang damit zu versorgen. Meine eigenen Berechnungen haben ergeben, daß der Marktwert von Mineralien in einem Asteroiden von mehreren Kilometern Durchmesser vermutlich mehrere Billionen US-Dollar beträgt. Irgendwann in den nächsten Jahrhunderten wird die Menschheit diese immensen Rohstoffreserven, die über unsere Köpfe hinwegfliegen, entdecken und beginnen, sie auszubeuten. Ein nützliches Ergebnis dieser Entdeckung wird die Beendigung des Tagebaus und der Zerstörung des Lebensraums auf unserer Erde sein.

1001 Sie können noch weit mehr über die Naturwissenschaften erfahren.

Das ist vermutlich das Wichtigste, das Sie über die Naturwissenschaften wissen sollten. Um Ihnen weitere Anregungen zu geben, folgen hier einige wenige Bücher, die ich mit Gewinn und Vergnügen gelesen habe (ich entschuldige mich bei den Autoren der vielen wunderbaren Bücher, die ich aus Platzgründen hier nicht anführen kann).

Biologie

Charles Darwin: Über die Entstehung der Arten durch natürliche Zuchtwahl. (Nachdruck der 9. unveränderten Auflage Stuttgart 1920)

Larry Gornick und Mark Wheelis: Genetik in Cartoons. Hamburg ^{4}1989

Stephen Jay Gould: Der Daumen des Panda. Frankfurt 1989

James D. Watson: Die Doppel-Helix. Reinbek 1973

Physik und Chemie

Peter W. Atkins: Moleküle. Die chemischen Bausteine der Natur. Spektrum der Wissenschaft 1988

J. E. Gordon: The New Science of Strong Materials or Why Things Don't Fall Down. Princeton 1976
Heinz R. Pagels: The Cosmic Code. New York 1982
Michael Riordan: The Hunting of the Quark. New York 1987

Geowissenschaften und Astronomie

Williard Bascom: Waves and Beaches. Garden City 1964
Timothy Ferris: Kinder der Milchstraße. Basel 1989
John McPhee: Basin and Range. New York 1981
John McPhee: Rising from the Plains. New York 1986
John McPhee: Control of Nature. New York 1989

FOTONACHWEIS

S. 13: Karl Ammann/Bruce Coleman, Inc.; S. 17: Norman Owen Tomalin/Bruce Coleman, Inc.; S. 20 o.: Tom McHugh/Photo Researchers; S. 20 u.: Fred Bavendam/Peter Arnold, Inc.; S. 22 li.: Al Giddings/Ocean Images; S. 22 re.: Tom McHugh/Photo Researchers; S. 29: David Schart/Peter Arnold, Inc.; S. 33 li.: Bloom & Fawcett/Photo Researchers; S. 33 re.: Bio Photo Assoc./Photo Researchers; S. 38: David M. Phillips/The Population Council/Science Source/Photo Researchers; S. 41: Andrew Martinez/Photo Researchers; S. 43: Francis Leroy/Biocosmos/Science Photo Library/Photo Researchers; S. 46 li. u. re: Hans Pfletschinger/Peter Arnold, Inc.; S. 54: Alfred Posieka/Bruce Coleman, Inc.; S. 71: Wardene Weisser/Bruce Coleman, Inc.; S. 81: Stephen Dalton/Photo Researchers; S. 83: Mary Evans Picture Library/Photo Researchers; S. 84: George Holton/Photo Researchers; S. 89: Kobal Collection/Superstock; S. 100: John Reader/Science Photo Library/Photo Researchers; S. 103: Field Museum of Natural History, Chicago, #59442; S. 117: CDC/Science Source/Photo Researchers; S. 141: Dr. R. L. Brinster/Peter Arnold, Inc.; S. 156: A. J. Belling/Photo Researchers; S. 167: Ed Reschke/Peter Arnold, Inc.; S. 171: The Bettmann Archive; S. 179: Jan Robert Factor/Photo Researchers; S. 195: The Bettmann Archive; S. 220 o., u.: George Whitley/Photo Researchers; S. 236: Santi Visalli/The Image Bank; S. 245: UPI/Bettmann; S. 247: Fermilab; S. 259: The Bettmann Archive; S. 267: Phillip Hayson/Photo Researchers; S. 269: Bell Labs; S. 272: Omikron/Science Source/Photo Researchers; S. 319: NASA; S. 337: Paolo Koch/Photo Researchers; S. 340: François Gohier/Photo Researchers; S. 360: Max & Kit Hunn/Photo Researchers; S. 369: Goddard Space Flight Center/NASA; S. 380: David Parker/Science Photo Library/Photo Researchers; S. 409: Finley-Holiday Films; S. 412: Finley-Holiday Films; S. 414: Finley-Holiday Films; S. 421: Galen Rowell/Peter Arnold, Inc.
Fotoredaktion: Julie Tesser
Diagramme: Judith Peatross

James Trefil

Fünf Gründe, warum es die Welt nicht geben kann
Die Astrophysik der dunklen Materie

Deutsch von Hubert Mania. 256 Seiten. Gebunden und rororo 9313

Die Kosmologen haben ein großes Problem: So wie sich das Universum unseren Blicken durch das Teleskop darbietet, kann es nach dem Standard-Urknallmodell gar nicht existieren. Gesucht wird nach der geheimnisvollen Dunklen Materie, aus der mehr als 90 Prozent der Gesamtmaterie im All bestehen muß. Sind es kosmische «Strings» oder Neutrinos oder gar «Schattenuniversen»?

«Am weiten Himmel der populärwissenschaftlichen Literatur ist Professor Trefils Buch zweifellos ein heller Stern: Dem physikalischen Laien bietet es nicht nur einen tiefen Einblick in Geschichte und derzeitigen Stand der Astrophysik, sondern auch in die Methodik einer lebendigen Wissenschaft.» *Universitas*

«James Trefil beschäftigt sich mit den allerneuesten Theorien, die heute in der Fachwelt über die Entstehung unseres Universums diskutiert werden. Das tut er außerordentlich amüsant und locker. Ich kenne nur ganz wenige Bücher, die eine derart komplizierte Materie in einer so verständlichen, witzigen und lesbaren Art beschreiben.»
Reinhard Krol, Süddeutscher Rundfunk